海南植物图志

（第六卷）

杨小波 等 编著

科学出版社

北京

内 容 简 介

《海南植物图志》收录了海南有历史记录的植物（维管束植物）6036种，隶属243科1895属。共有木本植物2781种，草本植物2773种，藤本植物482种。蕨类植物共计33科127属516种，裸子植物共计9科24属76种，被子植物共计201科1744属5444种。其中，海南本地野生植物4579种（海南特有植物483种），外来栽培植物1294种，外来逸生及归化植物163种（其中外来入侵植物57种）。

《海南植物图志》共分十四卷，第一卷为蕨类植物，第二卷至第十一卷为裸子植物和双子叶植物，第十二卷至第十四卷为单子叶植物。本图志的每一卷文中的野外鉴别关键特征和附录中的海南植物各科的野外经验检索，可为读者查阅所拍摄到的图片或采集到的标本所属科的野外初步鉴定提供参考。

《海南植物图志》不仅具有植物生物学特性的描写，还配有线条图和彩图，方便读者鉴定。

本书可供植物区系学、植物地理学、植物分类学、植物生态学、植物资源学、森林生态学、植物多样性保护、农业、林业、园林园艺、环境保护、医药卫生、海关等相关专业师生和部门决策者参考使用。

图书在版编目（CIP）数据

海南植物图志. 第6卷 / 杨小波等编著. —北京：科学出版社

ISBN 978-7-03-044591-9

Ⅰ. ①海… Ⅱ. ①杨… Ⅲ. ① 植物志－海南省－图谱
Ⅳ. ①Q948.526.6-64

中国版本图书馆CIP数据核字（2015）第124802号

责任编辑：韩学哲 孙 青 / 责任校对：鲁 素
责任印制：肖 兴 / 封面设计：陈 敬

科学出版社 出版
北京东黄城根北街16号
邮政编码：100717
http: //www. sciencep. com

北京利丰雅高长城印刷有限公司 印刷

科学出版社发行 各地新华书店经销

*

2015年6月第 一 版 开本：787 × 1092 1/16
2015年6月第一次印刷 印张：26 1/4
字数：622 000

定价：280.00元

（如有印装质量问题，我社负责调换）

作者简介

杨小波，男，1962年9月14日生，海南省海口市演丰人。1985、1993和1996年分别本科、硕士、博士毕业于中山大学植物学专业，获得博士学位，1998年中国科学院南京土壤研究所农学博士后流动站出站，曾在德国和日本访学。现为海南大学二级教授，博士生导师，海南大学植物学博士点和植物学国家级重点学科负责人，中国生态学会常务理事，海南省生态学会理事长，海南植物学会副理事长，海南省环境学会副理事长。主持973计划前期专项、国家自然科学基金、国家科技支撑计划子课题等省部级项目30多项。发表学术论文130多篇，第一作者或通讯作者80多篇，其中SCI收录6篇，EI收录3篇，CSSCI收录2篇。出版著作15部，其中第一作者8部，在这8部著作中，有影响的著作有《海南植物名录》（科学出版社，2013），《海南岛陆域国家级森林生态系统自然保护区森林植被研究》（科学出版社，2011），《城市生态学》（科学出版社，2000，2006，2014，发行近6万册）和《农村生态学》（中国农业出版社，2008）。曾获海南省科技进步奖一等奖1项（第一完成人）、二等奖3项（其中一项为第一完成人，两项为参与者）、三等奖2项（第一、第二完成人）。获国务院特殊津贴专家、省优专家、省级教学名师、省优秀教师、省先进科技工作者、省青年科技奖、省“515”人才第一层次人选、省委省政府直接联系重点专家、海南大学首届十佳教师等称号，为2007年全国精品课程、2009年国家教学团队和2013年国家精品课程资源共享平台负责人。

《海南植物图志》编著委员会

主 编 著 杨小波

副主编著 李东海 陈玉凯 罗文启 林泽钦 龙文兴 莫燕妮 廖文波 林文智
杨众养 岳 平 陈宗铸 李应杰

编著委员会成员（按姓氏笔画顺序排序）

植物资源、植物分类与森林生态专业：

韦毅刚 冯丹丹 宋希强 吕晓波 刘子金 杨小波 杨东梅 杨好伟
杨宇明 李东海 李 敏 陈玉凯 张育霞 吴友根 吴庭天 罗文启
林文智 林泽钦 赵一鹤 唐绍清 黄 瑾 黄 勃 覃海宁 廖文波

林业与树木专业：

万春红 龙 成 杨众养 杨胜莲 陈 庆 陈宗铸 李向阳 周亚东
周文嵩 周 婧 洪小江 陶 楚 黄金诚

自然保护区与生态环境专业：

王清奎 方 林 邓 勤 龙文兴 卢 刚 刘艳玲 邢莎莎 张孟文
苏文拔 苏文学 杨 琦 李苑菱 李英英 岳 平 莫燕妮 彭绍兵
熊梦辉

园林与栽培植物：

王茜茜 李应杰 李 丹 朱国鹏 张 凯 张彩凤 张萱蓉 郑文泰
黄青良

第一卷主要完成人： 杨东梅 罗文启 杨小波 李东海 陈玉凯 林泽钦
第二卷主要完成人： 杨众养 杨小波 李东海 陈玉凯 罗文启 杨胜莲
第三卷主要完成人： 杨小波 李东海 陈玉凯 罗文启 林泽钦 龙文兴
第四卷主要完成人： 李东海 陈玉凯 杨小波 龙文兴 罗文启 林泽钦
第五卷主要完成人： 杨小波 陈玉凯 李东海 龙文兴 罗文启 林泽钦
第六卷主要完成人： 李东海 陈玉凯 杨小波 罗文启 林泽钦 林文智
第七卷主要完成人： 杨小波 龙文兴 李东海 陈玉凯 罗文启 林泽钦
第八卷主要完成人： 陈玉凯 杨小波 李东海 龙文兴 罗文启 林泽钦
第九卷主要完成人： 杨小波 龙文兴 李东海 陈玉凯 罗文启 林泽钦
第十卷主要完成人： 陈玉凯 杨小波 龙文兴 李东海 罗文启 林泽钦
第十一卷主要完成人： 杨小波 李东海 陈玉凯 朱国鹏 罗文启 林泽钦
第十二卷主要完成人： 杨小波 李东海 陈玉凯 吴友根 罗文启 林泽钦
第十三卷主要完成人： 宋希强 杨小波 卢 刚 黄青良 李东海 陈玉凯 罗文启
第十四卷主要完成人： 杨小波 李东海 陈玉凯 杨宇明 罗文启 林泽钦

说明:《海南植物图志》每一卷成果由杨小波负责解释。杨小波从1991年起开展这项工作，一直得到钟义、黄世满与符国瑗等老一代植物学工作者的帮助。2005年后他带领李东海、陈玉凯（2008年参与）等人共同完成，到2011年后，邀请海南省、广东省、广西壮族自治区、云南省、台湾省、北京市、湖南省等共62位学者一起完成编著工作。其中，宋希强为第十三卷第一完成人，负责部分兰科植物的图片拍摄和审查兰科植物彩图的准确性，其他兰科植物及这一卷的其他科的工作主要由杨小波、卢刚等完成。其他各卷工作的完成情况，均由各卷的主要完成人等共同完成。

序

森林植被的研究工作，记得在海南尖峰岭开展森林植被的样方调查时，最令人头痛的是认种问题，认种是最大的难题。大家都说要是有一部图谱多好。好在《海南植物志》是我国当时最早较完整的省级植物志，配有1000多张手绘图，《海南植物志》成为我们野外工作的必用工具书，也为我们完成《海南尖峰岭森林生态系统研究》打下了良好的基础。我是1991年出版该书的，1992年收到了杨小波同志的一封信，让我送一本《海南尖峰岭森林生态系统研究》给他。当时我还不认识他，但他那真挚的求知欲感动了我，我就从自存的几部书里给他寄去了一本。从此，我交上了这位年轻的朋友。这些年来，我到海南都和他见面聊一聊，或与他一起出差野外。他来北京也会到我家或办公室聊天，主要的话题都离不开海南的森林植被与森林植物资源。我告诉他，在海南从事森林生态研究，一定要认识植物，否则很难完成。也可能是对热带故乡的热爱，杨小波从本科到博士都在南方的中山大学读书，师从我的几位朋友。他的老师张宏达教授、王伯荪教授和胡玉佳教授等都是曾经在海南工作过的早期杰出的森林生态学家，因此，他的热带植物分类学和森林生态学基础很好，这为他后来从事海南森林生态学研究打下了良好的基础。但我想不到的是，他在从事森林生态学研究的过程中，刻苦认真细致地认识了海南的植物。今天看到他带领其团队完成了记录6000多个种的《海南植物图志》感到万分的惊喜与难得。该书的出版具有深远的科学意义与社会意义，具有巨大的潜在经济价值。①它基本摸清了海南植物家底，自然分布的野生植物种类与分布规律；②弄清了海南植物拉丁学名修订的种类现状；③更新和考证了已经记录的植物种类的准确数据；④更新和弄清了特有、珍稀濒危植物种类；⑤更新和弄清了逸生、归化及外来入侵植物的种类；⑥系统地了解了野生及引种的而未逸生及归化的栽培植物（以下简称栽培植物）的动态变化；⑦为今后的“植物图志”类的编写树立了样板。该书将成为海南从事森林生态学研究、植物资源学研究、植物资源保护研究等工作者不可缺少的查阅工具，成为植物学普及与宣传的重要学习图谱。

记得在2004年，我与中国科学院、中国工程院的其他几位院士、专家一起考察海南的陆海生物资源，当时就提出搞清楚海南到底有多少种植物是一件不容易的事，而且熟悉海南岛植物的老专家已相继离世，感到年轻的却后继无人。海南岛植物种类的研究历史悠久，对海南岛植物的全面深刻认识有一个长期积累过程。最早在海南岛进行植物采集的是瑞典人，以后依次是英国、法国、美国、日本等国的研究者，其中，研究成果较突出的是美国植物学家E.D.Merrill和中国著名植物学家陈焕镛先生。

1964~1977 年出版完成的《海南植物志》（I~IV 卷），共记录了维管束植物 3581 种，其中，蕨类植物 362 种，种子植物 3219 种；1994 年出版的《海南及广东沿海岛屿植物名录》对《海南植物志》有所修正和补充，记录种子植物 3874 种；2004 年出版完成的《中国植物志》第 2~80 卷的资料，对海南植物的一些种、属进行归并及补充，记录海南植物 3500 种；2011 年出版完成的《广东植物志》第 1~9 卷的资料，对海南分布的植物进一步进行补充，记录植物 4196 种；*Flora of China* 第 2~25 卷的资料，记录海南植物 4145 种；2012 年出版的《海南植物物种多样性编目》，记录植物 5108 种。《海南植物图志》的作者，经过全面调查和对文献的收集与评述，总结海南有历史记载分布的植物种类达到 6036 种，是目前记载种类数目最多的。每一个种都有出处和分布区域，经得起考证，该书把海南有多少种植物基本摸清，为人类认识海南植物提供了最基础的资料。所以，这是一项了不起的贡献。

自《广州植物志》和《海南植物志》出版后，中国出版了很多植物志，其中最有影响的是《中国植物志》和 *Flora of China*，特别是后者，让《中国植物志》走向了世界。《中国植物志》和 *Flora of China* 的出版来源于地方植物志，也为地方植物志的完善提供了平台，尤其是 *Flora of China* 修订或合并了一些植物种类，各地方植物志可能都要在 *Flora of China* 成果的基础上进行一次大的修订。《海南植物图志》是在这些成果基础上，对《海南植物志》进行的一次较大的修订，并结合作者对物种的认识，全面补充了《海南植物志》（3581 种）遗漏的 2000 多种植物（含变种与亚种）特征的描写。

令我最惊喜的是，作者经过 20 多年努力完成的《海南植物图志》，几乎每一种植物都配有彩图或线条图，所附的线条图引用各植物志或图鉴，确保了准确性，彩图基本为作者拍摄和鉴定，少部分引用的也给出出处，便于读者参考阅读，具有很强的科学性。目前全世界出版过各类植物图谱，但多是常见植物或某一类（科）植物的图谱。这类图谱，中国也出版了不少，仅海南就有《海南禾草志》、《海南莎草志》、《海南岛野生兰花图鉴》、《黎族药志》（第一册、第二册）、《中国黎药志》、《海南岛天然抗癌本草图鉴》（第一卷）、《海南中药资源图集》（第一、二集）、《海南园林观赏植物》、《海南浆纸林林下植物彩色图鉴》、《中国植胶区林下植物》（海南卷）、《海南岛主要经济木本植物》、《海南热带雨林主要经济树木彩色图鉴》（上、中、下册）、《海南热带雨林主要立木树皮彩色图鉴》（上、下册）、《海南岛国家省重点保护野生植物原色图鉴》、《海南吊罗山野生植物彩色图鉴》、《中国热带雨林地区植物图鉴——海南植物》等，在这些著作中，多的收集了 3400 多种植物的彩图，少的有 100 多种植物彩图，这些成果为系统完整地完成《海南植物图志》打下了良好的基础。《海南植物图志》共记载、描述和图示了海南历史上记录的 6036 种植物。

我对《海南植物图志》的出版表示热烈祝贺，并对杨小波好友和为此贡献的他的团队表示感谢。为此，我乐意提笔为序，以表贺意和心中油然而生的感慨。

2014 年 6 月 2 日

前　言

海南省主体陆地是海南岛，海南岛是中国仅次于台湾岛的第二大岛，总面积约 3.39 万 km^2，由于地处热带北缘，自然条件优越，植被生长快，植物资源十分丰富。尤其是岛屿界限明确，与其他陆地（岛屿或大陆）存在隔离，其隔离分化机制对岛屿生物多样性的形成具有重要意义，这为岛屿物种特有度普遍较高的现象所证实，而且许多生态和进化过程在岛屿上的效应较明显。因此，长期以来受到生物地理学和生态学研究的重点关注，被中国政府列为国家优先保护地区，其岛屿的南部也已作为中国 11 个生物多样性关键地区之一和 33 个优先保护地区之一，是中国生物多样性保护最具价值和最有潜力的地区之一。

海南岛位于 18°10′~20°10′N，108°37′~111°03′E，北隔琼州海峡，与我国大陆的雷州半岛相对；西濒北部湾，与越南遥遥相望；南和东南与辽阔的南海和太平洋相邻。海南岛总面积 33920km^2，环岛海岸线长 1618km。

海南岛地质基底以花岗岩为主，局部地区有玄武岩、页岩、砂岩和石灰岩。中生代后期，由于陆台复活，大规模岩浆岩活动构成了花岗岩弯窿地貌形态，形成东北—西南走向断带地貌，以后经长期风化、侵蚀、割裂，周围地区继续沉降，形成现今中间高周围低、呈不对称环状分布的地貌特征。中部块状山地主要由火成岩形成，其中以花岗岩为主，山地外延的河谷盆地，除花岗岩外，尚有变质岩和沉积岩。北部和东北部为第 3 纪末与第 4 纪火山爆发的熔岩台地，多为玄武岩和安山岩。海南岛四周沙滩平地为新老沉积物，以波浪和沿岸河流所带来的沙土形成滨海沙荒。

海南岛是在白垩纪燕山造山运动时期由于大量花岗岩的侵入而逐渐隆起为山地，最后在第 3 纪末期至第 4 纪由于琼州海峡的形成而与大陆分离，为一个与大陆分离较晚的岛屿。全岛轮廓为椭圆形，岛内地形复杂，从中部向四周依次为山地、丘陵、台地和平原等组成顺序逐级递降，构成层状垂立分布和环状水平分布带，山地和丘陵是海南岛地貌的核心，占全岛面积的 38.7%。山地土要分布在岛中部偏南地区，山地中散布着丘陵性的盆地；丘陵主要分布在岛内陆和西北、两南部等地区。在山地丘陵周围，广泛分布着宽窄不一的台地和阶地，台地和阶地约占全岛面积的 49.5%。环岛多为滨海平原，其面积占全岛总面积的 11.2%。海南岛的山脉多数海拔在 500~800m，实际上是丘陵性低山地形。海南岛的山分属三大山脉，即五指山脉、鹦哥岭山脉和雅加大岭山脉。五指山脉位于岛中部，主峰海拔 1867.1m，是海南岛最高的山峰；鹦哥岭山脉位于五指山西北，主岭海拔 1811.6m；雅加大岭山脉位于岛西部，主峰海拔 1519.1m。在海南海拔超过 1500 m 的山峰有五指山、鹦哥岭、俄贤岭、猴狲岭、雅加大岭、吊罗山等。

海南岛位于印度尼西亚 – 马来西亚热带区的北缘，地处热带、亚热带，属季风热带气候区域，是我国最具典型热带气候的地方。其特点是：光照足，热量丰富，雨量充沛。年平均气温 22~26℃。中部山区气温较低，西南部较高。1~2 月为最冷月，平均气温 16~24℃，极端最低气温 -1.4℃；7~8 月为气温最高月，平均气温 25~29℃，极端最高温 40℃。

受东南季风控制，上半年吹偏南风，下半年吹偏北风。全岛年平均降水量 1500~2000mm。琼中县东部和万宁县西部山区年降水量高达 3000mm 左右，为全岛降雨中心（五指山南坡最多年份达到 5525.5mm）；西南部沿海八所至莺歌海一带为干旱区，雨量极少，为 1000mm 左右，其中东方县最少年份仅有 275mm。雨水主要来源于夏季和秋季季风雨和台风雨，台风带来每年 1/3 的雨量。每年 5~6 月为夏季季风雨降雨高峰；8~10 月为台风雨降雨高峰。两个降雨高峰期的雨量占全年降水量的 70% 以上，冬、春两季雨量少，往往造成部分地区春旱。总之，海南岛干湿季明显，自 11 月至翌年 4 月是旱季，而 5~10 月是雨季。海南岛是多台风地区。台风大多数从菲律宾吕宋岛附近南海海面上形成，向海南岛的东部和东北部袭击，穿过海南岛进入北部湾。

海南岛的天然土壤可划分为 6 个大类，16 个亚类。这些土壤在岛上有一定的分布规律。在水平区域分布上，中部湿润山区主要是黄壤，黄壤成土母质是花岗岩。周围低山、丘陵和台地是赤红壤、砖红壤和燥红土等。在北部丘陵台地，则分布有砖红壤亚类的铁质砖红壤，成土母质是玄武岩。其余砖红壤亚类，如黄色砖红壤、褐色红壤和硅铝质砖红壤等则分布于黄壤区的外围，以东北部和东南部较广。西南部边缘台地是燥红土。围绕全岛周边海岸的是滨海沙土。

海南岛由于受地形的影响，发育有众多河流，组成放射状水系。全岛独流入海的河流有 154 条，集雨面积大于 100km^2 的河流有 95 条，大于 3000 km^2 的河流有南渡江、万泉河和昌化江，称为海南岛三大河流，集雨面积之和占全岛总面积的 47%。其中南渡江全长 334km，集雨面积 7033 km^2，发源于白沙县南开地区，斜贯岛北部至海口市三联村入海。昌化江全长 232 km，集雨面积 5150 km^2，发源于五指山西北麓，流经琼中、保亭、乐东、东方至昌化港入海。万泉河全长 157km，集雨面积 3693 km^2，发源于五指山林背村南，流经琼中、琼海至博鳌港入海。集雨面积在 1000~2000 km^2 的有陵水河、珠碧江、宁远河；集雨面积在 500~1000 km^2 的有望楼河、文澜河、北门江、太阳河、藤桥河、春江和文教河等。

较为复杂的自然环境及岛屿生态系统的特殊性，孕育出的水平地带性植被类型有热带雨林、季雨林；非地带性植被类型主要有滨海丛林、河岸丛林、灌丛、草地、红树林和海草床等，典型的区域的垂直地带性植被类型有低地雨林、山地雨林、高山云雾林（山地矮林）及山顶灌丛等多种类型。各植被类型均发育有丰富的植物种类资源，如五指山、尖峰岭及吊罗山等主要山区森林植被均分布有2000多种维管束植物，而且有一定的差异性。到目前海南省被人类所记录的植物种类达6036种（含栽培种）。在海南植物中，最大的是禾本科，兰科、蝶形花科、莎草科、茜草科、大戟科和樟科等种类也很丰富，这些科植物都是世界或热带亚热带广布的大科。概括起来，可以认为海南植物多样性的主要特点有：①海南地质历史时期久远，热带气候盛行太平洋季风，雨量充沛，土壤类型多样，垂直分布绝对高度1867.1m，是形成海南区系多样性的优越条件，具备热带、亚热带及温带的植物成分，是全国最具多样性的地理区之一；②蕨类植物多样性是与古热带的历史及环境相一致的。其中一大部分是古生代的孑遗成分，特有种多，堪与亚洲其他典型的热带地区媲美，在中国植物区系当中，表现出最大的多样性；③裸子植物在地球植物区系当中多集中于寒温带，热带地区有特定的科属，它们在海南有足够的代表，表现出热带裸子植物的多样性；④其被子植物表现出高度的多样性。具备全热带成分，古热带成分，亚洲热带成分，全球分布成分，华夏成分，北温带成分，东亚—北美成分，南美热带成分均有代表。尤以全球热带及全球成分最具多样性。比全热带地区多了亚热带及温带成分，比亚热带及温带地区多了热带成分。

为了识别海南植物资源，经过众多植物科学工作者的共同努力，由中国近代植物分类学的开拓者和奠基者之一陈焕镛先生主持编著，出版了《海南植物志》。该志1~4卷分别于1964年、1965年、1974年、1977年出版，该志的出版是继《广州植物志》(1956)之后的中国第二部地方植物志，也是中国最早的省级植物志之一，为《中国植物志》的编写奠定了重要基础。继《海南植物志》之后，《广东植物志》、《中国植物志》及最近完成出版的*Flora of China*等都记载和描述到海南植物。特别是《南沙群岛及其邻近岛屿植物志》(邢福武和吴德邻，1996)调查与记载了南沙群岛及邻近西沙群岛和东沙群岛野生及常见栽培植物，补充了《海南植物志》在南海诸岛的资料空缺；同时期，海南师范大学的钟义教授和海南林业厅的符国瑷教授等对海南植物资源的调查研究，做出了巨大的贡献。《海南禾草志》(刘国道，2010)、《海南莎草志》(刘国道，2012)等较全面调查与记录了在海南分布的野生及引种栽培的禾亚科植物和莎草科植物，丰富和发展了海南植物这两科的分类基础工作。《海南禾草志》和《海南莎草志》还附有较清晰的彩图，成为在海南从事禾亚科和莎草科分类工作、生态调查及资源开发利用等的必读工具书。另外，关于海南植物图谱（鉴）的书籍很多，较有影响力的书籍有《海南岛野生兰花图鉴》(尹俊梅，2005)，记录了141种兰科植物;《黎族药志》(第一册、第二册)(戴好富，2008，2010)，图示海南黎族药用植物400种，并对药用成分进行了较为详细的描述;《中国黎药志》（海南食品药品监督管理局，2011），图示海南药用植物 100 多种；《海南岛天然抗癌本草图鉴》（第一卷）（庞玉新和王祝年，2009）、《海南中药资源图集》（第一集、第二集）（代正福，2010，2012），图示 600 种常见药用植物；《海南园林观赏植物》（江长桥和谢盛强，2005），图示并描述了 200 多种园林观赏植物；《海南浆纸林林下植物彩色图鉴》（秦新生，2010）、《中国植胶区林下植物》（海南卷）（谢贵水，2013）分别记录了海南两大人工林林下常见植物 500 多种。这里要特别提到海南本土植物学家符国瑗先生编写出版的《海南岛主要经济木本植物》（1999）、《海南热带雨林主要经济树木彩色图鉴》（上册、中册、下册）（2008）、《海南热带雨林主要立木树皮彩色图鉴》（上册、下册）（2012）及《海南岛国家省重点保护野生植物原色图鉴》等图鉴，共图示或记录了海南热带雨林主要立木 400 多种。符国瑗的工作打开了热带雨林立木彩色图鉴之门。后续出版了达到 1000 多种海南热带植物图鉴的《海南吊罗山野生植物彩色图鉴》（秦新生，2013）及 3400 多种的《中国热带雨林地区植物图鉴——海南植物》（邢福武，2014）等，为海南植物的分类与科学普及奠定了基础。尽管《海南植物图志》早在 20 年前开始工作，但以《海南植物志》为核心的各式各样的植物志、植物图谱（鉴）的出版，为《海南植物图志》的修改完善提供了良好的基础。

那么，海南有历史记录分布的植物有多少？海南岛植物种类的研究历史悠久。最早在中国海南岛进行植物采集的是瑞典人，以后依次是英国、法国、美国、日本等国的学者，其中，研究成果较突出的是美国植物学家 E.D.Merrill；中国著名植物学家陈焕镛于 1919 年开始在海南岛进行野外采集和研究，随后，从 20 世纪 50 年代初期开始，国内许多学者开始对海南岛进行较大规模的植被考察及植物分类学研究。

人们所认识的海南野生及栽培植物的物种数量变化主要体现在以下 4 个历史时期。

第一个时期：1964~1977 年出版完成《海南植物志》（I~IV 卷），共记录了维管束植物 3581 种（以下简称为植物）。其中，蕨类植物 362 种、种子植物 3219 种。

第二个时期：自 1977 年出版完成《海南植物志》到 1994 年年底，吴德邻主编完成的《海南及广东沿海岛屿植物名录》对《海南植物志》有所修正和补充，记录种子植物 3874 种。其中，新增野生植物 599 种，隶属于 154 科 412 属；新增栽培植物 231 种，隶属于 63 科 144 属。新增野生植物物种数大于 5 种的有 26 科 348 种，占新增野生种总数的 58.1%，新增野生种类前五大科为 Orchidaceae 39 种、Gramineae 35 种、Euphorbiaceae 23 种、Lauraceae 22 种、Papilionaceae 21 种；新增栽培植物物种数大于 5 种的有 6 科 105 种，占新增栽培植物总数的 45.5%，新增引种种类前五大科为 Cactaceae 63 种、Mimosaceae 12 种、Palmae10 种、Amaryllidaceae 8 种、Pinaceae 6 种。

第三个时期：1995~2004 年年底。随着海南植被考察与研究的不断深入，海南岛分布的植物物种数也在不断更新，2004 年出版完成的《中国植物志》第 2~80 卷的资料，对海南植物的一些种、属进行了归并及补充，记录植物 3500 种。其中，新增海南野生植物 433 种，隶属于 118 科 277 属；新增栽培植物 351 种，隶属于 85 科 221 属。新增野生植物物种数大于 5 种的有 21 科 231 种，占新增野生种总数的 53.3%，其中新增野生种类前五大科为 Orchidaceae 39 种、Fagaceae 24 种、Rubiaceae 20 种、Euphorbiaceae 14 种、Gramineae 13 种；新增栽培植物种类大于 5 种的有 17 科 212 种，占新增栽培植物总数的 60.4%，其中新增引种种类前五大科为 Myrtaceae 41 种、Palmae 34 种、Gramineae 20 种、Papilionaceae 16 种、Mimosaceae 11 种。

第四个时期：从 2005 年至今。2011 年出版完成的《广东植物志》第 1~9 卷的资料，对海南分布的植物作了进一步的补充，记录植物 4196 种；2012 年年初出版的《海南植物物种多样性编目》，记录植物 5108 种；目前已出版的 *Flora of China* 第 2~25 卷的资料，记录植物 4145 种；有一些著作或文章收录了一些保护区、地区及某一类群的植物。随着研究的深入，海南植物物种的多样性也越来越清晰，但是直到现在仍然没有一个准确而系统的数据。在这一时期，新增海南野生植物 611 种，隶属于 134 科，384 属；新增栽培植物 401 种，隶属于 87 科 273 属。新增野生植物物种数大于 5 种的有 27 科 411 种，占新增野生种总数的 67.2%，其中新增野生种类前五大科为 Orchidaceae 72 种、Gramineae 49 种、Rubiaceae 35 种、Asteraceae 31 种、Cyperaceae 23 种；新增栽培植物物种数大于 5 种的有 14 科 264 种，占新增栽培植物总数的 65.8%，其中新增引种种类排名前五大科为 Palmae 110 种、Orchidaceae 21 种、Asteraceae 和 Gramineae 各 20 种、Liliaceae 14 种。

对比 4 个不同时期新增植物资源状况可知，各个时期野生植物新增种数均较多的科主要有 Orchidaceae、Gramineae、Euphorbiaceae、Rubiaceae 等，各个时期栽培植物新增种数均较多的科主要有 Palmae、Gramineae、Euphorbiaceae、Mimosaceae、Papilionaceae、Caesalpiniaceae、Apocynaceae 等；而海南的野生、引种栽培种数增加最多的是在第四个时期，即 2005~2014 年。

综合分析关于记录海南植物种类的各类文献（详见参考文献），主要有 *Flora of China*、《中国植物志》、《广东植物志》、《海南植物志》、《海南禾草志》、《海南及广东沿海岛屿植物名录》（吴德邻，1994）、《海南植物物种多样性编目》（邢福武，2012）、《海南岛尖峰岭地区生物物种名录》（曾庆波，1995）、《中国医学科学院药用植物研究所海南分所南药园植物名录》（中国医学科学院药用植物研究所海南分所，2007）、《海南中药资源名录》（代正福，2009）、《海南药用植物名录》（王祝年，2009）。

目前中国海南岛有本地野生植物种类 4579 种，与中国台湾岛、日本、菲律宾、马达加斯加相比，由于面积较小，野生植物低于中国台湾岛的 5622 种、日本的 5629 种、菲律宾的 9555 种、马达加斯加的 10 782 种，符合岛屿生物地理学理论中的“面积效应”，而中国海南的种密度与中国台湾相近，分别为 0.14 种 /km^2、0.16 种 /km^2，日本、菲律宾和马达加斯加的种密度相近，分别为 0.01 种 /km^2、0.03 种 /km^2 和 0.02 种 /km^2。另外，与中国内陆植物多样性第一的云南省相比，海南省野生植物的物种密度也高于云南省，目前海南省维管束植物 6036 种，占中国植物总数的 19.4%。以上充分显示了海南省丰富的植物多样性。植物优势科比较明显，多数为热带、泛热带分布的科，这与海南省所处的地理位置以及由此形成的生态环境特点密切相关。

目前海南特有植物有 483 种，仅占海南野生植物总数的 10.5%，其特有种所占野生植物的比例低于其他一些热带岛屿，如中国台湾（19.3%）、菲律宾（62.8%）、马达加斯加（82.4%），这与海南岛成岛的历史较短、距离大陆较近有关。另外，海南特有植物的密度为 0.014 种 /km^2，与同类型岛屿的中国台湾 (0.030 种 /km^2)、马达加斯加 (0.015 种 /km^2) 相近。目前，海南的珍稀濒危植物有 512 种，占野生植物总数的 11.1%。同样，其他地区，如中国台湾有珍稀濒危植物 1725 种，占其野生植物总数的 30.7%。目前，珍稀濒危植物较多的原因与原生植被受人为干扰频繁密切相关；在海南的珍稀濒危植物中，有 137 种为海南特有植物，占总数的 26.9%，而极危和濒危植物中约 50% 为特有植物；同样，在中国台湾地区的珍稀濒危植物中，有 27.8% 为特有植物，而极危和濒危植物中约 80% 为特有植物。这表明植物特有现象与其珍稀濒危程度存在密切的相关性，对特有的珍稀濒危植物的研究及其保护应是今后保护生物多样性的重点内容。

目前海南有逸生及归化植物 163 种、外来入侵植物 57 种，均低于邻近的广东、广西、云南、台湾、澳门，进一步的对比发现，在外来入侵植物的种类上，海南与广东共有种数最多，有 47 种，接下来依次是广西 (36 种)、云南 (33 种)、澳门（30 种)，与台湾共有种最少（9 种)。这些地区之间外来入侵植物种类存在一定的相似和差异，可能是由于海南与广东、广西、云南、澳门在地理位置上相毗邻而利于物种之间的传播，而与台湾相隔距离较远不利于物种之间的传播有关。本地野生植物生活型以草本为主，而这些草本植物也是构成外来入侵植物的主体，其中，在入侵的草本植物中菊科种类最多，为 16 种，占总数的 25.4%，这与菊科的分布范围广、易传播、繁殖力强等特性密切相关。

历史记录到今天，海南分布有 6036 种维管束植物，历史上最完整的《海南植物志》共描写了 3581 种（其中已经被 *Flora of China* 归并了 143 种），附有 1272 种的手绘图。《中国热带雨林地区植物图鉴——海南植物》彩色图示了 3404 种（含 22 亚种，108 变种，1 变型，9 栽培品种，7 个杂交种）（其中已被 *Flora of China* 归并了 23 种）。《海南植物志》被 *Flora of China* 归并后的种数为 3438 种，所记录的植物种数占海南有记录的植物种数（6036 种）的 56.9%，因此，无论从植物志的补遗，还是图谱（鉴）的全面普及，都有必要在前人的工作基础上出版一套较完整的《海南植物图志》，不仅具有形态特征的描写，而且带有图像，达到方便植物学专业人士的检索和鉴定及全社会普及的目的。本课题组经过 20 多年的努力，完成了 80% 的植物种类彩图的拍摄，并在此基础上，把海南所有有历史记录的植物种类的描述与图像结合为一体，完成出版了这部《海南植物图志》，以飨广大读者。

本图志共分 14 卷，各科的排列顺序为蕨类植物以秦仁昌 1978 年系统结合 *Flora of China* 编排，裸子植物按郑万钧、傅立国 1977 年《中国植物志》系统编排，被子植物按哈钦松 1926 年、1934 年系统编排。其中，《海南植物志》曾有记载的 42 科已被 *Flora of China* 归并，分别为：石杉科归并于石松科，阴地蕨科、七指蕨科归并于瓶尔小草科，竹叶蕨科、铁线蕨科、卤蕨科、中国蕨科、裸子蕨科、水蕨科、车前蕨科和书带蕨科归并于凤尾蕨科，姬蕨科、蕨科、稀子蕨科归并于碗蕨科，光叶藤蕨科归并于乌毛蕨科，槲蕨科、剑蕨科、禾叶蕨科归并于水龙骨科，舌蕨科、球盖蕨科和罗曼藤蕨科归并于鳞毛蕨科，燕尾蕨科归并于双扇蕨科，观音座莲科归并于合囊蕨科，天料木科归并于大风子科，水东哥科归并于猕猴桃科，金丝桃科归并于藤黄科，粘木科归并于古柯科，鼠刺科和绣球科归并于虎耳草科，含羞草科、苏木科和蝶形花科归并于豆科，榛木科归并于桦木科，希藤科归并于卫矛科，肉实科归并于山榄科，越桔科归并于杜鹃花科，杠柳科归并于萝藦科，茨藻科和角果藻科归并于丝粉藻科，菝葜科归并于百合科，龙舌兰科和仙茅科归并于石蒜科，假兰科归并于兰科。

本图志在分卷时，尽可能考虑将同一类群植物放在一卷，但考虑到每一卷的页码数，有的同一类群植物会分开在不同卷中，各科的分布情况如下：

第一卷为蕨类植物共计 33 科；

第二卷为裸子植物，以及双子叶植物的木兰科、八角科、五味子科、番荔枝科、樟科、莲叶桐科、肉豆蔻科、毛茛科、睡莲科、金鱼藻科、小檗科、木通科、防已科、马兜铃科，共计 23 科；

第三卷为双子叶植物的猪笼草科、胡椒科、三白草科、金粟兰科、罂粟科、白花菜科、辣木科、伯乐树科、十字花科、堇菜科、远志科、景天科、茅膏菜科、河薹草科、沟繁缕科、石竹科、粟米草科、番杏科、马齿苋科、蓼科、商陆科、藜科、苋科、落葵科、蒺藜科、牻牛儿苗科、酢浆草科、凤仙花科、千屈菜科、海桑科、安石榴科、柳叶菜科、小二仙草科、瑞香科、紫茉莉科、山龙眼科、第伦桃科、海桐花科、红木科、大风子科、柽柳科、西番莲科、葫芦科、秋海棠科、番木瓜科、仙人掌科，共计 46 科；

第四卷为双子叶植物的山茶科、五列木科、猕猴桃科、金莲木科、钩枝藤科、龙脑香科、桃金娘科、玉蕊科、野牡丹科、使君子科、红树科、藤黄科、椴树科、杜英科、梧桐科，共计 15 科；

第五卷为双子叶植物的木棉科、锦葵科、金虎尾科、古柯科、大戟科、交让木科、小盘木科、虎耳草科、蔷薇科、毒鼠子科，共计 10 科；

第六卷为双子叶植物的豆科，共计 1 科；

第七卷为双子叶植物的金缕梅科、黄杨科、杨柳科、杨梅科、桦木科、壳斗科、木麻黄科、大麻科、榆科、桑科、荨麻科、冬青科、卫矛科，共计 13 科；

第八卷为双子叶植物的茶茱萸科、刺茉莉科、铁青树科、山柑科、桑寄生科、檀香科、蛇菰科、鼠李科、胡颓子科、葡萄科、芸香科、苦木科、橄榄科、楝科、无患子科、槭树科、清风藤科、省沽油科、漆树科、牛栓藤科、胡桃科、山茱萸科、八角枫科、蓝果树科、五加科，共计 25 科；

第九卷为双子叶植物的伞形科、山柳科、杜鹃花科、鹿蹄草科、柿科、山榄科、紫金牛科、安息香科、山矾科、马钱科、木犀科、夹竹桃科、萝藦科，共计 13 科；

第十卷为双子叶植物的茜草科、忍冬科、菊科、龙胆科、荇菜科、报春花科、白花丹科、车前科、桔梗科、草海桐科、花柱草科、田基麻科、紫草科，共计 13 科；

第十一卷为双子叶植物的茄科、旋花科、玄参科、列当科、狸藻科、苦苣苔科、紫葳科、胡麻科、爵床科、苦槛蓝科、马鞭草科、唇形科，共计 12 科；

第十二卷为单子叶植物的水鳖科、泽泻科、霉草科、水蕹科、波喜荡科、眼子菜科、川蔓藻科、丝粉藻科、鸭跖草科、须叶藤科、黄眼草科、谷精草科、凤梨科、芭蕉科、旅人蕉科、兰花蕉科、姜科、美人蕉科、竹芋科、百合科、雨久花科、天南星科、浮萍科、香蒲科、石蒜科、鸢尾科、百部科、薯蓣科，共计 28 科；

第十三卷为单子叶植物的棕榈科、露兜树科、箭根薯科、田葱科、水玉簪科、兰科，共计 6 科；

第十四卷为单子叶植物的灯心草科、刺鳞草科、帚灯草科、莎草科、禾本科，共计 5 科。

本图志主要收录海南岛内已知的维管植物野生种及栽培种，并列出该物种在 *Flora of China*、《中国植物志》、《海南植物志》和《广东植物志》的常见拉丁异名和部分中文别名、生物学特性、岛内及国内外分布点和生境、利用。本图志中的学名与中文名主要依据 *Flora of China*，而中文名括号内的中文别名（地方名）主要参考《海南植物志》、《中国植物志》及海南当地的现行通用名，其他园林引进栽培种的异名就不再说明。拉丁名以排列在第一个的为正名，其后为拉丁异名（包括被归并的物种）。

本图志除少数种类无图片外，绝大多数种类图片来自于野外拍摄的植物原色图片，部分种类图片来自收藏的标本图片以及引自相关植物图库网站的图片（引自各图库的均在文中加以说明），为了确保植物生物学性状描写的准确性，植物生物学性状与线条图引用《中国植物志》、《海南植物志》、《广东植物志》、《中国高等植物图鉴》、《福建植物志》、*Flora of China*、《贵州植物志》、《江西植物志》、《云南植物志》、《安徽植物志》、《浙江植物志》、《西藏植物志》、《山东植物志》、《青海植物志》、《台湾生命大百科》、《秦岭植物志》、《黑龙江植物志》、《河北植物志》、《北京植物志》、*Flora of Pakistan*、*British Flora*、《澳门植物志》，其中《中国植物志》、《海南植物志》、《广东植物志》和《中国高等植物图鉴》等为主要引用文献。近年发表的新种引用其论文。在所有的原色植物图片中，约88% 为作者拍摄；约 7% 为标本图片，这些图片引自中国科学院植物研究所、昆明植物所、广西植物所、华南植物园、西双版纳植物园、成都生物所、广西大学、中山大学等标本馆；约 5% 引自《中国自然标本馆》、www.flickr.com、《植物通》等网站，这些引用都在所引图的图注处给予说明，它们的成果为本图志的完成奠定良好的基础，在此，一并感谢。另外，要感谢海南尖峰岭地区业余植物学爱好者刘猛先生、华南植物园李世晋副研究员等的大力支持。本图志中都标明每一张线条图或彩图引用出处，如果引用说明遗漏者，敬请原谅。但也有部分没有性状描述的外来种，我们依据观察的结果给予了描述，如有疏漏之处，敬请批评指正。

本图志中的海南特有种以“▲”表示；栽培种是指目前没有在本地野生分布的本地栽培种和外来栽培种，以“★”表示；逸生种是指原为本地和外来引入的栽培种而后部分从栽培逃逸为野生状态的植物，以“●”表示；归化种是指外来植物转入本地后能直接正常繁育后代，并大量繁衍成野生状态的植物，以“◆”表示；外来入侵种是指外来植物进入本地区后大量繁殖并对本地区的生态系统等造成较严重损害或影响的植物，其中外来栽培的逸生种以“●□”表示，外来归化种以“◆□”表示。上述符号均在中文名前加注。

本图志文字简洁，图文并茂，内容丰富，使用方便，可以作为植物区系学、植物地理学、植物分类学、植物生态学、植物资源学、植物多样性保护、森林生态学、农业、林业、园林园艺、医药卫生等相关专业师生，以及海关、环境保护部门等的重要参考书。

本图志主要由杨小波自 1992 年起开始着手准备，从 2005 年组建海南省内团队到组建国内团队，历经了 23 年，终于完成。除团队外，本图志还得到了以下多位同志的帮助，如海南大学的黄世满先生、海南省林业厅符国瑗先生等经常与我们一起出差野外并帮助鉴定标本，海南大学的刘康德教授、胡新文教授等在专业上的指导，海南大学章程辉教授的鼓励与支持，云南省林业科学院的司马永康研究员对本图志木兰科植物、该院的陈剑研究员和西南林业大学孙茂盛教授对禾本科竹亚科植物、厦门市园林植物园阮志平研究员对棕榈科植物的指导及部分图片的无私贡献，中国科学院植物研究所的高天刚副研究员、王锦秀副研究员及卫然博士，华南植物园董仕勇副研究员、李世晋副研究员、张奠湘研究员，西双版纳植物园的朱华研究员、杨大荣研究员等多位学者的大力支持，他们不仅帮助鉴定部分彩图，还提供了部分植物标本图片；同时还得到贵州大学的苟光前教授，昆明植物研究所魏奇硕士，云南大学丁洪波硕士和南京农业大学杨颖硕士等的部分彩图的提供；华南热带作物研究院王清隆硕士热情提供他发现的新种与新记录种图片，海南大学林师森教授、成善汉教授、余雪标教授，国家林业局桉树研究开发中心的谢耀坚研究员，海南尖峰岭地区业余植物学爱好者刘猛先生，华南农业大学秦新生教授，中国医学科学院药用植物研究所海南分所的郑希龙研究员，海南师范大学的钟琼芯教授，仲恺农业工程学院的黄玉泉教授，华南师范大学的周云龙教授，福建农林大学何中声博士、陈世平博士、中国热带农业科学院许亚良研究员及吊罗山林业局梁宜文先生等提供部分彩图等等，在此，一并表示感谢。另外作者在完成本图志的过程中，有机会得到华南植物园的邢福武研究员，中国科学院昆明植物研究所的杨世雄研究员，中国科学院台湾省宜兰大学陈子英教授，台湾林业试验所副研究员陆声山博士，海口市园林局的谢盛强高级农艺师的关心和指导，在此表示衷心的感谢。感谢 PPBC（中国植物图像库）的拍摄者们，以及 PPBC 管理者薛艳莉等帮助过我们的同志，这里还要感谢中共海南省委宣传部、海南省林业厅、海南省国土环境资源厅和海南省旅游委等单位的大力支持和帮助，感谢海南师范大学林红燕教授在图片处理技术方面的帮助。

本图志得到海南大学热带作物种质资源保护与开发利用教育部重点实验室和植物学国家级重点学科（071001）的支持，同时也得到海南大学科研处及科研专项的支持，在此表示感谢。本研究为海南省重点计划项目（06101，080801），国家自然科学基金项目（31460120、31060073、30160070），973 计划前期专项项目（2010CB134512），国家科技支撑计划项目（2008BADBOBO2-1、2012BAC18B04-3）和林业公益性行业科研专项（200904028）、海南极小种群调查研究项目、海南省国家重点保护植物调查研究项目、海南省中药普查项目（201207002-03）、教育部博士点基金项目（20094601110004）、海岸带及近海生态恢复技术与示范（2012BAC18B04-3）和海南省依据国务院办公厅《关于加强生物物种资源保护与管理的通知》下达的项目、国家级植物学教学团队项目、环保部保护区建设专项、海南省生物多样性保护战略与行动计划项目的部分内容。

在本图志的完成过程中，感谢全体成员对本工作的热情支持和帮助，尽管本图志的完成历时 20 余年，工作也非常努力，但由于作者水平有限，仍然存在很多遗漏或不完善的地方，特别是园林引进栽培种，以及一些新发表的新记录种或新种可能还有遗漏，恳请读者批评指正，谢谢。

作　者

2014 年 6 月

目录 CONTENTS

中文名称：★纹荚相思

学名： **Acacia aulacocarpa** A. Cunn. ex Benth.

科名：豆科 Fabaceae(含羞草科 Mimosaceae)　**属名：**金合欢属 Acacia Mill.

形态特征：灌木，0.5～2m 高；或小乔木，2～8(～15)m 高，单茎的或近基部很少分枝，灰蓝色树冠。树皮光滑，或在大树干上有浅裂缝。小枝，无毛。叶状柄大多近镰形，长 (3～)5～12.5cm，宽 0.7～3.5cm，无毛，有白霜至略有光泽；侧脉多，接近并行，叶枕长 4～8(10)mm。花序简单，无毛；花序长 2～6cm，金黄色。花 5 瓣；花萼短，子房密被毛。荚长 1.5～8cm，通常宽 0.8～1.5cm，直至浅弧形，沿背缝开裂，木质，有明显的树脂，红棕色。种子长椭圆形或斜，卵球形至椭圆形，长 3.5～5mm，宽 2～3mm。

野外鉴别关键特征：小枝，无毛。叶状柄大多近镰形，无毛，有白霜至略有光泽。

分布与生境：海南有栽培；东南亚有栽培。原产澳大利亚。

利用：为材用或绿化树种。

注：手绘图引自 http://www.worldwidewattle.com/speciesgallery/aulacocarpa.php.

中文名称：★大叶相思

学名： **Acacia auriculiformis** A. Cunn. ex Benth. in London J. Bot. 1: 377. 1842, 中国植物志 39: 24(1988), 广东植物志 5: 151(2003), Flora of China 10: 56(2010)

科名：豆科 Fabaceae(含羞草科 Mimosaceae)　**属名：**金合欢属 Acacia Mill.

形态特征：常绿乔木，枝条下垂，树皮平滑，灰白色；小枝无毛，皮孔显著。叶状柄镰状长圆形，长 10～20cm，宽 1.5～4(～6)cm，两端渐狭，比较显著的主脉有 3～7 条。穗状花序 1 至数枝簇生于叶腋或枝顶；花橙黄色；花萼顶端具浅裂齿；花瓣长圆形，荚果成熟时旋卷，果瓣木质，每一果内有种子约 12 颗；种子黑色，围以折叠的珠柄。

野外鉴别关键特征：叶状柄镰状长圆形，长 10～20cm，宽 1.5～6cm。

分布与生境：东方有栽培；福建、广东、广西、浙江有栽培。原产澳大利亚。

利用：为材用或绿化树种。

1. 花枝；2. 荚果。

纹荚相思 (Acacia aulacocarpa)

1. 花枝；2. 果枝；3. 花。

大叶相思 (Acacia auriculiformis)

中文名称：★尖叶相思

学名： **Acacia caesia**(Linnaeus)Willdenow, Sp. Pl. 4: 1090. 1806, 中国植物志 39: 33(1988), Flora of China 10: 55(2010)

科名：豆科 Fabaceae(含羞草科 Mimosaceae)　**属名：**金合欢属 Acacia Mill.

形态特征：攀援藤本，有倒钩状小刺；小枝及叶轴被茸毛或无毛。二回羽状复叶；总叶柄及上面几对羽片之间的叶轴上有腺体；羽片 6 ～ 8 对，长 5 ～ 8cm；小叶 8 ～ 19 对，长圆形，长 10 ～ 12mm，宽 4 ～ 5mm，先端有细尖头，两面均无毛；中脉从叶基的中部或近中部发出，然后偏向小叶片的上缘。头状花序直径不到 12mm，1 ～ 4 个一簇再排成圆锥花序；总花梗被短茸毛；花黄色。荚果直，带形，长 10 ～ 15cm，宽 2 ～ 3cm，开裂，有 8 ～ 12 粒种子，缝线直或稍波状，基部渐狭成短柄。花期 9 月。

分布与生境：三亚有栽培记录；四川、广东；南亚至东南亚广布。生于山沟、山坡树林中，攀援于大树上。

注：手绘图引自广东植物志，彩图引自 http://www.flickr.com/photos/hgmphotos/3102716048/(Flickr).

中文名称：★儿茶

学名： **Acacia catechu**(Linn. f.)Willd. Sp. P1. 4: 1079. 1806, 中国植物志 39: 28(1988), 广东植物志 5: 152(2003), Flora of China 10: 57(2010)

科名：豆科 Fabaceae(含羞草科 Mimosaceae)　**属名：**金合欢属 Acacia Mill.

形态特征：落叶小乔木，高 6 ～ 10m；树皮棕色，常呈条状薄片开裂，但不脱落；小枝被短柔毛。托叶下面常有 1 对扁平、棕色的钩状刺或无。二回羽状复叶，总叶柄近基部及叶轴顶部数对羽片间有腺体；叶轴被长柔毛；羽片 10 ～ 30 对；小叶 20 ～ 50 对，线形，长 2 ～ 6mm，宽 1 ～ 1.5mm，被缘毛。穗状花序长 2.5 ～ 10cm，1 ～ 4 个生于叶腋；花淡黄或白色；花萼长 1.2 ～ 1.5cm，钟状，齿三角形，被毛；花瓣披针形或倒披针形，长 2.5cm，被疏柔毛。荚果带状，长 5 ～ 12cm，宽 1 ～ 1.8cm，棕色，有光泽，开裂，柄长 3 ～ 7mm，顶端有喙尖，有 3 ～ 10 颗种子。花期 4 ～ 8 月；果期 9 月至翌年 1 月。

野外鉴别关键特征：托叶下面常有 1 对扁平、棕色的钩状刺。

分布与生境：海南有栽培；福建、广东、广西、台湾、云南、浙江有栽培；不丹、孟加拉国、印度、缅甸、尼泊尔、巴基斯坦、斯里兰卡、泰国有栽培。

利用：心材碎片煎汁，经浓缩干燥即为儿茶浸膏或儿茶末，有清热、生津、化痰、止血、敛疮、生肌、止痛等功能。从心材中提取的栲胶也是工业上鞣革、染料用的优良原料。木材坚硬、细致，可供枕木、建筑、农具、车厢等用。

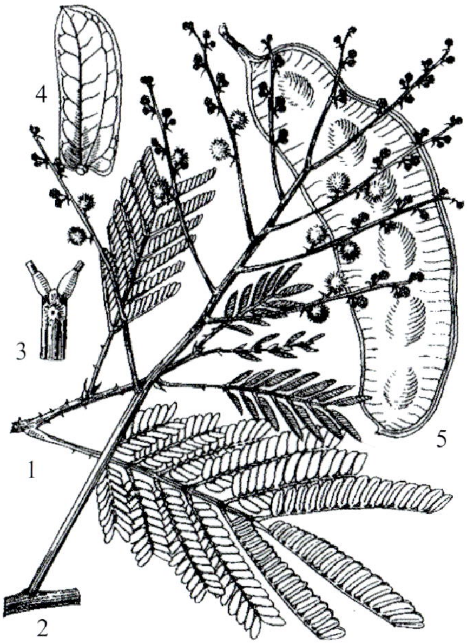

1. 叶；2. 叶序；3. 叶轴一段，示腺体；
4. 小叶；5. 果。

尖叶相思 (Acacia caesia)

儿茶 (Acacia catechu)

中文名称：藤金合欢

学名：**Acacia concinna**(Willdenow)Candolle, Prodr. 2: 464. 1825, Flora of China 10: 58(2010). ——Acacia onfuse (Lour.)Merr. in Trans. Amer. Philos. Soc. ner ser. 24(2): 181. 1935. ——Acacia sinuata(Lour.)Merr. 海南植物志 2: 211(1965), 中国植物志 39: 34(1988), 广东植物志 5: 154(2003)

科名：豆科 Fabaceae(含羞草科 Mimosaceae) **属名：**金合欢属 Acacia Mill.

形态特征：攀援藤本；小枝、叶轴被灰色短茸毛，有散生、多而小的倒刺。托叶卵状心形，早落。二回羽状复叶，长 10 ～ 20cm；羽片 6 ～ 10 对，长 8 ～ 12cm；总叶柄近基部及最顶 1 ～ 2 对羽片之间有 1 个腺体；小叶 15 ～ 25 对，线状长圆形，长 8 ～ 12mm，宽 2 ～ 3mm，上面淡绿色，下面粉白色，两面被粗毛或变无毛，具缘毛；中脉偏于上缘。头状花序球形，直径 9 ～ 12mm，再排成圆锥花序，花序分枝被茸毛；花白色或淡黄，芳香；花萼漏斗状，长 2mm；花冠稍突出。荚果带形，长 8 ～ 15cm，宽 2 ～ 3cm，边缘直或微波状，干时褐色，有种子 6 ～ 10 颗。花期 4 ～ 6 月；果期 7 ～ 12 月。

野外鉴别关键特征：小枝、叶轴被灰色短茸毛，有散生、多而小的倒刺。

分布与生境：海南；江西、湖南、广西、广东、贵州、云南。生于疏林或灌丛中。

利用：树皮含单宁，入药有解热、散血之效。

注：手绘图引自福建植物志。

中文名称：★台湾相思

学名：**Acacia confusa** Merr. in Philipp. J. Sci. 5: 27. 1910, 海南植物志 2: 210(1965), 中国植物志 39: 24(1988), 广东植物志 5: 151(2003), Flora of China 10: 56(2010)

科名：豆科 Fabaceae(含羞草科 Mimosaceae) **属名：**金合欢属 Acacia Mill.

形态特征：常绿乔木，无毛；枝灰色或褐色，无刺，小枝纤细。苗期第一片真叶为羽状复叶，长大后小叶退化，叶柄变为叶状柄，叶状柄革质，披针形，长 6 ～ 10cm，宽 5 ～ 13mm，直或微呈弯镰刀状，两端渐狭，先端略钝，两面无毛，有纵向的平行脉 3 ～ 5 条。头状花序球形，单生或 2 ～ 3 个簇生于叶腋；总花梗纤弱；花金黄色，有微香；花瓣淡绿色；雄蕊多数，明显超出花冠之外；子房被黄褐色柔毛，荚果扁平，干时深褐色，有光泽，于种子间微缢缩，顶端钝而有凸尖，基部楔形；种子 2 ～ 8 颗，椭圆形，压扁。花期 3 ～ 10 月；果期 8 ～ 12 月。

野外鉴别关键特征：在海南目前栽培的相思树里叶相对小，仅有纵向的平行脉 3 ～ 5 条。

分布与生境：海南各地有栽培；福建、广东、广西、台湾、浙江有栽培；印度、缅甸、非洲东部有栽培。原产中国台湾。

利用：荒山造林、水土保持和沿海防护林的重要树种；木材；树皮可提取单宁；花含芳香油，可作调香原料。

注：手绘图引自海南植物志。

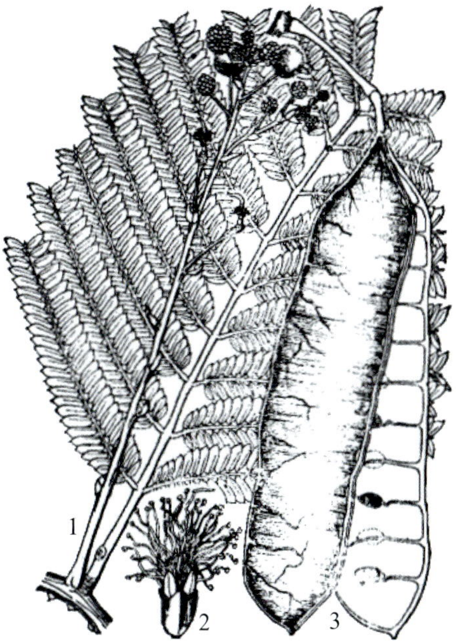

1. 花枝；2. 花；3. 果荚。

藤金合欢 (Acacia concinna)

1. 花枝；2. 花；3. 雄蕊；4. 雌蕊；5. 果枝。

台湾相思 (Acacia confusa)

中文名称：★厚荚相思（粗果相思）

学名：**Acacia crassicarpa** A. Cunn. ex Benth

科名：豆科 Fabaceae(含羞草科 Mimosaceae) **属名：**金合欢属 Acacia Mill.

形态特征：乔木，高 6 ~ 25(~ 30)m，有时海岸沙丘上植株呈灌木状，不足 1m 高。树皮深裂缝。小枝有时下垂，无毛。叶状柄通常披针形镰刀形，长 8 ~ 27cm，宽 1 ~ 4.5cm，无毛，淡绿色至灰绿色；叶脉平行；叶枕长 1(5 ~)8 ~ 6mm。花序简单，花序梗长 3 ~ 10mm，无毛；花序长 (2 ~)3 ~ 7cm，浅黄色至淡黄色。花 5 瓣；花萼相连；子房上半身密被毛。荚果长圆形，扁平，长 (3 ~)4 ~ 12cm，宽 (1 ~)2 ~ 4.5cm，沿腹缝线开裂，木质。种子长椭圆形至卵球形，横向，长 5 ~ 6mm，宽 4mm，圆柱状，有光泽，黑色。

野外鉴别关键特征：相对其他相思树来说，叶片较大，淡绿色至灰绿色。

分布与生境：海南有栽培；广东、广西有栽培。原产澳大利亚。

利用：木材利用。

注：手绘图引自 http://www.worldwidewattle.com/speciesgallery/crassicarpa.php.

中文名称：●金合欢

学名：**Acacia farnesiana**(Linn.)Willd. Sp. Pl. 4: 1083. 1805, 海南植物志 2: 211(1965), 中国植物志 39: 28(1988), 广东植物志 5: 152(2003), Flora of China 10: 59(2010)

科名：豆科 Fabaceae(含羞草科 Mimosaceae) **属名：**金合欢属 Acacia Mill.

形态特征：灌木或小乔木，高 2 ~ 4m；树皮粗糙，褐色，多分枝，小枝常呈“之”字形弯曲，有小皮孔。托叶针刺状，刺长 1 ~ 2cm，生于小枝上的较短。二回羽状复叶，长 2 ~ 7cm，叶轴糟状，被灰白色柔毛，有腺体；羽片 4 ~ 8 对，长 1.5 ~ 3.5cm；小叶通常 10 ~ 20 对，线状长圆形，长 2 ~ 6mm，宽 1 ~ 1.5mm，无毛。头状花序 1 个或 2 ~ 3 个簇生于叶腋，直径 1 ~ 1.5cm；总花梗被毛，长 1 ~ 3cm，苞片位于总花梗的顶端或近顶部；花黄色，有香味；花萼长 1.5mm，5 齿裂；花瓣连合呈管状，长约 2.5mm，5 齿裂；雄蕊长约为花冠的 2 倍；子房圆柱状，被微柔毛。荚果膨胀，近圆柱状，长 3 ~ 7cm，宽 8 ~ 15mm。褐色，无毛，茎直或弯曲；种子多颗，褐色，卵形，长约 6mm。花期 3 ~ 6 月；果期 7 ~ 11 月。

分布与生境：儋州、陵水等地；福建、广东、广西、贵州、河南、四川、台湾、云南、浙江有栽培。生于阳光充足、土壤疏松、潮湿而较肥沃的地方。原产热带美洲。

利用：本种多枝、多刺，可植作绿篱；木材坚硬，可为贵重器材；根及荚果含单宁，可为黑色染料，入药能收敛、清热；花很香，可提香精；茎流出的树脂可供美工用及药用，品质较阿拉伯胶优良。

注：手绘图引自福建植物志。

1. 花枝；2. 果。

厚荚相思（粗果相思）(Acacia crassicarpa)

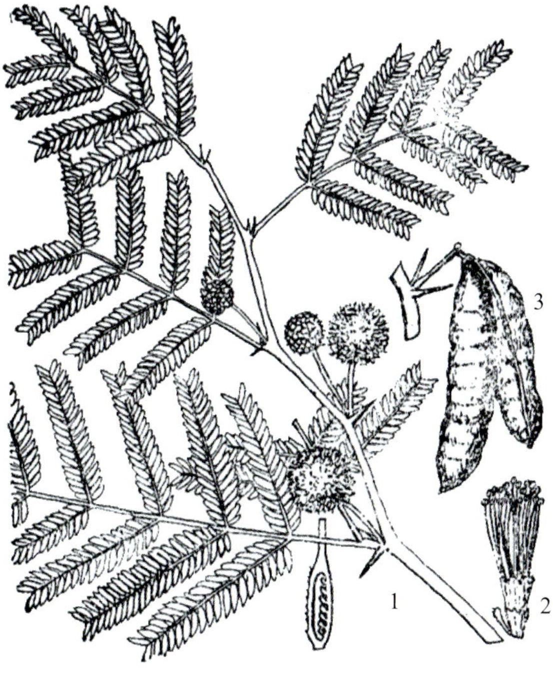

1. 花序枝；2. 花；3. 荚果。

金合欢 (Acacia farnesiana)

中文名称： ★灰金合欢

学名： **Acacia glauca**(Linnaeus)Moench, Methodus. 466. 1794, 中国植物志 39: 26(1988), Flora of China 10: 56(2010)

科名： 豆科 Fabaceae(含羞草科 Mimosaceae)　**属名：** 金合欢属 Acacia Mill.

形态特征： 无刺灌木，高 3 ～ 8m；小枝及叶柄被短柔毛。托叶披针形，早落。羽片通常 5 ～ 8 对，长 3 ～ 6cm，无腺体；小叶 10 ～ 30 对，长圆形，长 4 ～ 8mm，宽 1 ～ 3mm，先端钝圆或有极短的小尖头，基部圆形，具缘毛，两面均无毛或下面疏被短柔毛，中脉几居中，两侧稍不对称。总状花序长圆形或近圆形，长 1 ～ 1.5cm，有花 20 ～ 30 朵，2 ～ 6 个花序簇生于叶腋或于枝顶排成圆锥花序；总花梗长 1 ～ 1.5cm；花微香，花梗长 1 ～ 2mm；花萼杯状，长 0.5mm；花冠长 2.5 ～ 3mm，基部管状；雄蕊多数，长 6 ～ 7mm，初白色，后变黄色。荚果长圆形，长 4.5 ～ 6.5cm，宽 1.5 ～ 2cm，扁平，膜质，常不规则收窄，被长柔毛，内有种子 3 ～ 9 颗。花果期 7 ～ 11 月。

分布与生境： 海南有栽培；福建、广东有栽培。原产印度。

利用： 本种为紫胶虫寄主植物，生长迅速，萌生力极强，故可考虑作薪炭林之树种。

注： 彩图引自 http://www.zhiwutong.com/dan_tu/89/71981.html.

中文名称： ★绢毛相思

学名： **Acacia holosericea** A. Cunn. ex G. Don

科名： 豆科 Fabaceae(含羞草科 Mimosaceae)　**属名：** 金合欢属 Acacia Mill.

形态特征： 常绿小乔木。6 年生树高达 6.5m，枝多叶繁，形如伞，遮阴效果好。光合部分为复叶叶柄发育而来，为假叶，呈银灰色，小枝三棱形，叶柄长 10 ～ 25cm，宽 1.5 ～ 9.5cm，被覆稠密细绢毛，具三条平行脉和明显的脉状支脉。穗状花序，长 3 ～ 6cm，单生或对生。花两性，金黄色。荚果螺旋状，成熟种子黑色，有光泽，具杯状假种皮，较为美观。

野外鉴别关键特征： 叶柄被覆稠密细绢毛，具三条平行脉和明显的脉状支脉。

分布与生境： 海南有栽培；广东、广西有栽培。原产澳大利亚。

利用： 绢毛相思的根具瘤菌，能固氮，起改良土壤的作用，在较差的立地条件下，能生长良好，可作低丘荒山造林的先锋树种和水土保持林。可在我国热带、南亚热带的城镇及低丘荒山台地扩大栽培，作为绿化好树种。

灰金合欢 (Acacia glauca)

绢毛相思 (Acacia holosericea)

中文名称：★马占相思

学名： **Acacia mangium** Willd.

科名：豆科 Fabaceae(含羞草科 Mimosaceae)　**属名：**金合欢属 Acacia Mill.

形态特征：常绿乔木，高达 18m，树皮粗糙，主干通直，树型整齐，叶常为二回羽状复叶，或叶片退化而叶柄变为扁平的叶状体，但在幼苗期仍可见原始状态的羽状叶；小枝有棱，假叶大，生长迅速。叶状柄纺锤形，长 12 ～ 15cm，中部宽，两端收窄，纵向平行脉 4 条，穗状花序腋生，下垂；花淡黄白色，花 5 瓣，两性，雄蕊多数，分离，突出；荚果扭曲。

野外鉴别关键特征：叶状柄纺锤形，中部宽，两端收窄，纵向平行脉 4 条，在栽培的相思树里，叶片相对较大。

分布与生境：海南各地栽培；广东、香港。

利用：马占相思木质坚硬，木材可作纸浆材、人造板、家具，树皮可提取栲胶，树叶可制作饲料，经济效益和生态效益都十分显著。还可作为绿化树、行道树。

中文名称：★黑荆

学名： **Acacia mearnsii** De Wilde, Pl. Bequaert. 3: 62. 1925, 中国植物志 39: 31(1988), 广东植物志 5: 153(2003), Flora of China 10: 57(2010)

科名：豆科 Fabaceae(含羞草科 Mimosaceae)　**属名：**金合欢属 Acacia Mill.

形态特征：乔木，高 9 ～ 15m；小枝有棱，被灰白色短绒毛。二回羽状复叶，嫩叶被金黄色绒毛，成长叶被灰色短柔毛；羽片 8 ～ 20 对，长 2 ～ 7cm，每对羽片着生处附近及叶轴的其他部位都具有腺体；小叶 30 ～ 40 对，排列紧密，线形，长 2 ～ 3mm，宽 0.8 ～ 1mm，边缘、下面、有时两面均被短柔毛。头状花序圆球形，直径 6 ～ 7mm，在叶腋排成总状花序或在枝顶排成圆锥花序；总花梗长 7 ～ 10mm；花序轴被黄色、稠密的短绒毛。花淡黄或白色。荚果长圆形，扁压，长 5 ～ 10cm，宽 4 ～ 5mm，于种子间略收窄，被短柔毛，老时黑色；种子卵圆形，黑色，有光泽。花期 6 月；果期 8 月。

分布与生境：海南有栽培；福建、广东、广西、四川、台湾、云南、浙江。原产澳大利亚。

利用：本种是世界著名的速生、高产、优质的鞣料树种。树皮含单宁 30% ～ 40%，供硝皮和作染料用；木材坚韧，可作坑木、枕木、电线杆、船板、农具、家具、建筑等用材；也为蜜源、绿化树种。

注：手绘图引自 Flora of Pakistan。

马占相思 (Acacia mangium)

1. 花枝；2. 果；3. 花。

黑荆 (Acacia mearnsii)

中文名称：★黑木相思

学名：**Acacia melanoxylon** R. Brown, 华南植物园植物名录

科名：豆科 Fabaceae(含羞草科 Mimosaceae)　**属名：**金合欢属 Acacia Mill.

形态特征：最高可达 35m，胸径 1 ～ 1.5m(生于塔斯马尼亚西北及维多利亚部分地区)，由于种源差异较大，也有些仅高 10 ～ 20m，胸径 0.5m。黑木相思外貌酷似灰木相思，两者常容易混淆，外观上，黑木相思叶状柄直且较小，长披针形，长 8 ～ 13cm，宽 0.7 ～ 2cm，长为宽的 4 ～ 12 倍，主脉 3 ～ 5 出，小枝不下垂，与主干成锐角。种子 64 000 粒 /kg。黑木相思属强阳性树种，喜光、耐干旱、耐瘠薄、寿命长，能耐 -6℃低温。

分布与生境：海南有栽培；我国东南部有栽培。原产澳大利亚。

利用：有固氮根瘤，枯落物丰富，改土性能好，是荒山、“四旁”、园林、公路的优良绿化树种。它对氟化氢、二氧化硫、氯气抗性强，可作污染区的绿化树种，还是良好的蜜源植物和绿肥资源。黑木相思因其木纹美丽、材质好，在家具及贴面板材上具有很高的应用价值。且木材的声学性能优异，常作为优质小提琴背板。

注：手绘图引自 http://www.floravascular.com/index.php?spp=Acacia%20melanoxylon.

中文名称：★柔毛金合欢

学名：**Acacia mollissima** Willd, 海南岛尖峰岭地区生物物种名录

科名：豆科 Fabaceae(含羞草科 Mimosaceae)　**属名：**金合欢属 Acacia Mill.

形态特征：乔木，嫩枝被绒毛。托叶针状，长可达 8mm。羽片多对；小叶 20 对以上，长圆形，长 5 ～ 8mm，宽 0.5 ～ 1.5mm，无毛或被短柔毛。头状花序，淡黄色或白色。花萼长 1 ～ 2mm，被短柔毛或近无毛。荚果带状。

分布与生境：海南有栽培，尖峰岭。原产澳大利亚。

注：彩图引自 http://www.prota4u.org/protav8.asp?h=M4&t=Acacia,mollissima&p=Acacia+mollissima#Synonyms.

1. 花枝；2. 花；3. 荚果。

黑木相思 (Acacia melanoxylon)

柔毛金合欢 (Acacia mollissima)

中文名称：★阿拉伯金合欢

学名：**Acacia nilotica**(Linn.)Delile, Fl. Aegypt. Ill. 78. 1813, 中国植物志 39: 30(1988), 广东植物志 5: 152(2003)

科名：豆科 Fabaceae(含羞草科 Mimosaceae)　**属名：**金合欢属 Acacia Mill.

形态特征：小乔木或乔木，高 1.2～18m，形态变异很大，树皮灰色或棕色，具裂纹；嫩枝几无毛或被绒毛。托叶针状，长可达 8mm。羽片 2～11 对，总叶柄及叶轴上(有时只是顶端一对羽片间)有腺体；小叶 7～25 对，长圆形，长 1.5～7mm，宽 0.5～1.5mm，无毛或被短柔毛。头状花序 2～6 个腋生，直径 6～15mm；总苞片位于总花梗的近基部或中部；花萼长 1～2mm，被短柔毛或近无毛；花冠长 2.5～3.5mm，无毛或外面多少被短柔毛。荚果变异很大，带状，长 4～22cm，宽 1.3～2.2cm，直或弯曲，常于种子间缢缩呈念珠状，被茸毛或无毛，不开裂；种子褐色，近圆形，长 7～9mm，宽 6～7mm，平滑，扁压。

分布与生境：海南有栽培。原产非洲。

利用：木材坚硬，红棕色，耐水湿，抗白蚁，可作家具、板车、枕木、建筑、农具等用材。树皮及荚果含单宁，用于鞣革；枝及嫩荚可喂牛、羊及骆驼。树胶也为商品阿拉伯胶来源之一，用于印染业，种子可酿酒。

注：手绘图引自 http://www.prota4u.org/plantphotos/Acacia%20nilotica%201.gif；彩图由 PPBC/徐克学拍摄。

中文名称：羽叶金合欢

学名：**Acacia pennata**(Linn.)Willd. Sp. Pl. 4: 1090. 1805, 海南植物志 2: 211(1965), 中国植物志 39: 36(1988), 广东植物志 5: 154(2003), Flora of China 10: 58(2010)

科名：豆科 Fabaceae(含羞草科 Mimosaceae)　**属名：**金合欢属 Acacia Mill.

形态特征：攀援、多刺藤本；小枝和叶轴均被锈色短柔毛。羽片 8～22 对；总叶柄基部及叶轴上部羽片着生处稍下均有突起的腺体 1 个；小叶 30～54 对，线形，长 5～10mm，宽 0.5～1.5mm，彼此紧靠，先端稍钝，基部截平，具缘毛，中脉靠近上边缘。头状花序圆球形，总花梗，单生或 2～3 个聚生，排成腋生或顶生的圆锥花序式，被暗褐色柔毛；花萼近钟状，5 齿裂；子房被微柔毛。果带状，无毛或幼时有极细柔毛，边缘稍隆起，呈浅波状；种子 5～12 颗，长椭圆形而扁。花期 3～10 月；果期 7 月至翌年 4 月。

野外鉴别关键特征：总叶柄基部及叶轴上部羽片着生处稍下均有突起的腺体 1 个。

分布与生境：澄迈、儋州、昌江、白沙、东方等地；云南、广东、福建；亚洲和非洲热带。常攀附于灌木或小乔木的顶部。

注：手绘图引自浙江植物志。

1. 花枝；2. 花；3. 果。

阿拉伯金合欢 (Acacia nilotica)

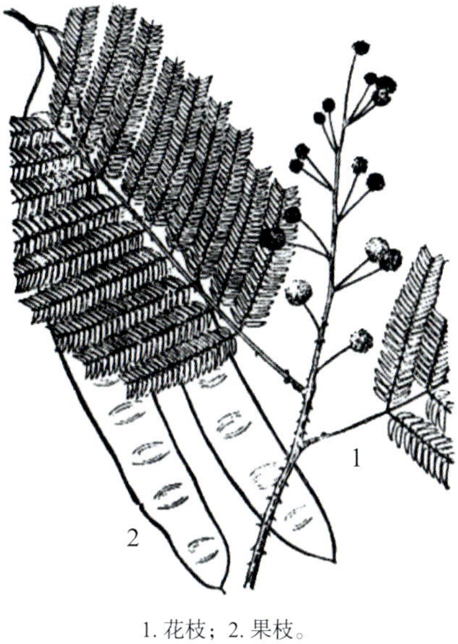

1. 花枝；2. 果枝。

羽叶金合欢 (Acacia pennata)

中文名称：海南羽叶金合欢

学名：**Acacia pennata** subsp. **hainanensis**(Hayata)I. C. Nielsen, Adansonia, n. s. 19: 352. 1980, Flora of China 10: 59(2010)

科名：豆科 Fabaceae(含羞草科 Mimosaceae)　**属名**：金合欢属 Acacia Mill.

形态特征：常绿攀援多刺木质藤本，小枝和叶轴都有锈色短柔毛。二回羽状复叶，羽片 22 ～ 30 对；小叶密集，30 ～ 50 对，线形，长 8 ～ 10mm，宽约 1mm，先端钝尖，基部截形。头状花序直径约 1cm，单生或 2 ～ 4 个组成顶生或腋生圆锥花序，花冠白色。荚果带状，长 10 ～ 20cm。花期 3 ～ 10 月；果期 7 月至翌年 4 月。

野外鉴别关键特征：本亚种与原种主要的区别为羽片 22 ～ 30 对。

分布与生境：海南有分布；广东、广西、福建、云南；印度、缅甸、越南。生于林中或灌木林。

中文名称：★阿拉伯胶

学名：**Acacia senegal**(Linn.)Willd Sp. P1. 4: 1077. 1806, 中国植物志 39: 26(1988)

科名：豆科 Fabaceae(含羞草科 Mimosaceae)　**属名**：金合欢属 Acacia Mill.

形态特征：小乔木，树皮呈片状剥落；幼枝被短柔毛，老枝变无毛。托叶刺状，3 个，两侧的近直立或稍向上弯，当中的下弯，长约 5mm；二回羽状复叶，常 3 片簇生，叶轴长 2.5 ～ 5cm，常有小刺，最上一对羽片着生处及总叶柄上各有腺体 1 个；羽片 3 ～ 5 对，对生或互生，长 1.2 ～ 3cm；小叶 8 ～ 15 对，线形，长 2 ～ 5mm，宽 1 ～ 1.5mm，具疏缘毛。穗状花序长 5 ～ 10cm；总花梗长 8 ～ 18mm；花白色，芳香；花萼阔钟形，长 1.5 ～ 2.5mm，无毛；花冠长约 4mm；雄蕊多数，花丝长 6 ～ 7mm。荚果带状，长 5 ～ 8cm，宽 1.7 ～ 2.5cm，具短柄，顶端稍弯，呈喙状；种子碟状，暗棕色或灰绿色。

分布与生境：兴隆有栽培；台湾有栽培；热带非洲、阿拉伯等地有栽培。原产非洲。

利用：本种树皮所产树胶为商业上的真正阿拉伯胶，用于医药、印染、食品工业。

阿拉伯胶 (Acacia senegal)

中文名称：海红豆（细籽海黄豆）

学名：**Adenanthera microsperma** Teijsmann & Binnendijk, Natuurk. Tijdschr. Ned.-Indië. 27: 58. 1864, Flora of China 10: 51(2010). ——Adenanthera pavonina Linn. Sp. Pl. 384. 1753, 海南植物志 2: 213(1965). ——Adenanthera pavonina Linn. var. microsperma(Teijsm. et Binnend.)Nielsen. in Adansonia ser. 2, 19(3): 341. 1980, 中国植物志 39: 5(1988), 广东植物志 5: 160(2003)

科名：豆科 Fabaceae(含羞草科 Mimosaceae)　**属名：**海红豆属 Adenanthera Linn.

形态特征：落叶乔木，幼枝被微柔毛。托叶早落；叶为二回羽状复叶，叶柄和叶轴被微柔毛；有羽片3～12对（海南产的3～4对），对生或近互生；小叶8～14片，互生，长椭圆形或卵形，长2.5～3.5cm，宽1.5～2.5cm，顶端极钝，两面均被柔毛，具短柄。花小，白色至淡黄色，有香味，具短梗；萼与花梗同被金黄色柔毛；花瓣披针形，无毛，基部稍合生；子房被柔毛，几无柄，花柱丝状，柱头小。荚果；种子鲜红色。花期4～7月；果期7～10月。

野外鉴别关键特征：小叶互生，长椭圆形或卵形，小枝条多为红褐色。

分布与生境：昌江、白沙、东方、乐东和三亚等地；云南、贵州、广东、广西、福建、台湾；缅甸、柬埔寨、老挝、越南、马来西亚、印度尼西亚。常见于低海拔的森林中，多生于山坡、山谷阴处。

利用：木材；种子可作装饰品。

注：手绘图引自广东植物志。

中文名称：海南合欢

学名：**Albizia attopeuensis**(Pierre)I. C. Nielsen var. **laui**(Mer-rill)I. C. Nielsen, Adansonia, n. s. 19: 210. 1979, Flora of China 10: 63(2010). ——Albizia attopeuensis(Pierre)Nielsen in Adansonia ser. 2, 19(2): 209. 1979, 中国植物志 39: 61(1988), 广东植物志 5: 146(2003). ——Albizzia laui Merr. in Lingnan Sci. J. 14: 7, fig. 1. 1935, 海南植物志 2: 208(1965)

科名：豆科 Fabaceae(含羞草科 Mimosaceae)　**属名：**合欢属 Albizia Durazz.

形态特征：落叶乔木，叶柄、叶轴和幼枝被锈色短柔毛。叶有羽片1对，长15cm；小叶2～4对，很少1对，对生，革质或近革质，长椭圆状卵圆形或长卵形，长5～10cm，宽2.5～5.5cm，顶端钝至渐尖，基部近圆形至阔楔形，稍不对称，无毛或仅叶脉被毛，网脉两面均凸起；小叶柄被短绒毛。花淡黄色，芳香，无梗，数至10余朵组成头状花序，后者再排成总状花序或因叶脱落而成圆锥花序，被锈色短柔毛；总花梗长5～25mm；花萼管状钟形，裂齿短，卵状三角形，外面密被短柔毛；花冠管状漏斗状，裂片长圆形，雄蕊30～40枚，花丝长3mm，基部合生成管；子房线形，荚果长圆形，厚，黑褐色，无毛，有横网纹；种子9～12颗，椭圆形，黑褐色。花期2～6月；果期6～10月。

野外鉴别关键特征：叶有羽片1对，小叶2～4对，很少1对，对生，革质或近革质。

分布与生境：三亚；越南、老挝。生于林中。

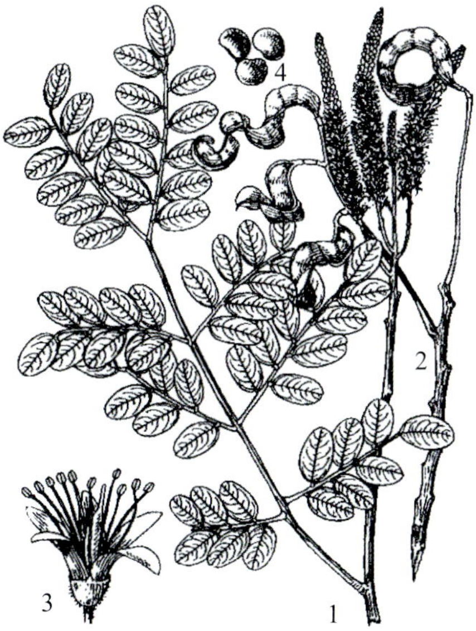

1. 花枝；2. 果枝；3. 花；4. 种子。

海红豆（细籽海黄豆）(Adenanthera microsperma)

海南合欢 (Albizia attopeuensis)

中文名称：楹树

学名：**Albizia chinensis**(Osbeck)Merr. in Am. J. Bot. 3: 575. 1916, 海南植物志 2: 207(1965), 中国植物志 39: 67(1988), 广东植物志 5: 148(2003), Flora of China 10: 65(2010)

科名：豆科 Fabaceae(含羞草科 Mimosaceae) **属名：**合欢属 Albizia Durazz.

形态特征：落叶乔木，高 20m；小枝被黄色柔毛。叶柄基部和叶轴上有腺体；羽片 6 ～ 20 对，每一羽片有小叶 20 ～ 40 对；小叶膜质，无柄，长椭圆形，长 6 ～ 10mm，宽 5mm，背面粉绿色而被微毛，顶端渐尖；中脉紧靠于上边缘；托叶大，膜质，心形，急尖，被短柔毛，有时长达 25mm，早落。头状花序有花 10 ～ 20 朵，生于长短不同、密被柔毛的总花梗上，常数个聚成顶生的圆锥花序，花无梗，缘白色或淡黄色，密被黄褐色微柔毛；萼漏斗状，长约 8mm，有短齿；花冠长约为萼的 2 倍；雄蕊绿白色，长约 25mm；子房被黄褐色柔毛。荚果扁平，长 10 ～ 15cm，宽约 2cm，幼时稍被柔毛，成熟时无毛，种子间无隔膜。花期 3 ～ 5 月；果期 6 ～ 12 月。

野外鉴别关键特征：树皮多为灰白色，小枝被黄色柔毛，叶柄基部和叶轴上有腺体。

分布与生境：海南各地；福建、广东、广西、湖南、云南、西藏；南亚至东南亚。多生于林中，也见于旷地，但以谷地、河溪边等地方最适宜生长。

利用：本种生长迅速，枝叶茂盛，适为行道树。木材褐色，色泽美，质柔软，耐朽力弱，可作家具、箱板等用；树皮含单宁。

注：手绘图引自贵州植物志。

中文名称：天香藤

学名：**Albizia corniculata**(Lour.)Druce in Rept. Bot. Exch. Club Brit. Isles 4: 603. 1917, 海南植物志 2: 20(1965), 中国植物志 39: 57(1988), 广东植物志 5: 146(2003), Flora of China 10: 62(2010)

科名：豆科 Fabaceae(含羞草科 Mimosaceae) **属名：**合欢属 Albizia Durazz.

形态特征：藤状灌木或藤本；幼枝稍被柔毛；在叶柄下常有下弯的刺 1 枚。叶柄近基部有压扁的腺体 1 枚；羽片 3 ～ 6 对，少有 2 对；小叶 4 ～ 10 对，长椭圆形或长卵形，长 12 ～ 25mm，宽 7 ～ 15mm，顶端极钝或有时微缺或具硬细尖，基部偏斜，腹面无毛，背面疏被柔毛；中脉居中；托叶小，脱落。头状花序有花 6 ～ 12 朵，2 ～ 3 个头状花序聚生于顶生圆锥花序的分枝上；总花梗柔弱，疏被短柔毛；花无梗；萼被柔毛；花冠白色，外面略被微毛，中部以下合生成狭管；荚果扁平，无毛；种子 7 ～ 11 颗，压扁。花果期 4 ～ 11 月。

野外鉴别关键特征：在叶柄下常有下弯的刺 1 枚，叶柄近基部有压扁的腺体 1 枚。

分布与生境：东方、琼中、乐东、保亭、陵水、三亚等地；福建、广东、广西；柬埔寨、印度尼西亚、老挝、马来西亚、菲律宾、泰国、越南。生于旷野或疏林中。

利用：甘、平。民间降香用。行气散淤、止血。煎服 25 ～ 50g，或研末服。

注：手绘图引自海南植物志。

1. 有叶的枝；2. 花序；3. 荚果。

楹树 (Albizia chinensis)

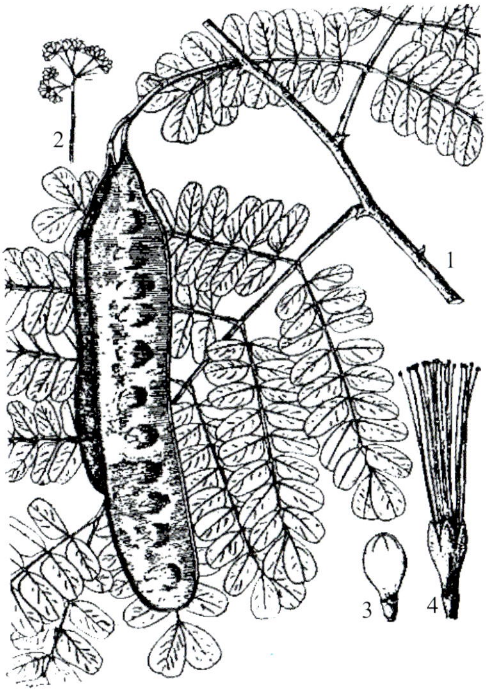

1. 果枝；2. 花序的一部分；3. 花蕾；4. 花。

天香藤 (Albizia corniculata)

中文名称： 山槐

学名： **Albizia kalkora**(Roxburgh)Prain, J. Asiat. Soc. Bengal, Pt. 2, Nat. Hist. 66: 511. 1897, 中国植物志 39: 62(1988), 广东植物志 5: 147(2003), Flora of China 10: 64(2010)

科名： 豆科 Fabaceae(含羞草科 Mimosaceae)　**属名：** 合欢属 Albizia Durazz.

形态特征： 落叶小乔木或灌木，通常高 3 ～ 8m；枝条暗褐色，被短柔毛，有显著皮孔。二回羽状复叶；羽片 2 ～ 4 对；小叶 5 ～ 14 对，长圆形或长圆状卵形，长 1.8 ～ 4.5cm，宽 7 ～ 20mm，先端圆钝而有细尖头，基部不等侧，两面均被短柔毛，中脉稍偏于上侧。头状花序 2 ～ 7 枚生于叶腋，或于枝顶排成圆锥花序；花初白色，后变黄色，具明显的小花梗；花萼管状，长 2 ～ 3mm，5 齿裂；花冠长 6 ～ 8mm，中部以下连合呈管状，裂片披针形，花萼、花冠均密被长柔毛；雄蕊长 2.5 ～ 3.5cm，基部连合呈管状。荚果带状，长 7 ～ 17cm，宽 1.5 ～ 3cm，深棕色，嫩荚密被短柔毛，老时无毛；种子 4 ～ 12 颗，倒卵形。花期 5 ～ 6 月；果期 8 ～ 10 月。

野外鉴别关键特征： 枝条暗褐色，被短柔毛，有显著皮孔；小叶长圆形或长圆状卵形，先端圆钝而有细尖头，基部不等侧。

分布与生境： 东方；我国华北、西北、华东、华南至西南部各省区；越南、缅甸、印度。生于低海拔山地疏林中。

利用： 本种生长快，能耐干旱及瘠薄地。木材耐水湿；花美丽，也可植为风景树。

注： 手绘图引自秦岭植物志。

中文名称： ★阔荚合欢 (大叶合欢)

学名： **Albizia lebbeck**(Linn.)Benth. in London J. Bot. 3: 87. 1844, 广州植物志 305, 图 160. 1956, 海南植物志 2: 207(1965), 中国植物志 39: 62(1988), Flora of China 10: 64(2010)

科名： 豆科 Fabaceae(含羞草科 Mimosaceae)　**属名：** 合欢属 Albizia Durazz.

形态特征： 乔木，高 8 ～ 12m；树皮粗糙；枝无毛或幼枝稍被毛。叶轴无毛或被柔毛；叶柄近基部有大腺体 1 枚；羽片 2 ～ 4 对，长 6 ～ 15cm，最下一对羽片的叶轴上有腺体或无腺体；小叶 4 ～ 8 对，长椭圆形或略呈斜长椭圆形，长 2 ～ 4.5cm，宽 1.3 ～ 2cm，两面无毛。顶端钝或凹入或急尖，叶脉两面明显，每一小叶下面的羽片轴上通常有小腺体 1 枚。头状花序在花芽时直径 2cm，开花时连花丝在内直径 3 ～ 4cm；总花梗长 4 ～ 6cm 或更长，通常 3 ～ 4 个聚生于叶腋；花梗长约 4mm；花萼长约 4mm，被微柔毛；花冠绿黄色，长约为萼的 2 倍；雄蕊白色或淡绿色。荚果带状，扁平，黄绿色，有光泽，干后棕褐色，长 15 ～ 20cm，宽 2 ～ 5cm；种子 1 ～ 12 颗。花期 5 ～ 7 月；果期 8 ～ 9 月。

分布与生境： 海口、万宁等地有栽培。原产热带非洲。

利用： 本种生长迅速，枝叶茂密，为良好的庭园观赏植物及行道树。边材白色，心材暗褐色，光亮而有斑纹，质坚硬，耐朽力强，适为家具、车轮、船艇、支柱、建筑之用。叶可作为家畜的饲料。树皮含单宁，可染渔网。

1. 花枝；2. 小叶；3. 萼片；4. 花；5. 花瓣；
6. 雄蕊；7. 雌蕊；8. 荚果。

山槐 (Albizia kalkora)

阔荚合欢（大叶合欢）(Albizia lebbeck)

中文名称：★光叶合欢

学名： **Albizia lucidior**(Steud.)Nielsen in Adansonia scr. 2, 19(2): 222. 1979, 中国植物志 39: 59(1988), Flora of China 10: 63(2010)

科名：豆科 Fabaceae(含羞草科 Mimosaceae) **属名：**合欢属 Albizia Durazz.

形态特征：乔木，高可达20m，树皮灰白色，粗糙。小枝有棱，无毛。二回羽状复叶；羽片1对，少有2对，长5cm或过之；总叶柄上及顶部一对小叶着生处各有腺体1枚；小叶1～2(～3)对，膜质，椭圆形或长圆形，长5～11cm，宽2～6cm，顶部1对较大，无毛，先端急尖，基部渐狭至近圆形，上面光亮，中脉居中，基部对称；小叶柄长3mm。头状花序排成腋生的伞形圆锥花序，长7～11cm；花无梗或具短梗；花萼钟状，长1.5～2mm，与花冠同被长柔毛，齿短；花冠长约6mm，裂片披针形；雄蕊多数，管长3～4mm；子房无毛，无柄。荚果带状，直，革质，长15～20cm，宽2.5～3.5cm，黄色，顶端具小尖头，基部渐狭；种子6～9颗，圆形，直径8～9mm，淡棕色。花期3～5月。

分布与生境：海南有栽培，广西、广东、台湾、云南有栽培；南亚至东南亚有栽培。

利用：观赏树种；木材供制器具用。

注：手绘图引自中国植物志。

中文名称：香合欢

学名： **Albizia odoratissima**(Linn. f.)Benth. in London J. Bot. 3: 88. 1844, 海南植物志 2: 209(1965), 中国植物志 39: 61(1988), 广东植物志 5: 147(2003), Flora of China 10: 64(2010)

科名：豆科 Fabaceae(含羞草科 Mimosaceae) **属名：**合欢属 Albizia Durazz.

形态特征：常绿大乔木，无刺；小枝初被柔毛。二回羽状复叶；总叶柄近基部和叶轴的顶部1～2对羽片间各有腺体1枚；羽片2～4(～6)对；小叶6～14对，纸质，长圆形，长2～3cm，宽7～14mm，先端钝，有时有小尖头，基部斜截平，两面稍被贴生、稀疏短柔毛，中脉偏于上缘。头状花序排成顶生、疏散的圆锥花序，被锈色短柔毛；花无梗，淡黄色，有香味；花萼杯状，与花冠同被锈色短柔毛；花冠裂片披针形；子房被锈色柔毛。荚果长圆形，扁平，嫩荚密被极短的柔毛，成熟时变稀疏；种子6～12颗。花期4～7月；果期6～10月。

野外鉴别关键特征：总叶柄近基部和叶轴的顶部1～2对羽片间各有腺体1枚。

分布与生境：海南各地；福建、广东、广西、贵州；孟加拉国、不丹、印度、老挝、缅甸、尼泊尔、斯里兰卡、泰国、越南。生于低海拔疏林中。

利用：木材。

注：手绘图引自 http://www.winrock.org/fnrm/factnet/factpub/FACTSH/Albodoratissima.gif.

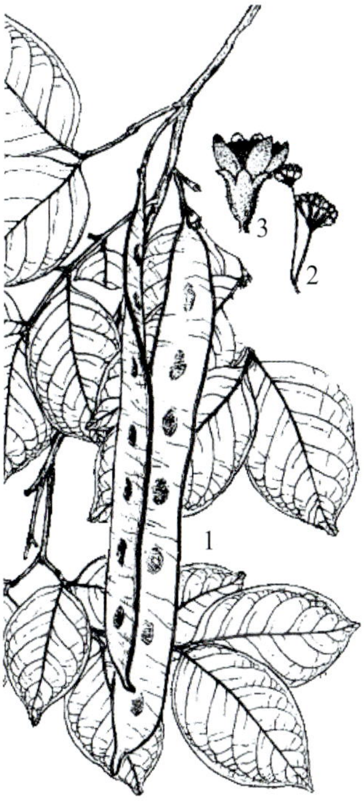

1. 果枝；2. 花序部分；3. 花。

光叶合欢 (Albizia lucidior)

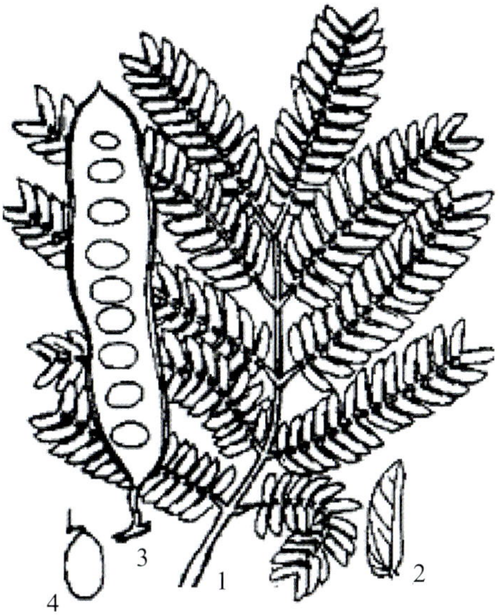

1. 叶枝；2. 小叶；3. 果；4. 种子。

香合欢 (Albizia odoratissima)

中文名称：黄豆树 (菲律宾合欢、白格)

学名：**Albizia procera**(Roxb.)Benth. in London J. Bot. 3: 89. 1844, 海南植物志 2: 209(1965), 广东植物志 5: 146(2003), Flora of China 10: 63(2010)

科名：豆科 Fabaceae(含羞草科 Mimosaceae)　**属名：**合欢属 Albizia Durazz.

形态特征：乔木，无刺；幼枝被白色绢毛。叶有羽片 3 ～ 5 对；叶柄基部有大腺体 1 枚；羽片长 15 ～ 20cm；小叶 6 ～ 12 对，具短柄，近革质，长椭圆形，长 2.5 ～ 4cm，顶端近圆形或微凹，基部偏斜，两面疏被伏贴短柔毛，中脉偏于下边缘。头状花序，数个花序在枝顶或叶腋排列为圆锥花序；花无梗；花萼无毛；花冠黄白色，顶部有锈色短毛；子房近无柄。荚果长圆形，薄，扁平，无毛；有种子 8 ～ 12 颗。花期 5 ～ 9 月；果期 9 月至翌年 2 月。

野外鉴别关键特征：树皮灰白色，叶柄基部有大腺体 1 枚。

分布与生境：海南各地；台湾、广东、广西；南亚至东南亚。生于低海拔森林中。

利用：本种为速生树种之一，采伐时有扑鼻之臭气。边材黄白色，心材棕色，坚硬，有光泽，并有深颜色的纹理。木材用于制造车轮、农具及建筑用，又为良好之薪炭材。

中文名称：猴耳环

学名：**Archidendron clypearia**(Jack)I. C. Nielsen, Adansonia, n. s. 19: 15. 1979, Flora of China 10: 68(2010). ——Pithecellobium clypearia(Jack)Benth. in London J. Bot. 3: 209. 1844, 海南植物志 2: 206(1965), 中国植物志 39: 53(1988), 广东植物志 5: 144(2003)

科名：豆科 Fabaceae(含羞草科 Mimosaceae)　**属名：**猴耳环属 Archidendron F. Mueller

形态特征：乔木；小枝无刺，有明显的棱角，密被黄褐色茸毛。二回羽状复叶；羽片 3 ～ 8 对，通常 4 ～ 5 对；总叶柄具 4 棱，密被黄褐色柔毛，叶轴上及叶柄近基部处有腺体，最下部的羽片有小叶 3 ～ 6 对，最顶部的羽片有小叶 10 ～ 12 对，有时可达 16 对；小叶革质，斜菱形，长 1 ～ 7cm，宽 0.7 ～ 3cm，顶部的最大，往下渐小，叶面光亮，两面稍被褐色短柔毛，基部极不等侧，近无柄；托叶早落。花具短梗，数朵聚成小头状花序，再排成顶生和腋生的圆锥花序；花萼钟状，5 齿裂，与花冠同密被褐色柔毛；花冠白色或淡黄色，中部以下合生，裂片披针形；雄蕊下部合生；子房具短柄，有毛。荚果旋卷，边缘在种子间缢缩；种子 4 ～ 10 颗，椭圆形或阔椭圆形，黑色，种皮皱缩。花期 2 ～ 6 月；果期 4 ～ 8 月。

野外鉴别关键特征：树干有环。小叶革质，斜菱形，顶部的最大，叶面光亮，两面稍被褐色短柔毛，基部极不等侧，近无柄。

分布与生境：临高、澄迈、定安、文昌、儋州等地；浙江、福建、湖南、台湾、广东、广西、云南、西藏；亚洲热带地区。生于山地林中。

利用：树皮含单宁，可提取栲胶。

黄豆树 (菲律宾合欢、白格)(Albizia procera)

猴耳环 (Archidendron clypearia)

中文名称：亮叶猴耳环

学名：**Archidendron lucidum**(Bentham)I. C. Nielsen, Adansonia, n. s. 19: 19. 1979, Flora of China 10: 68(2010). ——Pithecellobium lucidum Benth. in London J. Bot. 3: 207. 1844, Merr. op. cit. 5: 88. 1927, 海南植物志 2: 205(1965), 中国植物志 39: 52(1988), 广东植物志 5: 143(2003)

科名：豆科 Fabaceae(含羞草科 Mimosaceae)　**属名：**猴耳环属 Archidendron F. Mueller

形态特征：乔木；小枝无刺，嫩枝、叶柄和花序均被褐色短茸毛。羽片 1 ～ 2 对；总叶柄近基部、每对羽片下和小叶片下的叶轴上均有圆形而凹陷的腺体，下部羽片通常具 2 ～ 3 对小叶，上部羽片具 4 ～ 5 对小叶；小叶斜卵形或长圆形，长 5 ～ 9(～ 11)cm，宽 2 ～ 4.5cm，顶生的 1 对最大，对生；其余的互生且较小，先端渐尖而具钝小尖头，基部略偏斜，两面无毛或仅在叶脉上有微毛，上面光亮，深绿色。头状花序球形，有花 10 ～ 20 朵；排成腋生或顶生的圆锥花序；花萼与花冠同被褐色短茸毛；花瓣白色，中部以下合生；子房具短柄，无毛。荚果旋卷呈环状，边缘在种子间缢缩；种子黑色。花期 4 ～ 6 月；果期 7 ～ 12 月。

野外鉴别关键特征：羽片 1 ～ 2 对；总叶柄近基部、每对羽片下和小叶片下的叶轴上均有圆形而凹陷的腺体，小叶顶生的 1 对最大，对生。

分布与生境：白沙、保亭、陵水、三亚等地；福建、广东、广西、云南、四川、台湾、浙江；印度、越南。生于林中或林缘灌木丛中。

利用：木材用作薪炭材；枝叶入药，能消肿祛湿；果有毒。

注：手绘图引自广东植物志。

中文名称：薄叶猴耳环

学名：**Archidendron utile**(Chun & F. C. How)I. C. Nielsen, Adansonia, n. s. 19: 20. 1979, Flora of China 10: 68 (2010). ——Pithecellobium utile Chun & How in Act. Phytotax. Sin. 7: 17. 1958, 海南植物志 2: 206(1965), 中国植物志 39: 53(1988), 广东植物志 5: 144(2003)

科名：豆科 Fabaceae(含羞草科 Mimosaceae)　**属名：**猴耳环属 Archidendron F. Mueller

形态特征：灌木，高 1 ～ 2m，很少为小乔木；小枝圆柱形，无棱，被棕色短柔毛。羽片 2 ～ 3 对，长 10 ～ 18cm，总叶柄和顶端 1 ～ 2 对小叶着生处稍下的叶轴上有腺体；小叶膜质，4 ～ 7 对，对生，长方菱形，长 2 ～ 9cm，宽 1.5 ～ 4cm，顶部的较大，往下渐小，顶端钝，有小凸头，基部钝或急尖，上面无毛，下面被短柔毛，具短柄。头状花序直径约 1cm(不连花丝)，排成近顶生、疏散、被毛、长约 30cm 的圆锥花序；花无梗，白色，芳香；花萼钟状，长 1.5 ～ 2mm，裂齿和花冠外面均有柔毛；花冠长 6 ～ 7mm，裂齿卵状长圆形，长不及 2mm；花丝长 12 ～ 15mm；子房具短柄，无毛。荚果红褐色，弯卷或镰刀状，长 6 ～ 10cm，宽 10 ～ 13mm；种子近圆形，长约 10mm，黑色，光亮。花期 3 ～ 8 月；果期 4 ～ 12 月。

野外鉴别关键特征：与其他猴耳环相比，小叶膜质。

分布与生境：保亭；福建、广东、广西；越南。生于海拔 200 ～ 800m 的密林中。

利用：较耐阴，可用于荫生的环境绿化。

1. 花枝；2. 果枝；3. 花；4. 展开雄蕊管基部，示雌蕊；5. 雄蕊上部。

亮叶猴耳环 (**Archidendron lucidum**)

薄叶猴耳环 (**Archidendron utile**)

中文名称：★朱缨花

学名： **Calliandra haematocephala** Hassk. Retzia 1: 216. 1855, 中国植物志 39: 38(1988), 广东植物志 5: 142(2003), Flora of China 10: 60(2010)

科名：豆科 Fabaceae(含羞草科 Mimosaceae)　**属名：**朱缨花属 Calliandra Benth.

形态特征：落叶灌木或小乔木；枝条扩展，小枝圆柱形，褐色，粗糙。托叶卵状披针形，宿存。二回羽状复叶；羽片 1 对；小叶 7 ~ 9 对。斜披针形，长 2 ~ 4cm，中上部的小叶较大，下部的较小，先端钝而具小尖头，基部偏斜，边缘被疏柔毛；中脉略偏上缘；头状花序腋生，有花 25 ~ 40 朵；花萼钟状，绿色；花冠管淡紫红色，顶端具 5 裂片，裂片反折，无毛；雄蕊突露于花冠之外，非常显著，雄蕊管白色，管口内有钻状附属体，上部离生的花丝深红色。荚果线状倒披针形，暗棕色，成熟时由顶至基部沿缝线开裂，果瓣外反；种子 5 ~ 6 颗，长圆形，棕色。花期 8 ~ 9 月；果期 10 ~ 11 月。

分布与生境：海南有栽培；福建、广东、台湾有栽培。原产南美洲。

利用：适于大型盆栽或深大花槽栽植、修剪整形。可在庭园、校园、公园单植、列植、群植或添景美化，开花能诱蝶。

注：手绘图引自广东植物志。

中文名称：★苏里南朱缨花

学名： **Calliandra surinamensis** Benth., 海南岛尖峰岭地区生物物种名录

科名：豆科 Fabaceae(含羞草科 Mimosaceae)　**属名：**朱缨花属 Calliandra Benth.

形态特征：半落叶灌木，分枝多。二回羽状复叶，小叶长椭圆形。头状花序多数，复排成圆锥状，小花多数。雄蕊多数，下部白色，上部粉红色，下部连合成管。荚果线形。花期由春至秋。

分布与生境：海南有栽培；我国南部地区。原产南美圭亚那和巴西。

利用：花美丽，引种观赏。

1. 花枝；2. 花；3. 小叶；4. 果。

朱缨花 (**Calliandra haematocephala**)

苏里南朱缨花 (**Calliandra surinamensis**)

中文名称：★合欢草

学名：**Desmanthus pernambucanus**(Linnaeus)Thellung, Mém. Soc. Sci. Nat. Math. Cherbourg, sér. 4. 38: 256. 1912, Flora of China 10: 54(2010). ——Desmanthus virgatus(Linn.)Willd. Sp. Pl. 4: 1046. 1806, 中国植物志 39: 20(1988), 广东植物志 5: 157(2003)

科名：豆科 Fabaceae(含羞草科 Mimosaceae)　**属名：**合欢草属 Desmanthus Willd.

形态特征：多年生亚灌木状草本，高 0.5 ～ 1.3m；分枝纤细，具棱，棱上被短柔毛。托叶刚毛状，长 3 ～ 6mm。二回羽状复叶，最下一对羽片着生处有长圆形腺体 2 枚；羽片 2 ～ 4(6) 对，长 1.2 ～ 2.5cm；小叶 6 ～ 21 对，长圆形，长 4 ～ 6mm，宽约 2mm，先端具小凸尖，基部截平，具缘毛，稍不对称。头状花序直径约 5mm，绿白色，有花 4 ～ 10 朵；总花梗长 1 ～ 4cm；小苞片卵形，具长尖头；花萼钟状，长约 2mm，萼齿短；花瓣狭长圆形，长约 3mm；雄蕊 10 枚。荚果线形，长 4 ～ 11cm，宽 2 ～ 4mm，直或稍弯，边不缢缩，但稍稍增厚；种子斜列，长 2.5 ～ 3mm。

分布与生境：海南有栽培；台湾、广东、云南有栽培。原产热带美洲。

利用：叶可作饲料。

注：手绘图引自广东植物志。

中文名称：★代儿茶

学名：**Dichrostachys cinerea**(Linn.)Wight et Arn. Prodr. Fl. Ind. Or. 271. 1834, 中国植物志 39: 9(1988), 广东植物志 5: 161(2003)

科名：豆科 Fabaceae(含羞草科 Mimosaceae)　**属名：**代儿茶属 Dichrostachys(DC.)Wight et Arn.

形态特征：灌木或小乔木，高达 6m，具棘刺；树皮灰白色；小枝被粗毛。二回羽状复叶，羽片 (5 ～)9 ～ 11 对，对生，叶轴上在羽片着生处有棒状腺体；小叶 13 ～ 20 对，线状长圆形，长 4 ～ 8mm，宽 1 ～ 1.5mm，被微柔毛或缘毛。穗状花序单生或簇生于叶腋，长 5 ～ 8cm，垂悬于纤细的总花梗上，十分美丽，上半部为两性花；花萼长 1mm；花冠长 2.5mm，淡绿色，雄蕊长约 5mm，黄色或淡紫色；下半部为中性花，退化雄蕊长 8 ～ 15mm，淡紫色或红色。荚果长圆形，长 4 ～ 6cm，宽 1 ～ 1.5cm，褐色，扁压，聚成头状，成熟时弯扭，经久不落。花期 10 月。

分布与生境：海南有栽培。原产非洲及印度。

利用：树干心材碎片的水煎浸膏可代儿茶，外用能敛疮拔脓、生肌、镇痛。内服能止血、治痢、止泻等。树皮含单宁，根供药用，在原产地用于治肠道寄生虫，蛇、蝎咬伤，梅毒、麻风等症。木材红棕色，质坚耐用，抗白蚁，可作齿轮、木钉、弓、箭杆、精美的工艺品、家具等用。

注：手绘图引自广东植物志；标本引自华南植物园。

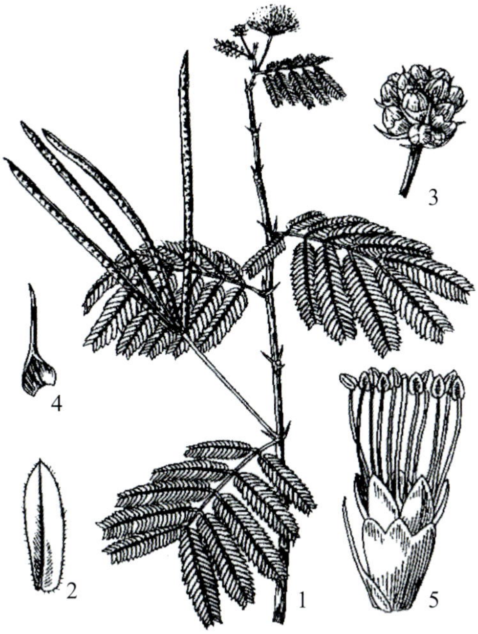

1. 植株部分；2. 小叶；3. 花序部分；4. 小苞片；5. 花。

合欢草 (Desmanthus pernambucanus)

1. 花枝；2. 两性花；3. 中性花；4. 叶轴一段，示棒状腺体；5. 果序；6. 茎一段。

代儿茶 (Dichrostachys cinerea)

中文名称：榼藤

学名：**Entada phaseoloides**(Linn.)Merr. in Philipp. J. Sci. 9: 86. 1914, 海南植物志 2: 212(1965), 中国植物志 39: 13(1988), 广东植物志 5: 158(2003), Flora of China 10: 52(2010)

科名：豆科 Fabaceae(含羞草科 Mimosaceae) **属名：**榼藤属 Entada Adans.

形态特征：常绿、木质大藤本，茎扭旋，枝无毛。二回羽状复叶，羽片通常 2 对，顶生一对羽片变为卷须；小叶 1 ～ 2 对，对生，革质，长椭圆形或长倒卵形，长 3 ～ 6cm，宽 1.5 ～ 2.7cm，先端钝，微凹，基部略偏斜，主脉稍弯曲，主脉两侧的叶面不等大，网脉两面明显；叶柄短。穗状花序单生或排成圆锥花序式，被疏柔毛；花细小，白色，密集，略有香味；苞片被毛；花萼阔钟状，具 5 齿；花瓣 5，长圆形，顶端尖，无毛，基部稍连合；子房无毛，花柱丝状。荚果弯曲，扁平，内果皮羊皮纸质，成熟时逐节脱落，每节内有 1 颗种子；种子近圆形，扁平，暗褐色，成熟后种皮木质，有光泽，具网纹。花期 3 ～ 6 月；果期 8 ～ 11 月。

野外鉴别关键特征：小叶 1 ～ 2 对，内果皮羊皮纸质。

分布与生境：海南各地常见；台湾、福建、广东、广西、云南、西藏；东半球热带。生于山涧或山坡混交林中，攀援于大乔木上。

利用：茎皮及种子可作肥皂代用品；药用。

注：手绘图引自广东植物志。

中文名称：眼镜豆 (过江龙)

学 名：**Entada rheedii** Sprengel. Syst. Veg. 2: 325. 1825, 广东植物志 5: 158(2003), Flora of China 10: 52(2010)

科名：豆科Fabaceae(含羞草科Mimosaceae) **属名：**榼藤属Entada Adans.

形态特征：常绿、木质大藤本，茎扭旋，枝无毛。二回羽状复叶，长 10 ～ 25cm，羽片通常 2 对，顶生一对羽片变为卷须；小叶 3 ～ 4 对，对生，革质，长椭圆形或长倒卵形，长 3 ～ 9cm，宽 1.5 ～ 4.5cm，先端钝，微凹，基部略偏斜，主脉稍弯曲，主脉两侧的叶面不等大，网脉两面明显；叶柄短。穗状花序长 15 ～ 25cm，单生或排成圆锥花序式，被疏柔毛；花细小，白色，密集，略有香味；苞片被毛；花萼阔钟状，长 2mm，具 5 齿；花瓣 5，长圆形，长 4mm，顶端尖，无毛，基部稍连合；雄蕊稍长于花冠；子房无毛，花柱丝状。荚果长达 1m，宽 8 ～ 12cm，弯曲，扁平，内果皮木质，成熟时逐节脱落，每节内有 1 颗种子；种子近圆形，直径 4 ～ 6cm，扁平，暗褐色，成熟后种皮木质，有光泽，具网纹。花期 3 ～ 6 月；果期 8 ～ 11 月。

野外鉴别关键特征：小叶 3 ～ 4 对，内果皮木质。

分布与生境：海南有分布记录；广东、福建、台湾、云南、西藏；热带非洲、澳大利亚、印度洋群岛。生于海拔 100 ～ 900m 的山地，少见。

利用：茎皮及种子均含皂素，可做肥皂的代用品；茎皮的浸液有催吐、下泻作用，有强烈的刺激性，误入眼中可引起结膜炎。

注：手绘图引自 http://www.prota4u.org/protav8.asp?h=M4&t=Entada,rheedei&p=Entada+rheedei(PROTA4U).

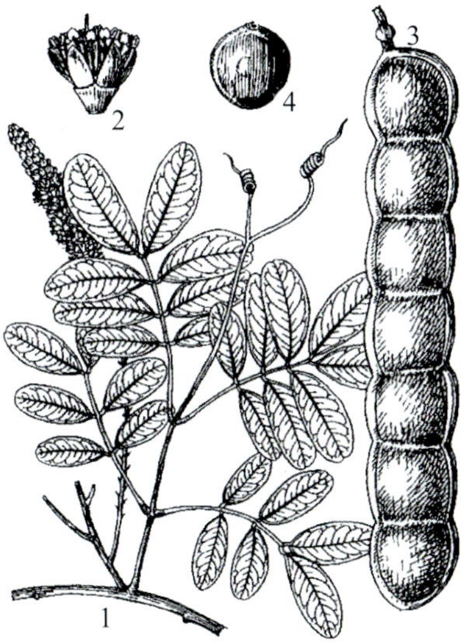

1. 花枝；2. 花；3. 荚果；4. 种子。

榼藤 (Entada phaseoloides)

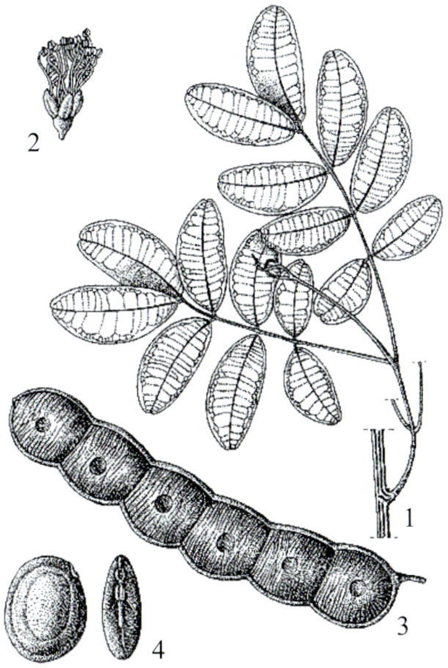

1. 叶枝；2. 花；3. 果；4. 种子。

眼镜豆（过江龙）(Entada rheedii)

中文名称：★红皮象耳豆

学名：**Enterolobium contortisiliquum**(Vell.)Morong, 海南岛尖峰岭地区生物物种名录

科名：豆科 Fabaceae(含羞草科 Mimosaceae)　**属名：**象耳豆属 Enterolobium Mart.

形态特征：无刺、落叶大乔木，树皮棕色。托叶不显著；二回羽状复叶；羽片及小叶多对；叶长圆状披针形，叶柄有腺体。花白色、两性，5 数，无梗，组成球形的头状花序，簇生于叶腋或呈总状花序式排列；花萼钟状，具 5 短齿；花冠漏斗形，中部以上具 5 裂片；雄蕊多数，基部连合成管；子房无柄，胚珠多数；花柱线形。荚果卷曲或弯作肾形，厚而硬，不开裂，中果皮海绵质，后变硬，种子间具隔膜；种子横生，扁平，珠柄丝状。花期 4 月；果期 10 月。

分布与生境：海南有栽培，尖峰岭。

利用：树形优美，园林观赏。

注：彩图由刘猛拍摄。

中文名称：★象耳豆

学名：**Enterolobium cyclocarpum**(Jacq.)Grieseb. Fl. Brit. W. Ind. Isl. 226. 1860, 中国植物志 39: 70(1988), 广东植物志 5: 149(2003), Flora of China 10: 66(2010)

科名：豆科 Fabaceae(含羞草科 Mimosaceae)　**属名：**象耳豆属 Enterolobium Mart.

形态特征：落叶大乔木；枝广展，嫩枝、嫩叶及花序均被白色疏毛，小枝绿色，有明显皮孔。羽片 (3)4 ～ 9 对；总叶柄长约 6cm，通常在总叶柄上及最上 2 对羽片着生处有腺体 2 ～ 3 个；小叶 12 ～ 25 对，镰状长圆形，长 8 ～ 14mm，宽 3 ～ 6mm，先端具小尖头，基部截平，上面深绿色，被疏毛，下面粉绿色，被疏毛，中脉靠近上边缘，近无柄；托叶小，早落。头状花序圆球形，有花数至 10 余朵，簇生或呈总状花序式排列；花绿白色；与花冠同被短柔毛；雄蕊多数，基部合生成管。荚果弯曲呈耳状，两端浑圆而相接，成熟时黑褐色，肉质，不开裂，每一荚果内有种子 10 ～ 20 颗；种子长椭圆形，棕黄色，质硬，有光泽。花期 4 ～ 6 月。

分布与生境：海南有栽培；福建、广东、广西、江西、浙江有栽培。原产南美洲及中美洲。

利用：行道树。

注：手绘图引自广东植物志。

红皮象耳豆 (Enterolobium contortisiliquum)

1. 花枝；2. 花；3. 花纵切面；4. 果。

象耳豆 (Enterolobium cyclocarpum)

中文名称：★南洋楹

学名： **Falcataria moluccana**(Miquel)Barneby & J. W. Grimes, Mem. New York Bot. Gard. 74: 255. 1996, Flora of China 10: 61(2010). ——Albizia falcataria(Linn.)Fosbcrg in Reinwardtia 7: 88. 1965, 中国植物志 39: 67(1988), 广东植物志 5: 149(2003). ——Albizia falcata(Linn.)Baker ex Merr. Interpr. Herb. Amboin. 249. 1917 , 海南植物志 2: 208(1965)

科名：豆科 Fabaceae(含羞草科 Mimosaceae)　**属名：**南洋楹属 Falcataria(I. C. Nielsen)Barneby & J. W. Grimes

形态特征：常绿大乔木，树干通直；嫩枝圆柱状或微有棱，被柔毛。托叶锥形，早落。羽片 11 ～ 20 对，上部的通常对生，下部的有时互生；总叶柄基部及叶轴中部以上羽片着生处有腺体 1 枚；小叶 6 ～ 20 对，无柄，菱状长圆形，长 1.5cm，宽约 5mm，先端急尖，基部圆钝或近截形；中脉偏于上边缘。穗状花序腋生、单生或数个组成圆锥花序；花初白色，后变黄色；花萼钟状，密被短柔毛，仅基部连合。荚果带形，熟时开裂；种子多颗。花期 4 ～ 7 月。

分布与生境：海南有栽培。原产马六甲及印度尼西亚马鲁古群岛。

利用：木材；庭院及行道树。

中文名称：●银合欢

学名： **Leucaena leucocephala**(Lam.)de Wit in Taxon 10: 54. 1961, 中国植物志 39: 18(1988), 广东植物志 5: 156(2003), Flora of China 10: 53(2010)

科名：豆科 Fabaceae(含羞草科 Mimosaceae)　**属名：**银合欢属 Leucaena Benth.

形态特征：高 2 ～ 6m，幼枝被短柔毛，老枝无毛，具褐色皮孔，无刺。叶为二回羽状复叶，叶轴被柔毛，托叶小，三角形；羽片 4 ～ 8 对，长 5 ～ 9(～ 16)cm，在最下一对羽片间有黑色腺体 1 枚，小叶通常 5 ～ 15 对。头状花序常 1 ～ 2 腋生，直径 2 ～ 3cm，苞片紧贴、被毛、早落；总花梗长 2 ～ 4cm；花白色，花萼长约 3mm，顶端具 5 细齿，外面被柔毛；花瓣狭倒披针形，长约 5mm，背被疏柔毛；雄蕊 10 枚，通常被疏柔毛；子房具短柄，上部被柔毛，柱头凹下呈杯状。荚果带状，长 10 ～ 18cm，宽 1.2 ～ 1.8cm，顶端凸尖，基部有柄，纵列，被微柔毛；种子 6 ～ 25 粒，褐色，扁平，光亮，长约 6mm。

野外鉴别关键特征：最下一对羽片间有黑色腺体 1 枚。

分布与生境：生于旷野、荒地、林旁和疏林下。原产热带美洲。

利用：本种耐旱力强，适为荒山造林树种，也可作咖啡或可可的荫蔽树种或植作绿篱；木质坚硬，为良好之薪炭材。叶可作绿肥及家畜饲料。

注：手绘图引自广东植物志。

南洋楹 (Falcataria moluccana)

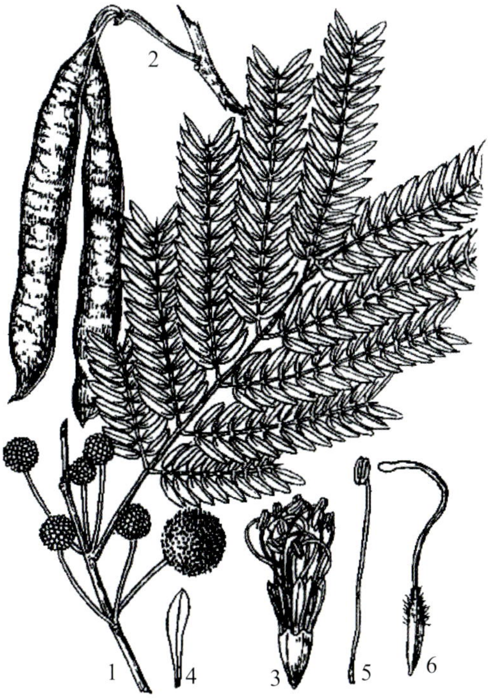

1. 花枝；2. 果；3. 花；4. 花瓣；
5. 雄蕊；6. 雌蕊。

银合欢 (Leucaena leucocephala)

中文名称：◆□光荚含羞草

学名： **Mimosa bimucronata**(Candolle)O. Kuntze**,** Revis. Gen. Pl. 1**:** 198. 1891**,** Flora of China 10**:** 53**(**2010**)**. ——Mimosa sepiaria Benth. in London J. Bot. 4**:** 395. 1845**,** 中国植物志 39**:** 16**(**1988**),** 广东植物志 5**:** 155**(**2003**)**

科名：豆科 Fabaceae(含羞草科 Mimosaceae) **属名：**含羞草属 Mimosa Linn.

形态特征：半落叶灌木；小枝无刺，密被黄色茸毛。二回羽状复叶，羽片 6 ～ 7 对，长 2 ～ 6cm，叶轴无刺，被短柔毛；小叶 12 ～ 16 对，线形，长 5 ～ 7mm，宽 1 ～ 1.5mm，革质，先端具小尖头，除边缘疏具缘毛外，其余无毛，中脉略偏上缘。头状花序球形，花白色；花萼杯状，极小；花瓣长圆形，仅基部连合；雄蕊 8 枚。荚果带状，劲直，无刺毛，褐色，通常有 5 ～ 7 个荚节，成熟时荚节脱落而残留荚缘。

野外鉴别关键特征：灌木、荚果带状，无刺毛。

分布与生境：海南各地；广东。逸生于疏林下。原产美洲。

注：手绘图引自 http://plantillustrations.org/species.php?id_species=672064.

中文名称：●巴西含羞草

学名： **Mimosa diplotricha** Sauvalle. 广东植物志 5: 155(2003), Flora of China 10: 54(2010). ——Mimosa invisa Mart. in Flora 20(2): Beibl. 121. 1837, 海南植物志 2: 214(1965), 中国植物志 39: 15(1988)

科名：豆科 Fabaceae(含羞草科 Mimosaceae) **属名：**含羞草属 Mimosa Linn.

形态特征：亚灌木状草本；茎攀援或平卧，五棱柱状，沿棱上密生钩刺，其余被疏长毛，老时毛脱落。二回羽状复叶，长 10 ～ 15cm；总叶柄及叶轴有钩刺 4 ～ 5 列；羽片 (4 ～)7 ～ 8 对，长 2 ～ 4cm；小叶 (12 ～)20 ～ 30 对，线状长圆形，长 3 ～ 5mm，宽约 1mm，被白色长柔毛。头状花序 1 个或 2 个生于叶腋；花紫红色，花萼极小，4 齿裂；花冠钟状，中部以上 4 瓣裂，外面稍被毛；雄蕊 8 枚；子房圆柱状，花柱细长。荚果长圆形，边缘及荚节有刺毛。花果期 3 ～ 9 月。

野外鉴别关键特征：植株较含羞草柔软。

分布与生境：儋州、昌江栽培或逸生；福建、广东、台湾、云南有栽培。生于旷野、荒地。原产巴西。

1. 花枝；2. 花；3. 花纵切面；4. 小叶。

光荚含羞草 (Mimosa bimucronata)

巴西含羞草 (Mimosa diplotricha)

中文名称： ◆□无刺含羞草

学 名： **Mimosa diplotricha** Sauvalle var. **inermis**(Adelb.)in Reinwardtia 2: 359. 1953, 中国植物志 39: 16(1988), 广东植物志 5: 155(2003), Flora of China 10: 54(2010)

科名： 豆科 Fabaceae(含羞草科 Mimosaceae) **属名：** 含羞草属 Mimosa Linn.

形态特征： 亚灌木状草本；茎攀援或平卧，五棱柱状，茎上无钩刺。二回羽状复叶，长 10 ～ 15cm；总叶柄及叶轴有钩刺 4 ～ 5 列；羽片 (4 ～)7 ～ 8 对，长 2 ～ 4cm；小叶 (12)20 ～ 30 对，线状长圆形，长 3 ～ 5mm，宽约 1mm，被白色长柔毛。头状花序 1 个或 2 个生于叶腋；花紫红色，花萼极小，4 齿裂；花冠钟状，中部以上 4 瓣裂，外面稍被毛；雄蕊 8 枚；子房圆柱状，花柱细长。荚果长圆形，荚果边缘及荚节上无刺毛。花果期 3 ～ 9 月。

野外鉴别关键特征： 茎上无钩刺。

分布与生境： 海南；广东。逸生于旷野、荒地。原产爪哇。

利用： 可作胶园覆盖植物，但全株有毒，牛误食能致死。

中文名称： ◆刺轴含羞草

学名： Mimosa pigra L.

科名： 豆科 Fabaceae(含羞草科 Mimosaceae) **属名：** 含羞草属 Mimosa Linn.

形态特征： 木质、多分枝的灌木，成熟时可生长达 6m 高。茎初时绿色，逐渐变成褐色，叶片为二回羽状复叶，淡绿色，长 20 ～ 25cm，约 15 对。花为圆形头状花序，直径 1 ～ 2cm，粉红或淡紫色。头状花序长在 2 ～ 3cm 长的茎上，每片叶腋中有 2 个，花冠有 4 个裂片、8 个粉红色雄蕊。果荚密被毛，20 ～ 25 颗种子。果实成熟后转为褐色。种子褐色或橄榄绿色，长方形，长 4 ～ 6cm，宽 2 ～ 4cm。

分布与生境： 海口 (南渡江)；原产热带南美洲。

注： 彩图引自：曾宪锋，邱贺媛，马金双 . 2013. 刺轴含羞草——中国大陆新归化入侵植物 . 广东农业科学 , 40(4): 72-73。

无刺含羞草 (**Mimosa diplotricha** var. **inermis**)

A. 生境；B. 花枝；C. 花序；D. 果枝；E. 豆荚和种子；F. 幼苗。

刺轴含羞草 (**Mimosa pigra**)

中文名称： ◆□含羞草

学名： **Mimosa pudica** Linn. Sp. Pl. 518. 1753, 海南植物志 2: 214(1965), 中国植物志 39: 16(1988), 广东植物志 5: 156(2003), Flora of China 10: 53(2010)

科名： 豆科 Fabaceae(含羞草科 Mimosaceae) **属名：** 含羞草属 Mimosa Linn.

形态特征： 披散、亚灌木状草本；茎圆柱状，具分枝，有散生、下弯的钩刺及倒生刺毛。托叶披针形，有刚毛。羽片和小叶触之即闭合而下垂；羽片通常 2 对，指状排列于总叶柄之顶端，长 3 ～ 8cm；小叶 10 ～ 20 对，线状长圆形，长 8 ～ 13mm，宽 1.5 ～ 2.5mm，先端急尖，边缘具刚毛。头状花序圆球形，具长总花梗，单生或 2 ～ 3 个生于叶腋；花小，淡红色，多数；苞片线形；花萼极小；花冠钟状，裂片 4 枚，外面被短柔毛；雄蕊 4 枚，伸出于花冠之外；子房有短柄，无毛；胚珠 3 ～ 4 颗，花柱丝状，柱头小。荚果长圆形，扁平，稍弯曲，荚缘波状，具刺毛，成熟时荚节脱落，荚缘宿存；种子卵形。花期 3 ～ 10 月；果期 5 ～ 11 月。

野外鉴别关键特征： 植株较硬，有散生、下弯的钩刺及倒生刺毛。

分布与生境： 海南各地；福建、广东、广西、江苏、云南、浙江有栽培。逸生于旷野荒地或灌木丛中。原产热带美洲。

利用： 全草入药，有清热利尿、化痰止咳、安神止痛之效。

中文名称： ★牛蹄豆

学名： **Pithecellobium dulce**(Roxb.)Benth. in London J. Bot. 3: 199. 1844, 海南植物志 2: 205(1965), 中国植物志 39: 52(1988), 广东植物志 5: 145(2003), Flora of China 10: 61(2010)

科名： 豆科 Fabaceae(含羞草科 Mimosaceae) **属名：** 牛蹄豆属 Pithecellobium Mart.

形态特征： 常绿乔木，中等大；枝条通常下垂，小枝有由托叶变成的针状刺。羽片 1 对，每一羽片只有小叶 1 对；羽片和小叶着生处各有突起的腺体 1 枚；羽片柄及叶柄均被柔毛；小叶坚纸质，长倒卵形或椭圆形，长 2 ～ 5cm，宽 2 ～ 25mm，大小差异甚大，先端钝或凹入，基部略偏斜，无毛；叶脉明显，中脉偏于内侧。头状花序小，于叶腋或枝顶排列成狭圆锥花序式；花萼漏斗状，密被长柔毛；花冠白色或淡黄色，密被长柔毛，中部以下合生；荚果线形，膨胀，旋卷，暗红色；种子黑色，包于白色或粉红色的肉质假种皮内。花期 3 月；果期 7 月。

野外鉴别关键特征： 羽片 1 对，每一羽片只有小叶 1 对。

分布与生境： 文昌有栽培；福建、广东、广西、江西、台湾、云南、浙江有栽培。原产美洲。

利用： 荫蔽树种；木材；荚果可作饲料；假种皮在墨西哥用来制柠檬水。

注： 手绘图引自广东植物志。

含羞草 (Mimosa pudica)

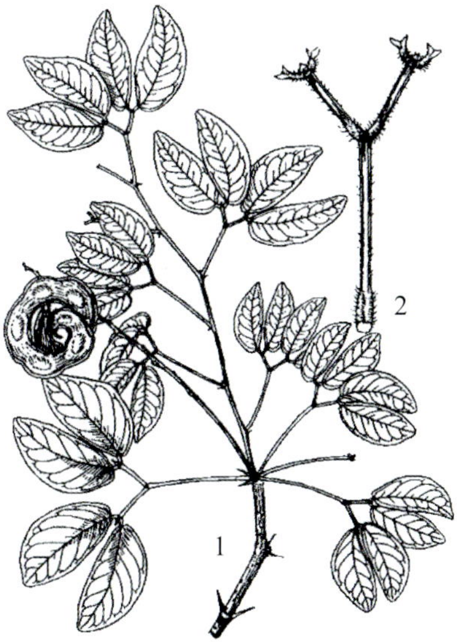

1. 果枝；2. 叶柄和羽片柄，示腺体。

牛蹄豆 (Pithecellobium dulce)

中文名称：★牧豆树

学名：**Prosopis juliflora**(Swartz)DC. Prodr. 2: 477. 1825, 中国植物志 39: 7(1988), 广东植物志 5: 160(2003)

科名：豆科 Fabaceae(含羞草科 Mimosaceae) **属名：**牧豆树属 Prosopis Linn.

形态特征：乔木，高 4 ～ 5m；嫩枝被微柔毛。托叶刺状，成对，长约 1cm。二回羽状复叶常簇生于短枝上或生于延长的枝条上；羽片 1 ～ 3 对，总叶轴长 1 ～ 8cm；羽片着生处有腺体；小叶 10 ～ 20 对，长圆形，长 5 ～ 10(～ 17)mm，宽 2 ～ 3mm，先端圆钝，基部偏斜，两面均被短柔毛或仅具缘毛，余无毛。总状花序腋生，长 4 ～ 8.5cm，总花梗长 6 ～ 12mm；花黄绿色；花梗长 1mm；花萼杯状，长 1mm，具 5 齿，齿小；花瓣 5，分离，长 3 ～ 4mm，顶端及边缘被毛；雄蕊 10 枚，分离，突露，长 6 ～ 7mm；花药顶端具脱落性腺体。荚果线形，长 16 ～ 23cm，宽 10 ～ 12mm，弯曲或劲直，淡黄色，无毛；果梗长 5 ～ 7mm；种子长圆形，10 ～ 18 枚。果期 6 月。

分布与生境：海南有栽培，广东、台湾有栽培。原产热带美洲。

利用：本种耐瘦瘠的土壤，可考虑作荒山造林树种，造薪炭林。种子含丰富的蛋白质。

注：手绘图引自广东植物志，彩图引自 http://www.jircas.affrc.go.jp/project/africa_dojo/FakaraPlants/Contents/Species_pages/Prosojulhtml.

中文名称：★雨树

学名：**Samanea saman**(Jcq.)Mcrr. in Journ. Wash. Acad. Sci. 6: 47. 1916, 中国植物志 39: 72(1988), Flora of China 10: 71(2010)

科名：豆科 Fabaceae(含羞草科 Mimosaceae) **属名：**雨树属 Samanea Merr.

形态特征：无刺大乔木；树冠极广展，干高 10 ～ 25m，分枝甚低；幼嫩部分被黄色短绒毛。羽片 3 ～ 5(～ 6) 对，长达 15cm；总叶柄长 15 ～ 40cm，羽片及叶片间常有腺体；小叶 3 ～ 8 对，由上往下逐渐变小，斜长圆形，长 2 ～ 4cm，宽 1 ～ 1.8cm，上面光亮，下面被短柔毛。花玫瑰红色，组成单生或簇生、直径 5 ～ 6cm 的头状花序，生于叶腋；总花梗长 5 ～ 9cm；花萼长 6mm；花冠长 12mm；雄蕊 20 枚，长 5cm。荚果长圆形，长 10 ～ 20cm，宽 1.2 ～ 2.5cm，直或稍弯，不裂，无柄，通常扁压，边缘增厚，在黑色的缝线上有淡色的条纹；果瓣厚，绿色，肉质，成熟时变成近木质，黑色；种子约 25 颗，埋于果瓤中。花期 8 ～ 9 月。

野外鉴别关键特征：树冠极广展，树皮黑褐色。

分布与生境：海南有栽培；台湾、云南有栽培。原产热带美洲。

利用：本种生长迅速，枝叶繁茂，可为庭园绿化树种。果味甜多汁，牛喜食之；在南美及西印度群岛常植作收场荫蔽树和饲料树。幼树木材松软，老树材质坚硬，可做车轮。

注：手绘图引自 http://attila.inbio.ac.cr:7777/pls/portal30//IMAGEDB.Get_bfile_image_old_code?p_oldimageId=35710&p_oldImageFile=4.

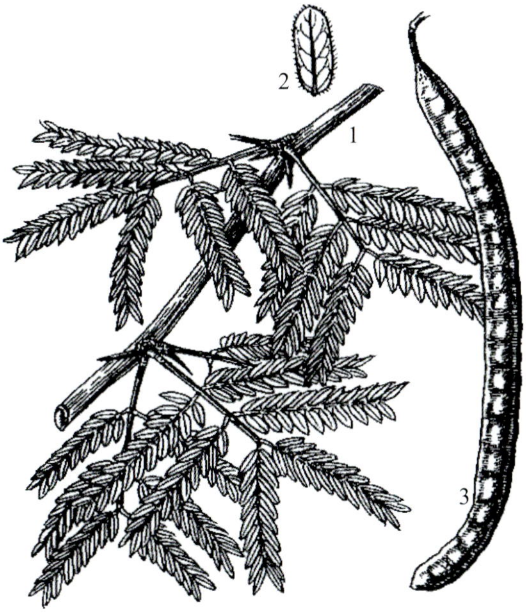

1. 枝叶；2. 小叶；3. 果。

牧豆树 (Prosopis juliflora)

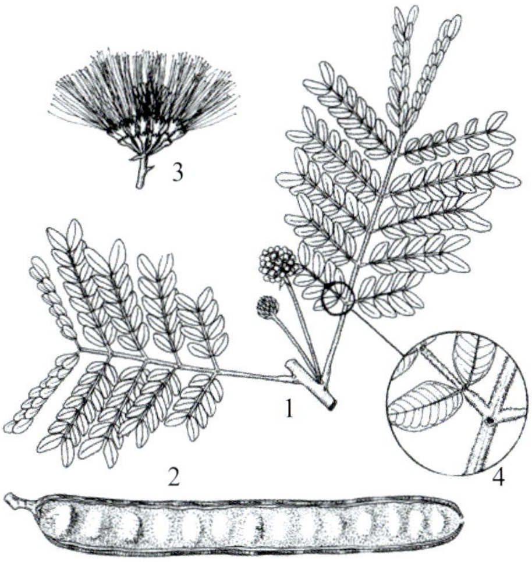

1. 花枝；2. 果；3. 花；4. 放大示腺体。

雨树 (Samanea saman)

中文名称：★顶果木

学名：**Acrocarpus fraxinifolius** Arnott. Mag. Zool. Bot. 2: 547. 1838, 中国植物志 39: 90(1988), Flora of China 10: 22(2010)

科名：豆科 Fabaceae(苏木科 Caesalpiniaceae)　**属名：**顶果树属 Acrocarpus Wight ex Arn.

形态特征：高大无刺乔木，枝下高可达 30m 以上。二回羽状复叶，长 30 ～ 40cm，下部的叶具羽片 3 ～ 8 对，顶部的为一回羽状复叶；叶轴和羽轴被黄褐色微柔毛，变秃净；小叶 4 ～ 8 对，对生，近革质，卵形或卵状长圆形，长 7 ～ 13cm，宽 4 ～ 7cm，先端渐尖或急尖，基部稍偏斜，阔楔形或圆钝，边全缘；侧脉 8 ～ 12 对。总状花序腋生，长 20 ～ 25cm，具密集的花；总轴先端被柔毛；花大，猩红色，初时直立，后下垂；花梗长 6 ～ 8mm，被柔毛；花托钟形；萼片 5；花瓣 5 片，披针形，比萼片长 1 倍并与其互生，与花托、萼片均同被黄褐色微柔毛；雄蕊 5 枚，与花瓣互生，花丝长，远伸出于花冠外，长为其 2 倍；子房扁平，具长柄，有胚珠多颗。荚果扁平，长 8 ～ 15cm，宽 1 ～ 2cm，紫褐色，沿腹缝线具狭翅，翅宽 3 ～ 5mm；种子 14 ～ 18 颗，淡褐色。

分布与生境：海南有栽培；广西、云南有栽培；不丹、印度、印度尼西亚、老挝、马来西亚、缅甸、尼泊尔、斯里兰卡有栽培。原产热带非洲。

注：手绘图引自中国植物志。

中文名称：★缅茄

学名：**Afzelia xylocarpa**(Kurz)Craib in Kew Bull. 1912: 267. 1912, 中国植物志 39: 209(1988), 广东植物志 5: 199(2003), Flora of China 10: 24(2010)

科名：豆科 Fabaceae(苏木科 Caesalpiniaceae)　**属名：**缅茄属 Afzelia Smith

形态特征：乔木，高 15 ～ 25m，有时可达 40m，胸径达 90cm；树皮褐色。小叶 3 ～ 5 对，对生，卵形、阔椭圆形至近圆形，长 4 ～ 40cm，宽 3.5 ～ 6cm，纸质，先端圆钝或微凹，基部圆而略偏斜；小叶柄短，长不及 5mm。花序各部密被灰黄绿色或灰白色短柔毛；苞片和小苞片卵形或三角状卵形，大小相若，长约 6mm，宿存；花萼管长 1 ～ 1.3cm，裂片椭圆形，长 1 ～ 1.5cm，先端圆钝；花瓣淡紫色，倒卵形至近圆形，其柄被白色细长柔毛；能育雄蕊 7 枚，基部稍合生，花丝长 3 ～ 3.5cm，突出，下部被柔毛；子房狭长形，被毛，花柱长而突出。荚果扁长圆形，长 11 ～ 17cm，宽 7 ～ 8.5cm，黑褐色，木质，坚硬；种子 2 ～ 5 颗，卵形或近圆形，略扁，长约 2cm，暗褐红色，有光泽，基部有一角质、坚硬的假种皮状种柄，其长略等于种子。花期 4 ～ 5 月；果期 11 ～ 12 月。

分布与生境：海南有栽培；广东、广西、云南有栽培；缅甸、老挝、越南、泰国、柬埔寨有栽培。原产缅甸。

利用：种子供雕刻用；也可入药，主治牙痛和眼病。

注：手绘图引自广东植物志。

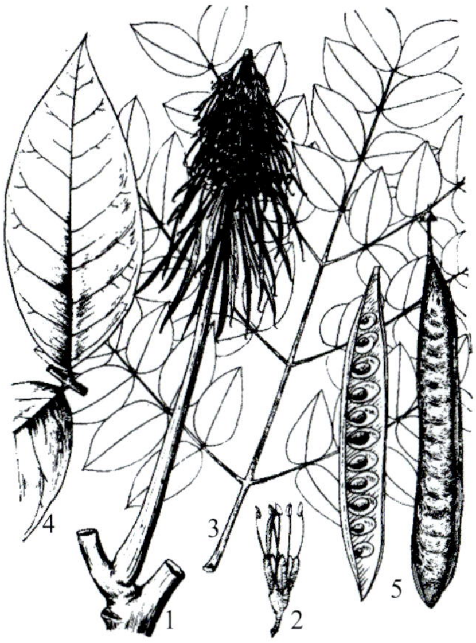

1. 花序；2. 花；3. 叶；4. 小叶；
5. 剖开的果，示种子。

顶果木 (Acrocarpus fraxinifolius)

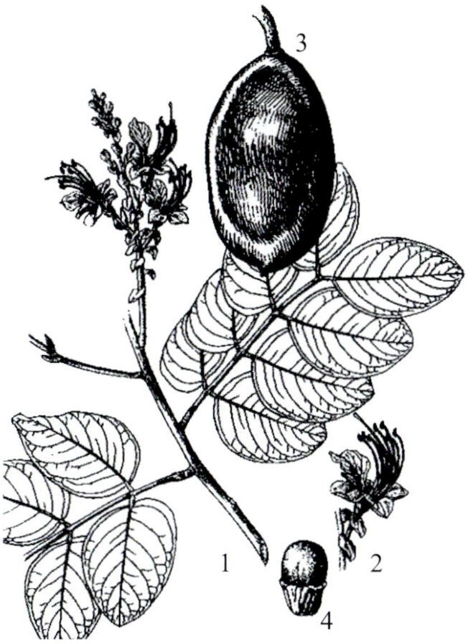

1. 花枝；2. 花；3. 荚果；4. 种子。

缅茄 (Afzelia xylocarpa)

中文名称： ★白花羊蹄甲

学名： **Bauhinia acuminata** Linnaeus. Sp. Pl. 1: 376. 1753, 海南植物志 2: 218(1965), 中国植物志 39: 153(1988), 广东植物志 5: 189(2003), Flora of China 10: 9(2010)

科名： 豆科 Fabaceae(苏木科 Caesalpiniaceae)　**属名：** 羊蹄甲属 Bauhinia Linn.

形态特征： 小乔木或灌木；小枝呈“之”字曲折，无毛。叶近革质，卵圆形，有时近圆形，长 9 ～ 12cm，宽 8 ～ 12.5cm，基部通常心形，先端 2 裂达叶长的 1/3 ～ 2/5，裂片先端急尖或稍渐尖，或呈圆形，上面无毛，下面被灰色短柔毛；基出脉 9 ～ 11 条，与支脉及网脉在叶下面均极明显凸起；叶柄长 2.5 ～ 4cm，具沟，被短柔毛。总状花序腋生，呈伞房花序式，密集，少花 (3 ～ 15 朵)；总花梗短，与花序轴均略被短柔毛；苞片与小苞片线形，具线纹，被柔毛；花蕾纺锤形，长约 2.5cm，略被毛或无毛，先端渐尖，顶冠以条长约 3mm，锥尖、被毛的萼齿；萼佛焰状，一边开裂，顶端有 5 枚短的细齿；花瓣白色，倒卵状长圆形，长 3.5 ～ 5cm，宽约 2cm，无瓣柄；能育雄蕊 10 枚，2 轮，花丝长短不一，长 1.5 ～ 2.5cm，下部 1/3 被毛，花药长圆形，黄色；子房具长柄，略被柔毛或近无毛，花柱长 15 ～ 20mm，柱头盾状，直径 3mm。荚果线状倒披针形，扁平，直或稍弯，先端急尖，具直的喙，宿存花柱，长 6 ～ 12cm，宽 1.5cm，内有隔膜，果颈长 1cm，果瓣革质，无毛，近腹缝处有 1 条隆起、锐尖的纵棱；种子 5 ～ 12 颗，直径 8 ～ 10mm，扁平。花期 4 ～ 6 月或全年；果期 6 ～ 8 月。

野外鉴别关键特征： 裂片先端急尖或稍渐尖，或呈圆形 (本彩图为裂片先端圆形)，上面无毛，下面被灰色短柔毛。

分布与生境： 海口有栽培；广东、广西、云南有栽培；柬埔寨、印度、印度尼西亚、老挝、马来西亚、菲律宾、斯里兰卡、泰国、越南有栽培。原产印度。

利用： 本种稍具耐霜能力，生长迅速，可作观赏植物。

注： 手绘图引自广东植物志。

中文名称： ★红花羊蹄甲

学名： **Bauhinia blakeana** Dunn in J. Bot. 46: 325. 1908, 海南植物志 2: 217(1965), 中国植物志 39: 156(1988), 广东植物志 5: 191(2003), Flora of China 10: 9(2010)

科名： 豆科 Fabaceae(苏木科 Caesalpiniaceae)　**属名：** 羊蹄甲属 Bauhinia Linn.

形态特征： 乔木；分枝多，小枝细长，被毛。叶革质，近圆形或阔心形，长 8.5 ～ 13cm，宽 9 ～ 14cm，基部心形，有时近截平，先端 2 裂为叶全长的 1/4 ～ 1/3，裂片顶钝或狭圆，上面无毛，下面疏被短柔毛；基出脉 11 ～ 13 条；叶柄长 3.5 ～ 4cm，被褐色短柔毛。总状花序顶生或腋生，有时复合成圆锥花序，被短柔毛；苞片和小苞片三角形，长约 3mm；花大，美丽；花蕾纺锤形；萼佛焰状，长约 2.5cm，有淡红色和绿色线条；花瓣红紫色，具短柄，倒披针形，连柄长 5 ～ 8cm，宽 2.5 ～ 3cm，近轴的 1 片中间至基部呈深紫红色；能育雄蕊 5 枚，其中 3 枚较长；退化雄蕊 2 ～ 5 枚，丝状，极细；子房具长柄，被短柔毛。通常不结果，花期全年，3 ～ 4 月为盛花期。

野外鉴别关键特征： 裂片顶钝或狭圆，上面无毛，下面疏被短柔毛。

分布与生境： 万宁有栽培；福建、广东、广西、台湾、云南有栽培；世界各地广泛栽培。原产中国。

利用： 美丽的观赏树木，花大，紫红色，盛开时繁英满树，为广州主要的庭园树之一。

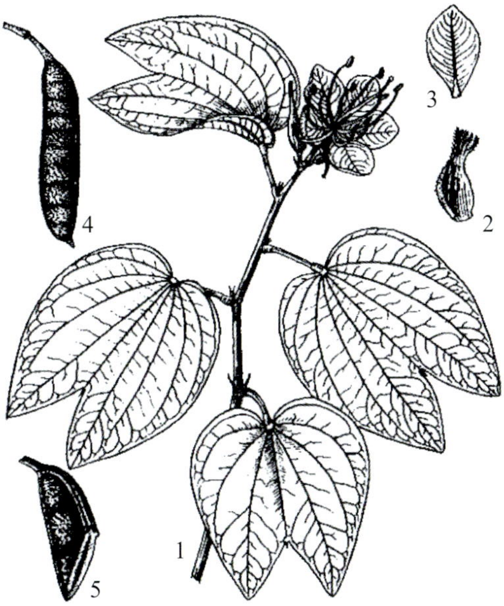

1. 花枝；2. 花萼；3. 花瓣；4. 果；5. 果一部分，
示腹缝线的棱脊。

白花羊蹄甲 (Bauhinia acuminata)

红花羊蹄甲 (Bauhinia blakeana)

中文名称：龙须藤

学名：**Bauhinia championii** Benth. Fl. Hongk. 99. 1861, 海南植物志 2: 221(1965), 中国植物志 39: 172(1988), 广东植物志 5: 194(2003), Flora of China 10: 13(2010)

科名：豆科 Fabaceae(苏木科 Caesalpiniaceae) **属名：**羊蹄甲属 Bauhinia Linn.

形态特征：藤本，有卷须；嫩枝和花序薄被紧贴的小柔毛。叶纸质，卵形或心形，长 3 ～ 10cm，宽 2.5 ～ 6.5(～ 9)cm，先端锐渐尖、圆钝、微凹或 2 裂，裂片长度不一，基部截形、微凹或心形，上面无毛，下面被紧贴的短柔毛，渐变无毛或近无毛，干时粉白褐色；基出脉 5 ～ 7 条；叶柄长 1 ～ 2.5cm，纤细，略被毛。总状花序狭长，腋生，有时与叶对生或数个聚生于枝顶而成复总状花序，长 7 ～ 20cm，被灰褐色小柔毛；苞片与小苞片小，锥尖；花蕾椭圆形，长 2.5 ～ 3mm，具凸头，与萼及花梗同被灰褐色短柔毛；花直径约 8mm；花梗纤细，长 10 ～ 15mm；花托漏斗形，长约 2mm；萼片披针形，长约 3mm；花瓣白色，具瓣柄，瓣片匙形，外面中部疏被丝毛；能育雄蕊 3，花丝长约 6mm，无毛；退化雄蕊 2；子房具短柄，仅沿两缝线被毛，花柱短，柱头小。荚果倒卵状长圆形或带状，扁平，长 7 ～ 12cm，宽 2.5 ～ 3cm，无毛，果瓣革质；种子 2 ～ 5 颗，圆形，扁平，直径约 12mm。花期 6 ～ 10 月；果期 7 ～ 12 月。

野外鉴别关键特征：藤本，有卷须；嫩枝和花序薄被紧贴的小柔毛。

分布与生境：儋州、琼海和万宁等地；我国长江以南各省 (自治区)；越南。生于山谷疏林灌丛中。

利用：根和老茎供药用，有活血、散瘀、活络、镇静和止痛的功效。

注：手绘图引自广东植物志。

中文名称：首冠藤

学名：**Bauhinia corymbosa** Roxb. Fl. Ind. 2: 329. 1832, 海南植物志 2: 220(1965), 中国植物志 39: 196(1988), 广东植物志 5: 196(2003), Flora of China 10: 20(2010)

科名：豆科 Fabaceae(苏木科 Caesalpiniaceae) **属名：**羊蹄甲属 Bauhinia Linn.

形态特征：木质藤本；嫩枝、花序和卷须的一面被红棕色小粗毛；枝纤细，无毛卷须单生或成对。叶纸质，近圆形，长和宽 2 ～ 3(～ 4)cm，或宽度略超于长度，自先端深裂达叶长的 3/4，裂片先端圆，基部近截平或浅心形，两面无毛或下面基部和脉上被红棕色小粗毛；基出脉 7 条；叶柄纤细，长 1 ～ 2cm。伞房花序式的总状花序顶生于侧枝上，长约 5cm，多花，具短的总花梗；苞片和小苞片锥尖，长约 3mm；花芳香；花蕾卵形，急尖，与纤细的花梗同被红棕色小粗毛；花托纤细，长 18 ～ 25mm；萼片长约 6mm，外面被毛，开花时反折；花瓣白色，有粉红色脉纹，阔匙形或近圆形，长 8 ～ 11mm，宽 5 ～ 8mm，外面中部被丝质长柔毛，边缘皱曲，具短瓣柄；能育雄蕊 3 枚，花丝淡红色，长约 1cm；退化雄蕊 2 ～ 5 枚；子房具柄，无毛，柱头阔，截形。荚果带状长圆形，扁平，直或弯曲，长 10 ～ 16(～ 25)cm，宽 1.5 ～ 2.5cm，具果颈，果瓣厚革质；种子十余颗，长圆形，长 8mm，褐色。花期 4 ～ 6 月；果期 9 ～ 12 月。

野外鉴别关键特征：自先端深裂达叶长的 3/4，裂片先端圆，基部近截平或浅心形。

分布与生境：定安、琼海、万宁、保亭、陵水、三亚等地；福建、广东、广西；越南。生于低海拔至中海拔林中。

注：手绘图引自海南植物志。

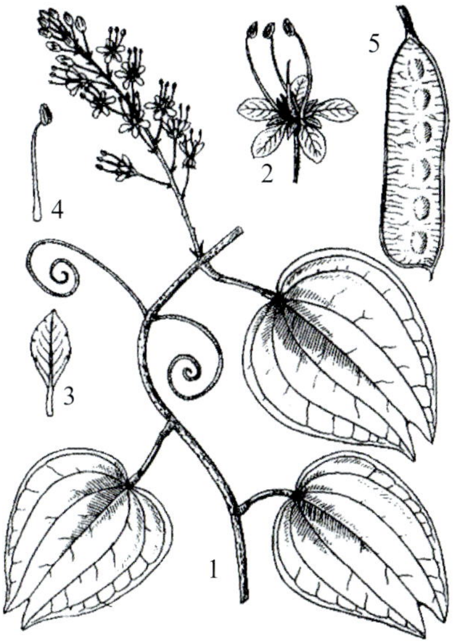

1. 花枝；2. 花；3. 花瓣；4. 雄蕊；5. 果。

龙须藤 (Bauhinia championii)

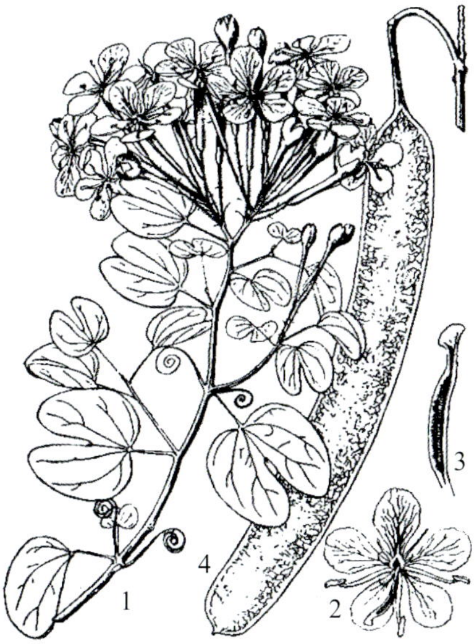

1. 花枝；2. 花；3. 子房纵切面；4. 果。

首冠藤 (Bauhinia corymbosa)

中文名称：▲ 长序首冠藤

学名：**Bauhinia corymbosa** var. **longipes** Hosokawa in Trans. Nat. Hist. Soc. Formos. 33: 196. 1942, 海南植物志 2: 220(1965), 广东植物志 5: 196(2003), Flora of China 10: 20(2010)

科名：豆科 Fabaceae(苏木科 Caesalpiniaceae)　**属名：**羊蹄甲属 Bauhinia Linn.

形态特征：本变种与原种不同的特征是伞房花序式的总状花序长约 30cm，具较长花梗。花期 4 月；果期 11 月。

野外鉴别关键特征：没有花很难与原种区别，主要是总状花序长约 30cm，原种总状花序长约 5cm。

分布与生境：特有种，陵水。生于低海拔灌丛中。

利用：花美丽，可园林观赏。

中文名称：锈荚藤

学名：**Bauhinia erythropoda** Hayata. Ic. Formos. 3: 83. 1913, 海南植物志 2: 219(1965), 中国植物志 39: 189(1988), 广东植物志 5: 192(2003), Flora of China 10: 17(2010)

科名：豆科 Fabaceae(苏木科 Caesalpiniaceae)　**属名：**羊蹄甲属 Bauhinia Linn.

形态特征：木质藤本；嫩枝密被褐色茸毛，枝无毛；卷须初时被长柔毛，渐变秃净。叶纸质，心形或近圆形，长 5 ～ 10cm，宽 4 ～ 9cm，先端通常深裂达中部或中部以下，裂片顶端急尖，有时渐尖，基部深心形，上面无毛，有光泽，下面沿脉上被锈色柔毛或有时近无毛；基出脉 9 ～ 11 条，侧脉和网脉在叶两面均略凸起；叶柄长 3 ～ 8cm，密被赤褐色或灰褐色茸毛。总状花序伞房式，顶生，全部密被锈红色茸毛；苞片线形；小苞片丝状；花芳香，稍大；花梗纤细，长 4 ～ 5cm，与萼外面同密被锈红色茸毛；花托纤细，圆柱形，长 5 ～ 10mm；萼片长圆状披针形，先端渐尖，长约 12mm，开花时向下反折；花瓣白色，阔倒卵形，连瓣柄 (长 3 ～ 4mm) 长 2 ～ 2.5cm，宽 1.2 ～ 1.8cm，顶微缺，边缘皱缩啮蚀状，外面中部至瓣柄均被锈色长柔毛；能育雄蕊 3，花丝长 15 ～ 17mm，基部被毛；子房无柄，密被锈色长柔毛，花柱细长，除基部外无毛，柱头盾状。荚果倒披针状带形，扁平，长可达 30cm，宽约 5cm，密被锈色短茸毛。花期 3 ～ 4 月；果期 6 ～ 7 月。

野外鉴别关键特征：嫩枝密被褐色茸毛，枝无毛；卷须初时被长柔毛，渐变秃净。叶纸质，心形或近圆形，先端通常深裂达中部或中部以下，裂片顶端急尖，有时渐尖，基部深心形；花序顶生，全部密被锈红色。

分布与生境：万宁、保亭、琼海；广西、云南；菲律宾。生于低海拔林中。

利用：花美丽，可园林观赏。

注：标本引自华南植物园。

长序首冠藤 (**Bauhinia corymbosa** var. **longipes**)

锈荚藤 (**Bauhinia erythropoda**)

中文名称：★粉叶羊蹄甲

学名： **Bauhinia glauca**(Wall. ex Benth.)Benth. F1. Hongk. 99. 1861, 中国植物志 39: 194(1988), 广东植物志 5: 196(2003), Flora of China 10: 19(2010)

科名：豆科 Fabaceae(苏木科 Caesalpiniaceae) **属名：**羊蹄甲属 Bauhinia Linn.

形态特征：木质藤本，除花序稍被锈色短柔毛外其余无毛；卷须略扁，旋卷。叶纸质，近圆形，长 5 ～ 7(～ 9)cm，2 裂达中部或更深裂，罅口狭窄，裂片卵形，内侧近平行，先端圆钝，基部阔，心形至截平，上面无毛，下面疏被柔毛，脉上较密；基出脉 9 ～ 11 条；叶柄纤细，长 2 ～ 4cm。伞房花序式的总状花序顶生或与叶对生，具密集的花；总花梗长 2.5 ～ 6cm，被疏柔毛，渐变无毛；苞片与小苞片线形，锥尖，长 4 ～ 5mm；花序下部的花梗长可达 2cm；花蕾卵形，被锈色短毛；花托长 12 ～ 15mm(花盛开时长达 20mm)，被疏毛；萼片卵形，急尖，长约 6mm，外被锈色茸毛；花瓣白色，倒卵形，各瓣近相等，具长柄，边缘皱波状，长 10 ～ 12mm，瓣柄长约 8mm；能育雄蕊 3 枚，花丝无毛，远较花瓣长；退化雄蕊 5 ～ 7；子房无毛，具柄，花柱长约 4mm，柱头盘状。荚果带状，薄，无毛，不开裂，长 15 ～ 20cm，宽 4 ～ 6cm，荚缝稍厚，果颈长 6 ～ 10mm；种子 10 ～ 20 颗，在荚果中央排成一纵列，卵形，极扁平，长约 1cm。花期 4 ～ 6 月；果期 7 ～ 9 月。

野外鉴别关键特征：除花序稍被锈色短柔毛外其余无毛；卷须略扁，旋卷。

分布与生境：海南有栽培；香港；印度、印度尼西亚、马来西亚、缅甸、泰国。

利用：花美丽，可园林观赏。

注：手绘图引自浙江植物志。

中文名称：海南羊蹄甲

学名： **Bauhinia hainanensis** Merr. & Chun in Journ. Arn. Arb. 19: 132. 1 938, 海南植物志 2: 220(1965), 中国植物志 39: 185(1988), 广东植物志 5: 195(2003), Flora of China 10: 16(2010)

科名：豆科 Fabaceae(苏木科 Caesalpiniaceae) **属名：**羊蹄甲属 Bauhinia Linn.

形态特征：木质藤本；幼嫩部分和花序均密被锈色茸毛；卷须粗壮，单生于上部叶腋，被毛。叶近革质，近圆形或卵圆形，长 10 ～ 18cm，宽 10 ～ 20cm，上部分裂达叶长的 2/5 ～ 1/2，裂片先端圆钝，内侧常彼此覆叠，基部深心形，上面除基部外无毛，下面薄被锈色疏柔毛，脉上较密；基出脉 11 ～ 13 条，网脉细而密；叶柄长 3 ～ 8cm，密被紧贴的锈色短柔毛。圆锥花序常呈伞房状，长约 13cm；花芳香，直径约 1.5cm，花梗长 10 ～ 15mm，中部具 2 枚近对生的小苞片，与萼同被锈色短茸毛；花托漏斗状，长约 3mm；萼裂片广卵形，急尖，长约 6mm；花瓣浅粉红色、近白色，或白色，阔倒卵形，边缘皱折，基部具长约 1mm 的短柄，内面近无毛，外面密被锈色柔毛；能育雄蕊 3 枚，花丝无毛，长约 25mm；退化雄蕊 2 枚，长约 7mm；花盘肉质；子房具柄，无毛，花柱细长，柱头头状。荚果木质，长圆形，扁平，长约 22cm，宽约 6cm，基部渐狭，具短柄；种子倒卵形，扁平，长约 2cm。花期 12 月；果期 4 月。

野外鉴别关键特征：卷须粗壮，单生于上部叶腋，被毛。

分布与生境：三亚、乐东；云南。生于低海拔丘陵疏林中。

利用：花美丽，可园林观赏。

注：手绘图引自中国植物志。

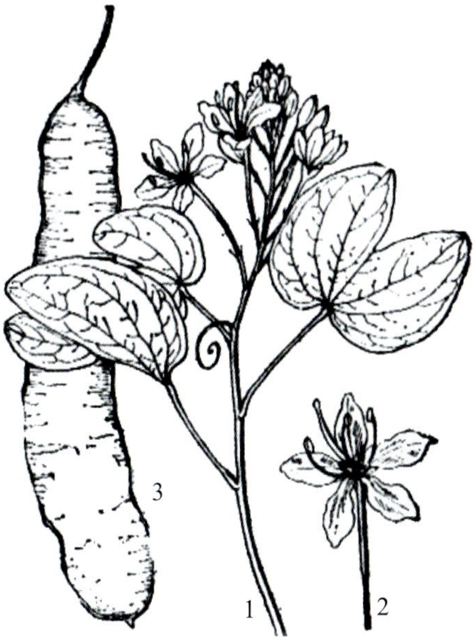

1. 花枝；2. 花；3. 果。

粉叶羊蹄甲 (Bauhinia glauca)

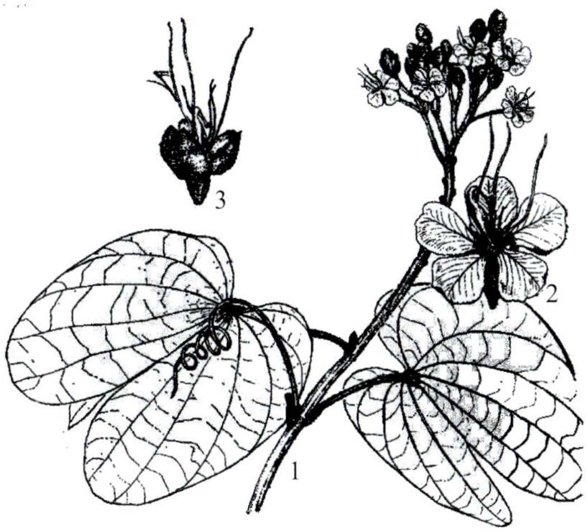

1. 花枝；2. 花；3. 花除去花瓣，示雄蕊、雌蕊。

海南羊蹄甲 (Bauhinia hainanensis)

中文名称：日本羊蹄甲

学名： **Bauhinia japonica** Maxim. in Bull. Acad. Sci. St. Petersb. 18: 401. 1893, 中国植物志 39: 186(1988), 广东植物志 5: 193(2003), Flora of China 10: 16(2010)

科名：豆科 Fabaceae(苏木科 Caesalpiniaceae) **属名：**羊蹄甲属 Bauhinia Linn.

形态特征：藤本，具卷须，除花序和幼果外全株无毛。枝圆柱形；小枝具沟和棱。叶纸质，外轮廓近圆形，长和宽 4 ～ 9cm，基部通常深心形，深凹入达 2 ～ 3cm，先端深裂达叶长的 1/3 ～ 1/2，裂片卵形，先端钝，两面光滑无毛，边缘常有极狭且薄、淡黄色 (干时) 的镶边；基出脉 (7 ～)9 ～ 13 条；叶柄长 3 ～ 4cm。总状花序顶生，长 10 ～ 23cm，多花，密被锈色、紧贴的短柔毛；苞片狭披针形，长渐尖，长约 3.5mm；小苞片长约 1mm；花梗纤细，长 1 ～ 2cm；花蕾倒卵形，顶端近截形而略拱圆，长 4 ～ 5mm；花托短，漏斗状，长 1.2 ～ 2mm；萼与花梗均密被锈色短柔毛，高 2mm，宽 3mm，裂片阔卵形至三角形，长约 2mm；花瓣淡绿色至白色，长约 10mm(包括长 2.8mm 的瓣柄)，宽约 4.5mm，瓣片倒卵状长圆形，先端圆钝，外面被丝质短柔毛；能育雄蕊 3，花丝无毛，长 11mm；退化雄蕊 2；子房密被锈色丝质柔毛，具短而粗的子房柄，柱头小。荚果长圆状舌形，长 4 ～ 7cm，宽 2 ～ 2.8cm，初时扁平，密被锈色、伏贴的绢毛，成熟时略肿胀，近无毛，果瓣革质；种子 1 ～ 5 颗，近肾形，长 1cm，宽 7mm，黑色，有光泽。花期 1 ～ 5 月；果期 6 ～ 9 月。

野外鉴别关键特征：叶纸质，基部通常深心形，深凹入达 2 ～ 3cm，先端深裂达叶长的 1/3 ～ 1/2，裂片卵形，先端钝，两面光滑无毛，边缘常有极狭且薄、淡黄色 (干时) 的镶边。

分布与生境：尖峰岭；广东；日本。生于低海拔山地疏林中。

利用：本种的根部膨大呈纺锤状，富含单宁，当地农民用以染渔网和制革。

注：彩图由 PPBC/ 徐克学拍摄。

中文名称：牛蹄麻

学名： **Bauhinia khasiana** Baker in Hook F. F1 Brit. Ind. 2: 281. 1878, 中国植物志 39: 184(1988), 广东植物志 5: 195(2003), Flora of China 10: 15(2010). ——Bauhinia pierrei Gagnep. in Lecomte, Not. Syst. 2: 178. 1912, 海南植物志 2: 222(1965). ——Bauhinia dioscoreifolia L. Chen in Journ. Arn. Arb. 20: 438. 1939, 海南植物志 2: 221(1965), 中国植物志 39: 202(1988), 广东植物志 5: 194(2003)

科名：豆科 Fabaceae(苏木科 Caesalpiniaceae) **属名：**羊蹄甲属 Bauhinia Linn.

形态特征：木质藤本，幼枝被伏贴的短柔毛；卷须粗且扁。叶纸质至近革质，卵形至近圆形，长 5 ～ 15.5cm，宽 4.5 ～ 12 cm，先端浅 2 裂，分裂达叶长的 1/5 ～ 1/4，裂片顶端急尖或渐尖，通常 2 裂片内侧紧贴或覆叠，基部阔心形或近截平，上面有光泽，两面无毛或仅在下面基部脉腋间有少许贴伏的短柔毛；基出脉 7 ～ 9 条；叶柄长 2.5 ～ 8.5cm。伞房花序顶生，长和宽均为 8 ～ 17cm，有时数个组成复伞房花序，密被红棕色、伏贴、有光泽的短绢毛；苞片早落；小苞片锥尖，长约 1mm，着生于花梗中部以上；花梗长 2 ～ 3.5mm；花蕾阔卵形或近球形，顶略具凸头；花托圆柱形，长 2 ～ 5mm；花萼裂片 4 ～ 5，长约 6.5mm，开花时向下反折；花瓣红色，阔匙形，外面被红棕色绢毛，瓣柄长 2 ～ 4mm；能育雄蕊 3 枚，花丝无毛，退化雄蕊 3 枚；子房具长柄，仅腹缝线处有红棕色绢毛，柱头盾状。果长圆状带形，长 10 ～ 19cm，宽 2 ～ 4.5cm，厚革质，扁平，无毛，有光泽；种子 3 ～ 6 颗，长圆形，长约 2cm，宽约 1.5cm。花期 6 ～ 8 月；果期 9 ～ 12 月。

野外鉴别关键特征：幼枝被伏贴的短柔毛；卷须粗且扁。叶片通常 2 裂片内侧紧贴或覆叠。

分布与生境：陵水、三亚；云南；印度、老挝、泰国、越南。生于混交林中。

利用：花美丽，可园林观赏。

注：薯叶藤 (Bauhinia dioscoreifolia) 被 Flora of China 归并为牛蹄麻 (Bauhinia khasiana)。

日本羊蹄甲 (**Bauhinia japonica**)

牛蹄麻 (**Bauhinia khasiana**)

中文名称：褐毛羊蹄甲（羊蹄藤）

学 名：**Bauhinia ornata** var. **kerrii**(Gagnep.)K. et S. S. Larsen in Aubrev. Fl. Camb. Laos Vietn. 18: 208. 1980, 中国植物志 39: 193(1988), Flora of China 10: 19(2010). ——Bauhinia kerrii Gagnep. in Lecomte, Not. Syst. 2: 173. 1911, 海南植物志 2: 219(1965)

科名：豆科 Fabaceae(苏木科 Caesalpiniaceae)　**属名：**羊蹄甲属 Bauhinia Linn.

形态特征：高大藤本，具卷须；幼枝被亮锈色丝质柔毛。叶纸质，心状卵形至心状圆形，长 18～21cm，宽 16～18cm，基部深心形，2 裂达叶长的 1/3～1/2，裂片顶端急尖或钝圆，上面无毛或脉上被短柔毛，下面密被黄褐色伏贴的柔毛；基出脉 9～11 条；叶柄长 8～11cm，被黄褐色柔毛。伞房花序式的总状花序顶生或侧生，多花，被黄褐色柔毛；花梗纤细，长 2.5～5cm，被毛，常聚集于稍长或短的总花梗先端；苞片宿存，披针形，长 3～5mm，被毛；小苞片小，长圆状披针形，着生于花梗中部；萼在花蕾时梨状，贴生柔毛，萼裂片 5，卵形，长 6～7mm，开花时仍黏合为佛焰状的 2 片，后外反且渐离生；花瓣白色，倒卵形，外面疏被柔毛，边缘略呈波状；能育雄蕊 3 枚，花丝长约 3cm；子房近无柄，被黄褐色长柔毛，花柱纤细而长，无毛，柱头小，头状。荚果外面密被黄褐色或灰褐色柔毛。带状，扁平，开裂，长 18～36cm，宽 4～6cm，果瓣厚，木质，具斑点，有种子 3～4 颗；种子近圆形，扁平，褐黑色，直径约 27cm。

野外鉴别关键特征：幼枝被亮锈色丝质柔毛，叶柄被黄褐色柔毛长 8～11cm。

分布与生境：澄迈、定安、琼海、琼中、万宁、陵水、保亭、三亚、乐东；广东、广西、云南；印度、老挝、缅甸、泰国、越南。生于中海拔森林中。

中文名称：★羊蹄甲

学名：**Bauhinia purpurea** Linn. Sp. Pl. 375. 1753, 海南植物志 2: 216(1965), 中国植物志 39: 156(1988), 广东植物志 5: 190(2003), Flora of China 10: 10(2010)

科名：豆科 Fabaceae(苏木科 Caesalpiniaceae)　**属名：**羊蹄甲属 Bauhinia Linn.

形态特征：乔木或直立灌木，高 7～10m；树皮厚，近光滑，灰色至暗褐色；枝初时略被毛，毛渐脱落，叶硬纸质，近圆形，长 10～15cm，宽 9～14cm，基部浅心形，先端分裂达叶长的 1/3～1/2，裂片先端圆钝或近急尖，两面无毛或下面薄被微柔毛；基出脉 9～11 条；叶柄长 3～4cm。总状花序侧生或顶生，少花，长 6～12cm，有时 2～4 个生于枝顶而成复总状花序，被褐色绢毛；花蕾多少纺锤形，具 4～5 棱或狭翅，顶钝；花梗长 7～12mm；萼佛焰状，一侧开裂达基部成外反的 2 裂片，裂片长 2～2.5cm，先端微裂，其中一片具 2 齿，另一片具 3 齿；花瓣桃红色，倒披针形，长 4～5cm，具脉纹和长的瓣柄；能育雄蕊 3，花丝与花瓣等长；退化雄蕊 5～6，长 6～10mm；子房具长柄，被黄褐色绢毛，柱头稍大，斜盾形。荚果带状，扁平，长 12～25cm，宽 2～2.5cm，略呈弯镰状，成熟时开裂，木质的果瓣扭曲将种子弹出；种子近圆形，扁平，直径 12～15mm，种皮深褐色。花期 9～11 月；果期 2～3 月。

分布与生境：海口有栽培；福建、广东、广西、台湾、云南有栽培；中南半岛、印度、斯里兰卡有栽培。原产中国南部。

利用：速生树种，观赏树种，树皮、花、嫩叶可药用，地下根皮有剧毒。

褐毛羊蹄甲（羊蹄藤）(**Bauhinia ornata** var. **kerrii**)

羊蹄甲 (**Bauhinia purpurea**)

中文名称：红毛羊蹄甲

学名：Bauhinia pyrrhoclada Drake. J. Bot.(Morot). 5: 218. 1891, 中国植物志 39: 186(1988), 广东植物志 5: 192(2003), Flora of China 10: 17(2010)

科名：豆科 Fabaceae(苏木科 Caesalpiniaceae)　**属名：**羊蹄甲属 Bauhinia Linn.

形态特征：木质藤本；嫩枝、叶背、叶柄、花序、花梗、萼和荚果均密被赤褐色粗毛、茸毛或绒毛。叶近革质，卵状圆形，长、宽均为 6 ～ 8.5cm，基部心形，先端 2 裂达中部，裂片先端圆钝，上面无毛或沿脉上被小柔毛，下面密被赤褐色茸毛，最后毛渐疏并褪色；基出脉 9 ～ 11 条；托叶镰刀状，长 5 ～ 7mm，极早落；叶柄长 2.5 ～ 3.5cm，密被皱曲粗毛，总状花序顶生，略呈金字塔形，被毛，具密集的花和稍长的总花梗；苞片与着生在花梗上部的小苞片均线形，长 5 ～ 6mm，被毛；花蕾卵形，钝，密被茸毛，长 10 ～ 12mm；花梗长 3 ～ 3.5cm；花托长 3 ～ 7mm；萼片披针形，渐尖，外面密被茸毛；花瓣白色，倒卵状椭圆形，长约 2cm，宽约 1cm，具 5mm 长的瓣柄，外面被粗毛，内面仅沿瓣柄被毛；能育雄蕊 3，花丝长约 2cm，基部被柔毛；退化雄蕊 2 ～ 3，子房被粗毛，近无柄，花柱长 6 ～ 7mm，基部被毛，柱头盾状。荚果倒披针状长圆形，扁平，长 10 ～ 18cm，宽 4 ～ 4.5cm，密被褐色绒毛。花期 6 月；果期 8 ～ 9 月。

野外鉴别关键特征：叶近革质，卵状圆形，长、宽均为 6 ～ 8.5cm，基部心形。

分布与生境：万宁、三亚；云南；越南。

利用：花美丽，可园林观赏。

中文名称：攀援羊蹄甲 (菱果羊蹄甲)

学名：Bauhinia scandens Linnaeus. Sp. Pl. 1: 374. 1753, Flora of China 10: 12(2010). ——Bauhinia scandens var. horsfieldii(Watt ex Prain)K. Larsen & S. S. Larsen, 中国植物志 39: 159(1988), 广东植物志 5: 190(2003). ——Bauhinia subrhombicarpa Merr., 海南植物志 2: 217(1965)

科名：豆科 Fabaceae(苏木科 Caesalpiniaceae)　**属名：**羊蹄甲属 Bauhinia Linn.

形态特征：大藤本；茎嫩时圆柱形，老时扁平；枝和小枝密被短柔毛，后渐脱落；卷须多少对生，一面被毛。叶纸质，卵形或阔卵形，长 5 ～ 9cm，宽 4 ～ 8cm，在枝顶和上部的叶常全缘，其余的变化大，先端浅至深 2 裂，在幼枝和萌发枝上的叶分裂可达基部，裂片多少渐尖，基部浅心形至截平，两面无毛，上面亮绿色有光泽；基出脉 7 ～ 9 条，在两面略凸起，网脉稍明显；叶柄纤细，长 2 ～ 4cm。总状花序狭长，多花，长 10 ～ 15cm，在枝顶的常数个复合为长与宽 15 ～ 25cm 的圆锥花序，近无毛或被微毛；苞片小；线形，渐尖；花梗纤细，平展，长 3 ～ 4mm，与花序轴同被微柔毛；花很小；花蕾球形，直径 1.8 ～ 2mm；萼稍被微柔毛，有 5 枚三角形的裂齿；花瓣白色，倒卵形至倒披针形，长约 3mm，具短柄；能育雄蕊 3 枚，花丝无毛；退化雄蕊 2 枚；子房斜长圆形，无毛，具短柄，着生于肉质、被短柔毛的花盘一侧边缘，花柱短，柱头小。荚果近菱形或长圆形，扁平，长 1.8 ～ 3cm，宽 1 ～ 1.6cm，顶端有弯曲的短喙，不开裂或迟裂，果瓣略具网纹；种子 1 ～ 2 颗，椭圆形或倒卵状圆形，直径约 8mm，种皮暗褐色。花期 10 月；果期 12 月。

野外鉴别关键特征：叶纸质，卵形或阔卵形，在枝顶和上部的叶常全缘。

分布与生境：三亚、东方、昌江；柬埔寨、印度、印度尼西亚、老挝、马来西亚、缅甸、尼泊尔、泰国、越南。生于半荫蔽的山谷溪边疏林中或开旷的灌丛中。

利用：花美丽，可园林观赏。

红毛羊蹄甲(Bauhinia pyrrhoclada)

攀援羊蹄甲(菱果羊蹄甲)(Bauhinia scandens)

中文名称：★黄花羊蹄甲

学名：**Bauhinia tomentosa** Linn. Sp. P1. 375. 1753, 中国植物志 39: 158(1988), 广东植物志 5: 189(2003), Flora of China 10: 11(2010)

科名：豆科 Fabaceae(苏木科 Caesalpiniaceae) **属名：**羊蹄甲属 Bauhinia Linn.

形态特征：小乔木；枝被微毛或无毛。叶近革质，卵圆形或近圆形，长 7 ~ 13cm，宽 6 ~ 12cm，先端 2 裂达叶长的 1/3 ~ 2/5，裂片顶端急尖或稍渐尖，基部心形或近截平，上面无毛，下面被灰色短柔毛；基出脉 9 ~ 11 条；叶柄长 1 ~ 4cm，被短柔毛。总状花序呈近伞房状，有花数朵；总花梗与花序轴同被短茸毛；苞片与小苞片线形，被柔毛；花蕾纺锤形，长约 2.5cm，顶端具 5 条锥尖状萼齿；花托短圆筒状；花萼一侧开裂，呈佛焰苞状；花瓣 5，白色，倒卵状长圆形，长 3.5 ~ 5cm，宽约 2cm，无瓣柄；能育雄蕊 10 枚，2 轮，花丝不等长，长 1.5 ~ 2.5cm，基部常被毛，花药长圆形，黄色；子房具柄，被短柔毛，花柱长 1 ~ 2cm，柱头盾状，直径约 3mm。荚果线状倒披针形，扁平，长 6 ~ 12cm，宽约 1.5cm，先端具短喙，开裂，果瓣革质，无毛；种子 5 ~ 12 颗，扁平，直径 8 ~ 10mm。花期 4 ~ 6 月或全年；果期 6 ~ 8 月。

分布与生境：海南各地栽培；福建、广东、广西、台湾、云南有栽培。原产热带亚洲。

利用：本种为美丽的庭园观赏灌木，在印度全年开花。根皮和花用以治疗痢疾，也可为溃疡外敷药；种子可榨油；木材纹理细，可做农具及枪托。

中文名称：★洋紫荆

学名：**Bauhinia variegata** Linn. Sp. Pl. 1753, 海南植物志 2: 217(1965), 中国植物志 39: 159(1988), 广东植物志 5: 190(2003), Flora of China 10: 10(2010)

科名：豆科 Fabaceae(苏木科 Caesalpiniaceae) **属名：**羊蹄甲属 Bauhinia Linn.

形态特征：落叶乔木；树皮暗褐色，近光滑；幼嫩部分常被灰色短柔毛；枝广展，硬而稍呈“之”字曲折，无毛。叶近革质，广卵形至近圆形，宽度常超过长度，长 5 ~ 9cm，宽 7 ~ 11cm，基部浅至深心形，有时近截形，先端 2 裂达叶长的 1/3，裂片阔，钝头或圆，两面无毛或下面略被灰色短柔毛；基出脉 (9 ~)13 条；叶柄长 2.5 ~ 3.5cm，被毛或近无毛。总状花序侧生或顶生，极短缩，多少呈伞房花序式，少花，被灰色短柔毛；总花梗短而粗；苞片和小苞片卵形，极早落；花大，近无梗；花蕾纺锤形；萼佛焰苞状，被短柔毛，一侧开裂为一广卵形、长 2 ~ 3cm 的裂片；花托长 12mm；花瓣倒卵形或倒披针形，长 4 ~ 5cm，具瓣柄，紫红色或淡红色，杂以黄绿色及暗紫色的斑纹，近轴一片较阔；能育雄蕊 5，花丝纤细，无毛，长约 4cm；退化雄蕊 1 ~ 5，丝状，较短；子房具柄，被柔毛，尤以缝线上被毛较密，柱头小。荚果带状，扁平，长 15 ~ 25cm，宽 1.5 ~ 2cm，具长柄及喙；种子 10 ~ 15 颗，近圆形，扁平，直径约 1cm。花期全年，3 月最盛。

野外鉴别关键特征：宽度常超过长度，长 5 ~ 9cm，宽 7 ~ 11cm。

分布与生境：海南有栽培；我国南部栽培；柬埔寨、老挝、缅甸、泰国、越南栽培。原产中国南部。

利用：花美丽而略有香味，花期长，生长快，为良好的观赏及蜜源植物，在热带、亚热带地区广泛栽培。木材坚硬，可作农具；树皮含单宁；根皮用水煎服可治消化不良；花芽、嫩叶和幼果可食。

注：手绘图引自 http://www.hear.org/pier/imagepages/singles/bavarp12.html；彩图由周云龙拍摄。

黄花羊蹄甲(Bauhinia tomentosa)

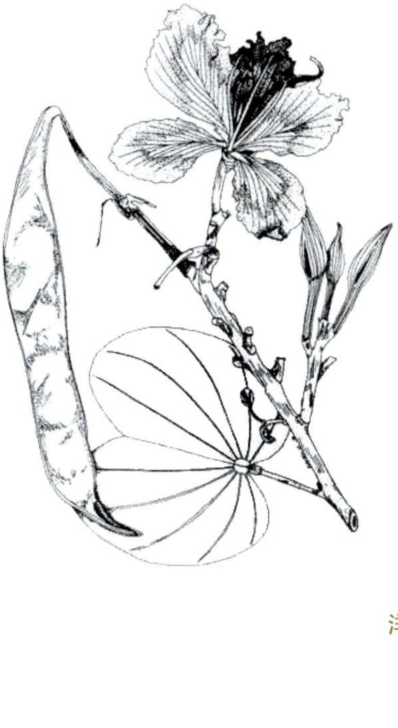

洋紫荆(Bauhinia variegata)

中文名称： ★白花洋紫荆

学名： **Bauhinia variegata** var. **candida**(Roxb.)Voigt in Hort. Suburb. Calcutt. 253. 1845, 中国植物志 39: 15(1988), 广东植物志 5: 190(2003), Flora of China 10: 12(2010). ——Bauhinia variegata var. alboflava De Wit in Reinwardtia 3: 412. 1956, 海南植物志 2: 217(1965)

科名： 豆科 Fabaceae(苏木科 Caesalpiniaceae)　**属名：** 羊蹄甲属 Bauhinia Linn.

形态特征： 落叶乔木；树皮暗褐色，近光滑；幼嫩部分常被灰色短柔毛；枝广展，硬而稍呈“之”字曲折，无毛。叶近革质，广卵形至近圆形，宽度常超过长度，长 5 ～ 9cm，宽 7 ～ 11cm，基部浅至深心形，有时近截形，先端 2 裂达叶长的 1/3，裂片阔，钝头或圆，两面无毛或下面略被灰色短柔毛；基出脉 (9 ～)13 条；叶柄长 2.5 ～ 3.5cm，被毛或近无毛。总状花序侧生或顶生，极短缩，多少呈伞房花序式，少花，被灰色短柔毛；总花梗短而粗；苞片和小苞片卵形，极早落；花大，近无梗；花蕾纺锤形；萼佛焰苞状，被短柔毛，一侧开裂为一广卵形、长 2 ～ 3cm 的裂片；花托长 12mm；花瓣白色，近轴的一片或有时全部花瓣均杂以淡黄色的斑块；花无退化雄蕊，叶下面通常被短柔毛。荚果带状，扁平，长 15 ～ 25cm，宽 1.5 ～ 2cm，具长柄及喙；种子 10 ～ 15 颗，近圆形，扁平，直径约 1cm。花期全年，3 月最盛。

野外鉴别关键特征： 叶近革质，广卵形至近圆形，宽度常超过长度。

分布与生境： 海南有栽培；云南有野生；印度、中南半岛有栽培。

利用： 花美丽而略有香味，花期长，生长快，为良好的观赏及蜜源植物，在热带、亚热带地区广泛栽培。木材坚硬，可作农具；树皮含单宁；根皮用水煎服可治消化不良；花芽、嫩叶和幼果可食。

注： 彩图由周云龙拍摄。

中文名称： 白枝羊蹄甲

学名： **Bauhinia viridescens** var. **laui**(Merr.)T. Chen, 中国植物志 39: 160(1988), 广东植物志 5: 189 (2003), Flora of China 10: 10(2010). ——Bauhinia laui Merr. in Lingnan Sci. J. 14: 9. 1935, 海南植物志 2: 218 (1965)

科名： 豆科 Fabaceae(苏木科 Caesalpiniaceae)　**属名：** 羊蹄甲属 Bauhinia Linn.

形态特征： 直立灌木，幼嫩部分被微柔毛；枝纤细，无毛。叶纸质，近圆形，长 5 ～ 8(～ 9)cm，宽 6 ～ 8(～ 10)cm，叶分裂达中部以下，2 裂达叶长的 1/3 ～ 1/2，裂口阔，裂片较狭长，卵形，基部截平，有时浅心形，上面无毛，下面初时疏被灰色短柔毛，后仅在脉上略被毛；基出脉 7 ～ 9 条；叶柄纤细，长 2 ～ 3.5cm；托叶基部狭三角形，中部以上锥尖，长约 2mm。总状花序狭窄，疏花，通常与叶对生，长 4 ～ 8cm；苞片长 2 ～ 3mm，外面被微柔毛；花梗长约 5mm，近基部有极小的小苞片 2 枚；花蕾纺锤形，长 6 ～ 10mm；花托极短，陀螺形，长约 1.5mm；萼佛焰状，无毛；花瓣黄色，倒卵形至披针形，长 7 ～ 12mm；雄蕊 10 枚，外轮 5 枚，长约 6mm，内轮 5 枚较短，花药长 1 ～ 2mm；子房具短柄，略被短柔毛，花柱极短，柱头盾状。荚果线形，扁平，开裂，长 7 ～ 10cm，宽 10 ～ 12mm，先端常具短而弯的喙，果瓣革质，初时外面略被短柔毛，渐变无毛；种子 6 ～ 10 颗，椭圆形，扁平，长约 3mm。花期 3 ～ 7 月；果期 5 月至翌年 1 月。

分布与生境： 三亚、乐东、东方、昌江。生于低海拔疏林中。

利用： 园林观赏。

注： 彩图由刘猛拍摄。

白花洋紫荆(Bauhinia variegata var. candida)

白枝羊蹄甲(Bauhinia viridescens var. laui)

中文名称：刺果苏木

学名：**Caesalpinia bonduc**(Linn.)Roxb. Fl. Ind. ed. 2, 2: 362. 1832, 中国植物志 39: 98(1988), 广东植物志 5: 172(2003), Flora of China 10: 43(2010). ——Casealpinia crista Linn. Sp. Pl. 380. 1753, 海南植物志 2: 217 (1965)

科名：豆科 Fabaceae(苏木科 Caesalpiniaceae)　**属名：**云实属 Caesalpinia Linn.

形态特征：有刺藤本，各部均被黄色柔毛；刺直或弯曲。叶轴有钩刺，末端有短尖头；羽片 6 ～ 9 对，对生，在小叶着生处常有托叶状的小钩刺 1 对；小叶膜质，长椭圆形，长 1.5 ～ 4cm，宽 1.2 ～ 2cm，顶端钝圆而有小凸尖，基部偏斜，两面均被黄色微柔毛；羽片柄极短，基部有刺 1 枚；托叶大，叶状，常分裂，脱落。总状花序腋生，具长梗，上部稠密，下部稀疏；花梗长 3 ～ 5mm；苞片锥状，长 6 ～ 8mm，被毛，外折，开花时渐脱落；萼长约 8mm，萼管很短，裂片 5，内外均被锈色毛；花瓣黄色，或最上面 1 片有红斑，倒披针形，不长过花萼，有爪；花丝短，基部被白毛；子房被毛。荚果革质，长椭圆状椭圆形，长 5 ～ 7cm，宽 4 ～ 4.5cm，顶端有喙，肿胀，外面具针刺；种子 2 ～ 3 颗，近球形，铅灰色，有光泽。花期 8 ～ 10 月；果期 10 月至翌年 3 月。

野外鉴别关键特征：各部均被黄色柔毛；刺直或弯曲。叶轴有钩刺。

分布与生境：昌江、乐东、三亚、陵水、文昌；广东、广西、台湾；世界热带地区。生于林中或者海边。

利用：为耐旱树种之一，可植作围篱；叶及种子用作止泻、祛风湿及治间歇热等药；种子也可榨油。

注：手绘图引自海南植物志。

中文名称：粉叶苏木

学名：**Caesalpinia caesia** Handel-Mazzetti. Oesterr. Bot. Z. 85: 215. 1936, 中国植物志 39: 103(1988), Flora of China 10: 44(2010)

科名：豆科 Fabaceae(苏木科 Caesalpiniaceae)　**属名：**云实属 Caesalpinia Linn.

形态特征：藤本；小枝疏生倒钩刺，被短柔毛。二回羽状复叶，长 15 ～ 20cm；羽片 5 ～ 8 对；叶轴和羽轴均被疏毛；小叶 8 ～ 12 对，对生，疏离，近无柄，小叶片纸质，长圆形，长 8 ～ 15mm，宽 4 ～ 6mm，先端截平或圆钝，微缺，基部斜截平，两面均无毛，干时上面褐色，有光泽，下面粉褐色。圆锥花序腋生，长 10 ～ 15cm，被褐色细柔毛；花梗长 4 ～ 7mm，在花萼下面具关节；花开放时直径约 8mm；萼片 5，无毛，最下面一片兜状披针形，长约 6mm，钝头，其余 4 片卵状长圆形，稍短，长 3.5 ～ 4mm；花瓣 5，倒卵状长圆形，具短柄，被柔毛，长 3.5 ～ 4mm；雄蕊 10，花丝基部被锈色疏长毛；子房无毛，椭圆形。荚果具短柄，卵形或椭圆形，长约 5cm，宽 2.3 ～ 3cm，薄，成熟时肿胀，凸镜状，干时黑色，腹缝线具狭翅，有种子 1 颗。花期 8 月以后。

野外鉴别关键特征：小枝疏生倒钩刺，被短柔毛。

分布与生境：海南有分布记录；广西。生于林中。

注：手绘图引自中国植物志；标本引自广西植物研究所。

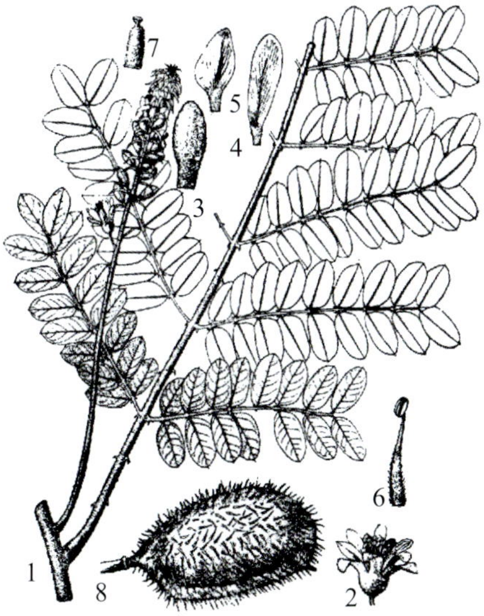

1. 花枝；2. 花；3. 花萼裂片(背面)；4. 最上面一片花瓣；5. 其余四片之一花瓣；6. 雄蕊；7. 子房；8. 果。

刺果苏木(Caesalpinia bonduc)

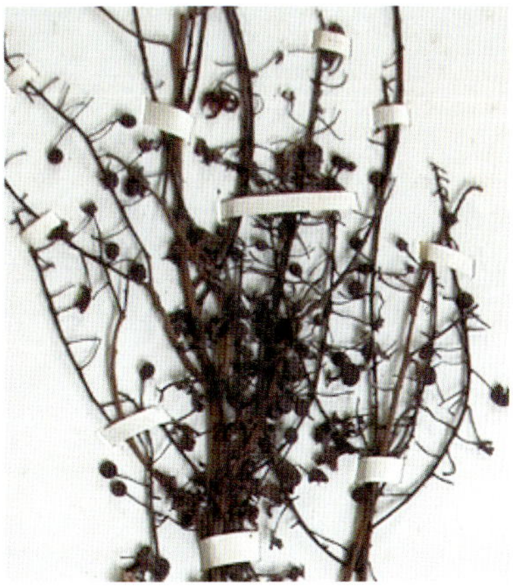

1. 花枝；2-4. 花瓣；5、6. 雄蕊；7. 子房纵切面。

粉叶苏木(Caesalpinia caesia)

中文名称： 华南云实 (假老虎簕)

学名： **Caesalpinia crista** Linn. Sp. Pl. 380. 1753, 中国植物志 39: 102(1988), 广东植物志 5: 172(2003), Flora of China 10: 44(2010). ——Casealpinia nuga(Linn.)Ait. Hort. Kew. ed. 2, 3: 32. 1811, 海南植物志 2: 227 (1965)

科名： 豆科 Fabaceae(苏木科 Caesalpiniaceae)　**属名：** 云实属 Caesalpinia Linn.

形态特征： 木质藤本，长可达 10m 以上；树皮黑色，有少数钩状短刺。叶长 20 ～ 30cm；叶轴下面有黑色短钩刺；羽片 2 ～ 3 对，有时 4 对，对生，稍疏离；小叶 4 ～ 6 对，对生，具短柄，革质，卵形或椭圆形，长 3 ～ 6cm，宽 1.5 ～ 3cm，顶端钝形，有时微缺，很少急尖，基部阔楔形或钝形，两面无毛，腹面有光泽。总状花序长 10 ～ 20cm，排成顶生、疏松的大型圆锥花序；花芳香；花梗纤细，长 10 ～ 15mm；萼管阔倒圆锥形，短，无毛，有 10 条棱，裂片披针形，长约 6mm；花瓣圆形，有皱折，黄色，几乎与萼等长，有短爪，上面 1 片杂以红斑，雄蕊稍突出，花丝基部肿大，有毛；子房被疏毛，有胚珠 2 颗。荚果斜阔卵形，肿胀，有喙，长 3 ～ 4cm，宽 2.5 ～ 3cm，有种子 1 颗。花期 4 ～ 7 月；果期 7 ～ 12 月。

野外鉴别关键特征： 树皮黑色，有少数钩状短刺。

分布与生境： 万宁、三亚、东方、乐东；福建、广东、广西、贵州、湖北、湖南、四川、台湾、云南；印度、斯里兰卡、缅甸、泰国、柬埔寨、越南、马来半岛、日本。生于较干旱的山坡灌丛中。

利用： 根为民间草药，作利尿剂。

注： 手绘图引自中国高等植物图鉴。

中文名称： 云实

学名： **Caesalpinia decapetala**(Roth)Alston in Trimen, Handb. Fl. Ceyl. 6(Suppl.): 89. 1931, 中国植物志 39: 105(1988), 广东植物志 5: 174(2003), Flora of China 10: 45(2010). ——Caesalpinia sepiaria Roxb. Fl. Ind. ed. 2, 2: 360. 1832, 海南植物志 2: 226(1965)

科名： 豆科 Fabaceae(苏木科 Caesalpiniaceae)　**属名：** 云实属 Caesalpinia Linn.

形态特征： 藤本；树皮暗红色；枝、叶轴和花序均被柔毛和钩刺。二回羽状复叶，长 20 ～ 30cm；羽片 3 ～ 10 对，对生，具柄，基部有刺 1 对；小叶 8 ～ 12 对，膜质，长圆形，长 10 ～ 25mm，宽 6 ～ 12mm，两端近圆钝，两面均被短柔毛，老时渐无毛；托叶小，斜卵形，先端渐尖，早落。总状花序顶生，直立，长 15 ～ 30cm，具多花；总花梗多刺；花梗长 3 ～ 4cm，被毛，在花萼下具关节，故花易脱落；萼片 5，长圆形，被短柔毛；花瓣黄色，膜质，圆形或倒卵形，长 10 ～ 12mm，盛开时反卷，基部具短柄；雄蕊与花瓣近等长，花丝基部扁平，下部被绵毛；子房无毛。荚果长圆状舌形，长 6 ～ 12cm，宽 2.5 ～ 3cm，脆革质，栗褐色，无毛，有光泽，沿腹缝线膨胀成狭翅，成熟时沿腹缝线开裂，先端具尖喙；种子 6 ～ 9 颗，椭圆状，长约 11mm，宽约 6mm，种皮棕色。花果期 4 ～ 10 月。

野外鉴别关键特征： 树皮暗红色；枝、叶轴和花序均被柔毛和钩刺。羽片对生，具柄，基部有刺 1 对。

分布与生境： 三亚；我国黄河以南各省 (自治区)；亚热带和温带地区。生于疏林中。

利用： 根、茎及果药用，性温，味苦、涩，无毒，有发表散寒、活血通经、解毒杀虫之效，治筋骨疼痛、跌打损伤。果皮和树皮含单宁，种子含油 35%，可制肥皂及润滑油。又常栽培作为绿篱。

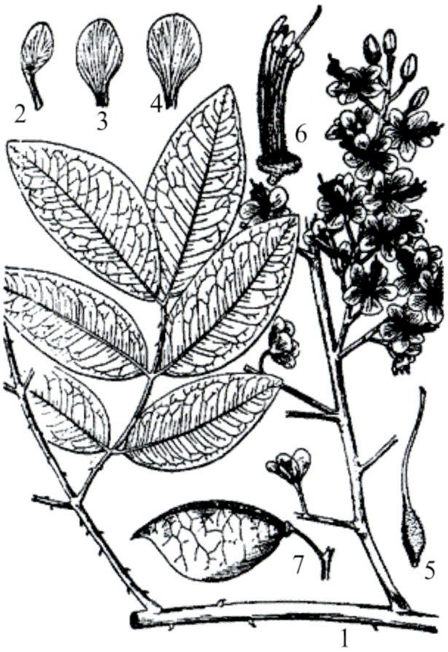

1. 花枝；2-4. 花瓣；5. 雌蕊；6. 示雄蕊和雌蕊；7. 果。

华南云实(假老虎簕)(Caesalpinia crista)

云实(Caesalpinia decapetala)

中文名称：肉荚云实

学名：**Caesalpinia digyna** Rottl. ex Willd. in Now. Act. Cur. 4: 198, t. 3. 1803, 海南植物志 2: 226(1965), 中国植物志 39: 108(1988), 广东植物志 5: 173(2003), Flora of China 10: 45(2010)

科名：豆科 Fabaceae(苏木科 Caesalpiniaceae)　**属名：**云实属 Caesalpinia Linn.

形态特征：大藤本，有散生的倒钩刺；树皮深褐色。二回羽状复叶，长 12 ～ 20cm，叶轴长 17 ～ 23cm，有钩刺，被细柔毛或无毛；羽片长 3 ～ 6cm，6 ～ 9 对，基部有短柄和托叶状小刺 1 对；小叶 7 ～ 9 对，近无柄，紧贴，纸质，长圆形，长 6 ～ 9mm，宽约 3mm，先端圆钝，基部斜圆形，初时两面被疏散微柔毛。总状花序顶生或腋上生，约与叶等长或稍长；花梗纤细，长 12 ～ 20mm；花托凹陷呈杯状；萼裂片 5，长 6 ～ 7mm；花瓣 5，黄色，近圆形，长约 1cm，具短柄；花丝稍突出，下部密被长柔毛，基部肿大；子房无毛。果肉质，肿胀，有喙，不开裂，长椭圆形，长 3.5 ～ 5cm，宽 1.6 ～ 2cm，光滑，褐色，有种子 2 ～ 4 颗。花期 4 ～ 11 月；果期 5 月至翌年 1 ～ 3 月。

野外鉴别关键特征：树皮深褐色有散生的倒钩刺。

分布与生境：三亚；云南；印度、马来西亚、越南。生于疏林中。

利用：荚果富含单宁；根入药可治瘰癧等病症。

注：手绘图引自云南植物志。

中文名称：喙荚云实

学名：**Caesalpinia minax** Hance. J. Bot. 22: 365. 1884, 中国植物志 39: 98(1988), Flora of China 10: 42 (2010), 广东植物志 5: 173(2003)

科名：豆科 Fabaceae(苏木科 Caesalpiniaceae)　**属名：**云实属 Caesalpinia Linn.

形态特征：有刺藤本，各部被短柔毛。二回羽状复叶，长可达 45cm；托叶锥状而硬；羽片 5 ～ 8 对；小叶 6 ～ 12 对，椭圆形或长圆形，长 2 ～ 4cm，宽 1.1 ～ 1.7cm，先端圆钝或急尖，基部圆形，微偏斜，两面沿中脉被短柔毛。总状花序或圆锥花序顶生；苞片卵状披针形，先端短渐尖；萼片 5，长约 13mm，密生黄色绒毛；花瓣 5，白色，有紫色斑点，倒卵形，长约 18mm，宽约 12mm，先端圆钝，基部靠合，外面和边缘有毛；雄蕊 10，较花瓣稍短，花丝下部密被长柔毛；子房密生细刺，花柱稍超出于雄蕊，无毛。荚果长圆形，长 7.5 ～ 13cm，宽 4 ～ 4.5cm，先端圆钝而有喙，喙长 5 ～ 25mm，果瓣表面密生针状刺，有种子 4 ～ 8 颗；种子椭圆形，与莲子相仿，一侧稍洼，有环状纹，长约 18mm；宽约 10mm，种子在狭的一端。花期 4 ～ 5 月；果期 7 月。

野外鉴别关键特征：有刺藤本，各部被短柔毛；荚果长圆形，先端圆钝而有喙，果瓣表面密生针状刺。

分布与生境：海南有分布，广东、广西、云南、贵州、四川、福建。生于海拔 400 ～ 1500m 的山沟、溪旁或灌丛中。

利用：种子入药，名石莲子，性寒无毒，开胃进食，清心戒烦，除湿去热，治哕逆不止、淋浊。

注：彩图提供者李世晋。

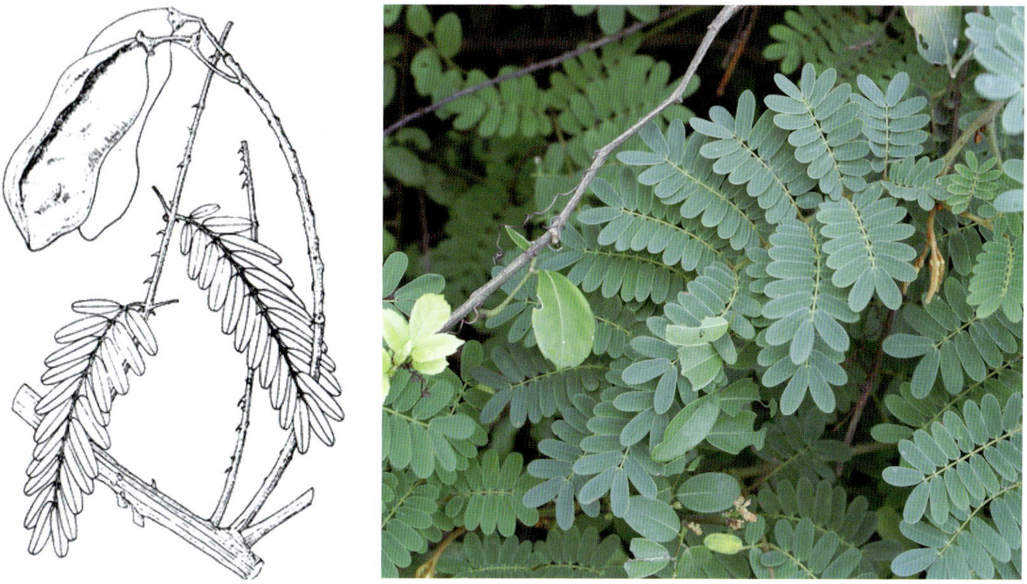

肉荚云实(Caesalpinia digyna)

喙荚云实(Caesalpinia minax)

中文名称： ●金凤花（洋金凤）

学名： **Caesalpinia pulcherrima**(Linn.)Sm. Obs. 166. 1791, 海南植物志 2: 225(1965), 中国植物志 39: 107(1988), 广东植物志 5: 171(2003), Flora of China 10: 45(2010)

科名： 豆科 Fabaceae(苏木科 Caesalpiniaceae) **属名：** 云实属 Caesalpinia Linn.

形态特征： 直立灌木。有时高达 3m；枝光滑，绿色或粉绿色，有疏刺。叶长 12～24cm；羽片对生，4～8 对，长 6～12cm；小叶 7～11 对，长椭圆形或倒卵形，长 1～2cm，宽 4～8mm，基部歪斜，顶端凹缺，有短尖头或无；小叶柄很短。花橙色或黄色，具长达 7cm 的花梗；为顶生或腋生，疏散而长达 25cm 的总状花序；下部的花梗较长；萼管陀螺形，无毛，裂片 4，无毛，不等大，最下 1 片长约 1.4cm，其余的长约 1cm，花瓣长 2～2.5cm，圆形，具皱纹，爪与瓣片几等长；花丝红色，基部粗，被毛，伸出于花瓣之外，长 5～6cm；花柱长，橙黄色，子房无毛。荚果狭而薄，长 5～9cm，宽 1.5～1.8cm，有长喙，无毛，成熟时黑褐色；种子 6～9 颗。花果期几全年。

分布与生境： 海南各地栽培或逸生；福建、广东、广西、台湾、云南有栽培。原产南美洲。

利用： 现为各热带地区有价植的观赏植物之一。

中文名称： 苏木

学名： **Caesalpinia sappan** Linn. Sp. Pl. 381. 1753, 海南植物志 2: 227(1965), 中国植物志 39: 105(1988), 广东植物志 5: 170(2003), Flora of China 10: 45(2010)

科名： 豆科 Fabaceae(苏木科 Caesalpiniaceae) **属名：** 云实属 Caesalpinia Linn.

形态特征： 小乔木，有时为藤状灌木，具疏刺，除老枝、叶腹面及果外，多少被细柔毛；枝上的皮孔密而显著。羽片 7～13 对，对生，长 8～12cm；小叶 10～17 对，纸质，无柄，紧贴，偏斜，长椭圆形至长椭圆状菱形，长 1～2cm，宽 5～7mm，顶端微缺，基部很歪斜，以斜角着生于小轴上；脉纤细，在边缘附近连接，两面明显。圆锥花序顶生，长约与叶相等；苞片大，披针形，早落；花梗被小柔毛；萼管短，浅钟形，裂片 5，花瓣黄色，阔倒卵形，最上面 1 片的基部带淡红色，下面均有短爪，雄蕊稍伸出，花丝白色，中部以下密被绒毛；子房被灰色绒毛，有柄。果木质，有光泽，褐色，不开裂，稍压扁，近长椭圆形至长椭圆状倒卵形，基部稍狭，顶端斜向截平，上角有外弯或上翘的硬喙；种子 3～4 颗，长椭圆形，稍扁，浅褐色。花期 5～10 月；果期 7 月至翌年 3 月。

野外鉴别关键特征： 枝上的皮孔密而显著。

分布与生境： 儋州、白沙、陵水、三亚、乐东等地；福建、广东、广西、贵州、四川、台湾、云南；印度、缅甸、越南、马来西亚、斯里兰卡。生于密林、疏林或肥沃的山麓。

利用： 木材；染料植物；造林树种。

注： 手绘图引自广东植物志。

金凤花(洋金凤)(Caesalpinia pulcherrima)

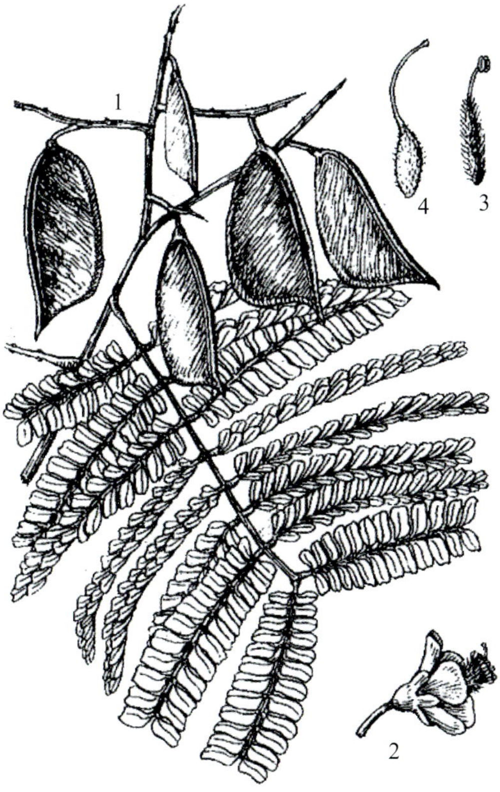

1. 果枝；2. 花；3. 雄蕊；4. 子房。

苏木(Caesalpinia sappan)

中文名称：鸡嘴勒

学名：**Caesalpinia sinensis**(Hemsley)J. E. Vidal, Bull. Mus. Natl. Hist. Nat. , sér. 3, Bot. 27: 90. 1976, 中国植物志 39: 102(1988), Flora of China 10: 44(2010)

科名：豆科 Fabaceae(苏木科 Caesalpiniaceae)　**属名：**云实属 Caesalpinia Linn.

形态特征：藤本；主干和小枝具分散、粗大的倒钩刺；嫩枝上或多或少具锈色柔毛，老时无毛或近无毛。二回羽状复叶；叶轴上有刺；羽片 2 ～ 3 对，长 30cm；小叶 2 对，革质，长圆形至卵形，长 6 ～ 9cm，宽 2.5 ～ 3.5cm，先端渐尖、急尖或钝，基部圆形，或多或少不等侧，上面无毛，淡青色至橄榄色，稍有光泽，下面沿中脉有少量柔毛；侧脉约 20 对，明显；小叶柄短。圆锥花序腋生或顶生；花梗长约 5mm；萼片 5，长约 4mm，宽约 3mm；花瓣 5，黄色，长约 7mm，瓣柄长约 3mm；雄蕊 10，花丝长约 1cm，下部被锈色柔毛；雌蕊稍长于雄蕊，子房近无柄，被柔毛或近无毛，有胚珠 1 ～ 2(～ 4) 颗。荚果革质，压扁，近圆形或半圆形，长约 4.5cm，宽约 3.5cm，表面有明显网脉，栗褐色，腹缝线稍弯曲，具狭翅，翅宽约 3mm，先端有长约 3mm 的喙；种子 1 颗，近圆形，压扁，直径约 2cm。花期 4 ～ 5 月；果期 7 ～ 8 月。

野外鉴别关键特征：主干和小枝具分散、粗大的倒钩刺。

分布与生境：海南分布新记录；广东、广西、云南、贵州、四川和湖北；缅甸、老挝北部和越南北部。生于灌木丛中。

中文名称：★尖叶番泻

学名：**Cassia acutifolia** Delile

科名：豆科 Fabaceae(苏木科 Caesalpiniaceae)　**属名：**决明属 Cassia Linn.

形态特征：草本状小灌木，高达 1m。叶呈长卵形或卵状披针形，长 1.5 ～ 5cm，宽 0.4 ～ 2cm，全缘，叶端急尖，叶基稍不对称。偶数羽状复叶，小叶 5 ～ 8 对，具短柄；托叶卵状披针形，长 2 ～ 4mm；小叶片卵状披针形至线状披针形，先端急尖，基部稍不对称，无毛或几无毛。总状花序腋生，有花 6 ～ 14 朵；花梗基部有一卵形苞片，易落；萼片 5，长卵形；花瓣 5，倒卵形，黄色。

分布与生境：海南有引种栽培。原产印度。

利用：病虫害防治。泻热导滞。治热结便秘，积滞腹胀。

注：手绘图引自 http://www.med66.com/html/2008/10/qi937632059820180024370.html；彩图引自 http://www.flickriver.com/photos/tags/jard%C3%ADbot%C3%A0nicdes%C3%B3ller/.

鸡嘴勒(Caesalpinia sinensis)

1. 花果枝；2. 花冠纵切面，示雄蕊、雌蕊；3. 去花冠后，示雄蕊、雌蕊；4. 子房纵切面；5. 果序。

尖叶番泻(Cassia acutifolia)

中文名称：★腊肠树
学名：**Cassia fistula** Linn. Sp. Pl. 377. 1753, 海南植物志 2: 230(1965), 中国植物志 39: 130(1988), 广东植物志 5: 182(2003), Flora of China 10: 28(2010)
科名：豆科 Fabaceae(苏木科 Caesalpiniaceae)　**属名：**决明属 Cassia Linn.
形态特征：落叶中等乔木，枝细长，直立或开展；树皮光滑，灰色，老时渐粗糙；暗褐色。叶长 30～40cm，有小叶 3～4 对，叶柄和叶轴近圆柱形，无翅及无腺体；小叶对生，有短柄，在羽片下部的呈阔卵形，羽片上部的长圆形，长 8～13cm，宽 3.5～7cm，顶端短渐尖而钝，基部楔形，全缘，初时两面被微柔毛，成熟时无毛；叶脉纤细，在叶两面均明显。总状花序大型、疏散、下垂，花与叶同时开放，淡黄色，花梗柔弱，下无苞片；萼片长卵形，薄，开花时向后反折；花瓣倒卵形，近等大，具明显的脉，带黄色，雄蕊中有 3 枚具长而弯曲的花丝，位于细长弯拱花柱的外方，另外 4 枚短而直，具阔大的花药，其余 3 枚很小，不育，花药纵裂。荚果圆柱形，常于冬季仍悬挂于裸枝上，黑褐色，不开裂，有 3 条槽纹；种子 40～100 颗，藏于深色的果肉内为横隔膜所分开。花期 8 月；果期 10 月。
分布与生境：海南有栽培；我国南部和西南部各省 (自治区) 有引种。原产印度、缅甸、斯里兰卡。
利用：庭园观赏树木；树皮含单宁，可做染料及用于制革工业；果入药为缓泻剂。
注：手绘图引自福建植物志。

中文名称：★爪哇决明
学名：**Cassia javanica** Linnaeus. Sp. Pl. 1: 379. 1753, Flora of China 10: 28(2010)
科名：豆科 Fabaceae(苏木科 Caesalpiniaceae)　**属名：**决明属 Cassia Linn.
形态特征：乔木，落叶，高通常超过 10m，有时 30m，叶长 15～40cm；小叶 5～12 对，长 2～8cm，宽 1.2～3.3cm，两面被柔毛或具柔毛，基部稍不对称，先端锐尖或短渐尖，或钝。花序侧生短枝或叶状枝上。萼片披针形或卵形。花瓣深黄或粉红色，长 2.5～4.5cm，宽 1～2cm。雄蕊 10。子房具短柔毛。荚果长 30～50cm，宽 0.2～1.5cm，圆柱状，带有环状节。
分布与生境：海南有栽培。原产马来西亚、爪哇、菲律宾。
利用：花美丽，可做庭院绿化观赏。
注：彩图提供者刘猛。

1. 枝叶；2. 花序；3. 花；4. 雄蕊。

腊肠树(Cassia fistula)

爪哇决明(Cassia javanica)

中文名称： ★节荚决明

学名： **Cassia javanica** subsp. **nodosa**(Buchanan-Hamilton ex Roxburgh)K. Larsen & S. S. Larsen, Nat. Hist. Bull. Siam Soc. 25(3-4): 205. 1975, Flora of China 10: 28(2010). ——Cassia nodosa(L.)Buch. -Ham. ex Roxb. Hoet. Beng. 31. 1814. 中国植物志 39: 138(1988)

科名： 豆科 Fabaceae(苏木科 Caesalpiniaceae)　**属名：** 决明属 Cassia Linn.

形态特征： 乔木；小枝纤细，下垂，薄被灰白色丝状绵毛。叶长 15 ～ 25cm，叶轴和叶柄薄被丝状绵毛，无腺体，有小叶 6 ～ 13 对；小叶长圆状椭圆形，近革质，长 2 ～ 5cm，宽 1.2 ～ 2cm，顶端圆钝，微凹，上面被极稀疏短柔毛，下面疏被柔毛，边全缘；小叶柄长 2.5 ～ 3mm。伞房状总状花序腋生；苞片卵状披针形，长约 8mm，顶端渐尖，宿存，萼片卵形，长 5 ～ 10mm，宽 4 ～ 6mm；花瓣深黄色，长卵形，具短柄，长 2.5 ～ 3cm，宽 1 ～ 1.5cm，雄蕊 10 枚，3 枚较长，7 枚较短；子房线形，外被白色柔毛。荚果圆筒形，黑褐色，有明显环状节，长 30 ～ 45cm。花期 5 ～ 6 月。

分布与生境： 海南有栽培；我国南部有栽培；爪哇、马来西亚、泰国等地。

利用： 本植物除作观赏树外，木材坚硬而重，可作家具用材。

注： 有花彩图引自 http://flickriver.com/photos/mercadanteweb/6372985211/.

中文名称： ★美丽决明

学名： **Cassia spectabilis** DC. Cat. Hort. Monspel. 90, 1813 , 中国植物志 39: 131(1988), 广东植物志 5: 183(2003)

科名： 豆科 Fabaceae(苏木科 Caesalpiniaceae)　**属名：** 决明属 Cassia Linn.

形态特征： 常绿小乔木，高约 5m；嫩枝密被黄褐色绒毛。叶互生，长 12 ～ 30cm，具小叶 6 ～ 15 对；叶轴及叶柄密被黄褐色绒毛，无腺体；小叶对生，椭圆形或长圆状披针形，长 2.5 ～ 6cm，宽 0.8 ～ 1.7cm，顶端短渐尖，具针状短尖，基部阔楔形或稍带圆形，稍偏斜，上面绿色，被稀疏而短的白色绒毛，下面密被黄褐色绒毛，中脉在背面凸起，侧脉每边 15 ～ 20 条。花组成顶生的圆锥花序或腋生的总状花序；花梗及总花梗密被黄褐色绒毛；花直径 5 ～ 6cm；萼片 5 枚，其中 2 枚近圆形，直径 8 ～ 11mm，2 枚较小，舟形，长 5 ～ 7mm，另 1 枚阔倒卵形，长 7 ～ 8mm，宽 5 ～ 6mm；花瓣黄色，有明显的脉，大小不一，最大的 1 枚长 2.4 ～ 2.6cm，宽 1.3 ～ 1.5cm；雄蕊 10 枚，其中 7 枚发育，长 8 ～ 9mm，3 枚不育，长约 4mm；子房线形，长约 3cm，弯曲。荚果长圆筒形，长 25 ～ 35cm；种子间稍收缩。花期 3 ～ 4 月；果期 7 ～ 9 月。

分布与生境： 海南有栽培；广东、云南有栽培。原产美洲热带地区。

利用： 花美丽，可供园林观赏。

注： 彩图提供者刘猛。

节荚决明(**Cassia javanica subsp. nodosa**)

美丽决明(**Cassia spectabilis**)

中文名称：四叶山扁豆(新拟)

学名：**Chamaecrista absus**(L.)H. S. Irwin & Barneby, Flora of Pakistan

科名：豆科 Fabaceae(苏木科 Caesalpiniaceae) **属名：**山扁豆属 Chamaecrista Moench

形态特征：草本或小灌木，高 0.5m 左右，嫩枝密被红褐色绒毛。叶互生，长 10 ～ 20cm，具小叶 2 对；叶轴及叶柄密被红褐色绒毛，无腺体；小叶对生，椭圆形或长圆状披针形，长 1.5 ～ 3cm，宽 0.8 ～ 1.7cm，顶端短渐尖，具针状短尖，基部阔楔形或稍带圆形，稍偏斜，上面绿色，两面被稀疏而短的白色绒毛，中脉在正面下凹，侧脉不明显。单花顶生；花梗密被黄褐色绒毛；花萼片 5 枚；花瓣黄色；雄蕊 10 枚。

野外鉴别关键特征：叶互生，具小叶 2 对；叶轴及叶柄密被红褐色绒毛。

分布与生境：海南分布；巴基斯坦；世界热带地区广布。

注：彩图由王清隆拍摄。

中文名称：大叶山扁豆

学名：**Chamaecrista leschenaultiana** DC. in Mem. Soc. Phys. Geneve 2: 132. 1824, 中国植物志 39: 128 (1988), 广东植物志 5: 181(2003), Flora of China 10: 33(2010)

科名：豆科 Fabaceae(苏木科 Caesalpiniaceae) **属名：**山扁豆属 Chamaecrista Moench

形态特征：一年生或多年生亚灌木状草本，高 30 ～ 80cm，有时可达 1m；茎直立，分枝，嫩枝密被黄色柔毛。羽状复叶，长 3 ～ 8cm；叶柄上端有圆盘状腺体 1 枚；小叶 14 ～ 25 对，线状镰形，长 8 ～ 13(～ 15)mm，宽 2 ～ 3mm，两侧不对称，中脉靠近叶的上缘；托叶线状锥形，长 7 ～ 9mm，宿存。花序腋生，有花 1 朵或数朵不等；小苞片长约 5mm；萼片 5，带状披针形，长约 1cm，外面疏被黄色柔毛；花瓣橙黄色，稍长于萼片或与萼片等长；雄蕊 10 枚，或有时 1 ～ 3 枚退化；子房密被白色柔毛。荚果扁平，长 2.5 ～ 5cm，宽约 5mm，有 8 ～ 16 颗种子。花期 6 ～ 8 月；果期 9 ～ 11 月。

分布与生境：海南各地；福建、广东、广西、贵州、四川、台湾、云南；柬埔寨、印度尼西亚、印度、老挝、马来西亚、缅甸、巴布亚新几内亚、泰国、越南。生于旷野、疏林、林缘。

四叶山扁豆(**Chamaecrista absus**)

大叶山扁豆(**Chamaecrista leschenaultiana**)

中文名称：◆□山扁豆(含羞草决明)

学名： **Chamaecrista mimosoides**(Linnaeus)Greene, Pittonia. 4: 27. 1897, Flora of China 10: 33(2010). ——Cassia mimosoides Linn. Sp. Pl. 379. 1753, 广东植物志 5: 181(2003), 海南植物志 2: 234(1965), 中国植物志 39: 126(1988)

科名：豆科 Fabaceae(苏木科 Caesalpiniaceae)　**属名：**山扁豆属 Chamaecrista Moench

形态特征：一年生或多年生亚灌木状草本，高 30 ～ 60cm，多分枝；枝条纤细，被微柔毛。叶长 4 ～ 8cm，在叶柄的上端、最下一对小叶的下方有圆盘状腺体 1 枚；小叶 20 ～ 50 对，线状镰形，长 3 ～ 4mm，宽约 1mm，顶端短急尖，两侧不对称，中脉靠近叶的上缘，干时呈红褐色；托叶线状锥形，长 4 ～ 7mm，有明显肋条，宿存。花序腋生，1 朵或数朵聚生不等，总花梗顶端有 2 枚小苞片，长约 3mm；萼长 6 ～ 8mm，顶端急尖，外被疏柔毛；花瓣黄色，不等大，具短柄，略长于萼片；雄蕊 10 枚，5 长 5 短相间而生。荚果镰形，扁平，长 2.5 ～ 5cm，宽约 4mm，果柄长 1.5 ～ 2cm；种子 10 ～ 16 颗。花果期通常 8 ～ 10 月。

分布与生境：海南各地；我国西南部至东南部广泛栽培；广泛分布于世界热带、亚热带地区。生于旷野或林缘。原产美洲热带。

利用：本种常生长于荒地上，耐旱又耐瘠，是良好的覆盖植物和改土植物，同时又是良好的绿肥，其幼嫩茎叶可以代茶；根治痢疾。

注：手绘图引自浙江植物志。

中文名称：柄腺山扁豆

学名： **Chamaecrista pumila**(Lamarck)V. Singh, J. Econ. Taxon. Bot. 16: 600. 1992, Flora of China 10: 33 (2010), 广东植物志 5: 182(2003). ——Cassia pumila Lam. Encycl. 1: 651. 1785, 海南植物志 2: 234(1965), 中国植物志 39: 128(1988)

科名：豆科 Fabaceae(苏木科 Caesalpiniaceae)　**属名：**山扁豆属 Chamaecrista Moench

形态特征：多年生亚灌木状披散草本，基部木质化，高 25 ～ 75cm，多分枝；枝条、叶柄、叶轴被疏柔毛。叶长 3 ～ 6cm，叶柄上端和最下一对小叶下方有具柄的腺体 1 枚；小叶 12 ～ 20 对，线状镰形，长 8 ～ 12mm，宽约 2mm，顶端有小凸尖，基部近圆形；中脉靠近叶的上缘；无柄；托叶线状锥形，长 6 ～ 8mm，渐尖，有明显的肋条。花腋生，1 朵或数朵组成总状花序；总花梗顶端有小苞片 2 枚；萼片长 4 ～ 6mm，卵状长圆形，顶端渐尖，外面被微柔毛；花瓣黄色，卵形，有柄，短于萼片或与萼片等长；雄蕊 5 枚，花药长圆形；子房无柄，被毛。荚果扁平而直，长 3 ～ 4cm，宽约 4mm，被疏柔毛。种子 10 ～ 20 颗。花期 8 ～ 9 月；果期 10 ～ 12 月。

分布与生境：东方、乐东、昌江；广东、广西、云南；印度、老挝、马来西亚、缅甸、越南、澳大利亚。生于旷地上。

注：彩图提供者刘猛。

1. 花枝；2. 花；3. 果荚。

山扁豆(含羞草决明)(Chamaecrista mimosoides)

柄腺山扁豆(Chamaecrista pumila)

中文名称：★凤凰木

学名：**Delonix regia**(Boj.)Raf. Fl. Tellur. 2: 92. 1836, 海南植物志 2: 229(1965), 中国植物志 39: 95 (1988), 广东植物志 5: 169(2003), Flora of China 10: 40(2010)

科名：豆科 Fabaceae(苏木科 Caesalpiniaceae)　**属名：**凤凰木属 Delonix Raf.

形态特征：高大落叶乔木，无刺，高达 20m，胸径可达 1m；树皮粗糙，灰褐色；树冠扁圆形，分枝多而开展；小枝常被短柔毛并有明显的皮孔。叶为二回偶数羽状复叶，长 20 ～ 60cm，具托叶；下部的托叶明显地羽状分裂，上部的呈刚毛状；叶柄长 7 ～ 12cm，光滑至被短柔毛，上面具槽，基部膨大呈垫状；羽片对生，15 ～ 20 对，长达 5 ～ 10cm；小叶 25 对，密集对生，长圆形，长 4 ～ 8mm，宽 3 ～ 4mm，两面被绢毛，先端钝，基部偏斜，边全缘；中脉明显；小叶柄短。伞房状总状花序顶生或腋生；花大而美丽，直径 7 ～ 10cm，鲜红色至橙红色，具 4 ～ 10cm 长的花梗；花托盘状或短陀螺状；萼片 5，里面红色，边缘绿黄色；花瓣 5，匙形，红色，具黄色及白色花斑，长 5 ～ 7cm，宽 3.7 ～ 4cm，开花后向花萼反卷，瓣柄细长，长约 2cm；雄蕊 10 枚；红色，长短不等，长 3 ～ 6cm，向上弯，花丝粗，下半部被绵毛，花药红色，长约 5mm；子房长约 1.3cm，黄色，被柔毛，无柄或具短柄，花柱长 3 ～ 4cm，柱头小，截形。荚果带形，扁平，长 30 ～ 60cm，宽 3.5 ～ 5cm，稍弯曲，暗红褐色，成熟时黑褐色，顶端有宿存花柱；种子 20 ～ 40 颗，横长圆形，平滑，坚硬，黄色染有褐斑，长约 15mm，宽约 7mm。花期 6 ～ 7 月；果期 8 ～ 10 月。

分布与生境：海南有栽培；云南、广东、广西、福建、台湾有引种。原产马达加斯加。

利用：作行道树及观赏树用。

中文名称：★格木

学名：**Erythrophleum fordii** Oliv. in Hook. Ic. P1. 15: 7, PI. 1409. 1883, 中国植物志 39: 117(1988), 广东植物志 5: 177(2003), Flora of China 10: 49(2010)

科名：豆科 Fabaceae(苏木科 Caesalpiniaceae)　**属名：**格木属 Erythrophleum R. Br.

形态特征：乔木，嫩枝和幼芽被铁锈色短柔毛。叶互生，二回羽状复叶，无毛；羽片通常 3 对，对生或近对生，长 20 ～ 30cm，每羽片有小叶 8 ～ 12 枚；小叶互生，卵形或卵状椭圆形，长 5 ～ 8cm，宽 2.5 ～ 4cm，先端渐尖，基部圆形，两侧不对称，边全缘。由穗状花序所排成的圆锥花序长 15 ～ 20cm；总花梗被铁锈色柔毛；萼钟状，外面被疏茸毛，裂片长圆形，边缘密被柔毛；花瓣 5，淡黄绿色，倒披针形，长于花萼裂片，内面和边缘密被柔毛；雄蕊 10 枚，无毛，长为花瓣的 2 倍；子房长圆形，具柄，外面密被黄白色柔毛，有胚珠 10 ～ 12 颗。荚果长圆形，扁平，长 10 ～ 18cm，宽 3.5 ～ 4cm，厚革质，有网脉；种子长圆形，稍扁平，黑褐色。花期 5 ～ 6 月；果期 8 ～ 10 月。

分布与生境：海南有栽培；广东、广西、福建、台湾、浙江有栽培；越南有栽培。

利用：木材暗褐色，质硬而亮，纹理致密，为国产著名硬木之一。可作造船的龙骨、首柱及尾柱，飞机机座的垫板及房屋建筑的柱材等。

注：手绘图引自广东植物志。

凤凰木(Delonix regia)

1. 花枝；2. 花；3. 雄蕊；4. 雌蕊；5. 果。

格木(Erythrophleum fordii)

中文名称：小果皂荚

学名：**Gleditsia australis** Hemsl. in J. Linn. Soc., Bot. 23: 208, t. 5. 1887, 中国植物志39: 83(1988), 广东植物志5: 166(2003), Flora of China 10: 37(2010). ——Gleditsia microcarpa Metc. in Lingnan Sci. J. 19: 552. 1940, 海南植物志2: 224(1965)

科名：豆科 Fabaceae(苏木科 Caesalpiniaceae)　**属名：**皂荚属 Gleditsia Linn.

形态特征：小乔木至乔木；枝灰色。叶为二回羽状复叶，羽片 2 ～ 6 对，小叶通常 5 ～ 6 对，有短柄，斜椭圆形或菱状披针形，长 2 ～ 3cm，宽 1cm，顶端钝而圆，微缺，基部斜急尖或斜楔形，干时褐色有光泽，腹面被稀疏柔毛或渐无毛，背面无毛；小叶柄长 0.5mm。雄花序和雄花与华南皂荚同。荚果线状长圆形，长 5 ～ 12cm，宽 1 ～ 1.5cm，近弯拱，干时黑色；种子小，圆柱状，长约 8mm，宽 4 ～ 5mm，黑褐色，光滑。花期 7 ～ 10 月；果期 12 月至翌年 1 月。

野外鉴别关键特征：叶为二回羽状复叶，羽片 2 ～ 6 对，小叶通常 5 ～ 6 对。

分布与生境：昌江、东方、三亚、陵水、万宁；广东、广西；越南。生于溪边疏林中。

注：手绘图引自中国植物志。

中文名称：华南皂荚

学名：**Gleditsia fera**(Lour.)Merr. in Philipp. J. Sci. 13: 141. 1918, 海南植物志 2: 223(1965), 中国植物志 39: 85(1988), 广东植物志 5: 166(2003), Flora of China 10: 37(2010)

科名：豆科 Fabaceae(苏木科 Caesalpiniaceae)　**属名：**皂荚属 Gleditsia Linn.

形态特征：乔木，高 8 ～ 30m；树皮光滑，小枝无毛，刺粗壮，圆柱形，有分枝，长可达 13cm。一回羽状复叶，长 14 ～ 18cm，小叶 5 ～ 9 对，纸质或薄革质，斜椭圆形至菱状长圆形，几无柄，长 2 ～ 7(～ 12)cm，宽 1 ～ 3(～ 5)cm，先端钝圆微凹，基部钝，偏斜，边缘有圆齿状锯齿，两面均无毛，有光泽，中脉及网脉两面均明显；叶柄长 10 ～ 12cm，有槽，被毛。花杂性，绿白色，组成圆锥花序；雄花直径 6 ～ 7mm，萼片较花瓣稍短；花瓣 5，长椭圆形；雄蕊 10，退化雌蕊线状柱形，长 4 ～ 5mm，被长柔毛；两性花较大，直径 8 ～ 10mm，集成总状花序；花萼长 6mm，裂片 5，长圆状披针形；花瓣 5，长圆形，稍长于萼片，钝，内面被粗毛；雄蕊 5 ～ 6，花药顶尖；子房近无柄，密被黄色绢毛。荚果带状，长 13.5 ～ 26cm，宽 2.5 ～ 3(～ 6.5)cm，扁平，直或稍弯，革质，有短喙，黑褐色，有光泽。种子 10 ～ 12 粒，卵形，压扁，长 8 ～ 11(～ 14)mm，宽 5.5 ～ 9mm，棕色或黑棕色，光滑。花期 4 ～ 5 月；果期 6 月至翌年 1 月。

野外鉴别关键特征：一回羽状复叶，小叶 5 ～ 9 对。从叶便可区分小果皂荚和华南皂荚。

分布与生境：三亚、陵水、万宁、文昌；福建、广东、广西、贵州、湖南、江西、台湾、云南；越南。生于混交林中。

利用：果实含皂素，煎汁可代皂用于洗涤。又可作杀虫药。

注：手绘图引自海南植物志。

1. 花枝；2. 雄花；3. 雄蕊；4. 果。

小果皂荚(Gleditsia australis)

1. 花枝；2. 茎刺；3. 果。

华南皂荚(Gleditsia fera)

中文名称：★绒毛皂荚

学名： **Gleditsia japonica** var. **velutina** L. C. Li in Act. Phytotax. Sin. 20: 228. 1982, 中国植物志 39: 89 (1988), Flora of China 10: 39(2010)

科名： 豆科 Fabaceae(苏木科 Caesalpiniaceae) **属名：** 皂荚属 Gleditsia Linn.

形态特征： 落叶乔木，高 15 ～ 20m，具粗壮、分枝的棘刺；1 年生枝黄褐色，散生黄白色皮孔。偶数羽状复叶，常数叶簇生于短枝上；小叶 10 ～ 16(～ 18)，下部的较小，卵形、长圆状卵形或椭圆状卵形，长 2 ～ 6.5cm，宽 1 ～ 2.5cm，先端钝圆，基部宽楔形或近圆形，两侧不等，边缘有圆齿，两面被疏柔毛，下面沿中脉与侧脉密被长柔毛。花两性、单性或杂性，排成总状花序，生于短枝上，花序轴密被黄褐色柔毛；萼片 4，卵状披针形，花瓣 4，宽卵形，基部连合，萼片和花瓣外面均密被金黄色绒毛；雄蕊 8 ～ 10；子房密被银白色绒毛。荚果长条形，不规则的扭曲，长 15 ～ 40cm，宽 2.5 ～ 4cm，密被金黄色绒毛；果瓣革质；种子多数，扁平，椭圆形，长 8 ～ 10mm，种皮棕色，有光泽。

分布与生境： 海南有栽培；湖南。

利用： 木材致密，为重要用材树种。荚果富含胰皂素，可作丝绸及优美家具的洗涤剂。树冠优美，荚果密被金黄色绒毛，悬垂枝头，微风吹动，金光闪闪，甚为美观，宜作为庭园观赏树种。

中文名称：★孪叶豆

学名： **Hymenaea courbaril** Linn. Sp. P1. 1192. 1753, 中国植物志 39: 212(1988), 广东植物志 5: 200 (2003), Flora of China 10: 24(2010)

科名： 豆科 Fabaceae(苏木科 Caesalpiniaceae) **属名：** 孪叶豆属 Hymenaea Linn.

形态特征： 常绿乔木；小枝灰绿色，有多数棕色小皮孔和紧贴的短柔毛。叶互生；小叶卵形或卵状长圆形，向内微弯，长 5 ～ 10cm，宽 2.5 ～ 4cm，先端急尖，基部斜圆形，不等侧，上面无毛或被短疏微毛，下面沿叶脉被紧贴短柔毛；小叶柄不明显。伞房状圆锥花序顶生；花较大；花梗具节，密被紧贴短柔毛；萼管长 1.3 ～ 1.5cm，上部膨大呈钟状，裂片阔卵形或近圆形，与萼管等长，外面密被紧贴短柔毛，里面中部密被长绢毛；花瓣卵形或长卵形，5 片近等大，与萼裂片近等长，无柄或近无柄；雄蕊突出，花丝长 2.5 ～ 3cm；子房扁平，无毛，花柱伸长，上部弯曲，柱头头状。荚果木质，长圆形或倒卵状长圆形，红褐色，表面粗糙，无疣状凸起；果颈粗短，长约 5mm。花期 8 ～ 10 月；果期翌年 5 ～ 6 月。

野外鉴别关键特征： 注意本种与牛蹄豆的叶片的差别。孪叶豆叶互生，小叶 1 对；牛蹄豆羽片 1 对，每一羽片只有小叶 1 对。

分布与生境： 海南有栽培；广东、台湾有栽培。原产中美洲和墨西哥。

利用： 果肉可食用和酿酒，树脂用于油漆或制革。

注： 手绘图引自广东植物志。

绒毛皂荚(**Gleditsia japonica var. velutina**)

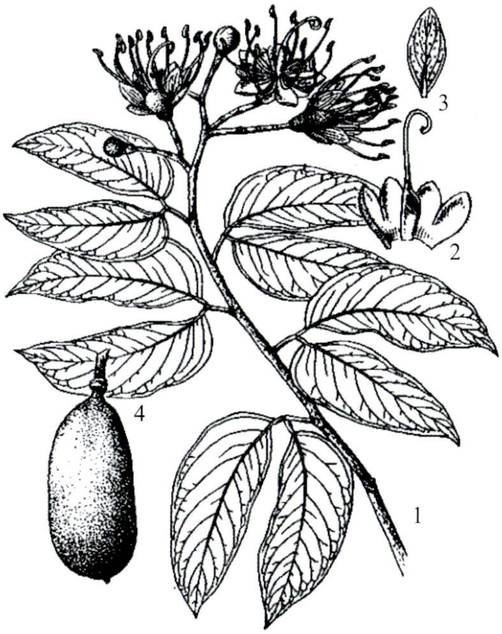

1. 花枝；2. 花除去花瓣和雄蕊，示花萼和雌蕊；3. 花瓣；4. 果。

孪叶豆(**Hymenaea courbaril**)

中文名称：★仪花

学名：**Lysidice rhodostegia** Hance in J. Bot. 5: 298. 1867, 中国植物志 39: 204(1988), 广东植物志 5: 197 (2003), Flora of China 10: 22(2010)

科名：豆科 Fabaceae(苏木科 Caesalpiniaceae)　**属名：**仪花属 Lysidice Hance

形态特征：灌木或小乔木，高 2 ～ 5m，很少超过 10m。小叶 3 ～ 5 对，纸质，长椭圆形或卵状披针形，长 5 ～ 16cm，宽 2 ～ 6.5cm，先端尾状渐尖，基部圆钝；侧脉纤细，近平行，两面明显；小叶柄粗短，长 2 ～ 3mm。圆锥花序长 20 ～ 40cm，总轴、苞片、小苞片均被短疏柔毛；苞片、小苞片粉红色，卵状长圆形或椭圆形，苞片长 1.2 ～ 2.8cm，宽 0.5 ～ 1.4cm，小苞片小，长 2 ～ 5mm，极少超过 5mm；萼管长 1.2 ～ 1.5cm，比萼裂片长 1/3 或过之，萼裂片长圆形，暗紫红色；花瓣紫红色，阔倒卵形，连柄长约 1.2cm，先端圆而微凹；能育雄蕊 2 枚，花药长约 4mm；退化雄蕊通常 4 枚，钻状；子房被毛，有胚珠 6 ～ 9 颗，花柱细长，被毛。荚果倒卵状长圆形，长 12 ～ 20cm，基部两缝线不等长，腹缝较长而弯拱，开裂，果瓣常呈螺旋状卷曲；种子 2 ～ 7 颗，长圆形，长 2.2 ～ 2.5cm，宽 1.2 ～ 1.5cm，褐红色，边缘不增厚，种皮较薄而脆，表面微皱折，里面无胶质层。花期 6 ～ 8 月；果期 9 ～ 11 月。

野外鉴别关键特征：小叶，纸质，长椭圆形或卵状披针形，先端渐尖或尾状渐尖，基部圆钝。

分布与生境：海南有栽培；广东、广西、贵州、云南有栽培；越南有栽培。

利用：本种根、茎、叶有小毒，能散淤消肿，止血止痛。可治跌打损伤、骨折、风湿关节炎、外伤出血等症。韧皮纤维可代麻。花美丽，是一优良的庭园绿化树种。

中文名称：★扁轴木

学名：**Parkinsonia aculeata** Linnaeus. Sp. Pl. 1: 375. 1753, 海南植物志 2: 228(1965), 中国植物志 39: 117 (1988), 广东植物志 5: 176(2003), Flora of China 10: 49(2010)

科名：豆科 Fabaceae(苏木科 Caesalpiniaceae)　**属名：**扁轴木属 Parkinsonia Linn.

形态特征：具刺灌木或小乔木，高达 6m，具光滑绿色的树皮。二回偶数羽状复叶；叶轴和托叶变成刺；羽片 1 ～ 3 对，簇生在刺状、极短的叶轴上；羽轴绿色扁平而延长，长达 40cm；小叶片极小而数多，倒卵状椭圆形至倒卵状长圆形或长圆形，长 2.5 ～ 8.5mm，宽 1 ～ 3.5mm。总状花序腋生，具稀疏的黄色的花；花梗长 1.5 ～ 1.7cm；苞片披针形；花托盘状；萼片 5，长圆形，长约 6mm，先端钝；花瓣 5 片，匙形，先端圆钝，最上面一片较长，长约 11mm，宽约 6mm；雄蕊 10 枚，离生，不伸出花瓣外，花丝基部被长柔毛。荚果念珠状，长 7.5 ～ 10.5cm。

分布与生境：海南有栽培。原产热带美洲。

利用：树皮和叶供药用，补虚劳。

注：手绘图引自广东植物志，彩图由 PPBC/ 徐晔春拍摄。

仪花(Lysidice rhodostegia)

1. 果枝；2. 花瓣；3. 雄蕊；4. 小叶。

扁轴木(Parkinsonia aculeata)

中文名称： ★盾柱木

学名： **Peltophorum pterocarpum**(DC.)Baker ex K. Heyne, Nutt. P1. Ned. Ind. ed. 2, 2: 755. 1927, 中国植物志 39: 92(1988), 广东植物志 5: 168(2003), Flora of China 10: 40(2010)

科名： 豆科 Fabaceae(苏木科 Caesalpiniaceae)　**属名：** 盾柱木属 Peltophorum(Vogel)Benth.

形态特征： 乔木，幼枝和花序密被锈色柔毛，老枝具黄色小皮孔。叶长 30 ～ 40cm，二回羽状复叶，羽片对生，叶柄粗壮，密被锈色柔毛，革质，长圆形，长 12 ～ 17mm，宽 5 ～ 7mm，先端钝圆，具小凸尖，基部偏斜，边全缘，两面无毛；无小叶柄。圆锥花序顶生或腋生；苞片长 5 ～ 8mm，早落；花梗长约 5mm，与花蕾近等长；花蕾球形，直径 5 ～ 8mm；花萼裂片 5，卵形，被锈色茸毛，萼管极短；花瓣 5，黄色，倒卵形，两面中部密被锈色长柔毛，基部具长柄；雄蕊 10 枚，花丝长约 1.2cm，基部被粗硬毛；花药近箭形，长约 3mm；子房具柄，有胚珠 3 ～ 4 颗，花柱丝状，伸长，柱头盘状，3 裂。荚果长圆形，扁平，纺锤形，两缝线具翅，翅宽 4 ～ 5mm，熟后暗红色，全体具密而细的纵条纹；种子 2 ～ 4 颗。花期 6 ～ 8 月；果期 10 月。

野外鉴别关键特征： 幼枝和花序密被锈色柔毛，老枝具黄色小皮孔；二回羽状复叶，羽片对生，叶柄粗壮，密被锈色柔毛；荚果长圆形，熟后暗红色，全体具密而细的纵条纹。

分布与生境： 海南有栽培；广东、广西、云南有栽培；不丹、印度、印度尼西亚、马来西亚、斯里兰卡、泰国、越南、澳大利亚有栽培。原产大洋洲、亚洲。

利用： 作木材、遮阴树，有时栽培供观赏。树皮供药用，含一种黄褐色染料。

中文名称： 银珠

学名： **Peltophorum tonkinense**(Pierre)Gagnep. in Lec. Fl. Gén. Indo-Chine 2: 192. 1913, 海南植物志 2: 228(1965), 中国植物志 39: 93(1988), 广东植物志 5: 168(2003), Flora of China 10: 40(2010)

科名： 豆科 Fabaceae(苏木科 Caesalpiniaceae)　**属名：** 盾柱木属 Peltophorum(Vogel)Benth.

形态特征： 乔木，幼嫩部分和花序密被锈色毛，后渐无毛；老枝有细密、锈色皮孔。羽片和小叶均对生；叶柄颇粗壮，被锈色毛，羽片柄在上部的长 7 ～ 9cm，在下部的长 4 ～ 5cm；小叶长圆状倒卵形，在下部附近的长 1cm，宽 0.4cm，在上部的长 2cm，宽 0.9cm，顶端圆形，有短尖头，基部渐狭，两边不对称，无柄，腹面有光泽，初时中脉被毛，后渐无毛，背面苍黄绿色，初时被锈色毛，后近无毛，侧脉约 18 对，上面颇明显，托叶早落，线状或丝状。总状花序近顶生，通常不分枝；花蕾球形，直径约 8mm，被锈色毛；萼片长椭圆形，近相等，最下面 1 片较狭窄，内面无毛；花瓣倒卵状圆形，有爪，两面的中部被长毛，边缘波状；花丝基部肿大，花药长 3.5mm；子房通常有柄，花柱比子房长 2 ～ 3 倍，柱头头状，胚珠 3 ～ 4 颗。荚果薄革质，两端不对称的渐狭，红褐色，有光泽，无条纹，种子 4 颗，倒卵形而歪斜，压扁，成熟时苍黄色。花期 3 ～ 6 月；果期 4 ～ 10 月。

野外鉴别关键特征： 荚果熟后暗红色，无纵条纹。

分布与生境： 白沙、陵水、保亭、三亚、东方；福建；柬埔寨、老挝、越南。生于海拔 300 ～ 400m 山地林中。

利用： 花、果美丽，可园林观赏。

盾柱木(Peltophorum pterocarpum)

银珠(Peltophorum tonkinense)

中文名称：大翅老虎刺(小花老虎刺)

学名：**Pterolobium macropterum** Kurz in Journ. Asiat. Soc. Bengal 42(2): 71. 1873, 中国植物志 39: 113(1988), 广东植物志 5: 174(2003), Flora of China 10: 47(2010). ——Pterolobium micranthum Gagnep. in Lecomte, Not. Syst. 2: 209. 1912, 海南植物志 2: 222(1965)

科名：豆科 Fabaceae(苏木科 Caesalpiniaceae)　**属名：**老虎刺属 Pterolobium R. Br. ex Wight et Arn.

形态特征：大型攀援性木质藤本；幼枝有条纹，疏被黄褐色毛；老枝光滑无毛，在叶柄基部具成对的黑色钩刺。二回偶数羽状复叶；叶轴长 8～10cm；羽片 4～6 对，长 8～10cm；叶轴及羽轴均密被褐色短硬毛，具关节；小叶 6～9 对，对生，革质，斜长圆形，两侧不对称，两面无毛。总状花序或圆锥花序顶生或腋上生；花序轴被毛，长 10～15cm；苞片锥形，早落，花梗长 0.5～1cm；萼片 5，不等，厚革质，光滑；花瓣白色，4 片相同，长 5mm，倒卵形，最里面一片中部以下缩小成瓣柄，柄宽，具沟槽，瓣片边缘具纤毛，先端波状和耳形；雄蕊 10 枚，等长，伸出，花丝长约 8mm，中部以下膨大和密被毛，花药长圆形，长约 1mm；子房稍被短柔毛，花柱光滑，丝状，柱头漏斗状，被纤毛，胚珠 2 颗。荚果不开裂，长 6～6.5cm，翅歪斜，长 4～4.5cm，宽 1.8～2cm。

野外鉴别关键特征：老枝光滑无毛，在叶柄基部具成对的黑色钩刺，小叶 6～9 对。

分布与生境：三亚；广西、云南；不丹、印度、印度尼西亚、老挝、马来西亚、缅甸、泰国、越南。生于海拔 450～1600m 的坡地阳处、干旱灌丛中或林下。

利用：荚果翅到秋天变红色，十分美观，供观赏。

注：手绘图引自广东植物志。

中文名称：老虎刺

学名：**Pterolobium punctatum** Hemsley. J. Linn. Soc. , Bot. 23: 207. 1887, 中国植物志 39: 113(1988), 广东植物志 5: 175(2003), Flora of China 10: 48(2010)

科名：豆科 Fabaceae(苏木科 Caesalpiniaceae)　**属名：**老虎刺属 Pterolobium R. Br. ex Wight et Arn.

形态特征：木质藤本或攀援性灌木，高 3～10m；小枝具棱，幼嫩时银白色，被短柔毛及浅黄色毛，老后脱落，具散生的，或于叶柄基部具成对的黑色、下弯的短钩刺。叶轴长 12～20cm；叶柄长 3～5cm，也有成对黑色托叶刺；羽片 9～14 对，狭长；羽轴长 5～8cm，上面具槽，小叶片 19～30 对，对生，狭长圆形，中部的长 9～10mm，宽 2～2.5mm，顶端圆钝具凸尖或微凹，基部微偏斜，两面被黄色毛，下面毛更密，具明显或不明显的黑点；脉不明显；小叶柄短，具关节。总状花序被短柔毛，长 8～13cm，宽 1.5～2.5cm，腋上生或于枝顶排列成圆锥状；苞片刺毛状，长 3～5mm，极早落；花梗纤细，长 2～4mm，相距 1～2mm；花蕾倒卵形，长 4.5mm，被茸毛；萼片 5，最下面一片较长，舟形，长约 4mm，具睫毛，其余的长椭圆形，长约 3mm；花瓣相等，稍长于萼，倒卵形，顶端稍呈啮蚀状；雄蕊 10 枚，等长，伸出，花丝长 5～6cm，中部以下被柔毛，花药宽卵形，长约 1mm；子房扁平，一侧具纤毛，花柱光滑，柱头漏斗形，无纤毛，胚珠 2 颗。荚果长 4～6cm，发育部分菱形，长 1.6～2cm，宽 1～1.3cm，翅一边直，另一边弯曲，长约 4cm，宽 1.3～1.5cm，光亮，颈部具宿存的花柱；种子单一，椭圆形，扁，长约 8mm。花期 6～8 月；果期 9 月至翌年 1 月。

野外鉴别关键特征：老后脱落，具散生的，或于叶柄基部具成对的黑色、下弯的短钩刺，小叶片 19～30 对。

分布与生境：三亚；广东、广西、江西、湖南、湖北、贵州、四川、云南；老挝。生于山坡疏林阳处、路旁石山干旱地方及石灰岩山上。

利用：荚果翅到秋天变红色，十分美观，供观赏。

注：手绘图引自贵州植物志。

大翅老虎刺(小花老虎刺)(Pterolobium macropterum)

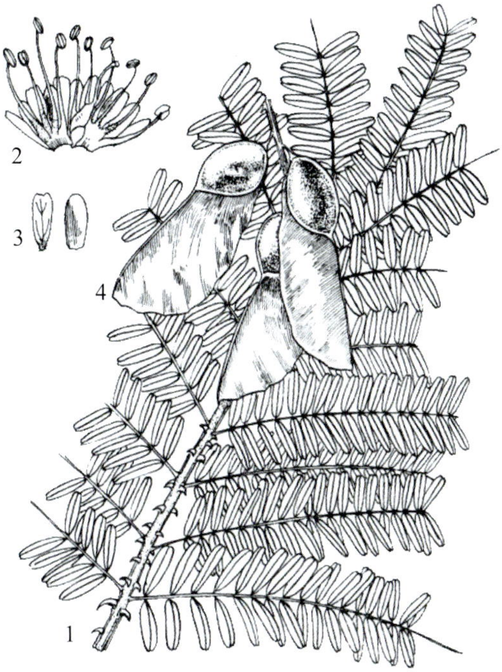

1. 果枝；2. 雄蕊和花瓣；3. 小叶片；4. 果荚。

老虎刺(Pterolobium punctatum)

中文名称：★中国无忧花

学名：**Saraca dives** Pierre. Fl. Forest. Cochinch. T. 386B. 1899, 中国植物志 39: 207(1988), Flora of China 10: 23(2010)

科名：豆科 Fabaceae(苏木科 Caesalpiniaceae) **属名：**无忧花属 Saraca Linn.

形态特征：乔木，高 5 ～ 20m；胸径达 25cm。叶有小叶 5 ～ 6 对，嫩叶略带紫红色，下垂；小叶近革质，长椭圆形、卵状披针形或长倒卵形，长 15 ～ 35cm，宽 5 ～ 12cm，基部 1 对常较小，先端渐尖、急尖或钝，基部楔形，侧脉 8 ～ 11 对；小叶柄长 7 ～ 12mm。花序腋生，较大，总轴被毛或近无毛；总苞大，阔卵形，被毛，早落；苞片卵形、披针形或长圆形，长 1.5 ～ 5cm，宽 6 ～ 20mm。下部的 1 片最大，往上逐渐变小，被毛或无毛，早落或迟落；小苞片与苞片同形，但远较苞片为小；花黄色，后部分 (萼裂片基部及花盘、雄蕊、花柱) 变红色，两性或单性；花梗短于萼管，无关节；萼管长 1.5 ～ 3cm，裂片长圆形，4 片，有时 5 ～ 6 片，具缘毛；雄蕊 8 ～ 10 枚，其中 1 ～ 2 枚常退化呈钻状，花丝突出，花药长圆形，长 3 ～ 4mm；子房微弯，无毛或沿两缝线及柄被毛。荚果棕褐色，扁平，长 22 ～ 30cm，宽 5 ～ 7cm，果瓣卷曲；种子 5 ～ 9 颗，形状不一，扁平，两面中央有一浅凹槽。花期 4 ～ 5 月；果期 7 ～ 10 月。

分布与生境：海南有栽培；广东、广西、云南有栽培；老挝、越南有栽培。原产中国。

利用：本种可放养紫胶虫，且是一优良的紫胶虫寄主；树皮入药，可治风湿和月经过多。由于花大而美丽，又是一良好的庭园绿化和观赏树种。

注：手绘图引自广东植物志。

中文名称：●翅荚决明

学名：**Senna alata**(Linnaeus)Roxburgh, Fl. Ind. , ed. 1832. 2: 349. 1832, Flora of China 10: 29(2010). ——Cassia alata Linn. Sp. Pl. 378. 1753, 海南植物志 2: 231(1965), 中国植物志 39: 131(1988), 广东植物志 5: 182 (2003)

科名：豆科 Fabaceae(苏木科 Caesalpiniaceae) **属名：**番泻决明属 Senna Miller

形态特征：直立灌木，枝粗壮，绿色。叶长 30 ～ 60cm；叶柄和叶轴四棱柱形，有狭翅，近无柄，薄革质，倒卵状长椭圆形或长椭圆形，长 8 ～ 15cm，最大的叶宽可达 7.5cm，向下渐小，顶端阔钝圆而有小短尖头，基部斜截形，叶背面的脉明显；托叶三角形，宿存。花序顶生和腋生，具梗，单生或分枝；花黄色，芽时为长椭圆形、膜质的苞片所覆盖；花瓣有明显的紫色脉纹；位于上部的 3 枚雄蕊退化。发育雄蕊 7 枚，下面 2 枚的花药大，侧面的较小。果直，膜质，长带状，每果瓣的中央有纸质、具钝齿的翅由顶部直贯至基部；种子 50 ～ 60 颗，扁平，三角形。花期 11 ～ 1 月；果期 12 月至翌年 2 月。

分布与生境：海南有栽培或逸生；广东、云南有栽培。原产美洲热带地区。

利用：本种为热带地区著名药用植物之一，常用作缓泻剂；种子有驱蛔虫之效。

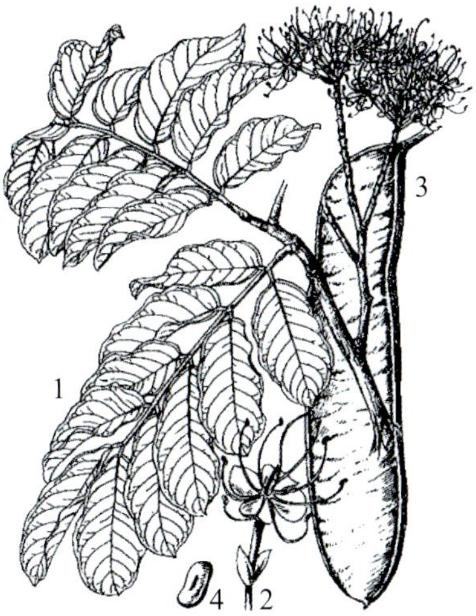

1. 花枝；2. 花；3. 荚果；4. 种子。

中国无忧花(Saraca dives)

翅荚决明(Senna alata)

中文名称：★双荚决明

学 名：**Senna bicapsularis**(Linnaeus)Roxburgh, Fl. Ind., ed. 1832. 2: 342. 1832, Flora of China 10: 32 (2010). ——Cassia bicapsularis Linn. Sp. Pl. 376. 1753, 海南植物志 2: 231(1965), 中国植物志 39: 134 (1988), 广东植物志 5: 183(2003)

科名：豆科 Fabaceae(苏木科 Caesalpiniaceae)　属名：番泻决明属 Senna Miller

形态特征：直立灌木，多分枝，无毛。叶长 7 ～ 12cm，有小叶 3 ～ 4 对；叶柄长 2.5 ～ 4cm；小叶倒卵形或倒卵状长圆形，膜质，长 2.5 ～ 3.5cm，宽约 1.5cm，顶端圆钝，基部渐狭，偏斜，下面粉绿色，侧脉纤细，在近边缘处呈网结；在最下方的一对小叶间有黑褐色线形而钝头的腺体 1 枚。总状花序生于枝条顶端的叶腋间，常集成伞房花序状，长度约与叶相等，花鲜黄色，直径约 2cm；雄蕊 10 枚，7 枚能育，3 枚退化而无花药，能育雄蕊中有 3 枚特大，高出于花瓣，4 枚较小，短于花瓣。荚果圆柱状，膜质，直或微曲，长 13 ～ 17cm，直径 1.6cm，缝线狭窄；种子两列。花期 10 ～ 11 月；果期 11 月至翌年 3 月。

分布与生境：海南有栽培。原产美洲热带。

利用：本种可作绿肥、绿篱及观赏植物。

中文名称：★长穗决明

学名：**Senna didymobotrya**(Fresenius)H. S. Irwin & Barneby, Mem. New York Bot. Gard. 35: 467. 1982, Flora of China 10: 30(2010). ——Cassia didymobotrya Fresen. in Flora 22: 53. 1839, 海南植物志 2: 232 (1965), 中国植物志 39: 140(1988), 广东植物志 5: 186(2003)

科名：豆科 Fabaceae(苏木科 Caesalpiniaceae)　属名：番泻决明属 Senna Miller

形态特征：灌木，高 2.5 ～ 3m；幼枝和嫩叶均被短柔毛，老时脱落。叶长达 35cm；叶柄和叶轴被短柔毛；叶轴无腺体；小叶 8 ～ 16 对，卵状长椭圆形或披针状长椭圆形，长 3 ～ 4.5cm，宽 1 ～ 1.8cm，顶端圆钝，具短尖头，基部圆形，偏斜，边全缘，下面粉白色；叶柄极短。总状花序单生于枝条顶端的叶腋内，直立，长 15 ～ 30cm；苞片卵形或椭圆形，顶端具短尖头，覆瓦状排列，早落；花瓣苍黄色，钝头，具短柄；雄蕊 10 枚，其中 2 枚特大，弯曲，长约 12mm。荚果扁平，带状长圆形，长 8 ～ 10cm，宽 1.6 ～ 1.8cm，革质，顶端有细长的芒尖，果柄长约 1cm；种子 9 ～ 16 颗，倒卵状长圆形，扁平。花果期春季、夏季。

分布与生境：海南有栽培；广东、广西有栽培。原产非洲和亚洲热带地区。

利用：花美丽，可园林观赏。

注：彩图由 PPBC/ 陈又生拍摄。

双荚决明(Senna bicapsularis)

长穗决明(Senna didymobotrya)

中文名称： ★大叶决明

学名： **Senna fruticosa**(Miller)H. S. Irwin & Barneby, Mem. New York Bot. Gard. 35: 121. 1982, Flora of China 10: 31(2010). ——Cassia fruticosa Mill, Gard. Dict. ed. 8. n. 10. I768, 中国植物志 39: 130(1988), 广东植物志 5: 182(2003)

科名： 豆科 Fabaceae(苏木科 Caesalpiniaceae) **属名：** 番泻决明属 Senna Miller

形态特征： 灌木或小乔木，高约 3m；枝条灰白色，无毛。叶具小叶 2 对，长 12 ～ 18cm，在第一对小叶间的叶轴上有凸起的腺体 1 枚；小叶长圆卵形，长 8 ～ 12cm，宽 4 ～ 5cm，顶端短渐尖，基部浑圆，边全缘，两面幼时被柔毛，老时下面被柔毛，上面基本无毛，中脉偏于叶的上侧；小叶柄长 3 ～ 4mm。花序生于枝条顶端的叶腋，由总状花序排成圆锥花序；萼片长圆状卵形，先端钝，长 8 ～ 10mm，外被微柔毛；花冠橙黄色，花瓣长 2 ～ 2.5cm，下面两片略长，具柄；能育雄蕊 6 枚，等长；子房线形，外被白色微柔毛。荚果带状，扁平，稍增厚，长 12 ～ 20cm，宽 1 ～ 1.5cm，顶端有喙状尖头，长约 1cm。花期 10 ～ 12 月；果期 12 月至翌年 2 月。

分布与生境： 海南有栽培；广东有栽培。原产美洲热带。

注： 彩图引自 http://www.phytoimages.siu.edu/imgs/paraman1/r/Fabaceae_Cassia%20_fruticosa_6411.html.

中文名称： ★毛荚决明

学名： **Senna hirsuta**(Linnaeus)H. S. Irwin & Barneby, Phytologia. 44: 499. 1979, Flora of China 10: 16 (2010). ——Cassia hirsuta Linn. Sp. P1. 378. 1753, 中国植物志 39: 131(1988), 广东植物志 5: 180(2003)

科名： 豆科 Fabaceae(苏木科 Caesalpiniaceae) **属名：** 番泻决明属 Senna Miller

形态特征： 灌木，高 0.6 ～ 2.5m；嫩枝长满黄褐色长毛。叶有小叶 4 ～ 6 对，长 10 ～ 20cm；叶柄与叶轴均被黄褐色长毛，在叶柄基部的上面有黑褐色腺体 1 枚；小叶卵状长圆形或长圆状披针形，长 3 ～ 8cm，宽 1.5 ～ 3.5cm，顶端渐尖，基部近圆形，边全缘，两面均被长毛。花序生于枝条顶端的叶腋；总花梗和花梗均被长柔毛；萼片 5，密被长柔毛，长约 5mm；花瓣无毛，长 15 ～ 18mm。荚果细长，扁平，长 10 ～ 15cm，宽约 6mm，表面密被长粗毛。果期 12 月至翌年 1 月。

分布与生境： 海南有栽培；广东、云南有栽培。原产美洲热带。

注： 标本引自中国科学院植物研究所。

大叶决明(*Senna fruticosa*)

毛荚决明(*Senna hirsuta*)

中文名称： ◆望江南 (野扁豆)

学名： **Senna occidentalis**(Linnaeus)Link, Handb. 2: 140. 1831, Flora of China 10: 30(2010). ——Cassia occidentalis Linn. Sp. Pl. 377. 1753, 海南植物志 2: 233(1965), 中国植物志 39: 125(1988), 广东植物志 5: 180(2003)

科名： 豆科 Fabaceae(苏木科 Caesalpiniaceae)　**属名：** 番泻决明属 Senna Miller

形态特征： 直立、少分枝的亚灌木或灌木，无毛，高 0.8 ～ 1.5m；枝带草质，有棱；根黑色。叶长约 20cm；叶柄近基部有大而带褐色、圆锥形的腺体 1 枚；小叶 4 ～ 5 对，膜质，卵形至卵状披针形，长 4 ～ 9cm，宽 2 ～ 3.5cm，顶端渐尖，有小缘毛；小叶柄长 1 ～ 1.5mm，揉之有腐败气味；托叶膜质，卵状披针形，早落。花数朵组成伞房状总状花序，腋生和顶生；苞片线状披针形或长卵形，长渐尖，早脱；花长约 2cm；萼片不等大，外生的近圆形，内生的卵形，长 8 ～ 9mm；花瓣黄色，外生的卵形，其余可长达 20mm，宽 15mm，顶端圆形，均有短狭的瓣柄；雄蕊 7 枚发育，3 枚不育，无花药。荚果带状镰形，褐色，压扁，长 10 ～ 13cm，宽 8 ～ 9mm，稍弯曲，边加厚，色较淡，有尖头；果柄长 1 ～ 1.5cm；种子 30 ～ 40 颗，种子间有薄隔膜。花期 4 ～ 8 月；果期 6 ～ 10 月。

野外鉴别关键特征： 叶柄近基部有大而带褐色、圆锥形的腺体 1 枚；小叶 4 ～ 5 对，膜质。

分布与生境： 海南各地；我国南部各省 (自治区)。生于旷野或疏林中。

利用： 幼嫩的茎叶可代茶，根供药用，可治痢疾。也是良好的绿肥植物，因根叶富含氮素，腐烂容易，又可作水土保持和覆盖植物。

注： 手绘图引自广东植物志。

中文名称： ★光叶决明

学名： **Senna septemtrionalis**(Viviani)H. S. Irwin & Barneby, Mem. New York Bot. Gard. 35: 365. 1982, Flora of China 10: 32(2010). ——Cassia floribunda Cav. Descr. 132. 1802, 中国植物志 39: 133(1988), 广东植物志 5: 183(2003). ——Cassia laevigata Willd. Enum. Hort. Berol. 441. 1813, 海南植物志 2: 231(1965)

科名： 豆科 Fabaceae(苏木科 Caesalpiniaceae)　**属名：** 番泻决明属 Senna Miller

形态特征： 直立灌木，高 1 ～ 2m，无毛。叶长约 15cm，有小叶 3 ～ 4 对，在每对小叶间的叶轴上，均有 1 枚腺体，腺体圆形至线形；小叶卵形至卵状披针形，长 5 ～ 8cm，宽 2.5 ～ 3.5cm，顶端渐尖，基部楔形或狭楔形，有时偏斜，下面粉白色，有细洼点，上面有乳凸；侧脉纤细，两面稍凸起，边全缘；小叶柄长 2 ～ 3mm；托叶线形，早落。总状花序生于枝条上部的叶腋或顶生，多少呈伞房式；总花梗长 4 ～ 5cm；萼片不相等，内生的长 8 ～ 10mm；花瓣黄色，宽阔，钝头，长 12 ～ 18mm；能育雄蕊 4 枚，花丝长短不一。荚果长 5 ～ 7cm，果瓣稍带革质，呈圆柱形，2 瓣开裂；种子多数。花期 5 ～ 7 月；果期 10 ～ 11 月。

分布与生境： 海南有栽培；广东、广西有栽培。原产美洲热带。

利用： 可作绿肥、固砂及观赏植物。彩图由 PPBC/ 杨雁拍摄。

1.花果枝；2.花瓣。

望江南(野扁豆)(Senna occidentalis)

光叶决明(Senna septemtrionalis)

中文名称：★铁刀木

学名：**Senna siamea**(Lamarck)H. S. Irwin & Barneby, Mem. New York Bot. Gard. 35: 98. 1982. , Flora of China 10: 29(2010). ——Cassia siamea Lam. Encycl. 1: 648. 1785, 海南植物志 2: 233(1965), 中国植物志 39: 138(1988), 广东植物志 5: 185(2003)

科名：豆科 Fabaceae(苏木科 Caesalpiniaceae)　属名：番泻决明属 Senna Miller

形态特征：中等乔木；树皮带灰色，近平滑，稍纵裂；枝粗，有棱，疏被短柔毛。叶长 20 ～ 30cm，无腺体，被毛；叶顶端常有针状长尖头；小叶对生，6 ～ 10 对，革质，椭圆形，长 4 ～ 6cm，宽 1.5 ～ 2cm，顶端钝，常凹入，有短尖头，腹面光滑，背面被脱落性短毛，粉白色；托叶线形，早落。花大，黄色，集成总状花序，腋生，宽 3 ～ 5cm，萼片近不等，外生的较小，内生的较大，圆形，革质，外被细毛；花瓣阔倒卵形，具短爪；发育雄蕊 7 枚，较大，退化雄蕊 3 枚，较小，花药顶孔开裂；子房无柄，被细毛，柱头颇明显。荚果，扁平，顶端无芒尖。边缘加厚，被细毛，熟时带紫褐色；种子约有 24 颗。花期 11 月；果期 12 月。

分布与生境：海南有栽培；我国南部广泛栽培。原产缅甸和泰国。

利用：树常绿，生长迅速，常用作行道树。木材可作家具。

注：手绘图引自广东植物志。

中文名称：★槐叶决明

学名：**Senna sophera**(Linnaeus)Roxburgh, Fl. Ind. , ed. 1832. 2: 347. 1832, Flora of China 10: 31(2010). ——Cassia sophera Linn. Sp. Pl. 379. 1753, 海南植物志 2: 233(1965), 中国植物志 39: 125(1988), 广东植物志 5: 181(2003)

科名：豆科 Fabaceae(苏木科 Caesalpiniaceae)　属名：番泻决明属 Senna Miller

形态特征：本种与望江南 Senna occidenialis Linn. 很接近，但本种的小叶较小，有 5 ～ 10 对，长 1.7 ～ 4.2cm，宽 0.7 ～ 2cm，椭圆状披针形，顶端急尖或短渐尖。荚果较短，长仅 5 ～ 10cm，初时扁而稍厚，成熟时近圆筒形而多少膨胀。花期 7 ～ 9 月；果期 10 ～ 12 月。

分布与生境：海南有栽培；我国南部广泛栽培。原产亚洲热带。

注：手绘图引自山东植物志，彩图由 PPBC/ 肇谡拍摄。

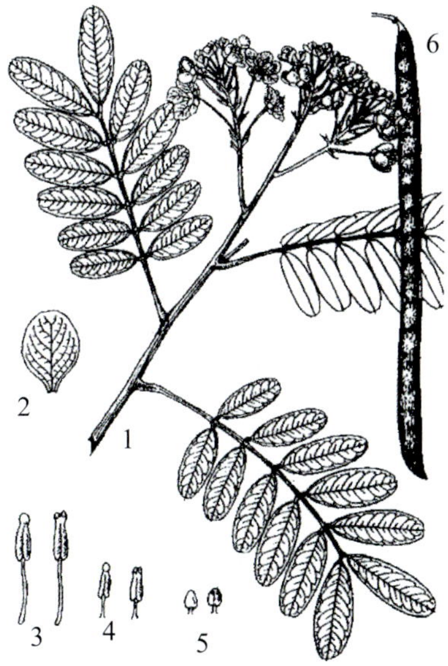

1. 花枝；2. 花瓣；3. 雄蕊的正反面；4. 另一种雄蕊的正反面；5. 退化雄蕊的正反面；6. 荚果。

铁刀木(Senna siamea)

1. 花果枝；2. 果枝；3. 花；4. 种子。

槐叶决明(Senna sophera)

中文名称：★粉叶决明

学名：**Senna sulfurea**(Colladon)H. S. Irwin & Barneby, Mem. New York Bot. Gard. 35: 78. 1982, Flora of China 10: 31(2010). ——Cassia glauca Lam. Encycl. 1: 647. 1785, 中国植物志 39: 136(1988), 广东植物志 5: 184(2003)

科名：豆科 Fabaceae(苏木科 Caesalpiniaceae)　**属名：**番泻决明属 Senna Miller

形态特征：大灌木或小乔木，嫩枝被疏柔毛，后变无毛，小枝有肋条。叶长 15 ～ 30cm，叶轴上面最下 2 对小叶间各有棍棒状的腺体 1 枚，叶柄长 3.5 ～ 6.5cm，托叶线形，早落；小叶 4 ～ 6 对，通常 5 对，卵形或椭圆形，长 3.5 ～ 10cm，宽 2.5 ～ 4cm，顶端圆钝，或有不明显的微凹，基部阔楔形或近圆形，上面绿色，下面粉白色；小叶柄长约 3mm。总状花序生于枝条上部的叶腋内；萼片卵圆形或圆形，不等大，外生的长 3 ～ 4mm，内生的长 8mm；花瓣黄色或深黄色，卵形或倒卵形，长 2 ～ 2.5cm，有 5 脉；雄蕊 10 枚，其中下面 2 枚花丝较长；子房丝状，被毛。荚果扁平，直生，带形，开裂，长 15 ～ 20cm，宽 12 ～ 18mm，顶端具细长的喙，果颈长约 1.5cm，果柄长 2.5 ～ 3cm；种子 20 ～ 30 颗。花果期几全年。

分布与生境：海南有栽培；福建、广东、贵州、云南有栽培。原产亚洲。

注：手绘图引自中国植物志。

中文名称：★黄槐决明

学名：**Senna surattensis**(N. L. Burman)H. S. Irwin & Barneby, Mem. New York Bot. Gard. 35: 81. 1982, Flora of China 10: 32(2010). ——Cassia surattensis Burm. f. Fl. Ind. 97. 1768, 海南植物志 2: 232(1965), 中国植物志 39: 134(1988), 广东植物志 5: 184(2003)

科名：豆科 Fabaceae(苏木科 Caesalpiniaceae)　**属名：**番泻决明属 Senna Miller

形态特征：灌木或小乔木，高 5 ～ 7m；分枝多，小枝有纵棱；树皮光滑，灰褐色；嫩枝、叶轴、叶柄被微柔毛。羽状复叶，长 10 ～ 15cm；叶轴及叶柄扁四方形，在叶轴上面最下 2 对或 3 对小叶间和叶柄上部有棍棒状腺体 2 ～ 3 枚；小叶 7 ～ 9 对，长椭圆形或卵形，长 2 ～ 5cm，宽 1 ～ 1.5cm，下面粉白色，被疏散、紧贴的长柔毛，边全缘；小叶柄长 1 ～ 1.5mm，被柔毛；托叶线形，弯曲，长约 1cm，早落。总状花序生于枝条上部的叶腋内；苞片卵状长圆形，外被微柔毛，长 5 ～ 8mm；萼片卵圆形，大小不等，内生的长 6 ～ 8mm，外生的长 3 ～ 4mm，有 3 ～ 5 脉；花瓣鲜黄色至深黄色，卵形至倒卵形，长 1.5 ～ 2cm；雄蕊 10 枚，全部能育，最下两枚有较长的花药，花药长椭圆形，2 侧裂；子房线形，被毛。荚果扁平，带状，开裂，长 7 ～ 10cm，宽 8 ～ 12mm，顶端具细长的喙，果颈长约 5mm，果柄明显；种子 10 ～ 12 颗，有光泽。花果期几全年。

分布与生境：海南有栽培；福建、广东、广西、台湾、云南、浙江有栽培。原产印度、斯里兰卡、印度尼西亚等地。

利用：庭园观赏植物和行道树。

注：手绘图引自广东植物志。

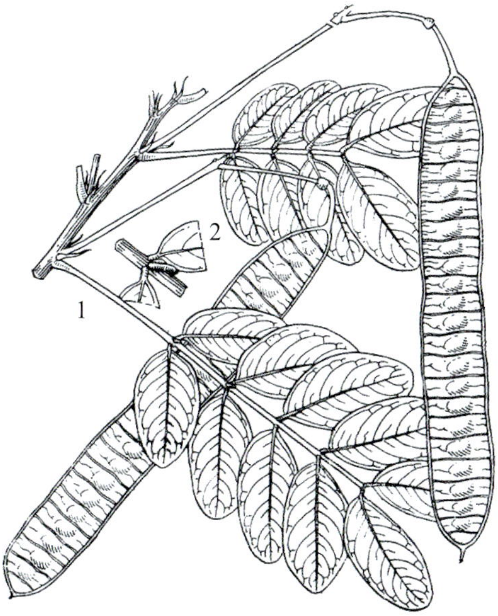

1. 果枝；2. 第一对小叶间的棒状腺体。

粉叶决明(Senna sulfurea)

1. 花枝；2. 花；3. 花瓣；4. 雄蕊；5. 托叶；6. 荚果。

黄槐决明(Senna surattensis)

中文名称：◆□决明

学名： **Senna tora**(Linnaeus)Roxburgh. Fl. Ind., ed. 1832. 2: 340. 1832, Flora of China 10: 32(2010). ——Cassia tora Linn. Sp. Pl. 211. 1753, 海南植物志 2: 234(1965), 中国植物志 39: 126(1988), 广东植物志 5: 181 (2003)

科名：豆科 Fabaceae(苏木科 Caesalpiniaceae)　**属名：**番泻决明属 Senna Miller

形态特征：直立、粗壮、一年生亚灌木状草本，高 1 ～ 2m。羽状复叶，长 4 ～ 8cm；叶柄上无腺体；叶轴上每对小叶间有棒状腺体 1 枚；小叶 3 对，膜质，倒卵形或倒卵状长椭圆形，长 2 ～ 6 cm，宽 1.5 ～ 2.5cm，顶端圆钝而有小尖头，渐狭，偏斜，上面被稀疏柔毛，下面被柔毛；小叶柄长 1.5 ～ 2mm；托叶线状，被柔毛，早落。花腋生，通常 2 朵聚生；总花梗长 6 ～ 10mm；花梗长 1 ～ 1.5cm，丝状；萼片稍不等大，膜质，卵形或卵状长圆形，长约 8mm，外面被柔毛；花瓣黄色，下面 2 枚略长，长 12 ～ 15mm，宽 5 ～ 7mm；能育雄蕊 7 枚，花药四方形，长约 4mm，顶孔开裂，花丝短于花药；子房无柄，被白色柔毛。荚果纤细，近四棱形，两端渐尖，长达 15cm，宽 3 ～ 4cm，膜质；种子约 25 颗，菱形，光亮。花果期 8 ～ 11 月。

野外鉴别关键特征：叶柄上无腺体；叶轴上每对小叶间有棒状腺体 1 枚。

分布与生境：海南各地；我国广泛栽培。生于旷野上。原产美洲热带地区。

利用：用于绿地中群植，草地点缀，也可以用作装饰林缘、低矮花卉的背景材料等。

注：手绘图引自中国高等植物图鉴。

中文名称：油楠

学名： **Sindora glabra** Merr. et De Wit in Bull. Bot. Gard. Buitenzorg ser. 3, 18: 46. 1949, 海南植物志 2: 235(1965), 中国植物志 39: 214(1988), 广东植物志 5: 201(2003), Flora of China 10: 25(2010)

科名：豆科 Fabaceae(苏木科 Caesalpiniaceae)　**属名：**油楠属 Sindora Miq.

形态特征：乔木，小叶对生，有短柄，革质，椭圆状长圆形，很少卵形，长 5 ～ 10cm，宽 2.5 ～ 5cm，顶端钝急尖，基部钝形或圆，侧脉纤细，多数，很不明显，网脉不显明；小叶柄长 5mm。花序长 15 ～ 20cm，密被黄色毛；萼片 2 型，最上面的阔卵形，长约 5.5mm，宽 5mm，背隆起，有软刺，其他 3 片椭圆状披针形，软刺较少；花瓣被包于最上面萼片内，长椭圆状椭圆形，基部近截平，有不明显的爪，顶端钝，外面密被柔毛，内面无毛，发育雄蕊 9 枚；子房密被粗伏毛，有胚珠 4 颗。荚果圆形或椭圆形，外面有散生硬直的刺，受到损伤时常有胶汁流出；种子 1 颗，扁圆形，黑色，有半圆形、等宽的柄。花期 4 ～ 5 月；果熟期 7 月。

野外鉴别关键特征：顶上的两片小叶内弯。荚果圆形或椭圆形，外面有散生硬直的刺，受到损伤时常有胶汁流出。

分布与生境：昌江、白沙、东方、乐东、三亚等地；福建、广东、云南；越南。生于中海拔的混交林内。

利用：木材性质优良，可供建筑及家具等用；树脂用于燃灯。

注：手绘图引自广东植物志。

1. 果枝；2. 花。

决明(Senna tora)

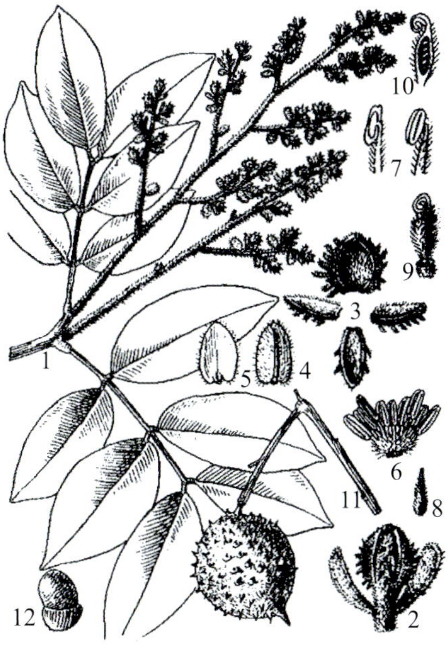

1. 花枝；2. 花的外观和2枚小苞片；3. 萼片；
4、5. 花瓣；6、7. 能育雄蕊；8. 不育雄蕊；
9. 雌蕊；10. 雌蕊纵切面；11. 果序的一部
分；12. 种子。

油楠(Sindora glabra)

中文名称：★东京油楠

学名：**Sindora tonkinensis** A. Cheval. ex K. et S. S. Larsen in Aubrev. Fl. Camb. Laos Vietn. 18: 122. 1980, 中国植物志 39: 216(1988), 广东植物志 5: 201(2003), Flora of China 10: 25(2010)

科名：豆科 Fabaceae(苏木科 Caesalpiniaceae)　**属名：**油楠属 Sindora Miq.

形态特征：乔木，高可达 15m；枝条无毛。托叶早落。叶长 10～20cm，无毛，有小叶 4～5 对；小叶革质，无毛，卵形、长卵形或椭圆状披针形，长 6～12cm，宽 3.5～6cm，两侧不对称，上侧较狭，下侧较阔，顶端渐尖或短渐尖，基部圆形或阔楔形，边全缘；小叶柄长约 1mm。圆锥花序生于小枝顶端的叶腋，长 15～20(～30)cm，密被黄色柔毛；苞片三角形，长 5～10mm；花梗长 2～4mm，中部以上有小苞片 1～2 枚，小苞片椭圆状披针形，长约 5mm，两面均被黄色柔毛；萼片 4 枚，外面密被黄色柔毛，无刺，内面密被黄色硬毛；花瓣肥厚，长约 8mm，密被黄色柔毛；雄蕊花丝丝状，长 10～15mm，基部密被黄色柔毛，花药长 3～4mm；子房具短柄，密被黄色柔毛，无刺，花柱丝状，旋卷，无毛，长 10～15mm。荚果近圆形或椭圆形，长 7～10cm，宽 4～6cm，顶端鸟喙状，外面光滑无刺；种子 2～5 颗，黑色，扁圆形。花期 5～6 月；果期 8～9 月。

分布与生境：海南有栽培；广东有栽培。原产柬埔寨和越南。

利用：木材应用。

中文名称：★酸豆

学名：**Tamarindus indica** Linn. Sp. Pl. 34. 1753, 海南植物志 2: 235(1965), 中国植物志 39: 217(1988), 广东植物志 5: 202(2003), Flora of China 10: 26(2010)

科名：豆科 Fabaceae(苏木科 Caesalpiniaceae)　**属名：**酸豆属 Tamarindus Linn.

形态特征：乔木，树皮暗灰色，不规则纵裂。小叶 10～20 对，长圆形，长 1.3～2.8cm，宽 5～9mm，先端圆或微凹，基部圆而偏斜，两面无毛。花少数，总花梗和花梗均被黄绿色短柔毛；小苞片 2 枚，开花前紧包着花蕾；萼管长约 7mm，裂片披针状长圆形，花后反折；发育花瓣黄色或染以紫红色条纹，倒卵形，与萼裂片近等长，边缘呈波状皱褶；发育雄蕊长 1.2～1.5cm，近基部被毛，花丝分离部分长约 7mm，花药椭圆形，子房圆柱形，微弯，被毛。荚果圆柱状长圆形，棕褐色，直或弯拱，常不规则缢缩；种子 3～14 颗，褐色，具光泽。花期 5～8 月；果期 12 月至翌年 5 月。

分布与生境：海南有栽培，且有多种栽培品种，如泰国甜角等；福建、广东、广西、云南、台湾有栽培。原产非洲。

利用：果肉味酸甜，可生食或熟食；种仁榨取的油可食用；果实入药，为清凉缓下剂，有驱风和抗坏血病之功效。

注：手绘图引自广东植物志。

东京油楠(Sindora tonkinensis)

1. 花枝；2. 小叶；3. 花；4. 果。

酸豆(Tamarindus indica)

中文名称：★任豆

学名： **Zenia insignis** Chun in Sunyatsenia 6: 196. 1946, 中国植物志 39: 121(1988), 广东植物志 5: 178 (2003), Flora of China 10: 27(2010)

科名：豆科 Fabaceae(苏木科 Caesalpiniaceae)　**属名：**任豆属 Zenia Chun

形态特征：乔木，高 15 ～ 20m，胸径约 1m；小枝黑褐色，散生有黄白色的小皮孔；树皮粗糙，呈片状脱落。芽椭圆状纺锤形，有少数鳞片，初时被黄色柔毛，后渐脱落。叶长 25 ～ 45cm；叶柄短，长 3 ～ 5cm；叶轴及叶柄多少被黄色微柔毛；小叶薄革质，长圆状披针形，长 6 ～ 9cm，阔 2 ～ 3cm，基部圆形，顶端短渐尖或急尖，边全缘，上面无毛，下面有灰白色的糙伏毛；小叶柄长 2 ～ 3mm。圆锥花序顶生；总花梗和花梗被黄色或棕色糙伏毛；花红色，长约 14mm；苞片小，狭卵形，早落；萼片厚膜质，长圆形，稍不等大，长 10 ～ 12mm，阔 5 ～ 6mm，顶端圆钝，外面有糙伏毛，内面无毛；花瓣稍长于萼片，长约 12mm，最上面一片阔 8mm，倒卵形，其他的阔 5 ～ 6mm，椭圆状长圆形或倒卵状长圆形；雄蕊的花丝长 3mm，被微柔毛，花药长 6mm，宽 1mm；子房通常有胚珠 7 ～ 9 颗，边缘具伏贴疏柔毛，子房柄长 4mm。荚果长圆形或椭圆状长圆形，红棕色，通常长约 10cm，有时可达 15cm，宽 2.5 ～ 3.5cm，翅阔 5 ～ 6mm；种子长 4 ～ 9mm，阔 7mm，圆形，平滑，有光泽，棕黑色；珠柄丝状，长 4mm。花期 5 月；果期 6 ～ 8 月。

分布与生境：海南有栽培；广东、广西；越南有栽培。原产中国。

利用：花美丽，园林观赏。

注：手绘图引自广东植物志。有花彩图提供者李世晋。

1. 花枝；2. 花蕾；3. 花；4. 花除去花瓣，示雄蕊、雌蕊；5. 花除去花萼和花瓣，示雄蕊、雌蕊；6. 最上面一片花瓣；7. 其余4片花瓣之一；8. 雄蕊；9. 雌蕊纵切面；10. 果。

任豆(Zenia insignis)

中文名称：★广州相思子

学名： **Abrus cantoniensis** Hance in J. Bot. 6: 112. 1868, 中国植物志 40: 126(1994)

科名： 豆科 Fabaceae(蝶形花科 Papilionaceae)　**属名：** 相思子属 Abrus Adans.

形态特征： 木质小藤本，高 1 ～ 2m；主根粗壮，直径可达 12mm；茎细长，嫩时密被黄褐色短粗毛，老时毛脱落。偶数羽状复叶互生，有小叶 7 ～ 12 对；托叶成对着生，线状披针形；小叶膜质或薄纸质，长圆形或倒卵状长圆形，长 5 ～ 12mm，宽 3 ～ 5mm，先端截平，具细尖，基部微心形，上面被疏柔毛，下面被糙伏毛；叶脉于两面均突起；小叶柄短。总状花序腋生，短小；花具短梗，聚生于花序轴的短枝上；花萼杯状，长约 3mm，顶端截平，有 4 ～ 5 个不明显的小齿；花冠淡紫红色，突出，旗瓣卵状椭圆形，长约 8mm，先端微凹，翼瓣、龙骨瓣与旗瓣等长；雄蕊 9 枚，花丝下部合生成管，上部分离；子房近无柄，花柱短。荚果较小，长圆形，扁平，长 2.2 ～ 3cm，宽 7 ～ 8mm，顶端具喙，被淡黄色稀疏短柔毛，2 瓣裂，有种子 4 ～ 7 颗；种子长圆形，扁平，黑褐色或黄褐色，光滑，长 5 ～ 6mm，种脐小，长圆形，周围绕以蜡黄色隆起的种阜。花期 7 ～ 8 月；果期 10 ～ 12 月。

野外鉴别关键特征： 植株嫩时密被黄褐色短粗毛，老时毛脱落。叶片长 5 ～ 12mm，宽 3 ～ 5mm，有小叶 7 ～ 12 对，种子一种颜色，黑褐色或黄褐色。

分布与生境： 海南有栽培；湖南、广东、广西；泰国。

利用： 根、茎、叶入药，有清热利尿、舒肝止痛的功效，用于湿热黄疸、膀胱湿热之小便刺痛、胃痛、风湿骨痛和黄疸型肝炎等症，但种子有剧毒，不可服用。

注： 手绘图引自广东植物志。

中文名称： 相思子

学名： **Abrus precatorius** Linn. Syst. Nat. Ed. 12, 472. 1767, 海南植物志 2: 297(1965), 中国植物志 40: 123(1994), 广东植物志 5: 228(2003), Flora of China 10: 194(2010)

科名： 豆科 Fabaceae(蝶形花科 Papilionaceae)　**属名：** 相思子属 Abrus Adans.

形态特征： 缠绕藤本；茎和枝柔弱，被稀疏的长柔毛。小叶 8 ～ 13 片；叶柄和叶轴均被黄色长柔毛；小叶膜质，长圆形，最上部的 2 片常为倒卵形，长 1 ～ 2cm，宽 0.4 ～ 0.8cm，顶端截平而有小锐尖，腹面被稀疏的长柔毛，背面密被白色的长柔毛；小托叶极小。总状花序腋生，被淡黄色长柔毛；花长约 6mm，4 ～ 8 朵聚生于花序总轴的每一短枝上；萼密被灰色柔毛；花冠粉红色。荚果长椭圆形，被长柔毛，顶端有喙，种子卵形，上部约 2/3 为鲜红色，下部 1/3 为黑色，有光泽。花期 8 月。

野外鉴别关键特征： 最上的叶片，长 1 ～ 2cm，宽 0.4 ～ 0.8cm，小叶 8 ～ 13 片，种子卵形，上部约 2/3 为鲜红色，下部 1/3 为黑色。

分布与生境： 东方、乐东、三亚、万宁；广东、广西、台湾、云南；广布于世界热带地区。生于山地疏林中。

利用： 种子坚实，色泽华丽，可作各种饰物，但有剧毒，外用可治皮肤疥疮、顽癣、湿疹；茎、叶入药，可清热解毒、舒肝止痛，多用于咽喉肿痛、肝郁胁痛、支气管炎等症。

注： 手绘图引自海南植物志。

1. 植株；2. 小叶。

广州相思子(Abrus cantoniensis)

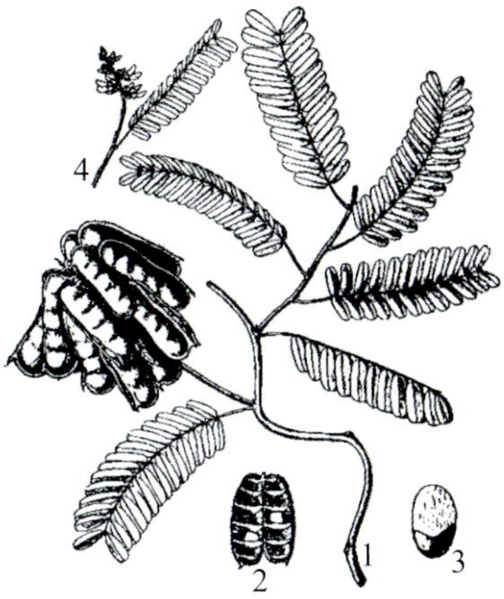

1. 果枝；2. 展开的荚果；3. 种子；4. 花枝。

相思子(Abrus precatorius)

中文名称：毛相思子(毛鸡骨草)

学名：**Abrus pulchellus** subsp. **mollis**(Hance)Verdcourt, Kew Bull. 24: 248. 1970, 海南植物志 2: 297(1965), 中国植物志 40: 235(1994), 广东植物志 5: 228(2003), Flora of China 10: 195(2010)

科名：豆科 Fabaceae(蝶形花科 Papilionaceae)　**属名：**相思子属 Abrus Adans.

形态特征：缠绕藤本；茎和枝柔弱，疏被黄色长柔毛。偶数羽状复叶，有小叶 10～16 对，叶柄与叶轴均被黄色长柔毛；托叶钻状；小叶膜质，长圆形，最上部 1 对常为倒卵形，长 1～2.5cm，宽 0.5～1cm，先端截平，具细尖，基部圆形，两面被长柔毛，上面的毛较稀疏，下面的毛密而呈白色；小托叶微小。总状花序腋生，被淡黄色长柔毛，花 4～6 朵聚生花序轴的短枝上；花萼钟状，密被灰色长柔毛；花冠粉红色或淡紫色。荚果长圆形，扁平，密被白色长柔毛，先端具缘，开裂，有种子 4～9 颗；种子卵形，黑褐色或黑色，光亮，种脐小，周围绕以环状种阜。花期 1～8 月；果期 6～11 月。

野外鉴别关键特征：植株被黄色长柔毛，有小叶 10～16 对，果荚较大，种子卵形，黑褐色或黑色。

分布与生境：东方、乐东、三亚、万宁；福建、广东、广西；柬埔寨、印度尼西亚、老挝、马来西亚、越南、泰国。生于近海边疏林或灌丛中。

利用：根、茎、叶均可入药。

中文名称：◆敏感合萌(美洲合萌)

学名：**Aeschynomene americana** Linnaeus, Sp. Pl. 2: 713. 1753, Flora of China10: 132(2010)

科名：豆科 Fabaceae(蝶形花科 Papilionaceae)　**属名：**合萌属 Aeschynomene Linn.

形态特征：草本或小灌木，高 (0.4～)1.5～2m。茎直立，多分枝，小枝条细长，斜上升或近似下垂，有毛茸。叶为奇数羽状复叶，互生，叶片长 5～10cm，宽 4～8cm；小叶 15～30 对，长 0.8～1cm，宽 0.3～0.6cm，线形至椭圆形，叶尖尖形，叶缘为全缘；托叶长 1～1.2cm，披针形。花黄色或黄绿色，呈总状花序排列，常具有分枝，花萼先端 2 唇裂，裂片全缘或齿裂，旗瓣连同爪长 0.6～0.7cm，基部有一黄色或黄绿色块及紫色条纹，脉络通常带紫色；翼瓣与龙骨瓣几相等；雄蕊 10 枚，分为两组，每组 5 枚。果实为荚果，荚果直或弯曲，长 2.5～3cm，分为 4～7 节，腹缝深凹，下缝线裂至宽的 2/3 处，成熟时无柔软组织。

分布与生境：昌江有引种；台湾。生于路旁。原产热带美洲。

利用：全草可做绿肥及覆盖物用。

注：手绘图引自：http://www.tropicalforages.info/key/Forages/Media/Html/Aeschynomene_americana.html.

毛相思子 (毛鸡骨草)(Abrus pulchellus subsp. mollis)

1. 叶枝；2. 花果枝。

敏感合萌(美洲合萌)(Aeschynomene americana)

中文名称：合萌

学名： **Aeschynomene indica** Linn. Sp. Pl. 713. 1753, 海南植物志 2: 267(1965), 中国植物志 41: 351 (1995), 广东植物志 5: 347(2003), Flora of China 10: 132(2010)

科名：豆科 Fabaceae(蝶形花科 Papilionaceae)　**属名：**合萌属 Aeschynomene Linn.

形态特征：一年生草本或亚灌木状，茎直立，高 0.3 ～ 1m。多分枝，圆柱形，无毛，具小凸点而稍粗糙，小枝绿色。叶具 20 ～ 30 对小叶或更多；托叶膜质，卵形至披针形，长约 1cm，基部下延呈耳状，通常有缺刻或啮蚀状；叶柄长约 3mm；小叶近无柄，薄纸质，线状长圆形，长 5 ～ 10(～ 15)mm，宽 2 ～ 2.5(～ 3.5)mm，上面密布腺点，下面稍带白粉，先端钝圆或微凹，具细刺尖头，基部歪斜，全缘；小托叶极小。总状花序比叶短，腋生，长 1.5 ～ 2cm；总花梗长 8 ～ 12mm；花梗长约 1cm；小苞片卵状披针形，宿存；花萼膜质，具纵脉纹，长约 4mm，无毛；花冠淡黄色，具紫色的纵脉纹，易脱落，旗瓣大，近圆形，基部具极短的瓣柄，翼瓣蓖状，龙骨瓣比旗瓣稍短，比翼瓣稍长或近相等；雄蕊二体；子房扁平，线形。荚果线状长圆形，直或弯曲，长 3 ～ 4cm，宽约 3mm，腹缝直，背缝多少呈波状；荚节 4 ～ 8(～ 10)，平滑或中央有小疣凸，不开裂，成熟时逐节脱落；种子黑棕色，肾形，长 3 ～ 3.5mm，宽 2.5 ～ 3mm。花期 7 ～ 8 月；果期 8 ～ 10 月。

野外鉴别关键特征：两种合萌的差别是敏感合萌羽片较短一些，小叶相对少一些，合萌的羽片较长一些，小叶相对多一些。

分布与生境：海口、昌江、东方、乐东、陵水、三亚等地；我国大部分地区分布；亚洲东部及东南部。

利用：为优良的绿肥植物；全草入药；耐水湿，可制遮阳帽、浮子、救生圈和瓶塞等；种子有毒，不可食用。

注：手绘图引自海南植物志。

中文名称：密锥花鱼藤 (密花鱼藤)

学名： **Aganope thyrsiflora**(Bentham)Polhill, Kew Bull. 25: 268. 1971, Flora of China 10: 173(2010). ——Derris thyrsiflora Benth. in J. Linn. Soc., Bot. 4(Suppl.): 114. 1860, 海南植物志 2: 294(1965), 中国植物志 40: 210(1994), 广东植物志 5: 245(2003)

科名：豆科 Fabaceae(蝶形花科 Papilionaceae)　**属名：**双束鱼藤属 Aganope Miq.

形态特征：攀援状灌木或披散灌木；小枝无毛或有极稀疏柔毛。羽状复叶长 30 ～ 45cm；小叶 2 ～ 4 对，近革质，长椭圆形或长椭圆状披针形，长 10 ～ 15cm，宽 3.5 ～ 7cm，先端短渐尖，有时钝，基部圆形，两面无毛，侧脉 5 ～ 7 对。圆锥花序紧密，侧生或顶生，长 12 ～ 35cm，疏被褐色或红色柔毛，分枝多，上举或开展；花梗极短，紧挤；花萼钟状，顶端截平或有极不明显三角形裂齿，长约 3mm，薄被极稀疏柔毛；花冠白色或紫红色，长约 8mm，旗瓣圆形，先端凹陷，基部心形，翼瓣有耳；雄蕊二体，对旗瓣的 1 枚分离；子房被毛。荚果薄，长椭圆形，长 5 ～ 10cm，宽 2.5 ～ 3(～ 4)cm，表面有明显网纹，无毛，背腹两缝均有翅，近相等，中部翅宽 3 ～ 8mm，有种子 1 ～ 3 颗；种子长椭圆状肾形。花期 5 ～ 6 月；果期 8 ～ 11 月。

野外鉴别关键特征：小叶 2 ～ 4 对，近革质，基部圆形，两面无毛，侧脉 5 ～ 7 对。

分布与生境：陵水、三亚；广西；印度、越南、菲律宾、印度尼西亚。生于低海拔林中。

利用：生物农药资源。

注：手绘图引自中国植物志。

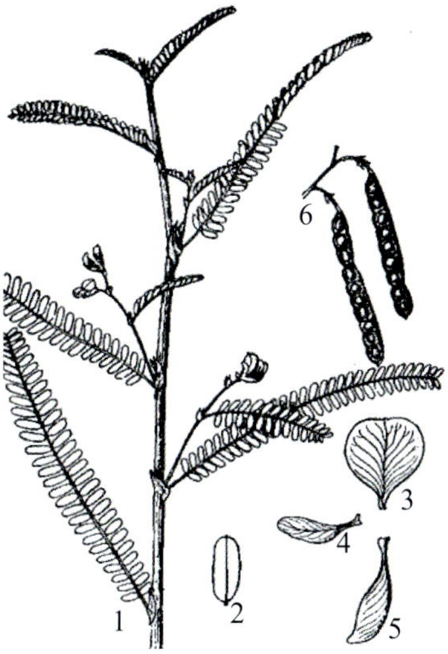

1. 植株；2. 小叶；3. 旗瓣；4. 翼瓣；
5. 龙骨瓣；6. 荚果。

合萌(Aeschynomene indica)

1. 花枝；2. 花萼；3. 旗瓣；4. 龙骨瓣；
5. 翼瓣；6. 雄蕊；7. 雌蕊；8. 荚果。

密锥花鱼藤(密花鱼藤)(Aganope thyrsiflora)

中文名称：柴胡叶链荚豆

学名：**Alysicarpus bupleurifolius**(Linn.) DC. Prodr. 2: 352. 1825, 中国植物志 41: 88(1995), 广东植物志 5: 287(2003). Flora of China 10: 291(2010)

科名：豆科 Fabaceae(蝶形花科 Papilionaceae)　**属名：**链荚豆属 Alysicarpus Neck. ex Desv.

形态特征：多年生草本。茎直立或披散，多分枝，高 25 ～ 120cm，无毛或近无毛。叶具单小叶；托叶披针形，长 1 ～ 1.2mm，基部宽 1.5mm，宿存，无毛，有条纹；叶柄长 2mm 或几无柄，纤细，无毛；小叶线形至线状披针形，长 4 ～ 7cm，宽 4 ～ 5mm，先端急尖，基部圆形或楔形，生于下部的叶较宽短，有时为卵形，小叶上面无毛，下面沿中脉有稀疏短毛，侧脉每边 10 ～ 13 条，纤细，不甚明显，中脉明显并在下面隆起。总状花序顶生，柔弱，长 3 ～ 18cm，有花 10 ～ 20 对，成对着生于节上，花稀疏，节间长 8 ～ 10mm；花梗极短，长 1mm 或几无梗；花萼长 6 ～ 8mm，5 深裂，裂片披针形，干而硬，长约为萼筒的 2 倍；宿萼远较下部第一个荚节为长；花冠稍短，淡黄色或黄绿色。荚果长 6 ～ 15mm，宽 1.8mm，伸出萼处；荚节 3 ～ 6，节间收缩，无毛，成熟时褐色。花果期 9 ～ 11 月。

野外鉴别关键特征：小叶线形至线状披针形；花冠稍短，淡黄色或黄绿色。

分布与生境：尖峰岭；广东、广西、台湾、云南；印度、马来西亚、缅甸、菲律宾、斯里兰卡、泰国、越南、澳大利亚、南美洲。生于荒地草丛中。

利用：饲料植物资源。

中文名称：◆卵叶链荚豆 (圆叶链荚豆)

学名：**Alysicarpus ovalifolius**(Schum.) J. Leonard in Bull, Flora of China 10: 291(2010)

科名：豆科 Fabaceae(蝶形花科 Papilionaceae)　**属名：**链荚豆属 Alysicarpus Neck. ex Desv.

形态特征：一年生草本，茎直立，基部有时木质化，高 10 ～ 60cm，被微柔毛，后脱落。小叶通常二形，椭圆形或长圆状披针形，长 1 ～ 10cm，宽 0.6 ～ 3cm。花序顶生或对生，花稀疏；小苞片缺。花梗长 1 ～ 2mm，具平展的钩毛。花萼，干膜质，4 裂，疏生直睫毛；裂片近等长，狭三角状卵形，3 ～ 4mm，具缘毛，先端渐尖。花瓣粉红色或红紫色，与花萼近等长。荚果长 1.5 ～ 2.2cm，宽 1.8 ～ 2.3mm，不裂，具稠密的钩状毛。

野外鉴别关键特征：小叶通常二形，椭圆形或长圆状披针形；花瓣粉红色或红紫色，与花萼近等长。

分布与生境：昌江；台湾；阿富汗、印度、日本、南非、马达加斯加岛。生于旷野。

利用：饲料植物资源。

注：手绘图引自 http://database.prota.org/PROTAhtml/Alysicarpus%20ovalifolius_En.html.

柴胡叶链荚豆(Alysicarpus bupleurifolius)

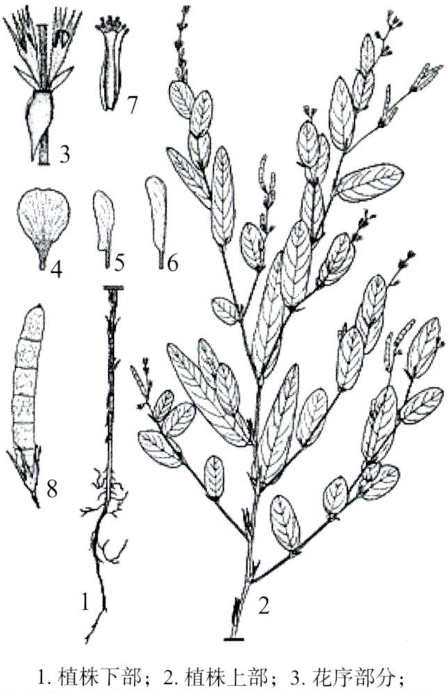

1. 植株下部；2. 植株上部；3. 花序部分；
4. 旗瓣；5. 翼瓣；6. 龙骨瓣；7. 雄蕊群；8. 果。

卵叶链荚豆(圆叶链荚豆)(Alysicarpus ovalifolius)

中文名称：链荚豆

学名： **Alysicarpus vaginalis**(Linn.) DC. Prodr 2: 353. 1825, 中国植物志 41: 85(1995), 广东植物志 5: 286 (2003), Flora of China 10: 291(2010)

科名：豆科 Fabaceae(蝶形花科 Papilionaceae)　**属名：**链荚豆属 Alysicarpus Neck. ex Desv.

形态特征：多年生草本，簇生或基部多分枝；茎平卧或上部直立，高 30 ～ 90cm，无毛或稍被短茸毛。叶为单小叶；托叶线状披针形，干膜质，具条纹，与叶柄等长或稍长；叶柄长 5 ～ 14mm，无毛；小叶形状及大小变化大，茎上部小叶通常为卵状长圆形、长圆状披针形至线状披针形，长 3 ～ 6.5cm，宽 1 ～ 2cm，下部小叶为心形、近圆形或卵形，上面无毛，下面稍被短柔毛，边全缘，侧脉每边 4 ～ 5 条。总状花序顶生或腋生，有花 6 ～ 12 朵，成对排列于节上，节间长 2 ～ 5mm；苞片膜质，卵状披针形，花梗长 3 ～ 4mm；花萼膜质，5 裂，裂片长于萼筒；花冠紫蓝色，略伸出于萼外，旗瓣宽，倒卵形；子房被短柔毛，有胚珠 4 ～ 7 颗。荚果扁圆柱形，被短柔毛，有不明显的皱纹，荚节 4 ～ 7 个，其分界处有略隆起的线环。花期 9 月；果期 9 ～ 11 月。

野外鉴别关键特征：小叶形状及大小变化大，茎上部小叶通常为卵状长圆形、长圆状披针形至线状披针形，花冠紫蓝色，略伸出于萼外。

分布与生境：海口、澄迈、定安、儋州、昌江、东方、保亭、万宁、陵水及三亚；福建、广东、广西、台湾、云南；东半球热带地区。多生于旷野。

利用：为良好绿肥植物，也可作饲料；全草入药，治刀伤、骨折。

注：手绘图引自广东植物志。

中文名称：两型豆

学名： **Amphicarpaea edgeworthii** Bentham in Miquel, Pl. Jungh. 231. 1852, 中国植物志 41: 257(1995), 广东植物志 5: 319(2003), Flora of China 10: 249(2010)

科名：豆科 Fabaceae(蝶形花科 Papilionaceae)　**属名：**异型豆属 Amphicarpaea Ell.

形态特征：一年生缠绕草本。茎纤细，长 0.3 ～ 1.3m，被淡褐色柔毛。叶具羽状 3 小叶；托叶小，披针形或卵状披针形，长 3 ～ 4mm，具明显线纹；叶柄长 2 ～ 5.5cm；小叶薄纸质或近膜质，顶生小叶菱状卵形或扁卵形，长 2.5 ～ 5.5cm，宽 2 ～ 5cm，稀更大或更宽，先端钝或有时短尖，常具细尖头，基部圆形、宽楔形或近截平，上面绿色，下面淡绿色，两面常被贴伏的柔毛，基出脉 3，纤细，小叶柄短；小托叶极小，常早落，侧生小叶稍小，常偏斜。花二型，生在茎上部的为正常花，排成腋生的短总状花序，有花 2 ～ 7 朵，各部被淡褐色长柔毛；苞片近膜质，卵形至椭圆形，长 3 ～ 5mm，具线纹多条，腋内通常具花一朵；花梗纤细，长 1 ～ 2mm；花萼管状，5 裂，裂片不等；花冠淡紫色或白色，长 1 ～ 1.7cm，各瓣近等长，旗瓣倒卵形，具瓣柄，两侧具内弯的耳，翼瓣长圆形也具瓣柄和耳，龙骨瓣与翼瓣近似，先端钝，具长瓣柄；雄蕊二体，子房被毛。另生于下部为闭锁花，无花瓣，柱头弯至与花药接触，子房伸入地下结实。荚果二型，生于茎上部的完全花结的荚果为长圆形或倒卵状长圆形，长 2 ～ 3.5cm，宽约 6mm，扁平，微弯，被淡褐色柔毛，以背缝线、腹缝线上的毛较密；种子 2 ～ 3 颗，肾状圆形，黑褐色，种脐小；由闭锁花伸入地下结的荚果呈椭圆形或近球形，不开裂，内含一粒种子。花果期 8 ～ 11 月。

野外鉴别关键特征：苞片卵形至椭圆形，小叶先端钝或有时短尖，常具细尖头；花冠淡紫色或白色。

分布与生境：乐东；我国东北、华北至陕西、甘肃及江南各省；原苏联、朝鲜、日本、越南、印度。常生于海拔 300 ～ 1800m 的山坡路旁及旷野草地上。

利用：饲料植物。

注：手绘图引自广东植物志。

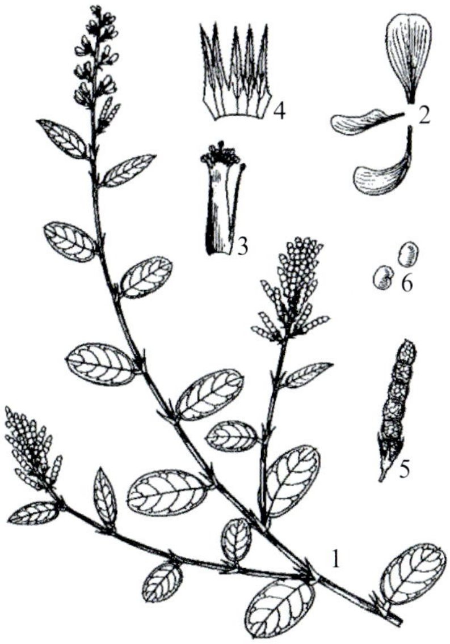

1. 花果枝；2. 旗瓣、翼瓣、龙骨瓣；3. 雄蕊；
4. 花萼展开；5. 荚果；6. 种子。

链荚豆(Alysicarpus vaginalis)

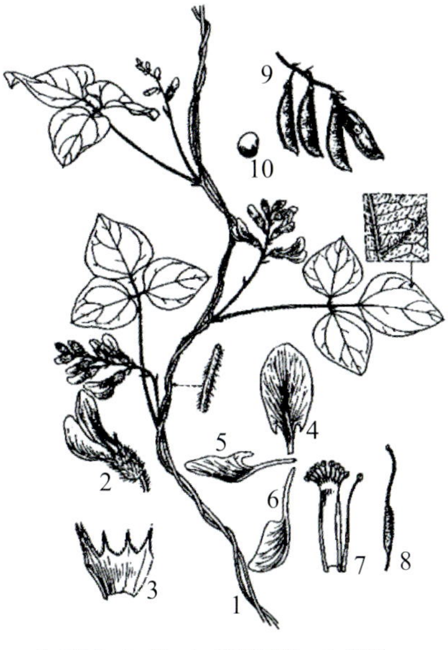

1. 花枝；2. 花；3. 花萼展开；4. 旗瓣；
5. 翼瓣；6. 龙骨瓣；7. 雄蕊；8. 雌蕊；
9. 果枝；10. 种子。

两型豆(Amphicarpaea edgeworthii)

中文名称：腺毛两型豆（线苞异型豆）

学名：**Amphicarpaea linearis** Chun & T. Chen in Act. Phytotax. Sin. 7: 23, pl. 8, 1. 1958, 海南植物志 2: 303(1965), 中国植物志 41: 258(1995), 广东植物志 5: 319(2003), Flora of China 10: 249(2010)

科名：豆科 Fabaceae(蝶形花科 Papilionaceae)　**属名：**异型豆属 Amphicarpaea Ell.

形态特征：草质藤本；茎纤细，略具棱；嫩枝密被黄褐色长硬毛。叶柄长 4.8 ～ 8cm；小叶膜质，卵形至阔卵形，长 4.5 ～ 6cm，宽 3.5 ～ 5.5cm，侧生小叶斜卵形，较小，顶端突然收窄成短渐尖，基部阔钝形或稍直，稀为极阔的楔形，两面被紧贴的糙伏毛，毛早落；小叶柄长约 3mm，被开展的长硬毛；托叶线形，长约 5mm，被长硬毛；小托叶锥状，长 1.5mm。总状花序长 5 ～ 7.5cm，在总轴上部的花密集；总花梗长 1.5 ～ 3cm；苞片线形，长约 4mm，被开展的长硬毛；小苞片长 1.5mm；花长约 12mm；萼管状钟形，长 5 ～ 6mm，近无毛，裂齿三角形，下部 1 枚最长；花冠蓝色，旗瓣长 8mm，与翼瓣及龙骨瓣均具长的瓣爪；雄蕊长 12mm，花药近球形；子房线状。花期 1 月。

野外鉴别关键特征：苞片线形，小叶短渐尖，花冠蓝色。

分布与生境：保亭；云南。

利用：饲料用。

注：标本引自中国科学院植物研究所。

中文名称：二节豆

学名：**Aphyllodium biarticulatum**(Linnaeus) Gagnepain, Notul. Syst.(Paris). 3: 254. 1916. Flora of China 10: 266(2010). ——Hedysarum biarticulatum Linn. Sp. Pl. 1054. 1753, 中国植物志 41: 13(1995), 广东植物志 5: 266(2003). ——Desmodium biarticulatum(Linn.) F.-Muell. Fragm. Phyt. Austr. 2: 121. 1961, 海南植物志 2: 273(1965)

科名：豆科 Fabaceae(蝶形花科 Papilionaceae)　**属名：**二节豆属 Dicerma A. P. de Candolle

形态特征：灌木，枝直立或伏地；小叶 3 枚，常相等，指状排列于叶柄顶，长圆形或狭倒卵形，无小托叶；托叶褐色，干膜质，多少连合而与叶对生，先端 3 深裂，裂片芒状；花小，红色，排成顶生、狭长的总状花序；苞片托叶状，渐尖，初时覆瓦状，最后疏离；花柄 2 ～ 4 个生于每节上；小苞片小，渐尖；子房仅有胚珠 2 颗，花柱近中部有结节；荚果扁平，被丝毛，荚节 2 个，很少 1 个，近圆形，有网纹。

野外鉴别关键特征：荚果扁平，被丝毛，荚节 2 个，很少 1 个，近圆形，有网纹。

分布与生境：东方、三亚；柬埔寨、印度、印度尼西亚、老挝、马来西亚、缅甸、斯里兰卡、泰国、越南、澳大利亚。生于旷野或村边草地。

利用：饲料用。

注：手绘图引自广东植物志。标本引自中国科学院华南植物园。

腺毛两型豆(线苞异型豆)(Amphicarpaea linearis)

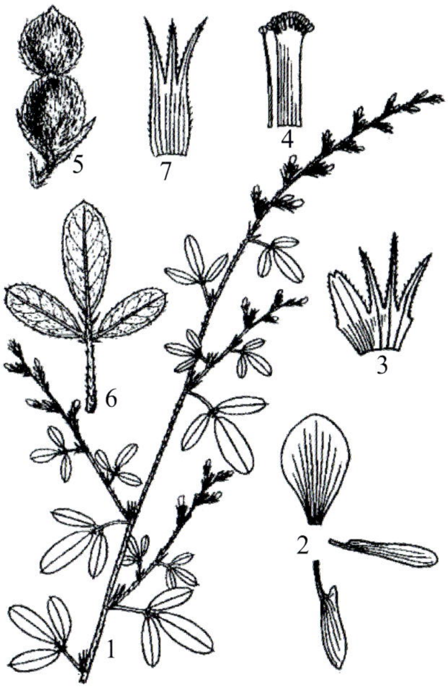

1. 花枝；2. 旗瓣、翼瓣、龙骨瓣；3. 花萼展开；4. 雄蕊；5. 荚果；6. 叶背面；7. 托叶。

二节豆(Aphyllodium biarticulatum)

中文名称：★蔓花生

学名： **Arachis duranensis** Krapov. & W. C. Gregory, Bonplandia(Corrientes). 8: 120-122, f. 3, 51. 1994, 中国自然标本馆

科名：豆科 Fabaceae(蝶形花科 Papilionaceae)　**属名：**落花生属 Arachis Linn.

形态特征：多年生宿根草本植物，原产于亚洲热带及南美洲，复叶互生，小叶两对，呈倒卵形。茎为蔓性，株高 10 ～ 15cm，匍匐生长。花为腋生，蝶形，金黄色，花期春季至秋季。

分布与生境：海南有栽培；台湾有栽培。原产南美洲。

利用：饲料植物资源与观赏或地被植物。

中文名称：★落花生

学名： **Arachis hypogaea** Linn. Sp. Pl. 1040. 1753, 海南植物志 2: 269(1965), 中国植物志 41: 361(1995), 广东植物志 5: 354(2003), Flora of China 10: 132(2010)

科名：豆科 Fabaceae(蝶形花科 Papilionaceae)　**属名：**落花生属 Arachis Linn.

形态特征：一年生草本。根部有丰富的根瘤；茎直立或匍匐，长 30 ～ 80cm，茎和分枝均有棱，被黄色长柔毛，后变无毛。叶通常具小叶 2 对；托叶长 2 ～ 4cm，具纵脉纹，被毛；叶柄基部抱茎，长 5 ～ 10cm，被毛；小叶纸质，卵状长圆形至倒卵形，长 2 ～ 4cm，宽 0.5 ～ 2cm，先端钝圆形，有时微凹，具小刺尖头，基部近圆形，全缘，两面被毛，边缘具睫毛；侧脉每边约 10 条；叶脉边缘互相联结呈网状；小叶柄长 2 ～ 5mm，被黄棕色长毛；花长约 8mm；苞片 2，披针形；小苞片披针形，长约 5mm，具纵脉纹，被柔毛；萼管细，长 4 ～ 6cm；花冠黄色或金黄色，旗瓣直径 1.7cm，开展，先端凹入；翼瓣与龙骨瓣分离，翼瓣长圆形或斜卵形，细长；龙骨瓣长卵圆形，内弯，先端渐狭呈喙状，较翼瓣短；花柱延伸于萼管咽部之外，柱头顶生，小，疏被柔毛。荚果长 2 ～ 5cm，宽 1 ～ 1.3cm，膨胀，荚厚，种子横径 0.5 ～ 1cm。花果期 6 ～ 8 月。

分布与生境：海南有栽培。原产亚洲热带及南美洲。

利用：落花生为重要油料作物之一，种子含油量约 45%，除食用外，也是制皂和生发油等化妆品的原料；油麸为肥料和饲料；茎、叶为良好绿肥，茎可供造纸。

注：手绘图引自黑龙江植物志。

蔓花生(Arachis duranensis)

1. 植株；2. 旗瓣；3. 翼瓣；4. 龙骨瓣。

落花生(Arachis hypogaea)

中文名称：藤槐

学名： **Bowringia callicarpa** Champ. in J. Bot. Kew Misc. 4: 75. 1852, 海南植物志 2: 245(1965), 中国植物志 40: 97(1994), 广东植物志 5: 220(2003), Flora of China 10: 72(2010)

科名：豆科 Fabaceae(蝶形花科 Papilionaceae)　**属名：**藤槐属 Bowringia Champ. ex Benth.

形态特征：攀援灌木。单叶，近革质。长圆形或卵状长圆形，长 6 ～ 13cm，宽 2 ～ 6cm，先端渐尖或短渐尖，基部圆形，两面几无毛，叶脉两面明显隆起，侧脉 5 ～ 6 对，于叶缘前汇合，细脉明显；叶柄两端稍膨大，长 1 ～ 3cm；托叶小，卵状三角形，具脉纹。总状花序排成伞房式，长 2 ～ 5cm，疏花；苞片小，早落；花冠白色，旗瓣与翼瓣近等长，龙骨瓣最长；雄蕊分离达基部，不等长；子房被柔毛。荚果卵形，开裂，果瓣有明显凸起的网脉，两端均急尖，有种子一两颗；种子椭圆状，稍扁，种皮黑色或红色。花期 5 ～ 9 月。

野外鉴别关键特征：单叶，近革质。长圆形或卵状长圆形，先端渐尖，基部圆形，侧脉 5 ～ 6 对，叶柄两端稍膨大。

分布与生境：海南；福建、广东、广西；越南。生于低海拔山谷林中。

注：手绘图引自广东植物志。

中文名称：★紫矿

学名： **Butea monosperma**(Lam.) Kuntze Rev. Gen. Pl. 1: 202. 1891, 中国植物志 41: 187(1995), Flora of China 10: 222(2010)

科名：豆科 Fabaceae(蝶形花科 Papilionaceae)　**属名：**紫矿属 Butea Roxb. ex Willd.

形态特征：乔木，高 10 ～ 20m，胸径达 30cm，树皮灰黑色。叶具长约 10cm 的粗柄；小叶厚革质，不同形，顶生的宽倒卵形或近圆形，长 14 ～ 17cm，宽 12 ～ 15cm，先端圆，基部阔楔形，侧生的长卵形或长圆形，长 11.5 ～ 16cm，宽 8.5 ～ 10cm，两侧不对称，先端钝，基部圆形，两面粗糙，上面无毛，下面沿脉上被短柔毛，侧脉 6 ～ 7 对，与主脉在下面隆起，网脉在下面裸露，网眼明显；小叶柄粗壮，长约 8mm；小托叶钻状，长约 1.5mm。总状或圆锥花序腋生或生于无叶枝的节上，花序轴和花梗密被褐色或黑褐色绒毛，花萼长 1 ～ 1.2cm，外面密被紧贴的褐色或黑褐色绒毛，里面密被银灰色或淡棕色柔毛；花冠橘红色，后渐变黄色，比花萼约长 3 倍，旗瓣长卵形，外弯，长 4.5 ～ 5cm；翼瓣狭镰形，长约 4cm，基部具圆耳；龙骨瓣宽镰形，长 5 ～ 5.5cm，背部弯拱并合成一脊，基部具圆耳，各部密被银灰色绒毛；雄蕊内藏，花药长圆形；子房密被绒毛。未熟荚果扁长圆形，长 12 ～ 15cm，宽 3.5 ～ 4cm，被紧贴的银灰色短柔毛，先端钝圆，果颈长 12 ～ 15mm；种子宽肾形或肾状圆形，极压扁，高约 2.7cm，宽 3.3 ～ 3.6cm，褐红色。花期 3 ～ 4 月。

分布与生境：海南有栽培；广西、云南；不丹、柬埔寨、印度、印度尼西亚、缅甸、尼泊尔、斯里兰卡、泰国、越南。原产中国南部。

利用：本种是一经济价值较大的树种，是紫胶虫的主要寄主之一。其生产的紫胶，质地优良，是航空制造业上的重要黏合剂。此外，从树皮中的流出的红色液汁，干后变成赤胶，医药上用作收敛剂；花可作红色或黄色染料；种子可用于杀虫。

注：手绘图引自中国植物志。

1. 果枝；2. 花；3. 花除去花瓣；4. 旗瓣；5. 翼瓣；6. 龙骨瓣；7. 雌蕊。

藤槐(Bowringia callicarpa)

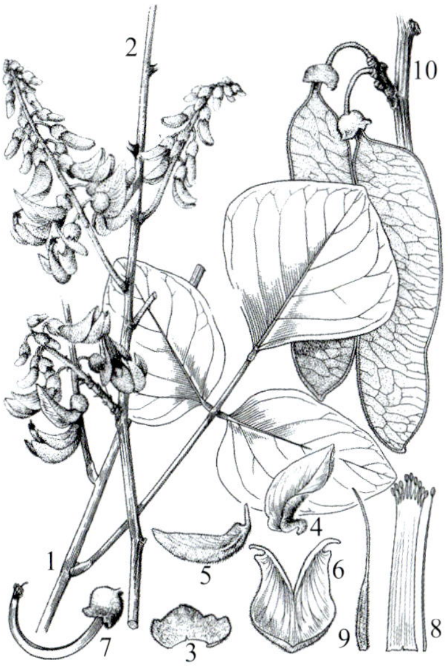

1. 枝叶；2. 花枝；3. 花萼展开；4. 旗瓣；5. 翼瓣；6. 龙骨瓣；7. 花去花瓣，示花萼、雄蕊管和雌蕊；8. 雄蕊展开；9. 雌蕊；10. 果枝。

紫矿(Butea monosperma)

中文名称：●木豆

学名：**Cajanus cajan**(Linnaeus) Huth, Helios. 11: 133. 1893, Flora of China 10: 231(2010). ——Cajanus flavus DC. Prodr. 2: 406. 1825, 海南植物志 2: 307(1965). ——Cystisus cajan Linn. Sp. Pl. 739. 1753, 中国植物志 41: 301 (1995), 广东植物志 5: 334(2003)

科名：豆科 Fabaceae(蝶形花科 Papilionaceae)　**属名：**木豆属 Cajanus DC.

形态特征：直立、分枝灌木，小枝柔弱，有槽纹，被灰色短柔毛。小叶纸质，长椭圆状披针形，长 5 ～ 10cm，宽 1.5 ～ 3cm，顶端渐尖或急尖，腹面被极短的短柔毛，背面被毛较密，粉绿色，有不明显的黄色腺点；小叶柄被毛。总状花序长 3 ～ 7cm；总花梗长 2 ～ 3cm，具棱，被短柔毛；花梗比萼长，被毛；花萼长 6mm，被疏柔毛并有腺点，裂片三角形，渐尖；花冠黄色，长约为萼的 3 倍，旗瓣背面有紫褐色纵线纹；子房被毛。荚果被短柔毛，顶端渐尖，基部有宿存的萼，果瓣薄革质，在种子间有凹入的斜槽纹；种子 3 ～ 5 颗，球形，略扁，直径约 5mm，种皮暗红色，有时有褐色斑点。花期 2 ～ 11 月。

分布与生境：澄迈、定安、昌江、万宁、三亚等地栽培或逸生；福建、广东、广西、贵州、湖南、江西、四川、台湾、云南、浙江。原产热带亚洲。

利用：为一种耐旱作物，极易生长，叶可作牲畜饲料。

注：手绘图引自广东植物志。

中文名称：蔓草虫豆

学 名：**Cajanus scarabaeoides**(Linnaeus) Thouars, Dict. Sci. Nat. 6: 617. 1817, Flora of China 10: 232(2010). ——Cajanus scarabaeoides(Linn.) Thouars in Dict. Sc. Nat. 6: 617. 1817, 中国植物志 41: 306(1995), 广东植物志 5: 335(2003). ——Cantharospermum scarabaeoides(Linn.) Baill. in Bull. Soc. Linn. Paris 1: 384. 1883, 海南植物志 2: 308(1965)

科名：豆科 Fabaceae(蝶形花科 Papilionaceae)　**属名：**木豆属 Cajanus DC.

形态特征：攀援或缠绕藤本。茎粗壮，略具纵棱；枝被褐色柔毛。叶具羽状三小叶；托叶微小，卵形，长 2 ～ 3mm，早落；叶柄长 2.5 ～ 4cm；小叶革质，两面被短绒毛，背面脉上尤甚，并具松脂状腺点；顶生小叶椭圆形至倒卵状椭圆形，长 2.5 ～ 8cm，宽 2 ～ 7.5cm，顶端钝或圆，侧生小叶偏斜，腹面薄被灰色柔毛，背面被毛较密，基出脉 3 条，与侧脉及网脉在小叶背面均明显凸起。总状花序腋生，有 1 ～ 5 朵花；总花梗与花序总轴同被红褐色绒毛；花梗长约 4mm，与萼均密被红褐色或黄色的柔毛；萼长约 7mm，裂齿线形；花冠黄色，长约 8mm，于开花后脱落，旗瓣倒卵形有暗紫色的线纹，基部有极短、呈齿状的耳，雄蕊 2 组，花药圆形；子房被丝质长柔毛，有胚珠数颗。荚果长圆形，密被黄色或红褐色、开展的长毛，果瓣革质，于种子间有明显的横槽纹；种子 3 ～ 5 颗，椭圆形，种皮黑色或褐色，顶端具黄色、凸起的种阜。花期 9 ～ 10 月。

野外鉴别关键特征：顶生小叶椭圆形至倒卵状椭圆形，荚果长 1.5 ～ 2cm，宽 6cm，长圆形，密被黄色或红褐色、开展的长毛。

分布与生境：澄迈、白沙、昌江、东方、三亚、陵水；福建、广东、广西、贵州、四川、台湾；孟加拉国、不丹、柬埔寨、印度、印度尼西亚、日本、老挝、马来西亚、缅甸等地。生于旷野或灌丛中。

利用：叶入药，有健胃、利尿作用。

注：手绘图引自海南植物志。

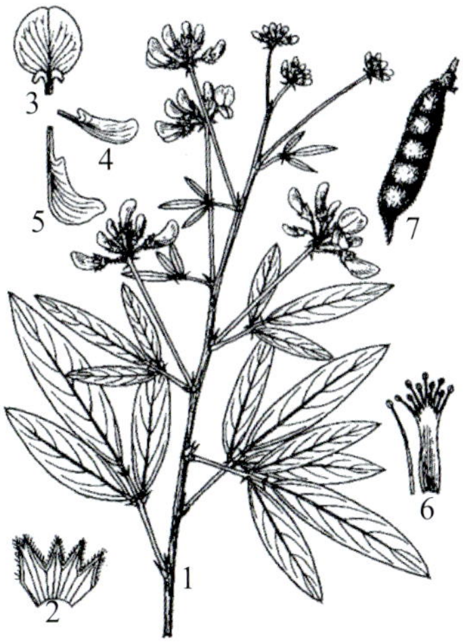

1. 花枝；2. 花萼展开；3. 旗瓣；4. 翼瓣；
5. 龙骨瓣；6. 雄蕊；7. 荚果。

木豆(Cajanus cajan)

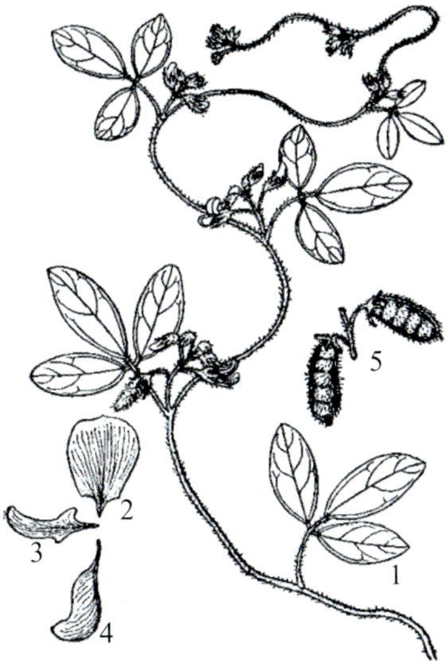

1. 花枝；2. 旗瓣；3. 翼瓣；
4. 龙骨瓣；5. 荚果。

蔓草虫豆(Cajanus scarabaeoides)

中文名称：虫豆

学名： **Cajanus volubilis**(Blanco) Blanco, Fl. Filip., ed. 2. 417. 1845, Flora of China 10: 231(2010). ——Cajanus crassus(Prain ex King)van der Maesen in Agr. Univ. Wageningen. Papers 85-4: 105. 1985, 中国植物志 41: 303(1995), 广东植物志 5: 335(2003).——Cantharospermum volubile(Blanco) Merr. in Philipp. J. Sci. 5: 127. 1910, 海南植物志 2: 307(1965)

科名：豆科 Fabaceae(蝶形花科 Papilionaceae)　**属名：**木豆属 Cajanus DC.

形态特征：缠绕状、木质藤本，植物体各部均被黄色绒毛；茎纤细，渐变无毛。小叶 3 片；叶柄长 2.5 ～ 4cm；托叶小，三角形，早落；小叶近革质，顶生小叶具短柄，菱形或倒卵状菱形，长 2.5 ～ 8cm，宽 2 ～ 7.5cm，基部狭圆形，侧生小叶卵形，基部偏斜，长 3.5 ～ 6cm，宽 3 ～ 5cm，基出脉 3；腹面绿色，背面密被黄色绒毛，脉上被毛较密。总状花序，疏花；总花梗长 0.5 ～ 2cm；苞片卵状披针形，脱落；萼长约 9mm，被绒毛，裂齿三角形，最下 1 枚为披针形，与萼管等长；花冠黄色，长约为萼的 2 倍，在荚果成长时仍宿存于基部，旗瓣倒卵形，顶端凹入；雄蕊 2 组，花药椭圆形；子房被丝质长柔毛，有胚珠 6 ～ 10 颗。荚果直，线状，两端均圆形，顶端具喙，被绒毛及稀疏的长柔毛，果瓣于种子间有凹入的横槽纹；种子 4 ～ 9 颗，近圆形，干时黑色。花期 1 ～ 4 月。

野外鉴别关键特征：顶生小叶菱形或倒卵状菱形，荚果长 3 ～ 5cm，宽 8 ～ 10cm，被绒毛及稀疏的长柔毛。

分布与生境：白沙；云南；印度、缅甸、马来西亚、菲律宾。生于疏林中。

利用：饲用植物资源。

注：手绘图引自中国植物志。

中文名称：香花鸡血藤(山鸡血藤)

学 名： **Callerya dielsiana**(Harms) P. K. Lôc ex Z. Wei & Pedley, Flora of China10: 187. 2010. ——Millettia dielsiana Harms ex Diels in Engl. Bot. Jahrb. 29: 412. 1900, 海南植物志 2: 263(1965), 中国植物志 40: 180(1994), 广东植物志 5: 237(2003)

科名：豆科 Fabaceae(蝶形花科 Papilionaceae)　**属名：**鸡血藤属 Callerya Wight et Arn.

形态特征：木质藤本，长 2 ～ 5m；嫩枝被毛或近无毛，老枝灰褐色。羽状复叶长 15 ～ 30cm；叶柄长 5 ～ 12cm，叶轴初被稀疏柔毛，后秃净；托叶线形，长 3mm；小叶 2 对，厚纸质，披针形、椭圆形或卵状长椭圆形，长 4 ～ 15m，宽 1.5 ～ 6cm，先端急尖至渐尖，偶钝圆，基部钝圆，上面无毛，下面被平伏柔毛或无毛，侧脉 5 ～ 9 对，中脉上面微凹，下面明显突起；小叶柄长 2 ～ 3mm；小托叶锥状，长 3 ～ 5mm。圆锥花序顶生，宽大，长 15 ～ 40cm，花枝开展，长 6 ～ 15cm，花序轴被黄褐色柔毛；花单生，苞片线形，锥尖，宿存，小苞片线形，贴萼生，早落，花长 1.2 ～ 2.4cm；花梗长约 5mm，被细茸毛；花萼钟状，长 3 ～ 5mm，宽 4 ～ 6mm，被细柔毛，上方 2 萼齿几全合生，下方 1 萼齿最长；花冠紫红色，长 1 ～ 1.5cm，旗瓣宽卵形至倒阔卵形，密被锈色绢毛，基部稍呈心形，无胼胝体，翼瓣长约为旗瓣的一半，下侧有耳，龙骨瓣镰刀形；雄蕊二体；花盘浅皿状，子房线形，密被茸毛，有胚珠 8 ～ 9 颗。荚果狭长椭圆形，长 7 ～ 12cm，宽 1.5 ～ 2cm，扁平，被灰色茸毛，果瓣近木质，有种子 3 ～ 5 颗；种子长圆状凸镜形。花期 5 ～ 9 月；果期 6 ～ 11 月。

野外鉴别关键特征：小叶 2 对，厚纸质，侧脉 5 ～ 9 对，中脉上面微凹，下面明显突起；荚果狭长椭圆形，被灰色茸毛，果瓣近木质。

分布与生境：儋州、琼海；福建、甘肃、广东、广西、贵州、湖北、江西、陕西、四川、云南、浙江等地。生于山地杂木林或灌丛中。

利用：与鸡血藤同药效。

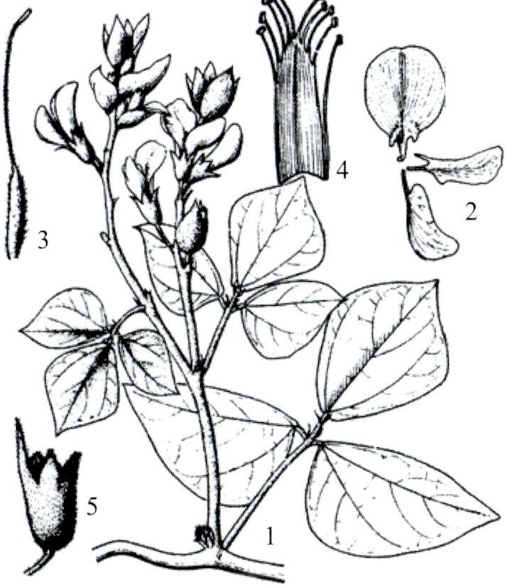

1. 花枝；2. 花瓣；3. 雌蕊；4. 雄蕊；5. 花萼。

虫豆(Cajanus volubilis)

香花鸡血藤(山鸡血藤)(Callerya dielsiana)

中文名称：亮叶鸡血藤

学名： **Callerya nitida**(Bentham) R. Geesink, Leiden Bot. Ser. 8: 83. 1984, Flora of China 10: 186(2010). ——Millettia nitida Benth. in Lond. Journ. Bot. 1: 484. 1842, 海南植物志 2: 262(1965), 中国植物志 40: 177(1994), 广东植物志 5: 234(2003)

科名：豆科 Fabaceae(蝶形花科 Papilionaceae) **属名：**鸡血藤属 Callerya Wight et Arn.

形态特征：攀援灌木；茎皮锈褐色，粗糙，嫩枝被锈色短柔毛，渐变无毛。羽状复叶长 15 ～ 20cm；叶柄长 3 ～ 6cm；托叶线形，长约 5mm，脱落；小叶 2 对，硬纸质，卵状披针形或长圆形，长 5 ～ 11cm，宽 2 ～ 4cm，先端钝渐尖，基部圆形或钝，上面光亮无毛或有时中脉有毛，下面无毛或被疏柔毛，侧脉 5 ～ 6 对；小叶柄长约 3mm；小托叶锥刺状，长约 2mm。圆锥花序顶生，粗壮，长 10 ～ 20cm，密被锈褐色茸毛，生花枝通直，粗壮，长 6 ～ 10cm；花单生；苞片卵状披针形，小苞片卵形，早落；花长 1.6 ～ 2.4cm；花梗长 4 ～ 8mm；花萼钟状，长 6 ～ 8mm，宽 5 ～ 6mm，密被茸毛，上方 2 萼齿全合生，其余呈三角形，下方 1 齿最长；花冠青紫色，旗瓣长圆形，密被绢毛，近基部有 2 枚胼胝体，翼瓣基部截平，龙骨瓣镰形；雄蕊二体，对旗瓣的 1 枚离生；花盘皿状；子房线形，密被茸毛，花柱旋曲，有胚珠 4 ～ 8 颗。荚果长 10 ～ 14cm，宽 1.5 ～ 2cm，密被褐色茸毛，顶端具尖喙，果瓣木质；有种子 4 ～ 5 颗；种子栗褐色，光亮，斜长圆形，长约 10mm，宽约 12mm。花期 5 ～ 9 月；果期 7 ～ 11 月。

野外鉴别关键特征：小叶 2 对，硬纸质，侧脉 5 ～ 6 对，且背面不是很明显。

分布与生境：东方、乐东、三亚；福建、广东、广西、贵州、江西、四川、台湾、云南、浙江。

利用：与鸡血藤同药效。

中文名称：皱果鸡血藤

学 名： **Callerya oosperma**(Dunn) Z. Wei & Pedley, Fl. China. 10: 184. 2010, Flora of China 10: 184 (2010). ——Millettia oosperma Dunn in J. Linn. Soc., Bot. 41: 157. 1912, 海南植物志 2: 263(1965), 中国植物志 40: 169(1994), 广东植物志 5: 234(2003)

科名：豆科 Fabaceae(蝶形花科 Papilionaceae) **属名：**鸡血藤属 Callerya Wight et Arn.

形态特征：高大、攀援灌木；茎皮光滑；嫩枝被绒毛，渐变无毛。小叶 5 片，叶柄长 6 ～ 11cm，密被茸毛；披针形、椭圆形或卵状长椭圆形，基部一对小叶通常较小，且为卵形或长椭圆形，长 8 ～ 20cm，宽 4 ～ 8cm，顶端钝、凹入或钝渐尖，基部圆形或楔形，腹面近无毛或被稀疏的毛，背面被柔软的长毛，叶脉在背面较明显；小托叶锥状。圆锥花序顶生；总轴、分枝、花梗和花萼均被褐色绒毛；花单生或 2 ～ 3 朵簇生于分枝上；花冠红色或粉红色，旗瓣卵形，背面密被褐色棘毛，基部有 2 枚附属物及内弯的耳，翼瓣披针形，基部两侧具耳，龙骨瓣近镰刀状；雄蕊 2 组；雌蕊被毛。荚果膨胀，具单种子的为卵形或近球形，有种子 2 ～ 3 颗的为圆柱状，种子间极收狭，长 6 ～ 13cm，直径约 2cm，基部常收狭呈柄状，外面密被褐色绒毛，幼嫩时或成熟后均有显著的皱纹，果瓣木质，迟开裂；种子卵形或近圆形，平凸，长 3cm，宽 2.5cm，厚 1cm。花期 5 ～ 7 月。

野外鉴别关键特征：小叶 5 片，基部一对小叶通常相对较小。

分布与生境：澄迈、儋州、昌江、白沙、东方、乐东、保亭和三亚等地；广东、广西、贵州、湖南、云南；越南。生于林中。

利用：与鸡血藤同药效。

亮叶鸡血藤(Callerya nitida)

皱果鸡血藤(Callerya oosperma)

中文名称： 网络鸡血藤 (鸡血藤)

学 名： **Callerya reticulata**(Bentham) Schot, Blumea. 39: 29. 1994, Flora of China 10: 183(2010). ——Millettia reticulata Benth. in Miq. Jungh. 1: 249. 1852, 海南植物志 2: 262(1965), 中国植物志 40: 164(1994), 广东植物志 5: 235(2003)

科名： 豆科 Fabaceae(蝶形花科 Papilionaceae) **属名：** 鸡血藤属 Callerya Wight et Arn.

形态特征： 木质藤本，嫩枝被黄褐色柔毛，后秃净，老枝褐色。羽状复叶长 10 ～ 20cm；叶柄，长 2 ～ 5cm；托叶锥刺形，长 3 ～ 5(～ 7)mm，基部向下突起成一对短而硬的距；叶腋有多数钻形的芽苞叶，宿存；小叶 3 ～ 4 对，硬纸质，卵状长椭圆形或长圆形，长 3 ～ 8cm，宽 1.5 ～ 4cm，先端钝，渐尖，或微凹缺，基部圆形，两面均无毛，侧脉 6 ～ 7 对；小叶柄长 1 ～ 2mm，具毛；小托叶针刺状，长 1 ～ 3mm，宿存。圆锥花序顶生或生于枝梢叶腋，长 10 ～ 20cm，常下垂，基部分枝，花序轴被黄褐色柔毛，花密集，单生于分枝上；苞片与托叶同形，早落，小苞片卵形，贴萼生；花长 13 ～ 17mm；花梗长 3 ～ 5mm，被毛；花萼阔钟状至杯状，长 3 ～ 4mm，宽约 5mm，几无毛，萼齿短而钝圆，边缘有黄色绢毛；花冠紫红色，旗瓣卵状长圆形，无毛，基部截平，翼瓣和龙骨瓣均直，略长于旗瓣；雄蕊二体；花盘筒状；子房线形，无毛，花柱短，上弯，胚珠多数。荚果狭长，扁平，果瓣薄而硬，近木质，有种子 3 ～ 6 颗；种子长圆形。花期 5 ～ 8 月；果期 7 ～ 11 月。

野外鉴别关键特征： 小叶 3 ～ 4 对，卵状长椭圆形或长圆形。

分布与生境： 儋州、白沙、昌江、东方、乐东、保亭、三亚；江苏、安徽、浙江、江西、福建、台湾、湖北、湖南、广东、广西、四川、贵州、云南；越南。生于灌丛或疏林中。

注： 手绘图引自福建植物志。

中文名称： ▲ 线叶鸡血藤 (狭叶鸡血藤)

学 名： **Callerya reticulata** var. **stenophylla**(Merrill & Chun) X. Y. Zhu in X. Y. Zhu et al., Legumes China. 455. 2007, Flora of China 10: 184(2010). ——Millettia reticulata Benth var. stenophylla Merr. & Chun in Sunyatsenia 5: 83. 1940, 海南植物志 2: 262(1965), 中国植物志 40: 166(1994)

科名： 豆科 Fabaceae(蝶形花科 Papilionaceae) **属名：** 鸡血藤属 Callerya Wight et Arn.

形态特征： 木质藤本，嫩枝被黄褐色柔毛，后秃净，老枝褐色。羽状复叶长 10 ～ 20cm；叶柄长 2 ～ 5cm；托叶锥刺形，长 3 ～ 5(～ 7)mm，基部向下突起成一对短而硬的距；叶腋有多数钻形的芽苞叶，宿存；小叶 3 ～ 4 对，小叶狭披针形，长 2 ～ 6cm，宽 1 ～ 1.5cm，顶端长渐尖而钝头，基部渐狭。两面均无毛，侧脉 6 ～ 7 对；小叶柄长 1 ～ 2mm，具毛；小托叶针刺状，长 1 ～ 3mm，宿存。圆锥花序顶生或生于枝梢叶腋，长 10 ～ 20cm，常下垂，基部分枝，花序轴被黄褐色柔毛，花密集，单生于分枝上；苞片与托叶同形，早落，小苞片卵形，贴萼生；花长 13 ～ 17mm；花梗长 3 ～ 5mm，被毛；花萼阔钟状至杯状，长 3 ～ 4mm，宽约 5mm，几无毛，萼齿短而钝圆，边缘有黄色绢毛；花冠紫红色，旗瓣卵状长圆形，无毛，基部截平，翼瓣和龙骨瓣均直，略长于旗瓣；雄蕊二体；花盘筒状；子房线形，无毛，花柱短，上弯，胚珠多数。荚果狭长，扁平，果瓣薄而硬，近木质，有种子 3 ～ 6 颗；种子长圆形。花期 5 ～ 8 月；果期 7 ～ 11 月。

野外鉴别关键特征： 小叶 3 ～ 4 对，小叶狭披针形。

分布与生境： 特有种，三亚、保亭、陵水。生于山地疏林或山谷中。

注： 标本引自广西大学。

1. 花序枝；2. 花萼；3. 花瓣；4. 雄蕊；
5. 雌蕊；6. 荚果。

网络鸡血藤(鸡血藤)(**Callerya reticulata**)

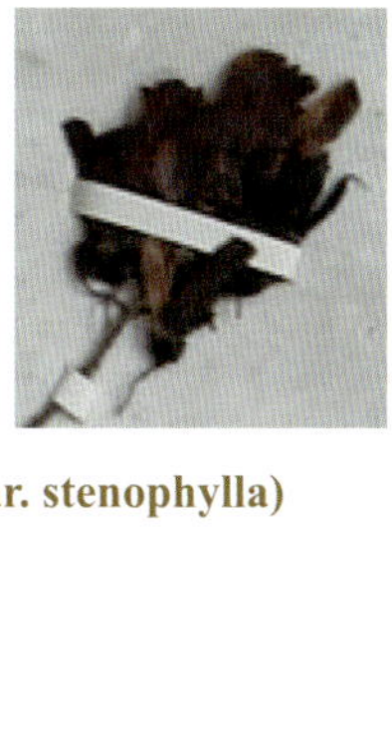

线叶鸡血藤(狭叶鸡血藤)(**Callerya reticulata var. stenophylla**)

中文名称：美丽鸡血藤（牛大力）

学名：**Callerya speciosa**(Champion ex Bentham) Schot, Blumea. 39: 32. 1994, Flora of China 10: 182(2010). ——Millettia speciosa Champ. in Journ. Bot. Kew Misc. 4: 73. 1852, 海南植物志 2: 261(1965), 中国植物志 40: 162 (1994), 广东植物志 5: 233(2003)

科名：豆科 Fabaceae(蝶形花科 Papilionaceae)　属名：鸡血藤属 Callerya Wight et Arn.

形态特征：攀援灌木；嫩枝被褐色绒毛，渐变无毛。羽状复叶长 15～25cm；叶柄长 3～4cm，叶轴被毛；小叶通常 6 对，小叶长椭圆形或长椭圆状披针形，稀为椭圆形、卵形或倒卵形，长 4～8cm，宽 2～3cm，顶端钝或短渐尖，基部圆形或钝形，腹面无毛，光亮，干时变粉绿色，背面无毛或被柔毛，干时红褐色，边缘背卷；小托叶锥状。总状花序通常腋生，或有时为顶生带叶的圆锥花序，总轴、花梗和花萼均密被褐色绒毛；花大，密集而单生于花序上；花冠白色，无毛，旗瓣圆形，基部截平或心形，有 2 枚胼胝状附属物；雌蕊密被绒毛。荚果线状长椭圆形，扁平，密被绒毛，果瓣硬木质，开裂后扭曲，有卵形的种子 4～6 颗。花期 7～10 月。

野外鉴别关键特征：小叶通常 6 对，小叶长椭圆形或长椭圆状披针形。

分布与生境：海南岛；福建、广东、广西、贵州、湖南、云南；越南。生于灌丛或疏林中。

利用：根含淀粉甚丰富，可酿酒，又可入药，有通经活络，补虚润肺和健脾的功能。

注：手绘图引自广东植物志。

中文名称：喙果鸡血藤（喙果崖豆藤）

学名：**Callerya tsui**(F. P. Metcalf) Z. Wei & Pedley, Fl. China. 10: 184. 2010, Flora of China 10: 184(2010). ——Metc. in Lingnan Sci. J. 19: 554. 1940, 海南植物志 2: 263(1965), 中国植物志 40: 169(1994), 广东植物志 5: 236(2003)

科名：豆科 Fabaceae(蝶形花科 Papilionaceae)　属名：鸡血藤属 Callerya Wight et Arn.

形态特征：木质藤本，长 3～10m；树皮黑褐色；小枝圆柱形，具细棱，无皮孔，初时密被褐色绒色，后渐秃净。羽状复叶长 12～28cm；叶柄长 5～8cm，与叶轴均被细茸毛或秃净；托叶三角形，长约 2mm，宿存；小叶 1 对，偶 2 对，近革质，阔椭圆形或椭圆形，长 6～18cm，宽 5～8cm，先端钝圆骤尖，基部钝圆至阔楔形，两面均无毛，光亮，侧脉 6～7 对；小叶柄长 5～7mm；无小托叶。圆锥花序顶生，长 15～30cm，生花枝长而伸展，基部常有叶，密被褐色细茸毛；花密集，单生；苞片小，卵形，小苞片离萼生；花长 1.5～2.5cm；花梗长 5～8mm；花萼杯状，长、宽均约 8mm，萼齿阔三角形；花冠淡黄色带微红色或微紫色，旗瓣阔长圆形，外面密被丝毛，基部具 2 耳，翼瓣长圆形，基部截平，龙骨瓣镰刀形；雄蕊二体，对旗瓣的 1 枚离生，花丝被丝毛；子房纺锤形，密被丝毛，胚珠 4～7 颗。荚果肿胀，单颗种子时为椭圆形，长约 5.5cm，宽约 4cm，具 2～3(～4) 颗种子时为长椭圆形，于种子间缢缩，长约 7cm，宽约 3cm，密被褐色细茸毛，后渐脱落，木质，顶端有坚硬的钩状喙；种子近球形或稍扁，长 2～2.5cm，宽 1～2.5cm。花期 7～9 月；果期 10～12 月。

野外鉴别关键特征：小叶 1 对，偶 2 对，近革质。

分布与生境：琼中、陵水、保亭、三亚、乐东、东方；广东、广西、贵州、湖南、云南。生于灌木丛中。

利用：与鸡血藤同药效。

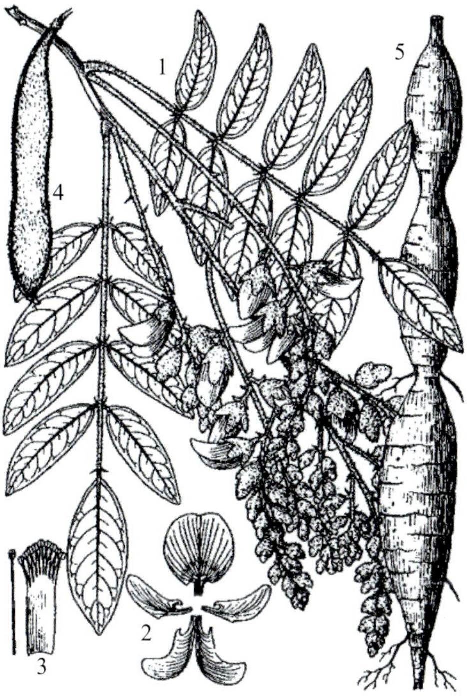

1. 花枝；2. 花冠展开；3. 雄蕊；4. 果；5. 根。

美丽鸡血藤(牛大力)(Callerya speciosa)

喙果鸡血藤(喙果崖豆藤)(Callerya tsui)

中文名称：★毛蔓豆

学名： **Calopogonium mucunoides** Desv. in Ann. Sci. Nat., Bot., sér. 1, 9: 423. 1826, 海南植物志 2: 302(1965), 中国植物志 41: 218(1995), 广东植物志 5: 309(2003), Flora of China 10: 241(2010)

科名：豆科 Fabaceae(蝶形花科 Papilionaceae) **属名：**毛蔓豆属 Calopogonium Desvaux

形态特征：缠绕或平卧草本，全部被黄褐色开展的长硬毛。叶柄长 4 ～ 12cm；托叶三角状披针形，小叶卵形或卵状菱形，长 4 ～ 10cm，宽 2 ～ 5cm，顶端急尖或钝，基部阔楔形至圆形，侧小叶偏斜；小托叶锥状。花序长短不一，顶端有花 5 ～ 6 朵；苞片和小苞片线状披针形，长 5mm；花簇生于总轴的节上；萼管近无毛，裂片长于管，线状披针形，顶端长渐尖，密被长硬毛；花冠淡紫色，翼瓣倒卵状长椭圆形，龙骨瓣劲直，耳较短；花药圆形；子房密被长硬毛，有胚珠 5 ～ 6 颗，荚果线状长椭圆形，劲直或稍弯，被褐色长刚毛；种子 5 ～ 6 颗。花期 10 月。

野外鉴别关键特征：全部被黄褐色开展的长硬毛。

分布与生境：海南有栽培；广东、广西、台湾、云南有栽培。原产圭亚那。

利用：本种为一优良的覆盖植物，生长颇茂盛。

注：手绘图引自海南植物志。

中文名称：杭子梢

学名： **Campylotropis macrocarpa**(Bunge) Rehder in Sargent, Pl. Wilson. 2: 113. 1914, 中国植物志 41: 113(1995), 广东植物志 5: 288(2003), Flora of China 10: 293(2010)

科名：豆科 Fabaceae(蝶形花科 Papilionaceae) **属名：**杭子梢属 Campylotropis Bunge

形态特征：灌木，高 1 ～ 2(3)m。小枝贴生或近贴生短或长柔毛，嫩枝毛密，少有具绒毛，老枝常无毛。羽状复叶具 3 小叶；托叶狭三角形、披针形或披针状钻形，长 (2 ～)3 ～ 6mm；叶柄长 (1 ～) 1.5 ～ 3.5cm，稍密生短柔毛或长柔毛，少为毛少或无毛，枝上部 (或中部) 的叶柄常较短，有时长不及 1cm；小叶椭圆形或宽椭圆形，有时过渡为长圆形，长 (2 ～)3 ～ 7cm，宽 1.5 ～ 3.5(～ 4)cm，先端圆形、钝或微凹，具小凸尖，基部圆形，稀近楔形，上面通常无毛，脉明显，下面通常贴生或近贴生短柔毛或长柔毛，疏生至密生，中脉明显隆起，毛较密。总状花序单一 (稀二) 腋生并顶生，花序连总花梗长 4 ～ 10cm 或有时更长，总花梗长 1 ～ 4(～ 5)cm，花序轴密生开展的短柔毛或微柔毛，总花梗常斜生或贴生短柔毛，稀为具绒毛；苞片卵状披针形，长 1.5 ～ 3mm，早落或花后逐渐脱落，小苞片近线形或披针形，长 1 ～ 1.5mm，早落；花梗长 (4 ～)6 ～ 12mm，具开展的微柔毛或短柔毛，极稀贴生毛；花萼钟形，长 3 ～ 4(～ 5)mm，稍浅裂或近中裂，稀稍深裂或深裂，通常贴生短柔毛，萼裂片狭三角形或三角形，渐尖，下方萼裂片较狭长，上方萼裂片几乎全部合生或少有分离；花冠紫红色或近粉红色，长 10 ～ 12(～ 13)mm，稀为长不及 10mm，旗瓣椭圆形、倒卵 形或近长圆形等，近基部狭窄，瓣柄长 0.9 ～ 1.6mm，翼瓣微短于旗瓣或等长，龙骨瓣呈直角或微钝角内弯，瓣片上部通常比瓣片下部 (连瓣柄) 短 1 ～ 3(～ 3.5)mm。荚果长圆形、近长圆形或椭圆形，长 (9 ～)10 ～ 14(～ 16)mm，宽 (3.5 ～)4.5 ～ 5.5(～ 6)mm，先端具短喙尖，果颈长 1 ～ 1.4(～ 1.8)mm，稀短于 1mm，无毛，具网脉，边缘生纤毛。花果期 (5 ～)6 ～ 10 月。

分布与生境：昌江；我国广泛分布；朝鲜。生于山坡及沟谷的灌丛或林缘。

利用：饲料植物资源。

注：手绘图引自广东植物志，彩图由 PPBC/ 王良珍拍摄。

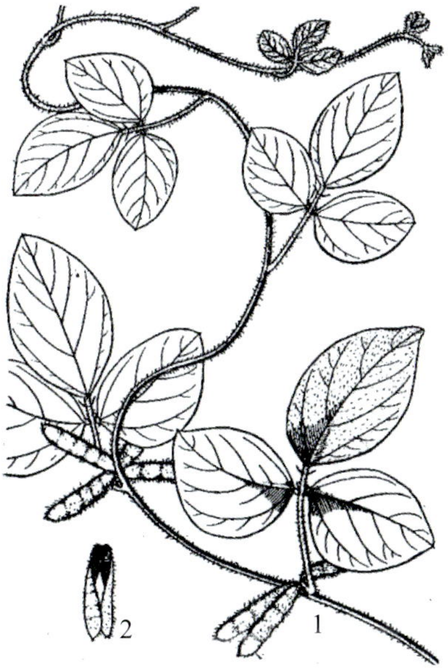

1. 果枝；2. 果荚。

毛蔓豆(Calopogonium mucunoides)

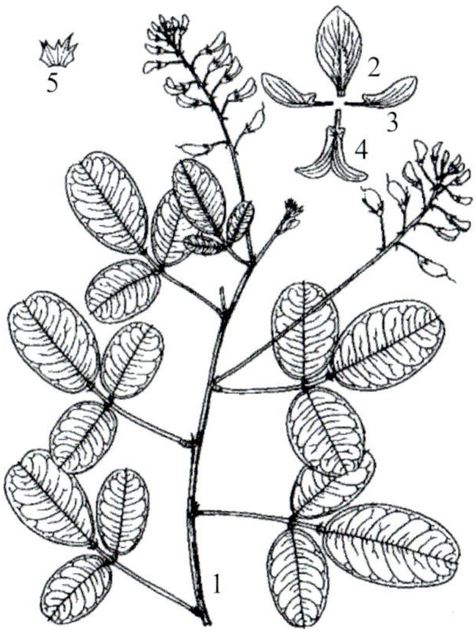

1. 花枝；2. 旗瓣；3. 翼瓣；4. 龙骨瓣；
5. 花展开。

杭子梢(Campylotropis macrocarpa)

中文名称： 小刀豆

学名： **Canavalia cathartica** Thou. in Desv Journ. de Bot. 1: 81. 1813, 中国植物志 41: 211(1995), 广东植物志 5: 306(2003), Flora of China 10: 199(2010). ——Canavalia microcarpa(DC.) Piper in Proc. Biol. Soc. Wash. 30: 177. 1917, 海南植物志 2: 322(1965)

科名： 豆科 Fabaceae(蝶形花科 Papilionaceae) **属名：** 刀豆属 Canavalia DC.

形态特征： 二年生、粗壮、草质藤本；茎和枝无毛。叶柄长 4 ～ 8cm；托叶小，小叶纸质，卵形，长 6 ～ 10cm，宽 4 ～ 9cm，顶端圆或急尖，基部截平或圆形，通常无毛，网脉纤细；小叶柄长被绒毛；小托叶微小，极早落。花序轴具稍密集、肉质、隆起的节；总花梗长 10 ～ 15cm，无毛；花 1 ～ 3 朵生于花序总轴的每一节上；萼近钟状，被绒毛，上唇 2 裂片阔而圆，下唇 3 裂片较小；花冠粉红色或近紫色，旗瓣圆形，直径约 20mm，顶端凹入，近基部有 2 枚小附属体，无耳，翼瓣与龙骨瓣弯曲；子房被绒毛，花柱无毛。荚果厚而阔倒卵状长椭圆形，膨胀，背缝具纤细、隆起的纵肋，两荚缝不平行，通常近顶部最阔，顶端一侧具喙，具粗而极短的果柄和子房柄。种子褐黑色，椭圆状，略压扁，种皮硬而光滑，种脐线形，种阜稍凸起。花期 7 月。

野外鉴别关键特征： 小叶纸质，顶端圆或急尖，基部截平或圆形，通常无毛。

分布与生境： 海口、临高、白沙、万宁、三亚；广东、台湾；热带亚洲、非洲、澳大利亚。生于河边或海滨。

中文名称： ★直生刀豆

学名： **Canavalia ensiformis**(Linn.) DC. Prodr. 2: 404. 1825, 海南植物志 2: 321(1965), 中国植物志 41: 208(1995), 广东植物志 5: 305(200), Flora of China 10: 198(2010)

科名： 豆科 Fabaceae(蝶形花科 Papilionaceae) **属名：** 刀豆属 Canavalia DC.

形态特征： 亚灌木状一年生草本，高 0.6 ～ 1(～ 2)m。各部被短柔毛或变无毛。羽状复叶具 3 小叶；托叶小，早落。小叶质薄，卵形或椭圆形，长 8 ～ 16cm，宽 5 ～ 8cm，先端急尖，基部楔形或圆形，边全缘，侧脉 5 对，侧生小叶基部常不等侧；叶柄通常较叶片为长；小叶柄长约 8mm。总状花序单生于叶腋，长 15 ～ 25(～ 40)cm，花 1 ～ 3 朵生于花序轴上肉质、隆起的节上；小苞片鳞片状，着生于萼的基部；花萼长 1.5 ～ 2cm，上唇大，裂齿 2，椭圆形，与萼管近等长，下唇小，裂齿 3，三角形；花冠浅紫色或白色带紫，旗瓣近圆形，直径 2.2cm，基部具 2 枚半圆形、内折的耳，瓣柄扁平而阔，长约 5mm，翼瓣倒卵状长椭圆形，与镰状的龙骨瓣均具耳及瓣柄。荚果带状，长 20 ～ 35cm，宽 2.5 ～ 4cm，果瓣厚革质，沿背缝线约 5mm 处有纵棱；种子椭圆形，长 3cm，宽约 2cm，略扁，种皮白色；种脐长不超过 1.5cm。花期 5 ～ 7 月；果期 10 月。

野外鉴别关键特征： 小叶，先端急尖，基部楔形或圆形。

分布与生境： 海南有栽培；广东、台湾有栽培。原产西印度群岛。

利用： 本种可作绿肥，也可作饲料，但适口性差，干后味道较好；嫩荚及未成熟的种子可作蔬菜，但种子稍含毒质，须煮熟去皮泡浸于清水中去毒后方可食用。

注： 手绘图引自 http://herbaria.plants.ox.ac.uk/vfh/image/index.php?item=274；彩图由 PPBC/ 陈炳华拍摄。

小刀豆(Canavalia cathartica)

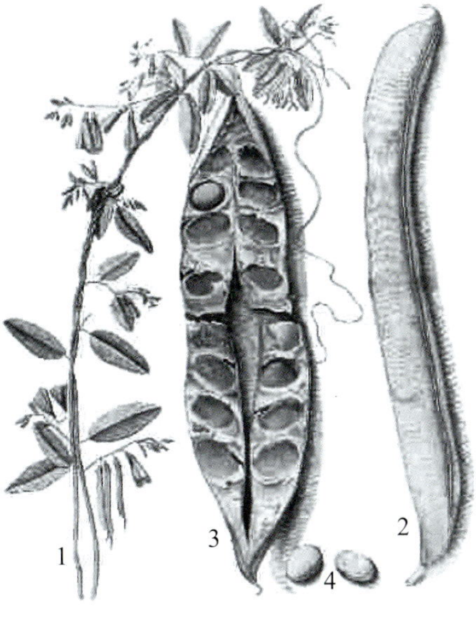

1. 花果枝；2. 果；3. 荚果展开；4. 种子。

直生刀豆(Canavalia ensiformis)

中文名称： ★刀豆

学名： **Canavalia gladiata**(Jacq.) DC. Prodr. 2: 404. 1825, 海南植物志 2: 321(1965), 中国植物志 41: 208 (1995), 广东植物志 5: 305(2003), Flora of China 10: 198(2010)

科名： 豆科 Fabaceae(蝶形花科 Papilionaceae)　**属名：** 刀豆属 Canavalia DC.

形态特征： 缠绕状、草质大藤本，长达数米，无毛或稍被毛。叶有小叶 3 片；叶柄长 7～15cm；小叶卵形，长 8～15cm，宽 (4～)8～12cm，顶端渐尖，基部阔楔形，侧生小叶偏斜，基部圆形；小叶柄长约 7mm，被毛。总状花序具长的总花梗，有花数朵生于总轴中部以上；花梗极短，生于花序总轴隆起的节上，小苞片小，卵形，脱落；萼管状钟形，管长 15mm，稍被毛，上唇长约 1cm，具 2 枚阔而圆、大部分合生的裂齿，下唇 3 裂齿小，急尖；花冠淡红色，旗瓣阔椭圆形，顶端凹入，基部具不明显的耳及阔爪，翼瓣和龙骨瓣均弯曲，具向下的耳；子房线状，被毛。荚果带状，略弯曲，边缘具极凸起的隆脊；种子椭圆形或长椭圆形，种皮红色或褐色，种脐为种子全长的 3/4。花期 9 月。

野外鉴别关键特征： 小叶卵形，顶端渐尖，基部阔楔形，侧生小叶偏斜，基部圆形。

分布与生境： 海南有栽培或逸生；我国长江以南地区广泛栽培；世界热带地区广泛栽培。原产热带亚洲及非洲。

利用： 嫩荚和种子供食用，但须先用盐水煮熟，然后换清水煮，方可食用。本种也可作绿肥、覆盖作物及饲料。

注： 手绘图引自广东植物志。

中文名称： 狭刀豆

学名： **Canavalia lineata**(Thunberg ex Murray) Candolle, Prodr. 2: 404. 1825, 中国植物志 41: 210(1995), 广东植物志 5: 306(2003), Flora of China 10: 198(2010)

科名： 豆科 Fabaceae(蝶形花科 Papilionaceae)　**属名：** 刀豆属 Canavalia DC.

形态特征： 多年生缠绕草本。茎具线条，被极疏的短柔毛，后变无毛。羽状复叶具 3 小叶；托叶、小托叶小，早落。小叶硬纸质，卵形或倒卵形，先端圆或具小尖头，基部截平或楔形，长 6～14cm，宽 4～10cm，两面薄被短柔毛；叶柄较小叶略短；小叶柄长 0.8～1cm。总状花序腋生；苞片及小苞片卵形，早落；花萼长约 12mm，被短柔毛，上唇较萼管为短，2 裂，裂齿顶端的背面具小尖头，下唇具 3 齿，齿长约 2mm；花冠淡紫红色；旗瓣宽卵形，长约 2.5cm，顶微凹，基部具 2 痂状附属体及 2 耳，翼瓣线状长圆形，稍呈镰状，上缘具痂状体，龙骨瓣倒卵状长圆形，基部截形。荚果长椭圆形，扁平，长 6～10cm，宽 2.5～3.5cm，厚约 1cm，缝线增厚、离背缝线约 3mm 处具纵棱；种子 2～3 颗，卵形，长约 1.7cm，宽约 7mm，棕色，有斑点，种脐的长度约为种子周长的 1/3。花期秋季。

野外鉴别关键特征： 小叶硬纸质，卵形或倒卵形，先端圆或具小尖头，基部截平或楔形，两面薄被短柔毛。

分布与生境： 三亚；我国华南、浙江、福建、台湾、广东、广西；日本、朝鲜、菲律宾、越南、印度尼西亚。生于海滩，河岸或旷地。

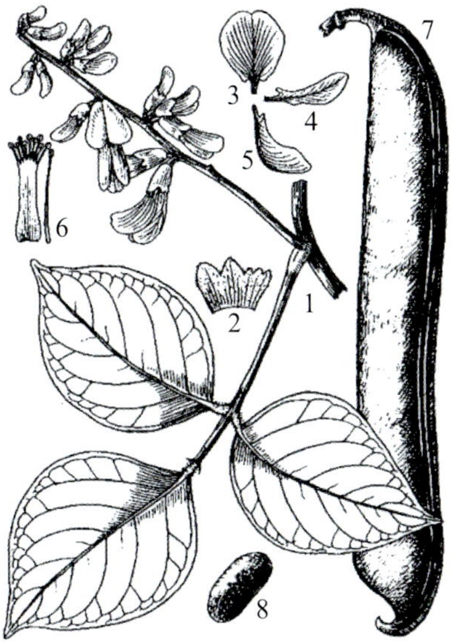

1. 花枝；2. 花萼展开；3. 旗瓣；4. 翼瓣；
5. 龙骨瓣；6. 雄蕊；7. 荚果；8. 种子。

刀豆(Canavalia gladiata)

狭刀豆(Canavalia lineata)

中文名称：海刀豆

学　名：**Canavalia rosea**(Swartz) Candolle, Prodr. 2: 404. 1825, Flora of China 10: 199(2010). ——Canavalia maritima (Aubl.) Thou. in Desv. Journ. Bot. 1: 80. 1813, 海南植物志 2: 322(1965), 中国植物志 41: 211 (1995), 广东植物志 5: 306(2003)

科名：豆科 Fabaceae(蝶形花科 Papilionaceae)　**属名**：刀豆属 Canavalia DC.

形态特征：粗壮、草质藤本；茎无毛。托叶小，不显著；叶柄长 2.5 ～ 5cm；小叶倒卵形、阔椭圆形或近圆形，长 5 ～ 8(～ 14)cm，宽 4.5 ～ 6.5(～ 10)cm，顶端圆或截平，有时稍凹入，稀为急尖，无凸头或具极短的小凸头，顶生小叶基部楔形，侧生小叶基部偏斜，楔形或钝，侧脉每边 4 ～ 6 条，网脉密集，明显；小叶柄长 5 ～ 8mm；小托叶钻状，早落。总状花序长短不等，具疏离、肉质、隆起的节；花 1 ～ 3 朵聚生于花序总轴近顶部的每一节上；小苞片 2，鳞片状，卵形或圆形，着生在花梗顶端；萼钟状，被疏柔毛，上唇 2 裂片合生，阔半圆形，远比下唇卵形而小的 3 裂片长；花冠粉红色，旗瓣圆形，顶端凹入，基部有 2 枚直立的小附属体，翼瓣缝刀状长椭圆形，具截平的耳，龙骨瓣钝，弯曲，有线形的耳；子房被绒毛，花柱无毛。荚果具短的果柄及子房柄，线状长椭圆形，成熟时膨胀，背缝具 3 条凸起的纵肋；种子椭圆状，略扁，种皮褐色，具线形的种脐。花期 9 月。

野外鉴别关键特征：小叶倒卵形、阔椭圆形或近圆形，顶端圆或截平，有时稍凹入，稀为急尖。

分布与生境：昌江、东方、万宁、乐东、陵水、三亚；福建、广东、广西、台湾、浙江。世界热带沿海地区。生长在海边沙土上。

利用：沙滩绿化。

注：手绘图引自福建植物志。

中文名称：●距瓣豆

学名：**Centrosema pubescens** Benth. in Ann. Wien. Mus. 2: 118. 1838, 海南植物志 2: 298(1965), 中国植物志 41: 260(1995), 广东植物志 5: 321(2003), Flora of China 10: 202(2010)

科名：豆科 Fabaceae(蝶形花科 Papilionaceae)　**属名**：距瓣豆属 Centrosema(Candolle) Bentham

形态特征：多年生，草质藤本，各部略被柔毛；茎纤细，稍有分枝。小叶椭圆形或卵形，薄纸质，长 4 ～ 7cm，宽 2.5 ～ 5cm，顶端急尖或短渐尖，基部钝或圆，两面薄被柔毛，背面较密；小托叶线形。总状花序有花 3 ～ 4 朵；总花梗被柔毛；苞片卵形，小苞片和苞片同形，但较大，花长 2.5 ～ 3cm；萼管长约 3mm，裂齿不相等，上部 2 枚急尖，侧边 2 枚披针形，约与萼管等长，下部 1 枚线形，花冠淡紫红色，旗瓣背面密被柔毛。荚果，顶端渐尖，且有直而细长的喙。花期 10 ～ 11 月。

分布与生境：澄迈有栽培或逸生；广东、台湾有栽培。原产热带美洲。

利用：做覆盖植物。

注：手绘图引自广东植物志。

1. 花果枝；2. 花；3. 花萼；4. 花瓣；
5. 雄蕊；6. 雌蕊。

海刀豆(Canavalia rosea)

1. 花枝；2. 旗瓣；3. 翼瓣；4. 龙骨瓣；
5. 花萼展开；6. 雄蕊；7. 荚果。

距瓣豆(Centrosema pubescens)

中文名称：长管蝙蝠草

学名：**Christia constricta**(Schindl.) T. Chen in Act. Phytotax. Sin. 8: 349. 1963, 海南植物志 2: 286(1965), 中国植物志 41: 82(1995), 广东植物志 5: 286(2003), Flora of China 10: 289(2010)

科名：豆科 Fabaceae(蝶形花科 Papilionaceae)　**属名：**蝙蝠草属 Christia Moench

形态特征：平卧亚灌木，长 1m 以上。从基部分枝，嫩时密被灰黄色绒毛和柔毛。叶具单小叶或 3 小叶；托叶针刺状，长约 4mm；叶柄长 8 ～ 15mm，密被灰黄色柔毛；小叶革质，顶生小叶倒卵状菱形，有时近四方形，长 1.5 ～ 2.5cm，宽 1.5 ～ 2.5cm，先端截平，有时微凹，基部略呈心形，侧生小叶长椭圆形或近方形，较顶生小叶为小，长 1 ～ 1.2cm，宽 0.9 ～ 1.1cm，侧脉每边 4 ～ 6 条，先端弯曲，网脉两面明显，两面被稀疏短柔毛；小叶柄长 1mm，密被灰黄色柔毛。总状花序顶生和腋生，有时组成圆锥花序，长约 20cm，被开展短柔毛；花梗被毛，开花时花梗极短，花后增长至 3 ～ 4mm；花萼初时长约 4mm，密被钩状毛，结果时萼增长至 8 ～ 10mm，有不明显的网纹和小疣体，5 裂，上部 2 裂离生，萼筒较裂片长 3 ～ 4 倍。荚果有荚节 4 ～ 5，无毛，有网纹。花期 8 ～ 9 月；果期 11 月。

野外鉴别关键特征：小叶革质，顶生小叶倒卵状菱形，有时近四方形。

分布与生境：临高、乐东、东方、三亚；广东；越南。生于海边或空旷沙质土上。

中文名称：▲ 海南蝙蝠草

学名：**Christia hainanensis** Y. C. Yang & P. H. Huang, Bull. Bot. Lab. N. E. Forest. Inst., Harbin 8: 5, 1980, 中国植物志 41: 84(1995), 广东植物志 5: 285(2003), Flora of China 10: 290(2010)

科名：豆科 Fabaceae(蝶形花科 Papilionaceae)　**属名：**蝙蝠草属 Christia Moench

形态特征：多年生草本，茎直立，高达 100cm，上部与花序总轴密被灰黄色钩状柔毛和疏被白色柔毛。叶为羽状三出复叶；托叶刺毛状，长 6 ～ 7mm，具条纹，有睫毛；叶柄长 1.5 ～ 2cm，密被灰黄色钩状柔毛和疏被柔毛；小叶纸质，顶生小叶近倒三角形，长 2 ～ 3cm，宽 1.5 ～ 2.5cm，先端截形或下凹，基部宽楔形或近圆形，侧生小叶略细小，倒卵形，长 1.5 ～ 2.4cm，宽 0.9 ～ 1.4cm，先端截形，微凹，基部楔形，上面被灰色柔毛，下面被灰色贴伏柔毛，侧脉 4 ～ 5 条，两面隆起；小托叶刺毛状，长约 1.5mm；小叶柄长 6 ～ 7mm。圆锥花序顶生或腋生，长 6 ～ 12cm，疏花，总花轴密被灰黄色钩状柔毛和疏被柔毛，生花节间长 5 ～ 8mm，花 1 ～ 2 朵簇生；花梗纤细，长 5 ～ 8mm，密被灰黄色钩状柔毛；宿萼钟状，长 6mm，外面具网纹，被灰黄色柔毛，5 裂，裂片三角形，上部 2 裂片合生。荚果完全内藏，有荚节 2 ～ 3，荚节椭圆形，长 2.5 ～ 3mm，宽约 2mm，具网纹，被极短钩状柔毛。花果期 9 ～ 11 月。

野外鉴别关键特征：小叶纸质，顶生小叶近倒三角形。

分布与生境：特有种。生于疏林下。

长管蝙蝠草(Christia constricta)

海南蝙蝠草(Christia hainanensis)

中文名称：铺地蝙蝠草

学名：**Christia obcordata**(Poir.) Bahn. F. in Reinwardtia 6: 91. 1961, 海南植物志 2: 285(1965), 中国植物志 41: 83(1995), 广东植物志 5: 285(2003), Flora of China 10: 290(2010)

科名：豆科 Fabaceae(蝶形花科 Papilionaceae) **属名**：蝙蝠草属 Christia Moench

形态特征：草本；茎与枝纤细，平卧，被短柔毛。小叶通常 3 片，间有 1 片，膜质，顶生小叶倒三角形、圆形或臀形，长 5 ～ 15mm，宽 10 ～ 20mm，先端截平而微凹，基部阔楔形，腹面浅绿色，背面被疏柔毛，侧脉每边 3 ～ 4 条，侧生小叶较小，倒卵形、心形或近圆形。总状花序长 4 ～ 15cm；花梗约与萼等长，被柔毛，萼半透明，被毛，最初长约 2mm，结果时长达 6 ～ 8mm，荚果完全包藏，有明显的网脉，裂齿三角形，急尖，与萼管等长，上部 2 枚裂齿合生；花冠蓝紫色或玫瑰红色，略长于花萼。荚果有荚节 4 ～ 5 个；荚节圆形，无毛。花期 8 月。

野外鉴别关键特征：小叶通常 3 片，间有 1 片，膜质，顶生小叶倒三角形、圆形或臀形。

分布与生境：海南岛；福建、广东、广西、台湾；印度、缅甸、菲律宾、澳大利亚。生于旷野草地。

注：手绘图引自福建植物志。

中文名称：蝙蝠草

学名：**Christia vespertilionis**(Linn. f.) Bahn. f. in Reinwardtia 6: 90. 1961, 海南植物志 2: 298(1965), 中国植物志 41: 82(1995), 广东植物志 5: 285(2003), Flora of China 10: 289(2010)

科名：豆科 Fabaceae(蝶形花科 Papilionaceae) **属名**：蝙蝠草属 Christia Moench

形态特征：直立草本，常由基部开始分枝；茎和枝纤细，上部略被微柔毛。叶通常有小叶 1 片，间有 3 片；顶生小叶菱形或长菱形，长 0.8 ～ 1.5cm，宽 5 ～ 9cm，宽为长的 4 ～ 6 倍，顶端极阔而截平，近中央稍凹入，基部略呈心形，侧生小叶倒心形，两侧不对称，顶端截平，腹面无毛，背面略被短柔毛，侧脉每边 3 ～ 4 条，极平展。总状花序顶生或腋生，有时为总状花序式的圆锥花序；花梗单生，被短柔毛；萼半透明，被柔毛，花后增大，有极明显的网脉，荚果包藏，裂齿三角形，约与管等长，上部 2 裂齿稍合生；花冠不伸出于萼外。荚果有荚节 4 ～ 5 个。花期 3 ～ 5 月。

野外鉴别关键特征：小叶 1 片，间有 3 片；顶生小叶菱形或长菱形。

分布与生境：万宁、琼海、陵水、三亚、保亭；广东、广西；广布世界热带地区。生于旷野。

利用：全草供药用，治肺结核、虫蛇咬伤；叶外敷为跌打接骨药。

注：手绘图引自广东植物志。

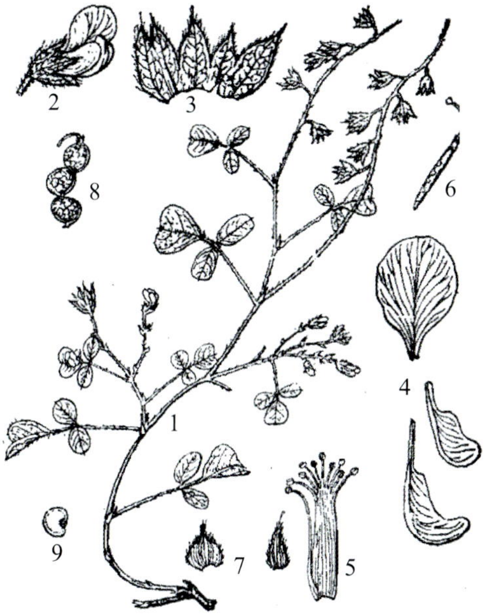

1. 花果枝；2. 花；3. 花萼；4. 花瓣；5. 雄蕊；
6. 雌蕊；7. 苞片；8. 荚果；9. 种子。

铺地蝙蝠草(Christia obcordata)

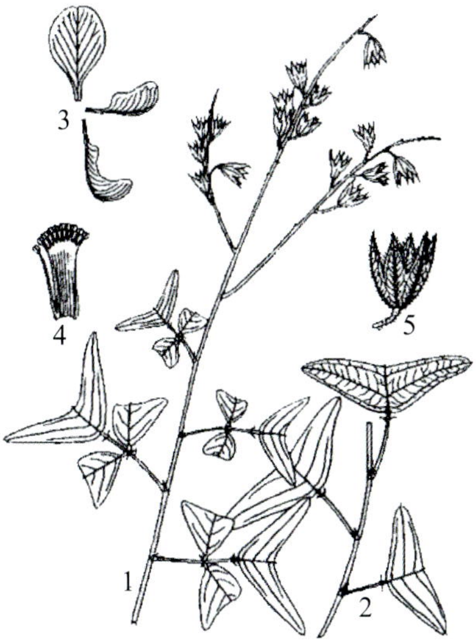

1. 果枝；2. 叶枝；3. 旗瓣、翼瓣、龙骨瓣；
4. 雄蕊；5. 宿萼。

蝙蝠草(Christia vespertilionis)

中文名称：广东蝶豆

学名：**Clitoria hanceana** Hemsley, J. Linn. Soc., Bot. 23: 187. 1887, 中国植物志 41: 263(995), 广东植物志 5: 323(2003), Flora of China 10: 201(2010)

科名：豆科 Fabaceae(蝶形花科 Papilionaceae) **属名：**蝶豆属 Clitoria Linn.

形态特征：亚灌木。茎圆柱形，稍呈“之”字弯曲，节间短，被灰色短柔毛，地下具数个肉质纺锤状根。羽状复叶具 3 小叶；托叶卵形、卵状披针形至长椭圆形，长约 1cm，被短柔毛；叶柄长 0.5 ～ 2.5cm，被短柔毛；小叶纸质或近革质，近等大或顶生一枚较大，长圆形，长 6.5 ～ 14cm，宽 2.8 ～ 5.5cm，先端急尖或有时圆形，常具小凸尖，基部钝或有时近楔形，上面无毛，网脉细密，下面被灰白色贴伏柔毛；侧脉每边 9 ～ 12 条；小托叶线状披针形，长 5 ～ 6mm；小叶柄长约 2mm，被柔毛。总状花序腋生，长 1 ～ 2.5cm，被柔毛；总花梗长 0.5 ～ 2.5cm；花大，2 ～ 3 朵，有时 1 朵，苞片卵形；花梗长 3 ～ 5mm；小苞片卵状披针形，较苞片为大，长 4 ～ 5mm，具脉纹，被柔毛；花萼膜质，具纵脉纹，长约 2cm，裂片 5，披针形，先端长渐尖，约与管等长，被毛；花冠白色或淡黄色，长约 3cm，旗瓣有脉纹，外面密被短柔毛，翼瓣与龙骨瓣均小，具瓣柄；雄蕊二体；子房具短柄，被短毛，胚珠多颗。荚果线状长圆形，长 3.5 ～ 6cm，宽约 6mm，无毛或被极短柔毛，先端具长喙；果颈短；种子 2 ～ 7 颗，椭圆形，长约 4mm，宽约 3mm，黑色。花期 4 ～ 10 月。

分布与生境：南沙群岛有分布记录；我国华南；越南、柬埔寨、泰国。常生于荒坡、荒地、路旁灌丛中。

利用：块根止咳祛痰，消肿拔毒。治老年慢性气管炎、疮肿。

注：标本引自中国科学院华南植物园。

中文名称：★蝶豆

学名：**Clitoria ternatea** Linnaeus, Sp. Pl. 2: 753. 1753, 海南植物志 2: 298(1965), 中国植物志 41: 262 (1995), 广东植物志 5: 322(2003), Flora of China 10: 201(2010)

科名：豆科 Fabaceae(蝶形花科 Papilionaceae) **属名：**蝶豆属 Clitoria Linn.

形态特征：攀援状草质藤本。茎、小枝细弱，被脱落性贴伏短柔毛。叶长 2.5 ～ 5cm；托叶小，线形，长 2 ～ 5mm；叶柄长 1.5 ～ 3cm；总叶轴上面具细沟纹；小叶 5 ～ 7，但通常为 5，薄纸质或近膜质，宽椭圆形或有时近卵形，长 2.5 ～ 5cm，宽 1.5 ～ 3.5cm，先端钝或凹入；小托叶针状。花单生于叶腋，近无柄；苞片长椭圆形，顶端渐尖；小苞片大，膜质，近圆形，绿色，有明显的网脉；萼长约 1.5cm，也有网脉，裂齿披针形，长约等于萼管的 1/2；花冠蓝色、粉红色或白色，旗瓣阔倒卵形，紫蓝色，中央有一白色或橙黄色的浅带，基部渐狭，具短爪，翼瓣倒卵状长椭圆形，具细长的爪，爪长约为瓣片的 2/3，龙骨瓣椭圆形，爪比瓣片略长；雄蕊 2 组；子房被柔毛。荚果，顶端具长喙，有种子 6 ～ 10 颗；种子近黑色。花期秋季。

分布与生境：儋州、三亚有栽培；福建、广东、广西、台湾、云南有栽培；广布世界热带地区。原产印度。

利用：为一种观赏植物，又可作绿肥。

注：手绘图引自广东植物志。

广东蝶豆(Clitoria hanceana)

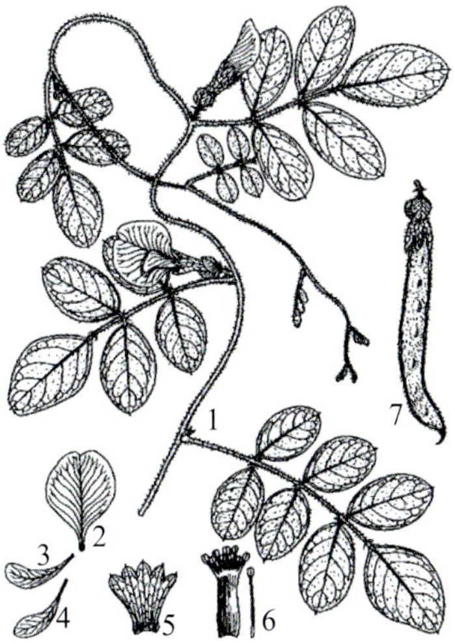

1. 花枝；2. 旗瓣；3. 翼瓣；4. 龙骨瓣；
5. 花萼展开；6. 雄蕊；7. 荚果。

蝶豆(Clitoria ternatea)

中文名称：圆叶舞草

学名： **Codoriocalyx gyroides**(Roxburgh ex Link) Hasskarl, Flora. 25(2, Beibl.): 49. 1842, Flora of China 10: 284(2010). ——Codariocalyx gyroides(Roxb. ex Link) Hassk. in Flora 25. Beibl. 2: 49. 1842, 中国植物志 41: 60(1995). ——Desmodium gyroides(Roxb.) DC. Mém. Leg. 7: 322. 1825, 海南植物志 2: 274(1965)

科名：豆科 Fabaceae(蝶形花科 Papilionaceae)　**属名：**舞草属 Codoriocalyx Hassk.

形态特征：直立灌木，高 1 ～ 3m。茎圆柱形，多少具条线，幼时被柔毛；嫩枝被长柔毛，老时渐变无毛。叶为三出复叶；托叶狭三角形，长 12 ～ 15mm，基部宽 2 ～ 2.5mm，初时具白色丝状毛，后渐变无毛，边缘有丝状毛；叶柄长 2 ～ 2.5cm，疏被柔毛；小叶纸质，顶生小叶倒卵形或椭圆形，长 3.5 ～ 5cm，宽 2.5 ～ 3cm，侧生小叶较小，长 1.5 ～ 2cm，宽 8 ～ 10mm，先端圆钝，有时略凹入，基部钝，上面被稀疏柔毛，下面毛被较密，侧脉每边 7 ～ 9 条，不达叶缘；小托叶钻形，长 4 ～ 6mm，两面无毛；小叶柄长约 2mm。总状花序顶生或腋生，长 6 ～ 9cm，中部以上有密集的花；苞片宽卵形，长 6 ～ 9.5mm，宽 4 ～ 5.5mm，外面有白色疏柔毛，具条纹，边缘有缘毛；花梗长 4 ～ 9mm，密被黄色柔毛；花萼宽钟形，长 2 ～ 2.5mm，萼筒长 1.2 ～ 1.7mm，上部裂片 2 裂，长约 1mm，下部裂片长 0.8mm；花冠紫色，旗瓣长 9 ～ 11mm，宽与长几相等，翼瓣长 7 ～ 9mm，宽 4 ～ 6mm，基部具耳，瓣柄极短，龙骨瓣长 9 ～ 12mm，瓣柄长约 5mm；雄蕊长 9 ～ 11mm；雌蕊长 12 ～ 14mm，子房线形，被毛，荚果呈镰刀状弯曲，长 2.5 ～ 5cm，宽 4 ～ 6mm，腹缝线直，背缝线稍缢缩为波状，成熟时沿背缝线开裂，密被黄色短钩状毛和长柔毛，有荚节 5 ～ 9；种子长 4mm，宽约 2.5mm。花期 9 ～ 10 月；果期 10 ～ 11 月。

分布与生境：澄迈、琼中、保亭、陵水；福建、广东、广西、贵州、台湾、云南；缅甸、印度尼西亚、菲律宾。生于山坡疏林中。

注：手绘图引自中国高等植物图鉴；标本引自中国科学院华南植物园。

中文名称：★舞草

学名： **Codoriocalyx motorius**(Houttuyn) H. Ohashi, J. Jap. Bot. 40: 367. 1965, Flora of China 10: 283(2010). ——Codariocalyx motorius(Houtt.) Ohashi in Journ. Jap. Bot. 40: 367. 1965, 中国植物志 41: 59(1995), 广东植物志 5: 276(2003)

科名：豆科 Fabaceae(蝶形花科 Papilionaceae)　**属名：**舞草属 Codoriocalyx Hassk.

形态特征：直立小灌木，高达 1.5m。茎单一或分枝，圆柱形，微具条纹，无毛。叶为三出复叶，侧生小叶很小或缺而仅具单小叶；托叶窄三角形，长 10 ～ 14mm，基部宽 1.7 ～ 2.3mm，通常偏斜，无毛，边缘疏生小柔毛；叶柄长 1.1 ～ 2cm，上面具沟槽，疏生开展柔毛；顶生小叶长椭圆形或披针形，长 5.5 ～ 10cm，宽 1 ～ 2.5cm，先端圆形或急，有细尖，基部钝或圆，上面无毛，下面被贴伏短柔毛，侧生小叶很小，长椭圆形或线形，或有时缺；小托叶钻形，两面无毛。圆锥花序或总状花序顶生或腋生，花序轴具弯曲钩状毛；苞片宽卵形，密生，花时脱落；花梗被开展毛；花萼膜质，外面被毛，萼筒上部裂片先端 2 裂，萼片早落，干膜质；花萼钟状，深裂，裂片长，上方 2 裂片合生；花冠伸出萼外很多，花瓣近等长，旗瓣近圆形，基部渐狭，龙骨瓣钝，与翼瓣粘连；雄蕊二体，对旗瓣的 1 枚雄蕊从基部分离，花药同形；子房无柄，胚珠多数，花柱丝状，内弯，柱头头状。荚果长椭圆形，膨胀，有横脉纹，无横隔，也不分节。有种子 8 ～ 10 颗。

分布与生境：海南有栽培；福建、广东、广西、贵州、江西、四川、台湾、西藏、云南有栽培；不丹、柬埔寨、印度、印度尼西亚、老挝、马来西亚、缅甸、尼泊尔、菲律宾、斯里兰卡、泰国、越南有栽培。

利用：全株供药用，有舒筋活络、祛瘀之效。

圆叶舞草(Codoriocalyx gyroides)

舞草(Codoriocalyx motorius)

中文名称：针状猪屎豆（针状野百合）

学名：Crotalaria acicularis(Buch.-Ham.) Benth. in Lond. Journ. Bot. 2: 476. 1843, 海南植物志 2: 250 (1965), 中国植物志 42(2): 367(1998), 广东植物志 5: 368(2003), Flora of China 10: 113(2010)

科名：豆科 Fabaceae(蝶形花科 Papilionaceae)　**属名：**猪屎豆属 Crotalaria Linn.

形态特征：草本，高 20 ～ 60cm，多分枝，各部均被褐色、开展的丝毛；茎、枝细弱，匍匐或直立。单叶，近无柄，膜质，椭圆形或近圆形，长 1 ～ 2cm，宽 1 ～ 1.5cm，顶端圆形，基部略呈心形或有时偏斜，两面均被开展的长丝毛，青白色，叶脉不明显；托叶宿存，袋形，反曲。总状花序顶生或腋生，幼时紧缩为头状，成长时逐渐延长，长 3 ～ 6cm，有花 6 ～ 30 朵；苞片三角形；小苞片和托叶相似，着生于萼的下面；萼被长硬毛，长约 5mm，深裂，裂片线形，渐尖；花冠与萼近等长，旗瓣圆形或倒卵形，翼瓣长椭圆形，龙骨瓣圆形，顶端急尖，子房无毛，有胚珠 10 ～ 12 颗。荚果短圆柱状，长 6 ～ 9mm，伸出于宿存的萼之外，种子 10 ～ 12 颗；种子臀形，有光泽。花期 10 月。

分布与生境：昌江、东方；台湾、云南；印度、越南、印度尼西亚、菲律宾。

注：手绘图引自中国植物志；标本引自中国科学院华南植物园。

中文名称：翅茎猪屎豆

学名：Crotalaria alata Hamilt. ex Roxb. in D. Don. Prodr. Fl. Nepal. 241. 1825, 海南植物志 2: 249(1965), 中国植物志 42(2): 355(1998), 广东植物志 5: 366(2003), Flora of China 10: 109(2010)

科名：豆科 Fabaceae(蝶形花科 Papilionaceae)　**属名：**猪屎豆属 Crotalaria Linn.

形态特征：直立草本或亚灌木，高 50 ～ 100cm；茎枝呈“之”字形，除荚果外，其他部分被锈色丝状柔毛。托叶下延至另一茎节而呈翅状；叶为单叶，叶片椭圆形或倒卵状椭圆形，长 3 ～ 8cm，宽 1 ～ 5cm，先端钝或圆，具细小的短尖头，基部渐尖或略楔形，两面被毛，下面较密；近无柄。总状花序顶生或腋生，有花 2 ～ 3 朵；苞片卵状披针形，长约 3mm；小苞片和苞片相似，2 枚，生于萼筒基部；花梗长 3 ～ 5mm；花萼二唇形，长 6 ～ 10mm，萼齿披针形，先端渐尖；花冠黄色，旗瓣倒卵状圆形，长 5 ～ 8mm，背部上方有束状柔毛，翼瓣长圆形，比旗瓣稍短，龙骨瓣卵形，具长喙；子房无毛。荚果长圆形，无毛或被稀疏的短柔毛，先端具稍弯曲的喙，果颈长约 3mm；种子 30 ～ 40 颗。花果期 6 ～ 12 月。

分布与生境：昌江、东方、乐东；福建、广东、广西、湖南、四川、台湾、云南；印度、中南半岛、印度尼西亚。生于旷野或林中。

利用：民间药用，全草治风湿麻痹、外伤出血等症。

注：手绘图引自中国植物志；标本引自中国科学院华南植物园。

1. 植株；2. 花瓣；3. 花；4. 雄蕊；
5. 子房；6. 果实；7. 叶片。

针状猪屎豆(针状野百合)(Crotalaria acicularis)

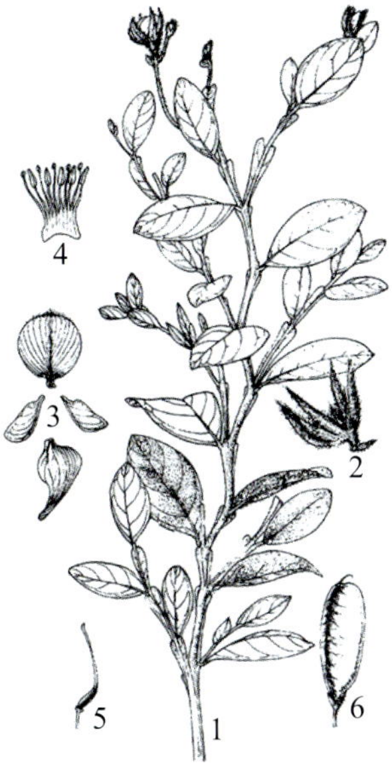

1. 植株；2. 花萼；3. 花瓣；
4. 雄蕊；5. 子房；6. 果实。

翅茎猪屎豆(Crotalaria alata)

中文名称： 响铃豆

学名： **Crotalaria albida** Heyne ex Roth. Nov. Pl. Sp. 333. 1821, 海南植物志 2: 251(1965), 中国植物志 42(2): 369(1998), 广东植物志 5: 371(2003), Flora of China 10: 114(2010)

科名： 豆科 Fabaceae(蝶形花科 Papilionaceae)　**属名：** 猪屎豆属 Crotalaria Linn.

形态特征： 多年生直立草本，基部常木质，高 30 ～ 60(～ 80)cm；植株或上部分枝，通常细弱，被紧贴的短柔毛。托叶细小，刚毛状，早落；单叶，叶片倒卵形、长圆状椭圆形或倒披针形，长 1 ～ 2.5cm，宽 0.5 ～ 1.2cm，先端钝或圆，具细小的短尖头，基部楔形，上面绿色，近无毛，下面暗灰色，略被短柔毛；叶柄近无。总状花序顶生或腋生，有花 20 ～ 30 朵，花序长达 20cm，苞片丝状，长约 1mm，小苞片与苞片同形，生萼筒基部；花梗长 3 ～ 5mm；花萼二唇形，长 6 ～ 8mm，深裂，上面二萼齿宽大，先端稍钝圆，下面三萼齿披针形，先端渐尖；花冠淡黄色，旗瓣椭圆形，长 6 ～ 8mm，先端具束状柔毛，翼瓣长圆形，约与旗瓣等长，龙骨瓣弯曲，几达 90°，中部以上变狭形成长喙；子房无柄。荚果短圆柱形，长约 10mm，无毛，稍伸出花萼之外；种子 6 ～ 12 颗。花果期 5 月至 12 月。

分布与生境： 琼中、陵水、保亭、三亚、东方、乐东、昌江、白沙；我国西南部至东南部；印度、马来半岛、中南半岛、印度尼西亚。生于平地河边。

利用： 本种可供药用，可清热解毒，消肿止痛，治跌打损伤、关节肿痛等症。

中文名称： 大猪屎豆 (凸尖野百合)

学名： **Crotalaria assamica** Benth. in Lond. Journ. Bot. 2: 481. 1843, 海南植物志 2: 248(1965), 中国植物志 42(2): 358(1998), 广东植物志 5: 370(2003), Flora of China 10: 110(2010)

科名： 豆科 Fabaceae(蝶形花科 Papilionaceae)　**属名：** 猪屎豆属 Crotalaria Linn.

形态特征： 直立高大草本，高达 1.5m；茎枝粗壮，圆柱形，被锈色柔毛。托叶细小，线形，贴伏于叶柄两旁；叶为单叶，叶片倒披针形或长椭圆形，长 5 ～ 15cm，宽 2 ～ 4cm，先端钝圆，具细小短尖，基部楔形，上面无毛，下面被锈色短柔毛，叶柄长 2 ～ 3mm。总状花序顶生或腋生，有花 20 ～ 30 朵；苞片线形；小苞片与苞片相似，通常稍短；花萼二唇形，萼齿披针状三角形，约与萼筒等长，被短柔毛；花冠黄色，旗瓣圆形或椭圆形，先端微凹或圆，翼瓣长圆形，龙骨瓣弯曲，中部以上变狭形成长喙，伸出萼外；子房无毛。荚果长圆形，长 4 ～ 6cm，宽约 1.5cm，种子 20 ～ 30 颗。花果期 5 ～ 12 月。

分布与生境： 文昌、海口、澄迈、琼中、白沙、昌江；云南、广西、广东、贵州、湖北、台湾；印度、中南半岛、菲律宾。生于旷野河边。

利用： 药用可祛风除湿、消肿止痛，治风湿麻痹、关节肿痛等症。

响铃豆(Crotalaria albida)

大猪屎豆(凸尖野百合)(Crotalaria assamica)

中文名称：长萼猪屎豆（长萼野百合）

学名：**Crotalaria calycina** Schrank. Pl. Rar. Monac. t. 12. 1819, 海南植物志 2: 249(1965), 中国植物志 42(2): 364(1998), 广东植物志 5: 368(2003), Flora of China 10: 112(2010)

科名：豆科 Fabaceae(蝶形花科 Papilionaceae)　**属名：**猪屎豆属 Crotalaria Linn.

形态特征：一年生直立草本，高 30 ～ 80cm，不分枝或有少数长而向上的分枝；茎和分枝均密被稍长的糙伏毛。单叶近无柄，稍薄，狭椭圆状线形或中部宽阔的长椭圆形，长 3 ～ 10cm，宽 5 ～ 20mm，顶端急尖而有一小束柔毛或稍钝，基部楔形，腹面无毛而有小窝点，背面密被伏贴的丝毛。总状花序顶生，间有腋生，常缩短呈头状，有花 2 ～ 8 朵；小苞片披针形，成对着生于萼下，被粗糙而开展的长毛；苞片与小苞片相似；花梗粗壮；萼长 2 ～ 3cm，外面密被棕色而开展的长硬毛，内面无毛，深裂，上部裂片较阔，倒披针形，顶端略钝，下部裂片披针形，渐尖；花冠淡黄色，藏于萼内，旗瓣倒卵形，基部有 2 枚附属物，瓣爪短，被毛，翼瓣披针状长椭圆形，龙骨瓣具长喙；雌蕊无毛。荚果椭圆状圆柱形，成熟时黑色，无毛，种子 20 ～ 30 颗。花期 7 月。

分布与生境：海口、澄迈、儋州、白沙、陵水、三亚；福建、广东、广西、四川、台湾、西藏、云南；非洲、印度、中南半岛、印度尼西亚、菲律宾、澳大利亚。生于旷野河边。

利用：饲料植物资源。

中文名称：中国猪屎豆（华野百合）

学名：**Crotalaria chinensis** Linn. Sp. Pl. ed. 2, 1003. 1763, 海南植物志 2: 250(1965), 中国植物志 42(2): 367(1998), 广东植物志 5: 367(2003), Flora of China 10: 113(2010)

科名：豆科 Fabaceae(蝶形花科 Papilionaceae)　**属名：**猪屎豆属 Crotalaria Linn.

形态特征：草本，高 15 ～ 60cm；茎圆柱形，常呈木质，基部多分枝，除荚果外，植株其他部分密被棕黄色长柔毛。无托叶；叶为单叶，变异较大，通常为披针形、线状披针形、线形或长圆状线形，有时为长椭圆形或卵圆形，长 2 ～ 3.5cm，宽 0.4 ～ 1cm，两端渐尖，上面近无毛或略被极稀疏柔毛，下面密被褐色粗长毛，叶脉及叶片边缘的毛较稠密，干时叶边缘外卷，几无叶柄。总状花序密集枝顶，有花 1 ～ 5 朵，也有 1 ～ 2 朵花生于叶腋或枝顶；苞片与小苞片相似，披针形，长 3 ～ 5mm；小苞片生于萼筒基部；花梗短，长 2 ～ 4mm；花萼二唇形，长 8 ～ 10mm，花后增大，深裂几达基部；花冠淡黄色，包于萼内或与其等长，旗瓣卵形或圆形，长 7 ～ 9mm，基部胼胝体明显，翼瓣长椭圆形，长 7 ～ 9mm，龙骨瓣近直生，中部以上变狭形成长喙；子房无柄。荚果短圆柱形，长 8 ～ 12mm，包于萼内或外露；种子 15 ～ 20 颗，马蹄形，长约 2.5mm。花果期 6 ～ 12 月。

分布与生境：澄迈、万宁、陵水、三亚、昌江；我国长江以南各地；印度。生于低海拔旷野草丛中。

注：手绘图引自安徽植物志。彩图由 PPBC/ 陈炳华拍摄。

长萼猪屎豆(长萼野百合)(Crotalaria calycina)

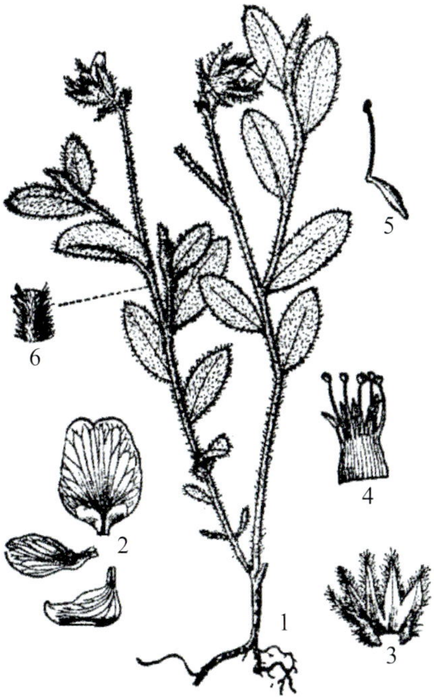

1. 植株；2. 花瓣；3. 花萼；4. 雄蕊；5. 子房；
6. 茎之一段，示毛。

中国猪屎豆(华野百合)(Crotalaria chinensis)

中文名称： 假地蓝

学名： **Crotalaria ferruginea**(Grah.) Benth. in Lond. Journ. Bot. 2: 476. 1843, 海南植物志 2: 249(1965), 中国植物志 42(2): 362(1998), 广东植物志 5: 366(2003), Flora of China 10: 112(2010)

科名： 豆科 Fabaceae(蝶形花科 Papilionaceae)　**属名：** 猪屎豆属 Crotalaria Linn.

形态特征： 灌木状多年生草本，除荚果外全体密被稍长而开展的长硬毛；茎直立或偏斜，通常有许多分枝。单叶，具短柄，纸质，长椭圆形、椭圆形或卵状长椭圆形，长 2 ～ 6cm，宽 1 ～ 3cm，顶端钝或近圆形，基部渐狭呈楔形，背面脉上被毛较密，侧脉不明显；托叶披针形，常下反，宿存。总状花序顶生或腋生，连总花梗长 4 ～ 10cm，有疏离的花 2 ～ 8 朵；苞片与小苞片似托叶，宿存；萼长 12 ～ 15mm，分裂几达基部，上部裂片披针形，其余的裂片线形；花冠黄色，稍短于花萼，旗瓣阔椭圆形，沿脊部有毛，瓣爪无毛，翼瓣倒卵形，龙骨瓣背部极弯；子房无毛，花柱中部以上具缘毛。荚果长椭圆形，无毛，种子 20 ～ 30 颗。花期 8 月。

分布与生境： 定安、琼中、白沙、陵水；我国长江以南各地；印度、马来西亚。生于旷野及疏林下。

利用： 本种可供药用，民间用其全草入药，可补肾、消炎、平喘、止咳，临床用于治疗目眩耳鸣、遗精、慢性肾炎、膀胱炎、慢性支气管炎等症，其鲜叶捣烂可外敷治疗疮、肿痛，其根茎可以灭蛆，又为绿肥、牧草及水土保持植物。

中文名称： ▲ 海南猪屎豆 (海南野百合)

学名： **Crotalaria hainanensis** Huang in Act. Phytotax. Sin. 6: 393. 1957, 海南植物志 2: 250(1965), 中国植物志 42(2): 363(1998), 广东植物志 5: 370(2003), Flora of China 10: 112(2010)

科名： 豆科 Fabaceae(蝶形花科 Papilionaceae)　**属名：** 猪屎豆属 Crotalaria Linn.

形态特征： 平卧草本；分枝多，被疏离的微硬毛。托叶锥状或卵状披针形，长约 2mm；叶为单叶，叶片倒卵形或倒卵状椭圆形，先端圆或突尖，基部阔楔形，长 1 ～ 3cm，宽 1 ～ 2cm，幼时两面被毛，后渐无毛，中脉在两面清晰，在下面突起；叶柄短。总状花序顶生或腋生，有花 1 ～ 3 朵；花梗长 2 ～ 6mm；苞片卵状三角形，长约 3mm；小苞片线形，长不及 1mm，生于花梗中部或中部以下；花萼二唇形，长 8 ～ 10mm，深裂，萼齿披针形，被短茸毛；花冠黄色或紫红色，旗瓣菱形或近圆形，长 8 ～ 12mm，无毛，翼瓣长圆形，长 8 ～ 10mm，龙骨瓣与旗瓣等长，中部以上变狭形成长喙；子房无柄。荚果长圆形，长 2 ～ 3cm，密被锈色柔毛；种子 10 ～ 15 颗，肾形，棕色，光滑。花果期 8 ～ 12 月。

分布与生境： 特有种，霸王岭、尖峰岭。生于海边或旷野。

注： 标本引自中国科学院华南植物园。

假地蓝(Crotalaria ferruginea)

海南猪屎豆(海南野百合)(Crotalaria hainanensis)

中文名称：▲ 尖峰猪屎豆

学名：**Crotalaria jianfengensis** Chun-yu Yang in Act. Phytotax. Sin. 20(4): 478, t. 1. 1982, 中国植物志 42(2): 347(1998), 广东植物志 5: 363(2003), Flora of China 10: 107(2010)

科名：豆科 Fabaceae(蝶形花科 Papilionaceae)　**属名：**猪屎豆属 Crotalaria Linn.

形态特征：草本或亚灌木，高 60 ~ 120cm，茎圆柱形，具小沟纹，密被黄褐色短柔毛。托叶针形，长约 2mm，通常早落；叶三出，柄长 3 ~ 5cm；小叶纸质，椭圆形或长圆状椭圆形，长 3 ~ 5cm，宽 2 ~ 2.5cm，先端钝圆或凹，具短尖头，基部渐狭，上面无毛，下面被微柔毛或近无毛；叶脉在两面清晰，侧脉 8 ~ 10 对；中间一片小叶通常比侧生小叶大；小叶柄长约 1.5mm。总状花序顶生或腋生，长达 40cm，有花 50 ~ 80 朵；苞片线形，长 35mm，易脱落，小苞片的形状与苞片相似，但较短，生萼筒基部；花梗长 8 ~ 12mm；花萼近钟形，长 8 ~ 10mm，五裂，萼齿披针形，近等长，被黄褐色贴伏的短柔毛；花冠黄色，全部包在萼内，旗瓣倒卵形；翼瓣长圆形，比旗瓣稍短，龙骨瓣卵圆形，中部以上变狭，与旗瓣近等长。荚果长圆柱形，密被贴伏的短柔毛；果颈长 3 ~ 4mm；种子多数。花期 2 月。

分布与生境：特有种，尖峰岭。

利用：饲料植物资源，绿肥。

中文名称：★菽麻

学名：**Crotalaria juncea** Linnaeus, Sp. Pl. 2: 714. 1753; 中国植物志 42(2): 359(1998), Flora of China 10: 107(2010)

科名：豆科 Fabaceae(蝶形花科 Papilionaceae)　**属名：**猪屎豆属 Crotalaria Linn.

形态特征：直立草本，高 50 ~ 100cm；茎枝圆柱形，具浅小沟纹，密被丝光质短柔毛。托叶细小，线形，长约 2mm，易脱落；单叶，叶片长圆状线形或线状披针形，长 6 ~ 12cm，宽 0.5 ~ 2cm，两端渐尖，先端具短尖头，两面均被毛，尤以叶下面毛密而长，具短柄。总状花序顶生或腋生，有花 10 ~ 20 朵；苞片细小，披针形，长 3 ~ 4mm，小苞片线形，比苞片稍短，生萼筒基部，密被短柔毛；花梗长 5 ~ 8mm；花萼二唇形，长 1 ~ 1.5cm，被锈色长柔毛，深裂几达基部，萼齿披针形，弧形弯曲；花冠黄色，旗瓣长圆形，长 1.5 ~ 2.5cm，基部具胼胝体两枚，翼瓣倒卵状长圆形，长 1.5 ~ 2cm，龙骨瓣与翼瓣近等长，中部以上变狭形成长喙，伸出萼外；子房无柄。荚果长圆形，长 2 ~ 4cm，被锈色柔毛；种子 10 ~ 15 颗。花果期 8 月至翌年 5 月。

分布与生境：三亚等地有栽培，福建、台湾、广东、广西、四川、云南、江苏、山东也有栽培。原产印度。生于海拔 50 ~ 1800m 的荒地路旁及山坡疏林中。

利用：本种可供药用，常作为解毒及麻醉的有效药。茎枝可做各种绳索、麻袋等。其纤维可做造纸的原料。因含有丰富的氮、磷、钾，又可作绿肥，有改良土壤之效。

注：手绘图引自安徽植物志。

1. 果枝；2. 花。

菽麻(*Crotalaria juncea*)

中文名称：线叶猪屎豆(线叶野百合)

学名：**Crotalaria linifolia** Linn. f. Suppl. 332. 1781, 海南植物志 2: 252(1965), 中国植物志 42(2): 375 (1998), 广东植物志 5: 371(2003), Flora of China 10: 116(2010)

科名：豆科 Fabaceae(蝶形花科 Papilionaceae) **属名：**猪屎豆属 Crotalaria Linn.

形态特征：多年生直立草本，灌木状，基部通常不分枝，茎和枝初时密被紧贴的丝质柔毛，老时渐变无毛。单叶，近无柄，通常为倒披针形或倒卵状长椭圆形，很少为线形，长 2～4cm，宽 0.8～1.5cm，顶端钝或稍尖，具很小的小凸尖，基部狭窄，两面均被褐色、稍粗糙的丝毛，背面较密；托叶缺。总状花序延长，顶生或有时腋生，有花 6～20 朵，苞片和小苞片极小，线形；花梗稍粗，长约 4mm；萼密被开展的长硬毛，分裂几及基部，上部 2 裂片合生，顶端具 2 钝齿，其余的裂片线形；花冠黄色，与花萼等长，旗瓣扁圆形，顶端微缺，翼瓣倒卵形，龙骨瓣近基部屈曲；子房无柄，无毛，有胚珠 8～12 颗。荚果四角菱形，长 8～9mm，熟时黑色；种子 6～10 颗，臀形，淡褐色，有光泽。花期 10～12 月。

分布与生境：昌江、东方、乐东、白沙；我国南部和西南部；热带非洲、印度、斯里兰卡、马来半岛、中南半岛、澳大利亚。生于旷野或林中及溪边。

利用：本种可供药用，可清热解毒、消肿止痛，治耳鸣、遗精、妇女血痨，外用治疮痛、癣疥等症。近年来试用于抗肿瘤有效，主要对鳞状上皮癌、基底细胞癌疗效较好。

注：手绘图引自云南植物志。彩图由 PPBC/ 徐永福拍摄。

中文名称：窄叶猪屎豆

学名：**Crotalaria linifolia** var. **stenophylla** C. Y. Yang, Act. Phytotax. Sin. 20: 479. 1982, 中国植物志 42 (2): 375(1998), 广东植物志 5: 371(2003), Flora of China 10: 116(2010)

科名：豆科 Fabaceae(蝶形花科 Papilionaceae) **属名：**猪屎豆属 Crotalaria Linn.

形态特征：本变种植物体比较矮小，叶片狭线形或线状长圆形，长 2.5～3.5cm，宽 3～4mm，先端钝圆，具短尖头，基部圆；叶柄短；荚果卵球形或四角菱形，直径 4～6mm，区别于原变种。

分布与生境：万宁；台湾、湖南、广东、广西。生于山谷路旁及海滩沙地。

注：标本引自广西植物研究所。

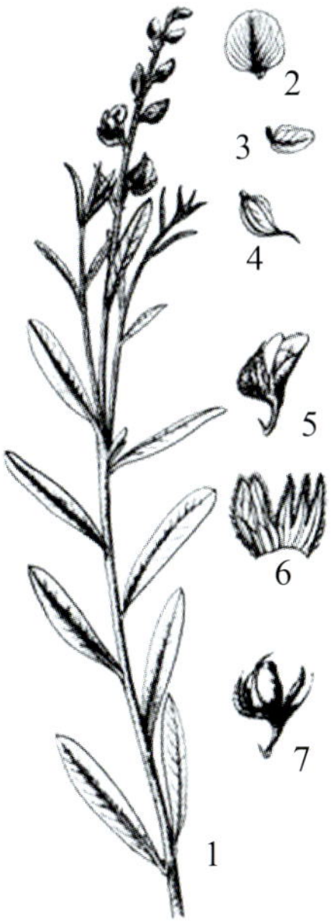

1. 植株；2-4. 旗瓣、翼瓣、龙骨瓣；5. 花；6. 花萼；7. 果实。

线叶猪屎豆(线叶野百合)(Crotalaria linifolia)

窄叶猪屎豆(Crotalaria linifolia var. stenophylla)

中文名称：★三尖叶猪屎豆

学名：**Crotalaria micans** Link, Enum. Pl. Hort. Berol. 2: 228. 1822, 中国植物志 42(2): 347(1998), 广东植物志 5: 364(2003), Flora of China 10: 107(2010). ——Crotalaria anagyroides H. B. K. Nov. Gen. et Spec. 6: 404. 1823, 海南植物志 2: 253(1965)

科名：豆科 Fabaceae(蝶形花科 Papilionaceae)　**属名：**猪屎豆属 Crotalaria Linn.

形态特征：草本或亚灌木，高约 2m；茎枝圆柱形，粗壮，各部密被锈色贴伏毛。托叶线形，极细小，宿存或早落；叶三出，柄长 2 ～ 5cm，小叶质薄，椭圆形或长椭圆形，先端渐尖，具短尖头，基部楔形，长 4 ～ 7(～ 10)cm，宽 2 ～ 3cm，上面仅中脉有毛，下面略被短柔毛，顶生小叶较侧生小叶大，两面叶脉清晰，侧脉 8 ～ 15 对，小叶柄约 2mm。总状花序顶生，长 10 ～ 30cm，有花 20 ～ 30 朵；苞片细小，线形，早落，小苞片的形状与苞片相似，生花梗中部以上；花梗长 5 ～ 7mm；花萼近钟形，长 7 ～ 10mm，五裂，萼齿阔披针形，与萼筒近等长，密被锈色丝质柔毛；花冠黄色，伸出萼外，旗瓣圆形，直径约 14mm，先端圆或微凹，基部具胼胝体两枚，垫状，翼瓣长圆形，长 13mm，龙骨瓣中部以上弯曲，几达 90°，长约 10mm。荚果长圆形，长 2.5 ～ 4cm，直径 1 ～ 1.5cm，幼时密被锈色柔毛，成熟后部分脱落，花柱宿存；果颈长 2 ～ 4mm；种子 20 ～ 30 颗，马蹄形，成熟时黑色，光滑。花果期 5 ～ 12 月。

分布与生境：海南有栽培；福建、广东、广西、台湾、云南有栽培。原产中美洲。

利用：生物碱抗氧化活性较强。饲料植物资源。

注：手绘图引自福建植物志。

中文名称：座地猪屎豆 (座地小野百合)

学名：**Crotalaria nana** var. **patula** Grah. ex Baker in Hook. f. Fl. Brit. Ind. 2: 71. 1876 , 海南植物志 2: 251 (1965), 中国植物志 42(2): 367(1998), 广东植物志 5: 368(2003), Flora of China 10: 116(2010)

科名：豆科 Fabaceae(蝶形花科 Papilionaceae)　**属名：**猪屎豆属 Crotalaria Linn.

形态特征：平卧或近直立草本；茎枝圆柱形，密被黄色丝质柔毛，基部多分枝，主根发达，呈木质状，长达 14cm。无托叶；叶为单叶，近无柄，狭线形，长 15 ～ 30mm，宽 2 ～ 4mm，先端钝圆，具短尖头，基部略楔形，两面均被丝质毛，尤以下面毛更密，侧脉不甚明显。总状花序顶生，头状，有花 2 ～ 6 朵；苞片线形，长 2 ～ 3mm，小苞片锥状，长约 3mm，密被丝质柔毛；花梗短；花萼二唇形，上唇二齿合生，近长圆形，先端钝圆，下唇三齿披针状三角形，长 4 ～ 5mm；花冠黄色，比花萼稍短，通常包于萼内；子房无柄。荚果卵圆形或近球形，长 4 ～ 5mm；花柱宿存；种子 6 ～ 12 颗。

分布与生境：临高、文昌、三亚、乐东、东方；印度、缅甸、尼泊尔。生于海边或干旱草地上。

注：标本引自中山大学。

1. 花果枝；2. 除去花瓣的花；3. 花萼；
4. 花瓣；5. 雄蕊；6. 雌蕊。

三尖叶猪屎豆(Crotalaria micans)

座地猪屎豆(座地小野百合)(Crotalaria nana var. patula)

中文名称：★狭叶猪屎豆(狭叶野百合)

学名：**Crotalaria ochroleuca** G. Don, Syst. 2: 138. 1832, 中国植物志 42(2): 352(1998), 广东植物志 5: 364(2003), Flora of China 10: 109(2010). ——Crotalaria intermedia Kotschy in Sitzungsb. Akad. Wien. 362, t. 3. 1864, 海南植物志 2: 252(1965)

科名：豆科 Fabaceae(蝶形花科 Papilionaceae)　**属名：**猪屎豆属 Crotalaria Linn.

形态特征：直立草本或亚灌木，高 150cm；茎枝通常有棱，幼时被短柔毛，后渐无毛。托叶无；叶为三出掌状复叶，叶柄长 1～3cm，小叶线形或线状披针形，长 5～9(～12)cm，宽 0.5～1cm，先端渐尖，具短尖头，基部阔楔形，上面无毛，下面被稀疏的柔毛；小叶柄长约 1mm。总状花序顶生，长 10～15cm，有花 10～15 朵，疏离；苞片和小苞片相似，极细小，线形；小苞片生于萼筒基部；花梗长 3～5mm；花萼近钟形，长约 4mm，无毛，5 裂，萼齿三角形，比萼筒短；花冠淡黄色或白色，远伸出萼外，旗瓣长圆形，长 8～12mm，翼瓣倒卵形，长约 13mm，龙骨瓣长约 17mm，下部边缘被微柔毛，中部以上变狭，形成长喙；子房无柄。荚果长圆形，长约 4cm，宽 1.5～2cm，被稀疏的短柔毛；种子 20～30 颗，肾形。花果期 8～12 月。

分布与生境：海口有栽培；广东、广西有栽培。原产非洲热带。

注：手绘图引自浙江植物志；彩图由 PPBC/ 徐永福拍摄。

中文名称：猪屎豆

学名：**Crotalaria pallida** Ait. Hort. Kew 3: 20. 1789, 中国植物志 42(2): 349(1998), 广东植物志 5: 365 (2003), Flora of China 10: 108(2010). ——Crotalaria mucronata Desv. in J. Bot. 3: 76. 1814, 海南植物志 2: 249 (1965)

科名：豆科 Fabaceae(蝶形花科 Papilionaceae)　**属名：**猪屎豆属 Crotalaria Linn.

形态特征：直立、矮小亚灌木，高 0.6～1m；枝有浅沟纹，薄被紧贴的短柔毛。叶有小叶 3 片；叶柄长 4～7cm；托叶极小，锥状，早落；小叶薄，具短柄，倒卵形至倒卵状长椭圆形，顶端一片长 5～7cm，宽 2～3.5cm，侧生的较小，顶端钝而常凹入，基部阔楔形，腹面无毛，背面薄被紧贴的短柔毛，叶脉在两面均清晰。总状花序顶生和侧生，长 15～30cm，有花 20～50 朵；苞片极小，锥状，长约 4mm，脱落；小苞片着生于萼管中部；花梗长 2～3mm；萼长约 6mm，薄被紧贴的柔毛，裂齿披针形，约与管等长；花冠黄色，旗瓣上嵌有紫红色的条纹，长 12～15mm，无毛，伸出于萼外。荚果熟时下垂，具短柄，倒柱状而稍背弯，长 2.5～4cm，厚 5～6mm，幼时被毛，后变无毛，种子 20～30 颗；花期 11 月。

分布与生境：海南各地；福建、广东、广西、湖南、山东、四川、云南、浙江；热带亚洲、非洲及美洲。生于低海拔旷野。

利用：枝、叶为一极有价值的绿肥，又可作牲畜饲料，但非优良饲料。

1. 果枝；2. 花。

狭叶猪屎豆(狭叶野百合)(*Crotalaria ochroleuca*）

猪屎豆(*Crotalaria pallida*)

中文名称： 吊裙草 (凹叶野百合)

学名： **Crotalaria retusa** Linn. Sp. Pl. 715. 1753, 海南植物志 2: 247(1965), 中国植物志 42(2): 358(1998), 广东植物志 5: 370(2003), Flora of China 10: 110(2010)

科名： 豆科 Fabaceae(蝶形花科 Papilionaceae)　**属名：** 猪屎豆属 Crotalaria Linn.

形态特征： 直立亚灌木状草本，茎、枝粗壮，具小沟纹，近无毛或被极短的柔毛。单叶，具短柄，质薄，倒卵状长椭圆形，长 3.5 ～ 8cm，宽 2 ～ 3cm，顶端圆形而微凹入，具一微小的尖头，基部楔形，腹面无毛，背面被紧贴的丝毛；托叶极小，锥状，早落。总状花序顶生，有疏散的花 10 ～ 20 朵；苞片着生于花梗基部，披针形，顶端锥状；小苞片着生于花梗中部，极细小；花梗长约 8mm；萼长 8 ～ 10mm，被极稀疏的短柔毛，上部 2 裂片阔披针形，极叉开；花冠伸出萼外，紫色，旗瓣扁圆形，有紫红色的线纹，龙骨瓣具旋卷的短喙；子房无毛，花柱上半部被粗毛。荚果圆柱状长椭圆形，具短的子房柄，种子甚多。花果期 11 月至翌年 4 月。

分布与生境： 昌江、乐东、东方、三亚、保亭；云南、广东；热带美洲、非洲、亚洲、澳大利亚。多生于旷野或海滨沙地。

利用： 本种可供药用，可祛风除湿、消肿止痛，治风湿麻痹、关节肿痛等症。近年来试用于抗肿瘤有效，主要对鳞状上皮癌、基底细胞癌疗效较好。

注： 彩图由 PPBC/ 金宁拍摄。

中文名称： 野百合

学名： **Crotalaria sessiliflora** Linn. Sp. Pl. ed. 2, 1004. 1763, 海南植物志 2: 251(1965), Flora of China 10: 113(2010)

科名： 豆科 Fabaceae(蝶形花科 Papilionaceae)　**属名：** 猪屎豆属 Crotalaria Linn.

形态特征： 一年生直立草本，有时为灌木状，不分枝或上部有斜上举的分枝，枝被紧贴、稍粗的丝毛。单叶，线形或披针状线形，长 3 ～ 11cm，宽 0.4 ～ 1cm；顶端狭长渐尖，腹面无毛，背面被黄褐色或白色、紧贴的丝毛；托叶极小，线形，被毛。花序顶生，间有腋生，有花 2 ～ 20 朵，花常密集；苞片和小苞片线形，宿存，与萼同被黄褐色长硬毛；萼上部裂片阔，卵状披针形，下部裂片狭长而尖；花冠淡蓝色或紫色，无毛，约与花萼等长，旗瓣倒卵形，顶端稍凹入，翼瓣长椭圆形，龙骨瓣具长喙；子房无毛。荚果无柄，短圆柱状，约与萼等长，种子 10 ～ 15 颗。花期 8 月。

分布与生境： 澄迈、定安、儋州、琼海、保亭等地；我国长江以南各省 (自治区)；印度、中南半岛、菲律宾、日本。生于旷野。

利用： 本种可供药用，有清热解毒、消肿止痛、破血除淤等效用，治风湿麻痹、跌打损伤、疮毒、癣疥等症。抗癌同大猪屎豆。

注： 手绘图引自安徽植物志。

吊裙草(凹叶野百合)(Crotalaria retusa)

1. 果枝；2. 花冠平展；3. 雄蕊；4. 雌蕊；
5. 荚果；6. 叶部分放大，示背面毛。

野百合(Crotalaria sessiliflora)

中文名称：★光萼猪屎豆

学名： **Crotalaria trichotoma** Bojer, Ann. Sci. Nat. , Bot. , sér. 2. 4: 265. 1835, Flora of China 10: 109(2010). ——Crotalaria zanzibarica Benth. in London Jourrn. Bot. 2: 584. 1843, 中国植物志 42(2): 350(1998), 广东植物志 5: 364(2003). ——Crotalaria usaramoensis Baker f. in J. Linn. Soc., Bot. 42: 346. 1914, 海南植物志 2: 253 (1965)

科名：豆科 Fabaceae(蝶形花科 Papilionaceae)　**属名：**猪屎豆属 Crotalaria Linn.

形态特征：草本或亚灌木，高 1.5 ～ 2m；茎枝圆柱形，具小沟纹，被短柔毛。托叶极细小，钻状，长约 1mm；叶为三出掌状复叶，叶柄长 3 ～ 5cm，小叶长椭圆形，长 6 ～ 10cm，宽 2 ～ 3cm，两端渐尖，先端具短尖，上面绿色，光滑无毛，下面青灰色，被短柔毛；小叶柄长约 2mm。总状花序顶生，长达 20cm，有花 10 ～ 20 朵；苞片线形，长 2 ～ 3mm，小苞片与苞片同形，生于花梗中部以上；花梗长 3 ～ 6mm，在花蕾时向上，结果时下垂；花萼近钟形，长 4 ～ 5mm，5 裂，萼齿三角形，约与萼筒等长，无毛；花冠黄色，伸出萼外，旗瓣圆形，直径约 12mm，先端具芒尖，基部具胼胝体 2 枚，翼瓣长圆形，约与旗瓣等长，龙骨瓣长约 15mm，中部以上变狭，形成长喙，基部边缘具微柔毛；子房无柄。荚果长圆形，长 3 ～ 4cm，幼时被毛，成熟后脱落；果皮常呈黑色，基部残存宿存花丝及花萼；种子 20 ～ 30 颗，肾形，成熟时朱红色。花果期 4 ～ 12 月。

分布与生境：海口、文昌、万宁有栽培；广东、广西、湖南、四川、台湾、云南有栽培。原产东非。

利用：绿肥、覆盖植物。

中文名称：球果猪屎豆 (椭圆叶野百合、钩状野百合)

学 名： **Crotalaria uncinella** Lamarck subsp. **elliptica**(Roxburgh)Polhill, Kew Bull. 25: 284. 1971, Flora of China 10: 108(2010). ——Crotalaria elliptica Roxb. Fl. Ind. ed. 2, 3: 279. 1832, 海南植物志 2: 253(1965). ——Crotalaria uncinella Lam. Encycl. 2: 200. 1786, 海南植物志 2: 253(1965)

科名：豆科 Fabaceae(蝶形花科 Papilionaceae)　**属名：**猪屎豆属 Crotalaria Linn.

形态特征：多年生草本，高 30 ～ 60cm，基部木质；茎与枝稍被毛。叶有小叶 3 片，叶柄长 1 ～ 2cm；小叶片倒卵形或椭圆形，长 1.5 ～ 3cm，宽 8 ～ 20mm，顶端叶片通常较大，顶端阔圆形或钝形，有时微缺，基部扁楔形，腹面无毛，背面被短柔毛；托叶披针状三角形，长 1 ～ 2mm，反折；小叶柄长不及 1mm。总状花序顶生或腋生，长 3 ～ 8cm，被短柔毛；苞片阔三角形或卵形，长不及 1mm；小苞片极小，着生于花梗上部；萼 5 深裂，外面密被短柔毛，裂片披针形，比萼管长。荚果椭圆形至近圆形，径约 5mm，密被紧贴的短柔毛；种子 2，成熟时红色。花期 8 ～ 9 月。

分布与生境：昌江、东方、乐东、三亚；广东、广西；印度、马来西亚、泰国、越南。生于山地路旁。

利用：饲料植物资源，绿肥。

光萼猪屎豆(Crotalaria trichotoma)

球果猪屎豆(椭圆叶野百合，钩状野百合)(Crotalaria uncinella subsp. elliptica)

中文名称： 多疣猪屎豆 (多疣野百合)

学名： **Crotalaria verrucosa** Linn. Sp. Pl. 715. 1753, 海南植物志 2: 247(1965), 中国植物志 42(2): 353 (1998), 广东植物志 5: 365(2003), Flora of China 10: 109(2010)

科名： 豆科 Fabaceae(蝶形花科 Papilionaceae)　**属名：** 猪屎豆属 Crotalaria Linn.

形态特征： 直立草本，高 50 ～ 100cm；茎四棱形，幼时被短柔毛，老时近无毛。托叶叶状，半月形，长 5 ～ 8mm；叶为单叶，叶片薄膜质，菱状长卵形或卵状长圆形，先端渐尖，基部阔楔形，长 10 ～ 15cm，宽 3 ～ 5cm，上面近无毛，下面密被锈色短柔毛；叶柄长 3 ～ 5mm。总状花序顶生或腋生，有花 10 ～ 20 朵；苞片线形，长约 1mm；小苞片与苞片相似，生于花梗中部以上；花梗长 3 ～ 4mm；花萼近钟形，长 8 ～ 10mm，5 裂，萼齿披针形，稍长于萼筒；花冠淡黄色、白色或有时为紫蓝色，旗瓣圆形或倒卵圆形，长 10 ～ 18mm，基部具胼胝体 2 枚，翼瓣长圆形，长 10 ～ 16mm，龙骨瓣与翼瓣等长，伸出萼外；子房无柄，沿上侧有毛。荚果长圆形，被短柔毛，长 2 ～ 4cm；种子 10 ～ 12 颗。花期 8 ～ 12 月。

分布与生境： 三亚、海口；广东、台湾；广布世界热带地区。生于旷野或疏林中。

利用： 本种可供药用。

注： 手绘图引自福建植物志。

中文名称： ▲ 崖州猪屎豆 (崖州野百合)

学名： **Crotalaria yaihsienensis** T. Chen in Act. Phytotax. Sin. 8: 349. 1963, 海南植物志 2: 248(1965), 中国植物志 42(2): 360(1998), 广东植物志 5: 368(2003), Flora of China 10: 111(2010)

科名： 豆科 Fabaceae(蝶形花科 Papilionaceae)　**属名：** 猪屎豆属 Crotalaria Linn.

形态特征： 草本，高达 1m；茎枝圆柱形，具浅沟纹，密被褐色丝质短柔毛。托叶丝状，长不及 1mm，通常早落；叶为单叶，叶片线形或长圆状线形，长 4 ～ 7cm，宽 0.4 ～ 1cm，先端钝圆，基部略楔形，上面被稀疏的丝质毛，下面毛较密，边缘稍外卷，中脉在叶上面微凹，在叶下面突起，侧脉 12 ～ 15 对；叶柄长 2 ～ 3mm。总状花序顶生或腋生，有花 8 ～ 12 朵，疏离，花序长 10 ～ 20cm；苞片卵状三角形，长 1.5mm，小苞片丝状，生于萼筒基部；花萼二唇形，长约 10mm；花冠黄色，旗瓣圆形，直径约 7mm，龙骨瓣约与旗瓣等长，中部以上变狭形成长喙，包藏萼内；子房有毛，无柄，花柱中部曲折。荚果长圆形，长 2.5 ～ 3cm，密被褐色丝质短柔毛；种子 10 ～ 20 颗，肾形，长 2 ～ 3mm，成熟后褐色，有光泽。花果期 9 月至翌年 1 月。

分布与生境： 特有种，三亚、海口。生于海边及山地草丛中。

注： 手绘图引自广东植物志。

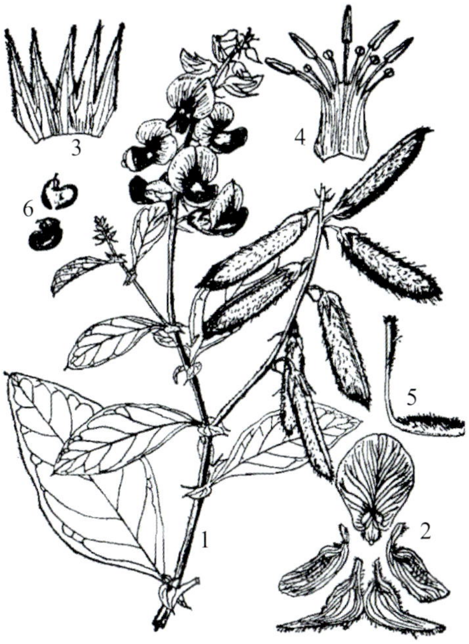

1. 花果枝；2. 花瓣；3. 花萼；4. 雄蕊；5. 雌蕊；6. 种子。

多疣猪屎豆(多疣野百合)(Crotalaria verrucosa)

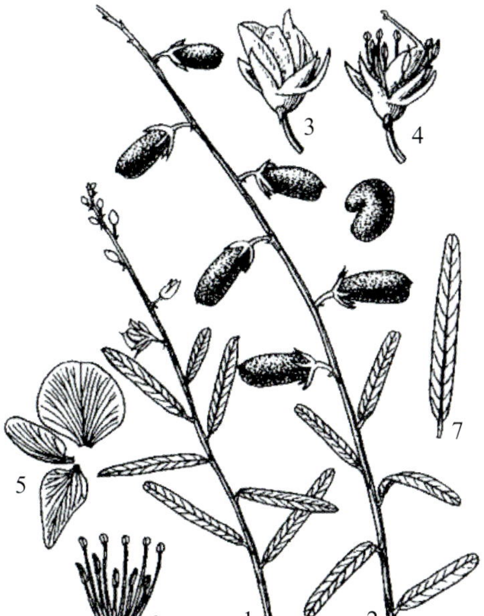

1. 花枝；2. 果枝；3. 花；4. 花除去花冠；5. 旗瓣、翼瓣、龙骨瓣；6. 雄蕊；7. 小叶。

崖州猪屎豆(崖州野百合)(Crotalaria yaihsienensis)

中文名称：★补骨脂

学名：**Psoralea corylifolia** Linn. Sp. Pl. 764. 1753), 中国植物志 41: 344(1995), 广东植物志 5: 345(2003)

科名：豆科 Fabaceae(蝶形花科 Papilionaceae)　**属名：**补骨脂属 Psoralea Linn.

形态特征：一年生直立草本，高 60 ～ 150cm。枝坚硬，疏被白色绒毛，有明显腺点。叶为单叶，有时有 1 片长 1 ～ 2cm 的侧生小叶；托叶镰形，长 7 ～ 8mm；叶柄长 2 ～ 4.5cm，有腺点；小叶柄长 2 ～ 3mm，被白色绒毛；叶宽卵形，长 4.5 ～ 9cm，宽 3 ～ 6cm，先端钝或锐尖，基部圆形或心形，边缘有粗而不规则的锯齿，质地坚韧，两面有明显黑色腺点，被疏毛或近无毛。花序腋生，有花 10 ～ 30 朵，组成密集的总状或小头状花序，总花梗长 3 ～ 7cm，被白色柔毛和腺点；苞片膜质，披针形，长 3mm，被绒毛和腺点；花梗长约 1mm；花萼长 4 ～ 6mm，被白色柔毛和腺点，萼齿披针形，下方一个较长，花冠黄色或蓝色，花瓣明显具瓣柄，旗瓣倒卵形，长 5.5mm；雄蕊 10，上部分离。荚果卵形，长 5mm，具小尖头，黑色，表面具不规则网纹，不开裂，果皮与种子不易分离；种子扁。花果期 7 ～ 10 月。

分布与生境：儋州有栽培；贵州、云南、四川；缅甸、马来西亚、印度尼西亚、印度、斯里兰卡、巴基斯坦、东非。

利用：种子入药，有补肾壮阳、补脾健胃之功能，并可治牛皮癣等皮肤病；越南用其乙醇浸出液治风湿病。

注：手绘图引自广东植物志；彩图由 PPBC/ 刘冰拍摄。

中文名称：秧青 (南岭檀)

学名：**Dalbergia assamica** Bentham in Miquel, Pl. Jungh. 256. 1852, Flora of China 10: 128(2010). ——Dalbergia balansae Prain in Journ. As. Soc. Bengal 70: 54. 1901, 海南植物志 2: 290(1965), 中国植物志 40: 120(1994), 广东植物志 5: 226(2003)

科名：豆科 Fabaceae(蝶形花科 Papilionaceae)　**属名：**黄檀属 Dalbergia Linn. f.

形态特征：乔木，高 6 ～ 15m；叶轴和叶柄被短柔毛；树皮灰黑色，粗糙，有纵裂纹。奇数羽状复叶，长 10 ～ 15cm，有小叶 13 ～ 15 片；小叶纸质，长圆形或倒卵状长圆形，长 2 ～ 4cm，宽 1 ～ 2cm，顶端圆形而微凹入，基部阔楔形或圆形，初时薄被黄色短柔毛，后变无毛。圆锥花序腋生，疏散，中部以上有短的分枝；总花梗和分枝被黄褐色短柔毛或近无毛；苞片卵状披针形，早落；小苞片披针形，顶端钝，早落；花与花萼同被黄褐色短柔毛；萼裂齿短而钝，上部 2 枚近合生，最下的 1 枚较长而尖；花冠白色，各瓣均具爪，旗瓣圆形，近基部有 2 枚小附属体，顶端微凹入，翼瓣倒卵形，龙骨瓣近半月形，与翼瓣均具短耳；雄蕊 10 枚，分为 5 枚与 5 枚的 2 组；子房具柄，密被短柔毛，有胚珠 1 ～ 5 颗，通常 3 颗。荚果舌状或长椭圆形，劲直，两端渐狭，通常有种子 1 颗，稀 2 ～ 3 颗，果瓣对种子部分有明显的网纹。花期 6 月。

野外鉴别关键特征：树皮灰黑色，粗糙，有纵裂纹。奇数羽状复叶，有小叶 13 ～ 15 片，纸质，长圆形或倒卵状长圆形，顶端圆形而微凹入，基部阔楔形或圆形。

分布与生境：澄迈、白沙、乐东、陵水；浙江、福建、湖南、广东、广西、四川、贵州。生长于林中或灌木丛中。

利用：饲料植物资源。

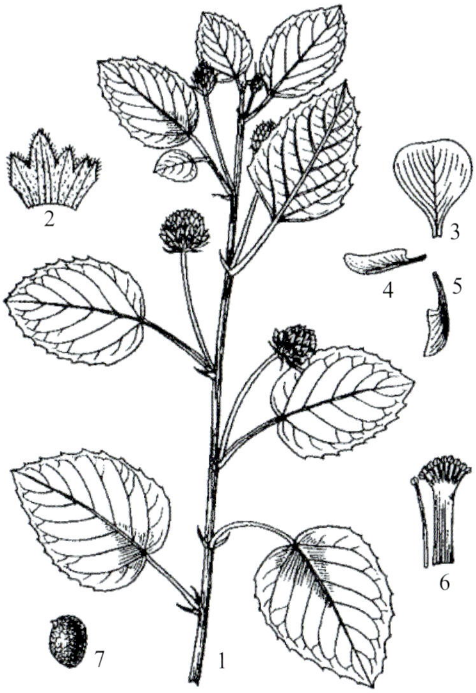

1. 花枝；2. 花萼展开；3. 旗瓣；4. 翼瓣；5. 龙骨瓣；
6. 雄蕊；7. 荚果。

补骨脂 (Psoralea corylifolia)

秧青 (南岭檀)(Dalbergia assamica)

中文名称：两粤黄檀

学名：**Dalbergia benthami** Prain in Journ. As. Soc. Bengal 67(2): 289. 1898, 海南植物志 2: 288(1965), 广东植物志 5: 223(2003), Flora of China 10: 126(2010)

科名：豆科 Fabaceae(蝶形花科 Papilionaceae)　**属名：**黄檀属 Dalbergia Linn. f.

形态特征：木质藤本，有时呈灌木状；枝干时褐色。奇数羽状复叶，长 12 ～ 17cm，有小叶 3 ～ 7 片；叶轴和叶柄疏被伏贴微柔毛；小叶近革质，卵形或椭圆形，长 3 ～ 6cm，宽 1.5 ～ 3cm，先端钝而微凹，基部楔形，上面无毛，下面干时粉白色，略被伏贴微柔毛；小叶柄短，被疏毛。圆锥花序腋生，长约 4cm，宽约 2.5cm；总花梗极短，与花梗同被锈色柔毛；花芳香，长约 8mm；基生小苞片长圆形，早落，副萼状小苞片短小，宿存；花萼钟状，外面被锈色茸毛，萼齿近等长，卵状三角形，先端钝；花冠白色，各瓣均具长柄，旗瓣椭圆形，极外反，与瓣柄成直角，基部两侧具短耳，翼瓣倒卵状长圆形，一侧具内弯的耳，龙骨瓣近半月形，内侧具耳；雄蕊 9 枚，单体；子房具长柄，无毛，有胚珠 2 ～ 3 颗，花柱钻状。荚果薄革质，舌状长圆形，长 5 ～ 8cm，宽 3.5 ～ 2cm，全部具清晰的细网纹，有种子 1 ～ 2 颗；种子狭长，极扁平，长 11 ～ 17mm，宽约 5mm。花期 2 ～ 3 月；果期 4 ～ 5 月。

野外鉴别关键特征：小叶 3 ～ 7 片，近革质，卵形或椭圆形，先端钝而微凹，基部楔形，上面无毛，下面干时粉白色，略被伏贴微柔毛。

分布与生境：定安、澄迈、儋州、白沙、东方、琼中、万宁、乐东、保亭、陵水、三亚；广东、广西、贵州、台湾；越南。生于疏林或灌木丛中。

利用：荒坡绿化树种。

注：手绘图引自中国高等植物图鉴。

中文名称：弯枝黄檀

学名：**Dalbergia candenatensis**(Dennstedt)Prain, J. Asiat. Soc. Bengal, Pt. 2, Nat. Hist. 70: 49. 1901, 中国植物志 40: 107(1994), 广东植物志 5: 222(2003), Flora of China 10: 125(2010)

科名：豆科 Fabaceae(蝶形花科 Papilionaceae)　**属名：**黄檀属 Dalbergia Linn. f.

形态特征：藤本。枝无毛，干时黑色，先端常扭转为螺旋钩状。羽状复叶，长 6 ～ 7.5cm；小叶 (1 ～) 2 ～ 3 对，倒卵状长圆形，长 1.5 ～ 3cm，宽 1 ～ 2cm，先端圆或钝，有时微缺，基部楔形，有时近圆形，上面暗绿色，无毛，下面青白色，被极稀疏、伏贴短柔毛；小叶柄长约 1.5mm，略被短柔毛或近无毛。圆锥花序腋生，长 2.5 ～ 5cm；总花梗极短或近无梗；分枝稍被微柔毛；基生小苞片卵状披针形，副萼状小苞片较大，阔卵形，包着花萼的 1/3；花长约 8mm；花萼阔钟状，近无毛，萼齿近等长，阔三角形至卵形，先端钝，上方 2 枚近合生；花冠白色，花瓣具长柄，旗瓣长圆形，反折，翼瓣倒卵状长圆形，基部戟形，龙骨瓣长圆形，背弯拱，内侧基部有向下的耳；雄蕊 9 枚或有时 10 枚，单体；子房长圆形，具柄，无毛，有胚珠 1(～ 2) 粒，花柱纤细，钻状，柱头小。荚果半月形，腹缝直，背缝弯拱，扁平，具单种子时长 2 ～ 2.4cm，具 2 种子时长 3.5 ～ 4cm，宽 1 ～ 1.2cm，基部具短果颈，果瓣硬革质，全部具不明显的网纹，对种子部分不凸起；种子肾形，扁平，长约 6mm，宽约 3mm。

野外鉴别关键特征：小叶 (1 ～)2 ～ 3 对，倒卵状长圆形，先端圆或钝，有时微缺，基部楔形，有时近圆形，上面暗绿色，无毛，下面青白色，被极稀疏、伏贴短柔毛。

分布与生境：海口、文昌、三亚；广东、广西；太平洋岛屿、大洋洲、印度尼西亚、菲律宾、马来西亚、越南、印度、斯里兰卡。生于沿海地区，攀援于林中树上。

1. 花果枝；2. 花；3. 旗瓣；4. 龙骨瓣；5. 翼瓣；
6. 雄蕊；7. 荚果。

两粤黄檀 (Dalbergia benthami)

弯枝黄檀 (Dalbergia candenatensis)

中文名称： ▲ 海南黄檀

学名： **Dalbergia hainanensis** Merr. & Chun in Sunyatsenia 2: 32. 1935, 海南植物志 2: 289(1965), 广东植物志 5: 225(2003), Flora of China 10: 129(2010)

科名： 豆科 Fabaceae(蝶形花科 Papilionaceae) **属名：** 黄檀属 Dalbergia Linn. f.

形态特征： 乔木，树皮暗灰色，有槽纹，嫩枝略被短柔毛。叶长 15cm 或更长；叶轴、叶柄被褐色短柔毛；小叶纸质，3 ～ 5 对，卵形或椭圆形，长 3 ～ 5.5cm，宽 2 ～ 2.5cm，顶端短渐尖，常钝头，基部阔楔形或圆形，幼嫩时两面均被黄色、伏贴的短柔毛，老时近无毛，干时两面近同色，侧脉稍可见；小叶柄与叶轴、叶柄同被短柔毛。圆锥花序腋生，被褐色短柔毛；花初时稍密集，开放后渐疏离，小苞片长圆形，被毛，着生于花梗的顶端；萼外面与花梗同被褐色短柔毛，上部 2 裂齿阔三角形，侧面 2 齿披针形，下部 1 枚最长，线形；花冠粉红色，各瓣均具爪，旗瓣倒卵状长椭圆形，翼瓣菱状长椭圆形，基部一侧有向下的耳，龙骨瓣最短，具耳；雄蕊 10 枚，为 5 数的 2 组；子房线状，具短柄，密被短柔毛，花柱无毛。荚果长椭圆形、倒披针形或带状，直或稍弯，顶端急尖，基部楔形渐狭窄下延至短的子房柄，有种子 1 颗，稀具 2 颗，果瓣被短柔毛，对种子之部有网纹。花期 6 月。

野外鉴别关键特征： 小叶纸质，3 ～ 5 对，卵形或椭圆形，长 3 ～ 5.5cm，宽 2 ～ 2.5cm，顶端短渐尖，常钝头，基部阔楔形或圆形。

分布与生境： 特有种，霸王岭、吊罗山、尖峰岭、鹦哥岭。生于山地林中。

利用： 本种可作为行道树或庭园观赏树。

注： 手绘图引自广东植物志。

中文名称： 藤黄檀

学名： **Dalbergia hancei** Benth. in J. Linn. Soc., Bot. 4(Suppl.): 44. 1860, 海南植物志 2: 287(1965), 中国植物志 40: 108(1994), 广东植物志 5: 223(2003), Flora of China 10: 125(2010)

科名： 豆科 Fabaceae(蝶形花科 Papilionaceae) **属名：** 黄檀属 Dalbergia Linn. f.

形态特征： 藤本；枝纤细，幼时略被柔毛，小枝有时变成钩状或螺旋状。奇数羽状复叶，长 5 ～ 8cm，有小叶 7 ～ 13 片；托叶膜质，披针形，早落；小叶较小，长圆形或倒卵状长圆形，长 1 ～ 2cm，宽 5 ～ 10mm，顶端钝或圆形而微凹入，基部圆形或阔楔形，幼嫩时两面被伏贴的疏柔毛，老时背面近无毛。总状花序幼时包藏于凹陷、覆瓦状排列的鳞片内，此等花序复结成腋生、稠密、被毛的短圆锥花序；花梗与花萼同被褐色短茸毛；花萼长约 3mm，裂齿短而阔，顶端圆，具缘毛；花冠绿白色，芳香，旗瓣椭圆形，基部两侧稍截平，中部渐狭下延而成一瓣爪，翼瓣与龙骨瓣镰刀状长椭圆形，均具爪；雄蕊 9 枚，1 组；子房线形，除腹缝略具缘毛外，其余无毛，具子房柄。荚果薄，长椭圆形或带状，基部收狭成一细柄；种子通常 1 颗，稀为 2 ～ 4 颗，臀形，极扁平，花期 3 月。

野外鉴别关键特征： 小叶 7 ～ 13 片，顶端钝或圆形而微凹入，基部圆形或阔楔形，幼嫩时两面被伏贴的疏柔毛，老时背面近无毛。

分布与生境： 定安、陵水；安徽、福建、广东、广西、贵州、江西、四川、浙江。生于山地林中或溪边。

利用： 茎皮含单宁；纤维供编织；根、茎入药，能舒筋活络，用治风湿痛，有理气止痛、破积之效。

注： 手绘图引自广东植物志。彩图由 PPBC/ 徐锦泉拍摄。

1. 果枝；2. 花；3. 旗瓣；4. 翼瓣；5. 龙骨瓣；6. 雄蕊；7. 雌蕊。

海南黄檀 (Dalbergia hainanensis)

1. 果枝；2. 花；3. 花萼；4. 旗瓣；5. 翼瓣；6. 龙骨瓣；7. 雄蕊；8. 雌蕊。

藤黄檀 (Dalbergia hancei)

中文名称： 降香黄檀

学名： **Dalbergia odorifera** T. Chen in Act. Phytotax. Sin. 8: 351. 1963, 海南植物志 2: 289(1965), 中国植物志 40: 114(1994), 广东植物志 5: 225(2003), Flora of China 10: 128(2010)

科名： 豆科 Fabaceae(蝶形花科 Papilionaceae)　**属名：** 黄檀属 Dalbergia Linn. f.

形态特征： 乔木，除幼嫩部分、花序及子房略被短柔毛外其余无毛；树皮褐色，粗糙；小枝近平滑，有微小、着白色、密集的皮孔；较老的枝粗糙，有近球形的侧芽。有小叶 9 ～ 13 片，稀有 17 片；叶柄长 1.5 ～ 3cm；托叶极早落；小叶近革质，卵形或椭圆形，长 4 ～ 7cm，宽 2 ～ 3cm，基部的小叶常较小而为阔卵形，顶端急尖，钝头，基部圆形或阔楔形，侧脉和网脉均于两面略凸起。圆锥花序腋生，由多数聚伞花序组成，苞片和小苞片阔卵形，花初时密集于花序的上部，后稍疏散，萼长约 2mm，下部 1 枚裂齿较长，披针形，其余的阔卵形，急尖；花冠淡黄色或乳白色，各瓣近等长，均具爪，旗瓣近倒心形，顶端微凹，截平，翼瓣长椭圆形，龙骨瓣半月形，背部弯拱；雄蕊 9 枚，1 组；子房狭椭圆形，有胚珠 1 ～ 2 颗。荚果舌状长椭圆形，基部略被毛，顶端钝或急尖，基部猝然收窄而与纤细的子房柄相接，果瓣革质，对种子的部分明显隆起，通常有种子 1 颗，稀有 2 颗。花期 4 ～ 6 月。

野外鉴别关键特征： 小叶 9 ～ 13 片，稀有 17 片，近革质，卵形或椭圆形，基部的小叶常较小而为阔卵形，顶端急尖，钝头，基部圆形或阔楔形，侧脉和网脉均于两面略凸起。

分布与生境： 白沙、东方、乐东、三亚；福建、浙江。生于低海拔山地疏林或村旁。

利用： 心材红褐色，坚重，纹理细密，为制造优质家具的良材；又因其心材有香味，可作香料用；根部心材也呈红褐色，供药用，为良好的镇痛剂。

注： 手绘图引自海南植物志。

中文名称： ▲ 白沙黄檀

学名： **Dalbergia peishaensis** Chun & T. Chen in Act. Phytotax. Sin. 7: 24. 1958, 海南植物志 2: 288(1965), 中国植物志 40: 103(1994), Flora of China 10: 123(2010)

科名： 豆科 Fabaceae(蝶形花科 Papilionaceae)　**属名：** 黄檀属 Dalbergia Linn. f.

形态特征： 藤本；茎无毛。幼枝略被短柔毛，有椭圆形或近圆形皮孔。羽状复叶，叶柄被褐色短柔毛；小叶膜质，长圆形，长 8 ～ 15mm，宽 3 ～ 6mm，先端钝至圆，有锐尖头，基部圆形或楔形，有时稍偏斜，两面被褐色丝质柔毛；小叶柄被毛。圆锥花序腋生，被褐色长柔毛，分枝少；总花梗长 1 ～ 2cm；基生小苞片极小，卵形，急尖；副萼状小苞片 2 枚，基部贴合，长圆形，较基生小苞片大；花梗长约 1mm；花微小，聚集于花序分枝的顶端；花萼浅钟状，被褐色柔毛，萼齿 5 枚，下方 1 枚最长，阔卵状兜形，上方 2 枚半圆形，侧方 1 枚较小，卵形；花瓣近等长，具短柄，旗瓣横椭圆形，先端凹缺，基部近戟形，翼瓣倒卵状长圆形，龙骨瓣阔椭圆形，基部内侧有耳；雄蕊 10，单体；子房具柄，倒披针形，除腹缝有毛外其余无毛，有胚珠 3 粒，花柱短。荚果长圆形，顶端急尖，基部渐狭为果颈，果瓣有细网纹。花期 4 月。

野外鉴别关键特征： 小叶膜质，长圆形，先端钝至圆，有锐尖头，基部圆形或楔形，有时稍偏斜，两面被褐色丝质柔毛；小叶柄被毛。

分布与生境： 特有种，鹦哥岭。

利用： 民间药用，似降香黄檀。

1. 花枝；2. 花；3. 花除去花瓣；4. 旗瓣；
5. 翼瓣；6. 龙骨瓣；7. 雄蕊；8. 雌蕊；
9. 果序部分。

降香黄檀 (Dalbergia odorifera)

白沙黄檀 (Dalbergia peishaensis)

中文名称：斜叶黄檀

学名：**Dalbergia pinnata**(Lour.)Prain in Ann. Bot. Gard. Calcutta 10(1): 48. 1904, 海南植物志 2: 287(1965), 中国植物志 40: 101(1994), 广东植物志 5: 222(2003), Flora of China 10: 123(2010)

科名：豆科 Fabaceae(蝶形花科 Papilionaceae)　**属名：**黄檀属 Dalbergia Linn. f.

形态特征：乔木，高 5 ～ 13m，或有时具长而曲折的枝条而成为藤状灌木；小枝初时密被褐色短柔毛，后渐变无毛。奇数羽状复叶，长 12 ～ 15cm，有小叶 21 ～ 41 片；叶轴、叶柄及小叶柄均被褐色短柔毛；托叶披针形，长约 5mm，被毛；小叶纸质，斜长圆形，长 1.2 ～ 1.8cm，宽 5 ～ 7.5mm，顶端圆而稍凹入，基部偏斜，一侧楔形，另一侧近圆形，两面被褐色短柔毛，腹面渐变无毛，背面青白色；叶轴、叶柄和小叶柄均密被褐色短柔毛。圆锥花序腋生，具伞房式的分枝，有很短的总花梗或近于无；总花梗、分枝和花梗均密被褐色短柔毛；苞片和小苞片卵形，被毛；萼钟状，外面被褐色短柔毛或近无毛，萼齿卵形，上部 2 枚近合生；花冠白色，各瓣均具长爪，旗瓣卵形，反折，翼瓣基部戟形，龙骨瓣有耳；雄蕊 9 ～ 10 枚，1 组，子房无毛，具柄，有胚珠 2 ～ 3 颗，花柱纤细。荚果薄，膜质，长椭圆状舌形，顶端圆有小凸尖，基部阔楔形，具纤细的子房柄，绿色，干时褐色而有光泽，全部有纤细的网脉，有种子 1 ～ 3 颗。花期 1 ～ 2 月。

野外鉴别关键特征：小叶 21 ～ 41 片，纸质，斜长圆形，顶端圆而稍凹入，基部偏斜，一侧楔形，他侧近圆形，两面被褐色短柔毛，腹面渐变无毛，背面青白色。

分布与生境：昌江、琼海、白沙、东方、保亭和三亚；广西、西藏、云南；印度尼西亚、老挝、马来西亚、缅甸、菲律宾、泰国、越南。生于山地林中。

利用：全株药用，治风湿、跌打、扭挫伤，有消肿止痛之效。

中文名称：★印度黄檀

学名：**Dalbergia sissoo** Roxb. Fl. Ind. ed. 2, 3: 223. 1832, 海南植物志 2: 289(1965), 中国植物志 40: 105(1994), 广东植物志 5: 225(2003), Flora of China 10: 124(2010)

科名：豆科 Fabaceae(蝶形花科 Papilionaceae)　**属名：**黄檀属 Dalbergia Linn. f.

形态特征：乔木；树皮灰色，粗糙，厚而深裂；分枝多而平展，被白色短柔毛。奇数羽状复叶，长 12 ～ 15cm，小叶 3 ～ 5 片；托叶披针形，早落；小叶近革质，较大，近圆形或有时菱状倒卵形，长 3.5 ～ 6cm，宽 3.5 ～ 5cm，先端圆，具长 5 ～ 10mm 的短尾状尖头。初时两面被白色伏贴柔毛，后渐变无毛，有光泽。圆锥花序腋生，比叶短一半；分枝直而平展，与总轴同被短柔毛；苞片和小苞片披针形，早落；花芳香，具极短的花梗；萼短筒状，外面被短柔毛，上部 2 裂齿稍合生，近圆形，其余的披针形，下部 1 枚最长；花冠黄色和白色，旗瓣倒卵形，顶端微凹入，基部渐狭，具长爪，翼瓣和龙骨瓣狭窄，线状倒披针形，基部渐狭，具长而纤细的爪；雄蕊 9 枚，1 组；子房具长柄，长椭圆形，被白色柔毛，花柱极短。荚果线状披针形，具柄，膜质，干时淡褐色，无毛，有种子 1 ～ 4 颗；种子臀形，略扁平。花期 3 ～ 4 月。

分布与生境：海南有栽培；福建、广东、台湾、浙江。原产伊朗至印度。

利用：本种能适应于较干旱之地，树冠广展，可栽培作庭园观赏；又因其心材坚硬且不易开裂，宜作雕刻、细工、地板及家具用材。

注：手绘图引自浙江植物志。

斜叶黄檀 (Dalbergia pinnata)

1. 花枝；2. 果枝；3. 花。

印度黄檀 (Dalbergia sissoo)

中文名称：越南黄檀

学名：**Dalbergia tonkinensis** Prain, J. Asiat. Soc. Bengal, Pt. 2, Nat. Hist. 70: 42. 1901, 中国植物志 40: 121(1994), Flora of China 10: 130(2010)

科名：豆科 Fabaceae(蝶形花科 Papilionaceae)　**属名：**黄檀属 Dalbergia Linn. f.

形态特征：乔木，高 5 ～ 13m。羽状复叶，长 9 ～ 20cm；叶轴无毛；托叶小，被棕色微柔毛，脱落；小叶 (3 ～)4 ～ 5 对，近革质，卵形，长 4 ～ 9cm，宽 (1.8 ～)3 ～ 5cm，先端短渐尖，基部圆形，嫩时疏被短柔毛，不久变无毛；小叶柄无毛。圆锥花序伞房状，腋生，长约 5cm，直径约 3.8cm；花白色，芳香。荚果卵形或长圆形，长 5 ～ 7.5cm，宽约 2cm，顶端近急尖，基部楔形，具明显果颈，对种子部分有网纹；种子肾形，扁平，长约 9mm，宽约 5mm。

分布与生境：三亚、陵水；越南。

利用：园林观赏，高级木材。

注：彩图由窦雅静拍摄。

中文名称：▲ 红果黄檀

学名：**Dalbergia tsoi** Merr. & Chun in Sunyatsenia 2: 244. 1935, 海南植物志 2: 288(1965), 中国植物志 40: 101(1994), 广东植物志 5: 224(2003), Flora of China 10: 123(2010)

科名：豆科 Fabaceae(蝶形花科 Papilionaceae)　**属名：**黄檀属 Dalbergia Linn. f.

形态特征：攀援灌木，嫩枝略被柔毛。叶长 8 ～ 10cm，有小叶 17 ～ 27 片；叶轴被柔毛；小叶椭圆形或长椭圆形，长 1.4 ～ 3cm，宽 7 ～ 15mm，顶端圆而微凹入，基部圆或急尖，两面被伏贴的柔毛，背面的毛不脱落，干时腹面深褐色，背面淡褐色，侧脉和网脉在叶背面不明显，小叶柄长约 1mm。花未见。荚果长椭圆形，或带状，扁平，革质，无毛，具子房柄，顶端圆而有小凸尖，果瓣对种子部分或全部均有稍隆起的网纹，干时常为红褐色；种子 1 颗，稀 2 颗，臀形，扁平。

野外鉴别关键特征：在檀属中小叶较多的一个种，小叶 17 ～ 27 片，叶轴被柔毛。

分布与生境：特有种，霸王岭、吊罗山、尖峰岭。生于山地林中。

利用：民间药用，似降香黄檀。

越南黄檀 (Dalbergia tonkinensis)

红果黄檀 (Dalbergia tsoi)

中文名称：单节假木豆(单节荚假木豆)

学 名：**Dendrolobium lanceolatum**(Dunn)Schindl. in Fedde Repert. Sp. Nov. 20: 278. 1924, 中国植物志 41: 4(1995), 广东植物志 5: 263(2003), Flora of China 10: 263(2010). ——Desmodium dunnii Merr. in Lingnan Sci. J. 5: 94. 1927, 海南植物志 2: 272(1965)

科名：豆科 Fabaceae(蝶形花科 Papilionaceae)　**属名：**假木豆属 Dendrolobium Benth.

形态特征：灌木，高 1～3m；嫩枝微具棱角，被黄褐色茸毛，老枝圆柱状，无毛。叶为三出羽状复叶；托叶披针形，长 5～12 mm，宿存；叶柄长 5～20mm，具沟槽；小叶硬纸质，长椭圆形或长椭圆状披针形，长 2～5cm，宽 1～2cm，侧生小叶较小，两端均钝或急尖，上面无毛，下面被紧贴的短柔毛，侧脉每边 4～7 条，不达叶缘，下面隆起；小托叶针形，长 2～3mm；小叶柄长 2～3mm，被柔毛。花序近伞形，腋生，有花约 10 朵，结果时花序轴延长，被黄褐色柔毛；苞片披针形；花梗长约 2mm，被柔毛；花萼长 4mm，外面被紧贴的柔毛，上部一裂片较宽，卵形，长 1.5～2mm，下部裂片狭披针形，长 3～4mm；花冠白色或淡黄色，长约 9mm，旗瓣宽椭圆形，具短瓣柄，翼瓣狭长圆形，龙骨瓣近镰刀状，子房通常有 1 颗胚珠，外被疏茸毛。荚果有 1 荚节，阔椭圆形或近圆形，长 8～10mm，宽 6～7mm，扁平，有明显网纹；种子 1 颗，椭圆形，长约 3mm，宽约 2mm。花期 5～8 月；果期 9～11 月。

野外鉴别关键特征：小叶侧脉每边 4～7 条。

分布与生境：澄迈、儋州、昌江、东方、三亚、保亭、陵水；福建；柬埔寨、老挝、泰国、越南。生于灌丛中。

利用：饲料植物资源。

注：手绘图引自广东植物志。

中文名称：假木豆

学名：**Dendrolobium triangulare**(Retz.)Merr. in Journ. Arn. Arb. 23: 170. 1942, 海南植物志 2: 273(1965), 中国植物志 41: 5(1995), 广东植物志 5: 263(2003), Flora of China 10: 264(2010)

科名：豆科 Fabaceae(蝶形花科 Papilionaceae)　**属名：**假木豆属 Dendrolobium Benth.

形态特征：灌木，嫩枝三棱柱状，密被灰白色粉毛。叶有小叶 3 片；叶柄长 1～2.5cm，与叶轴均具槽且被开展或紧贴的丝毛；托叶披针形，背面被灰白色丝毛；小叶倒卵状长椭圆形或长椭圆形，顶生小叶较大，长 7～15cm，宽 3～6cm，顶端急尖，基部圆形或阔楔形，腹面无毛，背面被长丝毛，尤以脉上被毛更密；侧脉每边 10～17 条在腹面凹入，与中脉均因被毛而特别显著；小托叶线状。花序腋生，紧缩呈头状，有花 20 朵或更多，密被丝毛，苞片披针形；花梗不等长，被粉毛；萼外面密被长丝毛，裂齿三角形，比萼管稍短，下部 1 枚狭披针形，与管近等长；花冠白色或淡黄色，旗瓣阔椭圆形，具短爪，翼瓣和龙骨瓣长圆形，顶端钝，基部截平，具爪；雄蕊 1 组；子房被毛，荚果，稍弯曲，腹背两荚缝均缢缩呈波状，有荚节 3～6 个；荚节两面凸起，略被柔毛，渐变无毛。花期 8～10 月。

野外鉴别关键特征：小叶侧脉每边 10～17 条在腹面凹入。

分布与生境：定安、临高、儋州、白沙、昌江、东方、琼中、保亭等地；广东、广西、贵州、台湾、云南；柬埔寨、印度、老挝、马来西亚、缅甸、尼泊尔、斯里兰卡、泰国、越南、非洲。

利用：根入药，有强筋骨之效。

注：手绘图引自海南植物志。

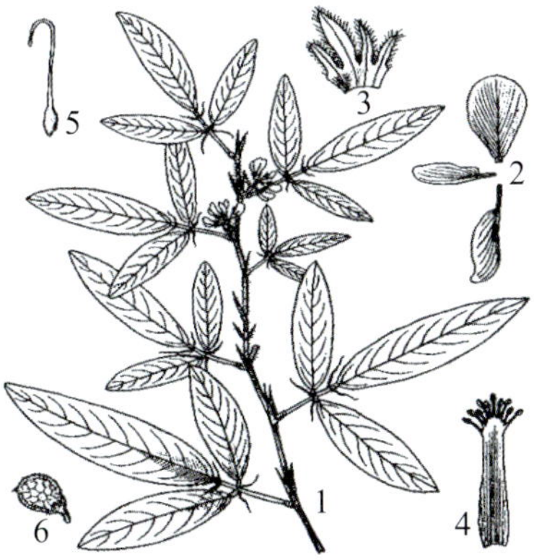

1. 花枝；2. 旗瓣、翼瓣、龙骨瓣；3. 花萼展开；
4. 雄蕊；5. 雌蕊；6. 荚果。

单节假木豆(单节荚假木豆)(Dendrolobium lanceolatum)

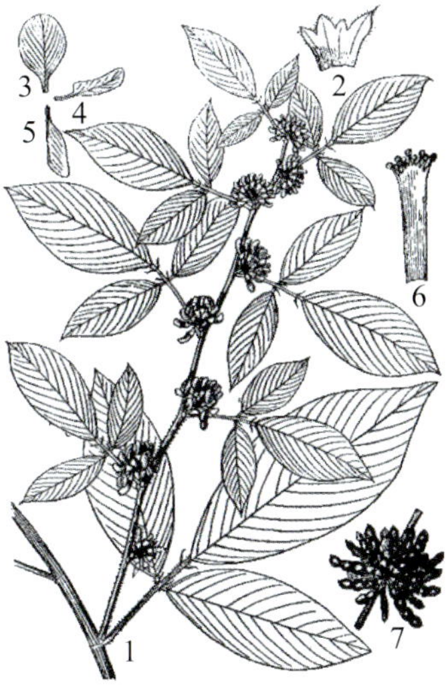

1. 花枝；2. 花萼；3. 旗瓣；4. 翼瓣；
5. 龙骨瓣；6. 雄蕊；7. 荚果。

假木豆 (Dendrolobium triangulare)

中文名称： 白花鱼藤

学名： **Derris alborubra** Hemsl. in Cnrtis's Bot. Mag. 4: t. 8008. 1905, 海南植物志 2: 293(1965), 中国植物志 40: 203(1994), 广东植物志 5: 243(2003), Flora of China 10: 170(2010)

科名： 豆科 Fabaceae(蝶形花科 Papilionaceae)　**属名：** 鱼藤属 Derris Lour.

形态特征： 常绿、木质藤本，长可达 6m。通常有小叶 5 片，稀 3 片；叶柄基部厚，上面有槽纹；长 2.5 ～ 3.5cm；小叶 2 对，有的 1 对，小叶革质，具短柄，椭圆形、长椭圆形或倒卵状长椭圆形，长 5 ～ 8(～ 15)cm，宽 2 ～ 5(～ 7)cm，顶端钝而微凹入，基部圆形或阔楔形。圆锥花序侧生和顶生，狭窄，分枝和花梗纤细，稍被柔毛；花芳香，萼红色，斜钟状，被黄褐色柔毛，有短齿；花冠白色，旗瓣近圆形，顶端微凹入，基部内侧无附属体；雄蕊 1 组；子房被柔毛。荚果扁平，革质，斜卵形或长椭圆形，通常有种子 1 ～ 2 颗，背腹两缝均有翅，但腹缝的翅较阔。花期 6 月。

野外鉴别关键特征： 小叶 2 对，有的 1 对，小叶革质。

分布与生境： 琼海、保亭、万宁；广东、广西；柬埔寨、老挝、越南。生于山地疏林或灌丛中。

利用： 植物源农药资源。

注： 手绘图引自中国高等植物图鉴。

中文名称： ▲ 短枝鱼藤

学名： **Derris breviramosa** How in Act. Phytotax. Sin. 3: 219. 1954, 海南植物志 2: 294(1965), 中国植物志 40: 199(1994), 广东植物志 5: 242(2003), Flora of China 10: 168(2010)

科名： 豆科 Fabaceae(蝶形花科 Papilionaceae)　**属名：** 鱼藤属 Derris Lour.

形态特征： 攀援灌木。羽状复叶长 15 ～ 20cm；小叶 2 ～ 3 对，近纸质，倒卵状长椭圆形或长圆形，长 5 ～ 10cm，宽 2.5 ～ 4.5cm，先端渐尖或短渐尖，钝头，基部阔楔形或钝。总状花序腋生，不分枝或近基部少分枝，远较复叶长；花束的轴节状，长 4 ～ 6mm，与花梗同被微柔毛；花近丛生，长 9 ～ 10mm；花梗丝状，长 3 ～ 6mm；花萼钟状，长宽均约 3mm，外被微柔毛，有橙色、小瘤状斑纹；花冠白色，各瓣均具柄，旗瓣长圆形，先端凹陷，基部近截平，无附属体，翼瓣线状长圆形，龙骨瓣斧形，与翼瓣均有短尖耳；雄蕊单体；子房被毛，有胚珠 4 颗。荚果着生于多疤痕的节状短枝上，长椭圆形，长 5 ～ 7.5cm，宽 1.8 ～ 2cm，扁平，两端稍钝，有脉纹，腹缝的翅宽 3.5 ～ 5mm，背缝的翅宽 2 ～ 3mm，种子单生。花期 6 月；果期 8 月。

野外鉴别关键特征： 小叶 2 ～ 3 对，近纸质，先端渐尖或短渐尖，钝头，基部阔楔形或钝。

分布与生境： 特有种，霸王岭、吊罗山、尖峰岭。生于山地溪边灌丛中。

利用： 植物源农药资源。

1. 花枝; 2. 旗瓣、翼瓣、龙骨瓣; 3. 荚果。

白花鱼藤 (**Derris alborubra**)

短枝鱼藤 (**Derris breviramosa**)

中文名称：锈毛鱼藤

学名： **Derris ferruginea** Benth. in Pl. Jungh. 1: 252. 1852, 海南植物志 2: 293(1965), 中国植物志 40: 197(1994), 广东植物志 5: 242(2003), Flora of China 10: 168(2010)

科名：豆科 Fabaceae(蝶形花科 Papilionaceae)　**属名：**鱼藤属 Derris Lour.

形态特征：攀援灌木，小枝密被锈色柔毛。小叶 5 ～ 9 片，革质，倒卵状长椭圆形或椭圆形，长 6 ～ 13cm，宽 2 ～ 5cm，顶端渐尖而钝头，基部圆或钝，腹面无毛，有光泽，背面略被锈色微毛或渐变无毛。圆锥花序腋生，具分枝，密被锈色小柔毛；花梗纤细，簇生于短轴上，此轴常延伸为一短枝；萼裂齿极小；花冠淡红色或白色，旗瓣内侧基部无附属体，中部以上被短柔毛；雄蕊 1 组；子房被毛。荚果革质，长椭圆形或舌状椭圆形，嫩时密被锈色丝毛，成长时近无毛，背腹两荚缝均有翅，腹缝的翅宽 3 ～ 5mm，背缝的翅宽 2 ～ 4mm，有种子 1 ～ 2 颗。花期 4 月。

野外鉴别关键特征：小枝密被锈色柔毛。小叶 5 ～ 9 片，革质。

分布与生境：海南岛；广东、广西、贵州、云南；孟加拉国、印度、老挝、缅甸、泰国、越南。生于低海拔林中。

利用：植物源农药资源。

中文名称：中南鱼藤

学名： **Derris fordii** Oliver, Hook. Ic. Pl. 18: t. 1771. 1888, 中国植物志 40: 201(1994), 广东植物志 5: 243(2003), Flora of China 10: 169(2010)

科名：豆科 Fabaceae(蝶形花科 Papilionaceae)　**属名：**鱼藤属 Derris Lour.

形态特征：攀援状灌木。羽状复叶长 15 ～ 28cm；小叶 2 ～ 3 对，厚纸质或薄革质，卵状椭圆形、卵状长椭圆形或椭圆形，长 4 ～ 13cm，宽 2 ～ 6cm，先端渐尖，略钝，基部圆形，两面无毛，侧脉 6 ～ 7 对，纤细，两面均隆起；小叶柄长 4 ～ 6mm，黑褐色。圆锥花序腋生，稍短于复叶；花序轴和花梗有极稀少的黄褐色短硬毛；花数朵生于短小枝上，花梗通常长 3 ～ 5mm；小苞片 2，长约 1mm，生于花萼的基部，外被微柔毛；花萼钟状，长 2 ～ 3mm，上部被极稀疏的柔毛，萼齿短，圆形或三角形；花冠白色，长约 10mm，旗瓣阔倒卵状椭圆形，有短柄，翼瓣一侧有耳，龙骨瓣基部具尖耳；雄蕊单体；子房无柄，被白色长柔毛。荚果薄革质，长椭圆形至舌状长椭圆形，长 4 ～ 10cm，宽 1.5 ～ 2.3cm，扁平，无毛，腹缝翅宽 2 ～ 3mm，背缝翅宽不及 1mm，有种子 1 ～ 4 粒；种子褐红色，长肾形，长 14 ～ 18mm，宽约 10mm。花期 4 ～ 5 月；果期 10 ～ 11 月。

野外鉴别关键特征：小叶 2 ～ 3 对，厚纸质或薄革质，先端渐尖，略钝，基部圆形。

分布与生境：昌江、东方、保亭、儋州；我国华南、华中及浙江、福建、贵州、云南。生于山地路旁或山谷的灌木林或疏林中。

利用：植物源农药资源。

注：手绘图引自广东植物志。

锈毛鱼藤 (Derris ferruginea)

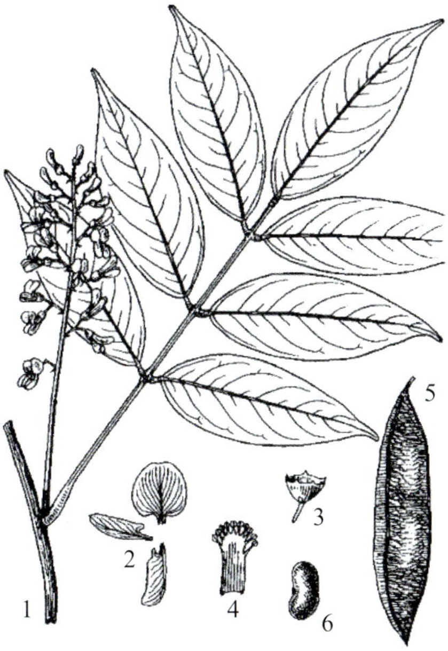

1. 花枝；2. 花冠部分展开；3. 花萼；4. 雄蕊；
5. 荚果；6. 种子。

中南鱼藤 (Derris fordii)

中文名称： 鱼藤

学名： **Derris trifoliata** Loureiro, Fl. Cochinch. 2: 433. 1790, 海南植物志 2: 295(1965), 中国植物志 40: 196(1994), 广东植物志 5: 241(2003), Flora of China 10: 167(2010)

科名： 豆科 Fabaceae(蝶形花科 Papilionaceae)　**属名：** 鱼藤属 Derris Lour.

形态特征： 木质藤本；小枝和叶均无毛。叶具柄，小叶通常 5 片，间有为 3 片或 7 片，具短柄，近革质，卵状长椭圆形至长椭圆形，长 5 ～ 10cm，宽 2 ～ 4cm，顶端渐尖而钝头，基部圆形。总状花序腋生或侧生，有时下部的花束轴延长成一短枝；花梗聚生，稍长于萼，萼钟状，近无毛，有不明显的钝齿；花冠白色或粉红色，各瓣近等长，旗瓣近圆形，翼瓣及龙骨瓣狭长椭圆形；雄蕊 1 组。荚果扁平而薄，斜卵形、圆形或阔长椭圆形，无毛，只于腹缝有狭翅，有种子 1 ～ 2 颗。花期 8 月。

野外鉴别关键特征： 小叶通常 5 片，间有为 3 片或 7 片。生于海河岸灌丛、海边灌木林或近海岸的红树林中。

分布与生境： 文昌、陵水、三亚等地；福建、广东、广西、台湾；印度、马来西亚、澳大利亚。生于海河岸灌丛、海边灌木林或近海岸的红树林中。

利用： 植物源农药资源。

注： 手绘图引自广东植物志。

中文名称： 大叶山蚂蝗

学名： **Desmodium gangeticum**(Linn.)DC. Prodr. 2: 327. 1825, 海南植物志 2: 280(1965), 中国植物志 41: 26(1995), 广东植物志 5: 269(2003), Flora of China 10: 272(2010)

科名： 豆科 Fabaceae(蝶形花科 Papilionaceae)　**属名：** 山蚂蝗属 Desmodium Desv.

形态特征： 直立或近直立亚灌木，茎柔弱，多分枝，稍具棱，被稀疏柔毛。叶仅具单小叶；托叶狭三角形或狭卵形，长约 lcm，宽 1 ～ 3mm；叶柄长 1 ～ 2cm，密被直毛和小钩状毛；小叶纸质，长椭圆状卵形，有时为卵形或披针形，长 3 ～ 13cm，宽 2 ～ 7cm，先端急尖，基部圆形，上面除中脉外，其余无毛，下面薄被灰色长柔毛，侧脉每边 6 ～ 10 条，边全缘；小托叶钻形。总状花序顶生或腋生，有时顶生花序为圆锥花序，总花梗纤细，被短茸毛；花 2 ～ 6 朵生于每一节上；苞片针状，脱落；花梗被毛；花萼宽钟状，被糙伏毛，裂片披针形，稍长于萼筒，上方裂片先端微 2 裂；花冠绿白色，旗瓣倒卵形，基部渐狭，具不明显的瓣柄，翼瓣长圆形，基部具耳和短瓣柄，龙骨瓣狭倒卵形；无耳；雄蕊二体，长 3 ～ 4mm；雌蕊长 4 ～ 5mm，子房线形，被毛。荚果略弯曲，密集，腹缝稍直，背缝深波状，有 6 ～ 8 个荚节，荚节近圆形或宽长圆形，被钩状短茸毛。花期 4 ～ 8 月；果期 8 ～ 9 月。

野外鉴别关键特征： 叶仅具单小叶，叶柄长 1 ～ 2cm，密被直毛和小钩状毛。

分布与生境： 澄迈、儋州、昌江、海口、五指山、白沙、东方、保亭、三亚等地；福建、广东、广西、贵州、四川、台湾、云南；热带非洲、亚洲南部及东南部、澳大利亚。生于旷野疏林中。

利用： 饲料植物资源。

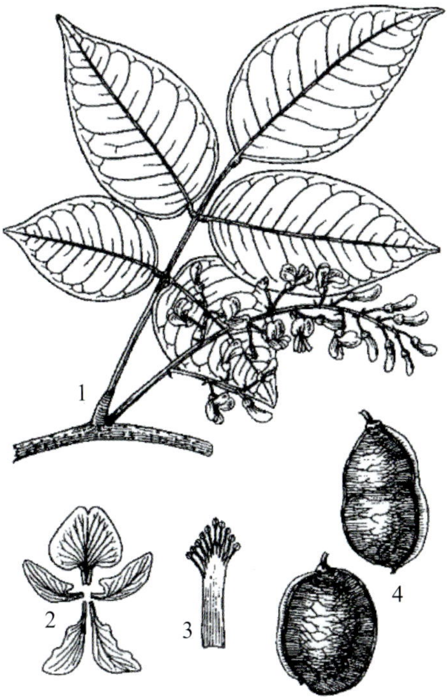

1. 花枝；2. 花冠展开；3. 雄蕊；4. 荚果。

鱼藤 (Derris trifoliata)

大叶山蚂蝗 (Desmodium gangeticum)

中文名称：假地豆

学名： **Desmodium heterocarpon**(Linn.)DC. Prodr. 2: 227. 1825, 海南植物志 2: 275(1965), 中国植物志 41: 30(1995), 广东植物志 5: 272(2003), Flora of China 10: 273(2010)

科名：豆科 Fabaceae(蝶形花科 Papilionaceae)　**属名：**山蚂蝗属 Desmodium Desv.

形态特征：小灌木或亚灌木。茎直立或平卧，高 30 ～ 150cm，基部多分枝，多少被糙伏毛，后变无毛。叶为羽状三出复叶，小叶 3；托叶宿存，狭三角形，长 5 ～ 15mm，先端长尖，基部宽，叶柄长 1 ～ 2cm，略被柔毛；小叶纸质，顶生小叶椭圆形、长椭圆形或宽倒卵形，长 2.5 ～ 6cm，宽 1.3 ～ 3cm，侧生小叶通常较小，先端圆或钝，微凹，具短尖，基部钝，上面无毛，无光泽，下面被贴伏白色短柔毛，全缘，侧脉每边 5 ～ 10 条，不达叶缘；小托叶丝状，长约 5mm；小叶柄长 1 ～ 2mm，密被糙伏毛。总状花序顶生或腋生，长 2.5 ～ 7cm，总花梗密被淡黄色开展的钩状毛；花极密，每 2 朵生于花序的节上；苞片卵状披针形，被缘毛，在花未开放时呈覆瓦状排列；花梗长 3 ～ 4mm，近无毛或疏被毛；花萼长 1.5 ～ 2mm，钟形，4 裂，疏被柔毛，裂片三角形，较萼筒稍短，上部裂片先端微 2 裂；花冠紫红色、紫色或白色，长约 5mm，旗瓣倒卵状长圆形，先端圆至微缺，基部具短瓣柄，翼瓣倒卵形，具耳和瓣柄，龙骨瓣极弯曲，先端钝；雄蕊二体，长约 5mm；雌蕊长约 6mm，子房无毛或被毛，花柱无毛。荚果密集，狭长圆形，长 12 ～ 20mm，宽 2.5 ～ 3mm。腹缝线浅波状，腹背两缝线被钩状毛，有荚节 4 ～ 7，荚节近方形。花期 7 ～ 10 月；果期 10 ～ 11 月。

野外鉴别关键特征：总花梗密被淡黄色开展的钩状毛。

分布与生境：定安、保亭；云南、四川、贵州、广西、广东、湖南、福建、浙江、江苏、江西、台湾；亚洲东部和南部。生于山谷丛林中。

利用：全株药用，能清热，治跌打损伤。

注：手绘图引自海南植物志。

中文名称：糙毛假地豆

学名： **Desmodium heterocarpon** var. **strigosum** Van Meeuwen in Reinwardtia 6: 95. 1961, 海南植物志 2: 275(1965), 中国植物志 41: 31(1995), 广东植物志 5: 272(2003), Flora of China 10: 273(2010)

科名：豆科 Fabaceae(蝶形花科 Papilionaceae)　**属名：**山蚂蝗属 Desmodium Desv.

形态特征：小灌木或亚灌木。茎直立或平卧，高 30 ～ 150cm，基部多分枝，多少被糙伏毛，后变无毛。叶为羽状三出复叶，小叶 3；托叶宿存，狭三角形，长 5 ～ 15mm，先端长尖，基部宽，叶柄长 1 ～ 2cm，略被柔毛；小叶纸质，顶生小叶椭圆形、长椭圆形或宽倒卵形，长 2.5 ～ 6cm，宽 1.3 ～ 3cm，侧生小叶通常较小，先端圆或钝，微凹，具短尖，基部钝，上面无毛，无光泽，下面被贴伏白色短柔毛，全缘，侧脉每边 5 ～ 10 条，不达叶缘；小托叶丝状，长约 5mm；小叶柄长 1 ～ 2mm，密被糙伏毛。总状花序顶生或腋生，长 2.5 ～ 7cm，总花梗密被贴伏的白色糙伏毛。花极密，每 2 朵生于花序的节上；苞片卵状披针形，被缘毛，在花未开放时呈覆瓦状排列；花梗长 3 ～ 4mm，近无毛或疏被毛；花萼长 1.5 ～ 2mm，钟形，4 裂，疏被柔毛，裂片三角形，较萼筒稍短，上部裂片先端微 2 裂；花冠紫红色、紫色或白色，长约 5mm，旗瓣倒卵状长圆形，先端圆至微缺，基部具短瓣柄，翼瓣倒卵形，具耳和瓣柄，龙骨瓣极弯曲，先端钝；雄蕊二体，长约 5mm；雌蕊长约 6mm，子房无毛或被毛，花柱无毛。荚果密集，狭长圆形，长 12 ～ 20mm，宽 2.5 ～ 3mm。腹缝线浅波状，腹背两缝线被钩状毛，有荚节 4 ～ 7，荚节近方形。花期 7 ～ 10 月；果期 10 ～ 11 月。

野外鉴别关键特征：总花梗密被贴伏的白色糙伏毛。

分布与生境：定安、保亭；广东、广西、台湾、云南；亚洲东部及南部。生于山谷丛林中。

利用：饲料植物资源。

注：手绘图引自 http：//www.zhiwutong.com/dan_tu/32/26044.html.

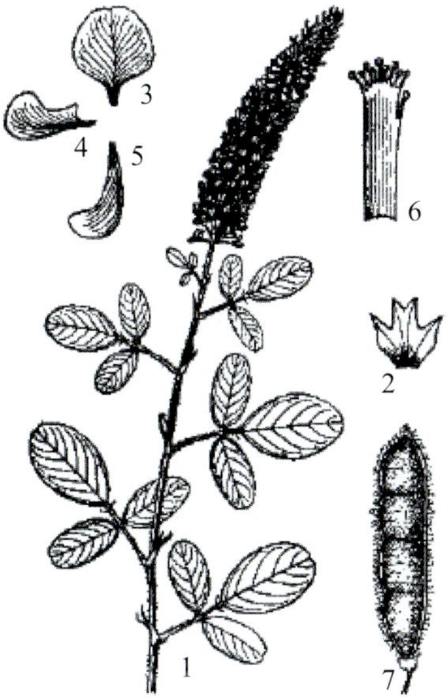

1. 花枝；2. 花萼展开；3. 旗瓣；4. 翼瓣；
5. 龙骨瓣；6. 雄蕊；7. 荚果。

假地豆 (Desmodium heterocarpon)

糙毛假地豆 (Desmodium heterocarpon var. strigosum)

中文名称：异叶山蚂蝗（异叶山绿豆）

学名：**Desmodium heterophyllum**(Willd.)DC. Prodr. 2: 334. 1825, 海南植物志 2: 277(1965), 中国植物志 41: 37(1995), 广东植物志 5: 271(2003), Flora of China 10: 275(2010)

科名：豆科 Fabaceae(蝶形花科 Papilionaceae)　**属名：**山蚂蝗属 Desmodium Desv.

形态特征：平卧草本，茎纤细，长 10 ～ 40cm，密被开展的长柔毛，从基部开始分枝。小叶 3 片，在下部的有时只有小叶 1 片；托叶卵形，长 3 ～ 6mm，渐尖、被缘毛，顶生小叶阔椭圆状倒卵形，长约 3cm，侧生小叶长椭圆形、椭圆形或倒卵状长椭圆形，长 1 ～ 2cm，有时更小，顶端圆或近截平，常微凹入，基部钝形，腹面近无毛或两面均被疏毛。花单生或成对生于叶腋内，或排成具数花的总状花序；苞片和托叶相似；花梗长 10 ～ 25mm，无毛或仅于顶部有少数钩状毛；萼长约 3mm，密被开展的长柔毛，裂齿披针形，远比萼管长；花冠紫红色，长约 5mm，旗瓣倒卵形，翼瓣长椭圆形，具短耳，龙骨瓣稍弯曲，顶端钝；子房无柄，被毛。荚果长 12 ～ 18mm，宽约 3mm，近无毛；荚节 4 ～ 5 个，扁平，长 3.5 ～ 4mm，宽 3 ～ 3.5mm，具网纹，有钩状毛及少数散生的柔毛；种子长 2.8mm，宽约 2mm，种皮黑褐色，有光泽。花期夏季。

野外鉴别关键特征：平卧草本，茎纤细，密被开展的长柔毛。

分布与生境：儋州、东方、万宁、乐东、陵水、三亚；安徽、福建、广东、广西、江西、台湾、云南；越南、印度、马来西亚、菲律宾。生于河边或田边。

利用：饲料植物资源。

中文名称：绿叶山蚂蝗

学名：**Desmodium intortum**(Miller)Urban Symb. Antill. 8: 292. 1920. Flora of China 10: 271(2010)

科名：豆科 Fabaceae(蝶形花科 Papilionaceae)　**属名：**山蚂蝗属 Desmodium Desv.

形态特征：多年生草本植物，主根入土较深，侧根发达。茎粗壮，匍匐蔓生或缠绕，密生茸毛。主茎呈绿色至微红棕色，长 1.3 ～ 8m，直径 5 ～ 8mm，茎节着地即生根，向上生出新枝，三出复叶，小叶椭圆形，绿色，叶面有微红棕色或紫红色斑点。成龄株叶片长 7.5 ～ 2.5cm，宽 5 ～ 7.5cm。总状花序，花冠紫红色至紫色，变成蓝色或带绿色、白色，9 ～ 11mm。果弯曲，每荚含 6 ～ 10 粒肾形种子，种子长 2mm，宽 1.5mm。千粒重 1.3g。花期 7 ～ 10 月；果期 10 ～ 11 月。

野外鉴别关键特征：茎粗壮，匍匐蔓生或缠绕，密生茸毛。主茎呈绿色至微红棕色。叶面有微红棕色或紫红色斑点。

分布与生境：海南有分布；台湾。原产中美洲和南美洲。

异叶山蚂蝗（异叶山绿豆）(Desmodium heterophyllum)

绿叶山蚂蝗 (Desmodium intortum)

中文名称：大叶拿身草

学名：**Desmodium laxiflorum** DC., Ann. Sci. Nat. Bot. 4: 100. 1825, 中国植物志 41: 20(1995), 广东植物志 5: 273(2003), Flora of China 10: 270(2010)

科名：豆科 Fabaceae(蝶形花科 Papilionaceae) **属名：**山蚂蝗属 Desmodium Desv.

形态特征：直立或平卧灌木或亚灌木，高 30 ～ 120cm。茎单一或分枝，具不明显的棱，被贴伏毛和小钩状毛。叶为羽状三出复叶，小叶 3；托叶狭三角形，长 7 ～ 10mm，宽 2 ～ 3mm，被柔毛和小钩状毛；叶柄长 1.5 ～ 4cm，被柔毛和小钩状毛；顶生小叶卵形或椭圆形，长 4.5 ～ 10(～ 15)cm，宽 3 ～ 6(～ 8)cm，侧生小叶略小，先端急尖或渐尖，基部楔形、圆形或浅心形，上面散生贴伏毛或近无毛，下面密被淡黄色丝状毛，侧脉每边 7 ～ 12 条，直达叶缘；小托叶钻形，长 4 ～ 6mm，宽 0.5 ～ 0.8mm，被柔毛和小钩状毛；小叶柄长约 2mm，被柔毛和小钩状毛。总状花序腋生或顶生，顶生者具少数分枝，呈圆锥状，长达 28cm；总轴被柔毛和小钩状毛；花 2 ～ 7 朵簇生于每一节上；苞片小，线状钻形；花梗长 2 ～ 3mm，结果时长达 5 ～ 8mm，密被小钩状毛和混生稀疏开展毛；花萼漏斗形，长约 2.5mm，密被长柔毛，裂片披针形，较萼筒稍长，上部裂片先端微 2 裂；花冠紫堇色或白色，长 4 ～ 7mm，旗瓣宽倒卵形或近圆形，翼瓣基部具耳和短瓣柄，龙骨瓣无耳，但具瓣柄；雄蕊二体，长约 5mm；雌蕊长 4 ～ 6mm，子房疏生柔毛。荚果线形，长 2 ～ 6cm，腹背缝线在荚节处稍缢缩，有荚节 4 ～ 12，荚节长圆形，长 4 ～ 5mm，宽 1.5 ～ 2mm，密被钩状小毛。花期 8 ～ 10 月；果期 10 ～ 11 月。

分布与生境：白沙；福建、广东、广西、贵州、湖北、湖南、江西、四川、台湾、云南；印度、老挝、马来西亚、缅甸、尼泊尔、巴布亚新几内亚、菲律宾、泰国、越南。生于山地林缘、灌丛或草坡。

注：手绘图引自中国高等植物图鉴。彩图由 PPBC/ 苏丽飞拍摄。

中文名称：小叶三点金

学名：**Desmodium microphyllum**(Thunb.)DC. Prodr. 2: 337. 1825, 海南植物志 2: 278(1965), 中国植物志 41: 36(1995), 广东植物志 5: 270(2003), Flora of China 10: 275(2010)

科名：豆科 Fabaceae(蝶形花科 Papilionaceae) **属名：**山蚂蝗属 Desmodium Desv.

形态特征：多年生平卧草本；茎多分枝，纤细，近无毛。叶为羽状三出复叶，有时为单小叶；托叶披针形，长 3 ～ 4mm，疏生柔毛和具缘毛；叶柄长 2 ～ 3cm，疏生柔毛；小叶薄纸质，顶生小叶为倒卵状长椭圆形或长椭圆形，长 10 ～ 12mm，宽 4 ～ 6mm，侧生小叶倒卵形或椭圆形，长 2 ～ 6mm，宽 1.5 ～ 4mm，先端圆形，稀微凹，基部宽楔形或圆形，边全缘，侧脉每边 4 ～ 5 条，上面无毛，下面被稀疏柔毛或无毛；小托叶小，长 0.2 ～ 0.4mm；顶生小叶柄长 3 ～ 10mm，被疏柔毛。总状花序顶生或腋生，被黄褐色开展茸毛；有花 6 ～ 10 朵；苞片卵形，被黄褐色柔毛；花梗纤细，略被短柔毛；花萼长 4mm，5 深裂，密被黄褐色长柔毛，裂片线状披针形，较萼筒长 3 ～ 4 倍；花冠粉红色，与花萼等长，旗瓣倒卵形或倒卵状圆形，中部以下渐狭，具短瓣柄，翼瓣倒卵形，具耳和瓣柄，龙骨瓣长椭圆形，较翼瓣长，弯曲；雄蕊二体，长约 5mm；子房线形，被毛。荚果长 12mm，宽约 3mm，背腹两缝线浅齿状，通常具 3 ～ 4 荚节，荚节近圆形，扁平，被短柔毛和缘毛，有网纹。花期 5 ～ 9 月；果期 9 ～ 11 月。

野外鉴别关键特征：与三点金不同的特征是小叶三点金的叶长宽不等，为倒卵状长椭圆形或长椭圆形。

分布与生境：陵水；我国长江以南各省 (自治区)；印度半岛、澳大利亚、日本。生于旷野中。

利用：根供药用，有清热解毒、止咳、祛痰之效。

注：彩图由 PPBC/ 饶军拍摄。

1. 花枝；2. 旗瓣、翼瓣、龙骨瓣；3. 花萼；4. 雄蕊；
5. 雌蕊；6. 果荚。

大叶拿身草 (Desmodium laxiflorum)

小叶三点金 (Desmodium microphyllum)

中文名称：长圆叶山蚂蝗

学名： **Desmodium oblongum** Wallich ex Bentham in Miquel, Pl. Jungh. 224. 1852, 中国植物志 41: 27(1995), Flora of China 10: 272(2010)

科名：豆科 Fabaceae(蝶形花科 Papilionaceae)　**属名：**山蚂蝗属 Desmodium Desv.

形态特征：直立灌木，高 70 ～ 150cm。多分枝，分枝细长，疏生钩状毛。叶具单小叶；托叶狭三角形，长 8 ～ 12mm，基部宽约 2mm，外面与边缘幼时密被贴伏丝状毛；叶柄长 1 ～ 1.4cm，密被小钩状毛和贴伏直毛；小叶近革质，长圆形或长圆状披针形，长 7 ～ 12cm，宽 2.5 ～ 4.5cm，先端急尖至钝，基部钝或圆，上面除脉上有毛外，余无毛，下面密被贴伏柔毛，脉上疏生小钩状毛，侧脉每边 12 ～ 16 条，网脉明显；小托叶钻形至狭三角形，长 2 ～ 4mm，毛被与托叶同；小叶柄长约 2mm。圆锥花序顶生或腋生，顶生者长 10 ～ 30cm；总花梗密被钩状毛和开展长毛；花稀疏，每 2 朵生于节上；苞片狭卵形，长 5 ～ 6mm，宽 2 ～ 2.5mm，无毛或有疏毛；花梗长 12mm，结果时增至 17mm，疏被毛；花萼宽钟形，长约 3mm，被毛，裂片三角形，与萼筒近等长，上部裂片先端 2 裂；花冠紫色，长 8 ～ 10mm，旗瓣近圆形至宽倒卵形，具短瓣柄，翼瓣斜长圆形，上半部明显弯曲，具耳和短瓣柄，龙骨瓣上半部弯曲，有瓣柄；雄蕊单体；雌蕊长 12 ～ 13mm，子房被贴伏柔毛，有胚珠 6 ～ 9，花柱上部弯曲。荚果窄长圆形，长 1.5 ～ 3cm，宽约 3mm，腹缝线深缢缩，背缝线圆齿状，有荚节 5 ～ 7，荚节近圆形，几无毛。花果期 8 ～ 11 月。

分布与生境：昌江，广西、云南；印度、不丹、泰国、老挝、柬埔寨、越南。生于海拔 1000 ～ 1800m 的灌丛中或阔叶林下。

利用：饲料植物资源。

注：手绘图引自中国植物志，标本引自西双版纳植物园。

中文名称：卵叶山蚂蝗

学名： **Desmodium ovalifolium** Wall.

科名：豆科 Fabaceae(蝶形花科 Papilionaceae)　**属名：**山蚂蝗属 Desmodium Desv.

形态特征：为多年生平卧生长的灌状草本植物，分枝细而多，稍具棱，上部贴生灰白色茸毛；三出复叶或小叶单叶互生；小叶近革质，叶柄长 1.5 ～ 2.5cm，顶端小叶阔椭圆形、倒卵形或椭圆形，长 2.5 ～ 4.5cm，宽 2.2 ～ 2.8cm；侧生小叶阔椭圆形、倒卵形或椭圆形，长 1.6 ～ 2.5cm，宽 1.0 ～ 1.5cm。总状花序顶生，长 3 ～ 4.5cm，苞片阔卵形，长 5 ～ 8cm，宽 3 ～ 4cm，顶端尾尖，背面及边缘被柔毛；花成对着生，梗长 2cm；萼被毛，长 1.5cm，4 ～ 5 齿裂，裂齿鳞片状三角形，花冠蝶形，长 6 ～ 8cm，旗瓣阔卵形，顶端微凹入，具短爪，翼瓣倒卵状长圆形，龙骨瓣弯曲；雄蕊 2 组，对着旗瓣 1 枚离生，其他 8 枚合生；子房无柄，被毛，胚珠 4 ～ 5 颗，花柱弯曲。荚果长 1.5 ～ 1.9cm，密被锈色柔毛，腹缝线直，背缝线波状，具 4 ～ 5 个节荚。种子扁肾形，微凹，淡黄色，长 2cm，宽 1.5cm。

野外鉴别关键特征：为多年生平卧生长的灌状草本植物，分枝细而多，花成对着生。

分布与生境：儋州；我国长江以南；东南亚。

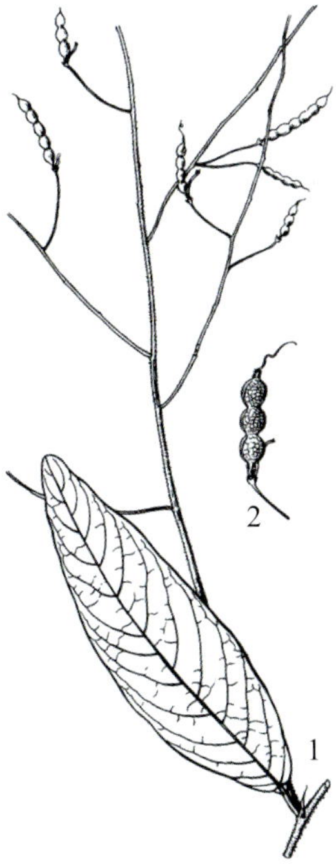

1. 果枝；2. 荚果。

长圆叶山蚂蝗 (Desmodium oblongum)

卵叶山蚂蝗 (Desmodium ovalifolium)

中文名称：肾叶山蚂蝗

学名：**Desmodium renifolium**(Linn.)Schindl. in Fedde, Rep. Sp. Nov. 22: 262. 1926, 海南植物志 2: 279(1965), 中国植物志 41: 35(1995), 广东植物志 5: 267(2003), Flora of China 10: 275(2010)

科名：豆科 Fabaceae(蝶形花科 Papilionaceae)　**属名：**山蚂蝗属 Desmodium Desv.

形态特征：亚灌木，高 30 ～ 50cm。茎很细弱，具纵条纹；多分枝，通常无毛。根茎木质。叶具单小叶；托叶线形或狭卵形，脱落，长约 4mm，叶柄纤细，长 1 ～ 2cm；小叶膜质，肾形或扁菱形。通常宽大于长，长 1.5 ～ 3.5cm，宽 2.5 ～ 5cm，两端截形或先端微凹，或基部宽楔形，上面绿色，下面灰绿色，侧脉每边 3 ～ 4 条，纤细，不达叶缘；小托叶刺毛状，长约 1mm；小叶柄长 1mm。圆锥花序顶生或腋生总状花序，长 5 ～ 15cm；总花梗纤细；花疏离，通常 2 ～ 5 朵生于花序每节上，节间长 1cm，有时花单生于叶腋；苞片干膜质，具条纹，狭卵形，长约 3mm，宽 0.5 ～ 0.8mm，边缘散生小钩状毛；花梗长 2 ～ 8mm，结果时增至 13mm，纤细，疏生小钩状毛；花萼长约 2mm，外面疏生钩状毛，裂片三角形，与萼筒等长，上部裂片全缘，宽卵形；花冠白色至淡黄色或紫色，长约 5mm，旗瓣倒卵形，先端微凹入，具宽短瓣柄，翼瓣狭长圆形，有不明显的耳，具长瓣柄，龙骨瓣长椭圆形，较翼瓣稍长，无耳，但有长瓣柄；雄蕊单体，长 3.2 ～ 4.2mm；雌蕊长约 5mm，花柱弯曲，子房被贴伏小柔毛。荚果狭长圆形，长 2 ～ 3cm，宽 2.5 ～ 4mm，腹缝线直或稍缢缩，背缝线深缢缩或稍缢缩，有荚节 2 ～ 5，荚节近方形至半圆形，初时有小柔毛，后渐变无毛，具网脉。花果期 9 ～ 11 月。

分布与生境：东方；台湾、云南；柬埔寨、印度、老挝、马来西亚、缅甸、尼泊尔、泰国、越南、澳大利亚。生于向阳草地上。

注：手绘图引自云南植物志；彩图由 PPBC/ 宋鼎拍摄。

中文名称：显脉山绿豆

学名：**Desmodium reticulatum** Champ. in J. Bot. 4: 46. 1852, 海南植物志 2: 275(1965), 中国植物志 41: 31(1995), 广东植物志 5: 271(2003), Flora of China 10: 274(2010)

科名：豆科 Fabaceae(蝶形花科 Papilionaceae)　**属名：**山蚂蝗属 Desmodium Desv.

形态特征：多年生直立亚灌木，无毛，或嫩枝被紧贴的疏毛。小叶 3 片，下部的叶有时只有小叶 1 片；叶柄长 1.5 ～ 3cm，具槽和线纹；托叶长而尖，三角形，宿存；小叶卵状椭圆形至长椭圆形，顶生小叶长，长 3 ～ 5cm，宽 1 ～ 2cm，侧生的较小，两端均钝或顶端急尖，基部微心形，腹面无毛，背面被紧贴的疏柔毛，叶脉在小叶两面均明显。总状花序顶生，苞片卵状披针形，脱落；花小，两两成对而疏离；花梗无毛；萼膜质，裂齿三角形，与萼管等长；花冠粉红色，后变蓝色，长约 6mm，旗瓣卵状圆形，翼瓣倒卵状长椭圆形，龙骨瓣弯曲，顶端钝；雄蕊 2 组；子房无毛，与花柱等长。荚果，近无毛或被钩状短柔毛，腹缝直，背缝波状，有荚节 3 ～ 7 个。花期 6 ～ 8 月。

野外鉴别关键特征：小叶 3 片，下部的叶有时只有小叶 1 片，托叶长而尖，三角形，宿存。

分布与生境：海南岛；广东、广西、云南；缅甸、泰国、越南。生于旷野。

利用：饲料植物资源。

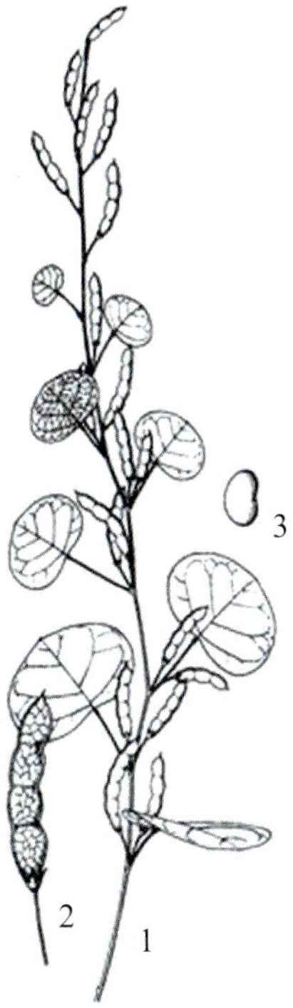

1. 果枝；2. 果；3. 种子。

肾叶山蚂蝗 (Desmodium renifolium)

显脉山绿豆 (Desmodium reticulatum)

中文名称：赤山蚂蝗(赤山绿豆)

学名：**Desmodium rubrum**(Lour.)DC. Prodr. 2: 327. 1825, 海南植物志 2: 280(1965), 中国植物志 41: 33(1995), 广东植物志 5: 268(2003), Flora of China 10: 274(2010)

科名：豆科 Fabaceae(蝶形花科 Papilionaceae)　**属名：**山蚂蝗属 Desmodium Desv.

形态特征：亚灌木；茎直立或平卧，高 30～50cm；多分枝，幼时密被贴伏白色丝状毛，后渐变无毛。叶通常具单小叶，稀为三出复叶；托叶膜质，狭卵形，长 5～7mm，宽约 1mm，被缘毛；叶柄长 4～6mm，密被贴伏柔毛；小叶硬纸质，椭圆形，有时为长椭圆形至近圆形，长 10～22mm，宽 7～12mm，两端圆钝或先端微渐凹，或基部狭心形，边全缘，上面无毛，下面疏被贴伏柔毛，侧脉每边 4～6 条，网脉两面均明显；小托叶刺毛状，长 2～3mm；小叶柄长 1mm，密被贴伏柔毛。总状花序顶生，长 5～25cm，被黄色钩状毛；花常 2 朵生于每一节上，极稀疏；苞片卵状披针形，膜质，长 4～6mm，具白色缘毛，早落；花梗长 2～3mm，被毛；花萼通常红色，4 裂，裂齿近等长，狭三角形，疏生短缘毛；花冠蓝色或粉红色，长 5～6mm，旗瓣倒心状卵形，翼瓣斜卵形，较短，具耳和瓣柄，龙骨瓣与旗瓣等长，具瓣柄；雄蕊二体，长约 5mm，雌蕊长约 5.5mm，无毛，无柄。荚果扁平，长约 2cm，微弯曲，腹缝线直，背缝线波状，有 2～7 荚节，荚节近方形，无毛，有明显的网纹。花果期 4～6 月。

野外鉴别关键特征：叶通常具单小叶，托叶膜质，狭卵形，长 5～7mm，宽约 1mm。

分布与生境：临高、东方、万宁；广东、广西；柬埔寨、越南。生于海滨沙地。

利用：主根较长，可选作固堤植物。

中文名称：蝎尾山蚂蝗

学名：**Desmodium scorpiurus**(Swartz)Desvaux, J. Bot. Agric. 1: 122. 1813), 中国植物志 41: 22(1995), Flora of China 10: 271(2010)

科名：豆科 Fabaceae(蝶形花科 Papilionaceae)　**属名：**山蚂蝗属 Desmodium Desv.

形态特征：多年生草本。茎上升或披散，具细长开展分枝，被钩状毛。叶为羽状三出复叶，小叶 3，托叶三角状披针形，不对称，长约 2mm，基部宽 3～5mm，先端渐尖，基部耳形，外面被糙伏毛，宿存；叶柄长 1.5～3cm，被小钩状毛；小叶膜质，顶生小叶卵形、宽椭圆形至倒卵形，长 1～4cm，宽 0.7～2.5cm，侧生小叶略小，先端钝圆或微凹，基部钝，两面被贴伏毛，边缘的较密，全缘，侧脉每边 4～5 条；小托叶钻形，长约 1mm；小叶柄长 1.5mm，被小钩状毛。总状花序单一或具少分枝，顶生或腋生，总花梗细长，被小钩状毛，疏花，单花或成对生于每一节上；花梗长 3～7mm，被钩状毛或有时混有直毛；苞片卵状披针形，长 2mm，宽 0.5mm，被糙伏毛；花萼钟状，长 2.5mm，上部裂片微 2 裂，具柔毛；花冠粉红色，长约 4mm，旗瓣倒卵形，翼瓣长圆形，具瓣柄，龙骨瓣斜倒卵形，瓣柄长；雄蕊二体；子房线形，长 3.5mm，花柱弯曲。荚果线形，细长，长 2～5cm，宽 2.5mm，有荚节 3～8，荚节间缢缩，荚节长 4～6mm，长为宽的 3～4 倍，被钩状毛。花果期 8～10 月。

分布与生境：南沙群岛(太平岛)；台湾；世界广泛引种。生于低海拔和中海拔空旷干燥地方。

利用：饲料植物资源。

注：标本引自中国科学院植物研究所。

赤山蚂蝗(赤山绿豆)(**Desmodium rubrum**)

蝎尾山蚂蝗 (**Desmodium scorpiurus**)

中文名称：长波叶山蚂蝗

学名：**Desmodium sequax** Wallich, Pl. Asiat. Rar. 2: 46. 1831, 中国植物志 41: 46(1995), 广东植物志 5: 270(2003), Flora of China 10: 278(2010)

科名：豆科 Fabaceae(蝶形花科 Papilionaceae)　属名：山蚂蝗属 Desmodium Desv.

形态特征：直立灌木，高 1 ～ 2m，多分枝。幼枝和叶柄被锈色柔毛，有时混有小钩状毛。叶为羽状三出复叶，小叶 3；托叶线形，长 4 ～ 5mm，宽约 1mm，外面密被柔毛，有缘毛；叶柄长 2 ～ 3.5cm；小叶纸质，卵状椭圆形或圆菱形，顶生小叶长 4 ～ 10cm，宽 4 ～ 6cm，侧生小叶略小，先端急尖，基部楔形至钝，边缘自中部以上呈波状，上面密被贴伏小柔毛或渐无毛，下面被贴伏柔毛并混有小钩状毛，侧脉通常每边 4 ～ 7 条，网脉隆起；小托叶丝状，长 1 ～ 4mm；小叶柄长约 2mm，被锈黄色柔毛和混有小钩状毛。总状花序顶生和腋生，顶生者通常分枝成圆锥花序，长达 12cm；总花梗密被开展或向上硬毛和小绒毛；花通常 2 朵生于每节上；苞片早落，狭卵形，长 3 ～ 4mm，宽约 1mm，被毛；花梗长 3 ～ 5mm，结果时稍增长，密被开展柔毛；花萼长约 3mm，萼裂片三角形，与萼筒等长；花冠紫色，长约 8mm，旗瓣椭圆形至宽椭圆形，先端微凹，翼瓣狭椭圆形，具瓣柄和耳，龙骨瓣具长瓣柄，微具耳；雄蕊单体，长 7.5 ～ 8.5mm；雌蕊长 7 ～ 10mm，子房线形，疏被短柔毛。荚果腹背缝线缢缩呈念珠状，长 3 ～ 4.5cm，宽 3mm，有荚节 6 ～ 10，荚节近方形，密被开展褐色小钩状毛。花期 7 ～ 9 月；果期 9 ～ 11 月。

分布与生境：儋州；台湾、广西、湖南、湖北、贵州、云南、四川、西藏等省 (自治区)；印度、尼泊尔、缅甸、印度尼西亚及巴布亚新几内亚。生于山地草坡或林缘。

利用：饲料植物资源。

注：手绘图引自云南植物志；彩图由 PPBC/ 徐永福拍摄。

中文名称：金钱草

学名：**Desmodium styracifolium**(Osb.)Merr. in Amer. Journ. Bot. 3: 580. 1916, 海南植物志 2: 279(1965), 中国植物志 41: 34(1995), 广东植物志 5: 267(2003), Flora of China 10: 275(2010)

科名：豆科 Fabaceae(蝶形花科 Papilionaceae)　属名：山蚂蝗属 Desmodium Desv.

形态特征：直立亚灌木状草本，高 30 ～ 100cm；分枝多，枝条密被白色或淡黄色毛。叶通常具单小叶，有时具 3 小叶；托叶披针形，长 7 ～ 8mm，宽 1.5 ～ 2mm，被毛；叶柄长 1 ～ 2cm，密被贴伏或开展的丝状毛；小叶厚纸质或近革质，圆形或近圆形至宽倒卵形，长和宽 2 ～ 4.5cm，如有侧生小叶，则较顶生小叶小，上面无毛，下面密被贴伏白色丝状毛，边全缘，侧脉每边 8 ～ 10 条；小托叶钻状或狭三角形，长 2.5 ～ 5mm，疏生茸毛；小叶柄长 5 ～ 8mm，密被贴伏或开展的丝状毛。总状花序顶生或腋生，长 1 ～ 3cm，总花梗密被绢毛；花每 2 朵生于节上；花梗长 2 ～ 3mm，无毛或疏生开展的柔毛；苞片宽卵形，被毛；花萼长 3.5mm，密被小钩状毛和混生丝状毛，萼筒长约 1.5mm，裂片 4，近等长，上方裂片又 2 裂；花冠紫红色，长约 4mm，旗瓣倒卵形或近圆形，具瓣柄，翼瓣倒卵形，具瓣柄，龙骨瓣长于翼瓣，极弯曲，有长瓣柄；雄蕊二体，长 4 ～ 6mm；雌蕊长约 6mm，子房线形，被毛。荚果长 10 ～ 20mm，宽约 2mm，被短柔毛和小钩状毛，腹缝线直，背缝线波状，有 3 ～ 6 荚节，荚节近方形，扁平，有网纹。花果期 6 ～ 9 月。

野外鉴别关键特征：叶通常具单小叶，有时具 3 小叶，小叶厚纸质或近革质，圆形或近圆形至宽倒卵形。

分布与生境：临高、澄迈、琼中、万宁、保亭、陵水等地；福建、广东、广西、湖北、云南；柬埔寨、印度、老挝、马来西亚、缅甸、斯里兰卡、泰国、越南。生于旷野。

利用：全株供药用，平肝火，清湿热，利尿通淋，可治肾炎水肿、尿路感染、尿路结石、胆囊结石、黄疸肝炎、小儿疳积、荨麻疹等。

注：手绘图引自广东植物志。

1. 花果枝；2. 果。

长波叶山蚂蝗 (Desmodium sequax)

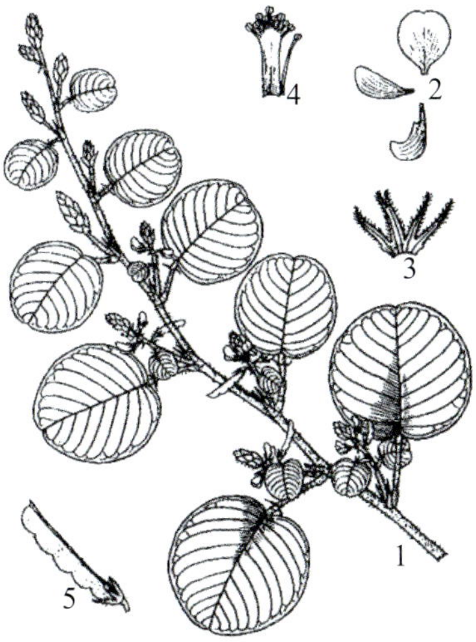

1. 花枝；2. 旗瓣、翼瓣、龙骨瓣；3. 花萼展开；4. 雄蕊；5. 荚果。

金钱草 (Desmodium styracifolium)

中文名称：●□南美山蚂蝗

学名： **Desmodium tortuosum**(Sw.)DC. Prodr. 2: 332. 1825, 中国植物志 41: 23(1995), 广东植物志 5: 272(2003), Flora of China 10: 271(2010)

科名：豆科 Fabaceae(蝶形花科 Papilionaceae) **属名：**山蚂蝗属 Desmodium Desv.

形态特征：多年生直立草本，高达 1m。茎自基部开始分枝，圆柱形，具条纹，被灰黄色小钩状毛或有时混有长柔毛；根茎木质。叶为羽状三出复叶，有小叶 3，稀具 1 小叶；托叶宿存，披针形，长 5 ～ 8mm，基部宽 1.5 ～ 2mm，具条纹，无毛，边缘具长柔毛；叶柄长 1 ～ 8cm，生于茎上部者短，下部者长，被灰黄色小钩状毛或有时混有长柔毛；叶轴长 0.5 ～ 2cm；小叶纸质，椭圆形或卵形，顶生小叶有时为菱状卵形，先端钝，基部楔形，侧生小叶多为卵形，较小，稍偏斜，两面疏被毛，侧脉每边 4 ～ 6 条，近叶缘处弯曲；小托叶刺毛状，长 4 ～ 8mm，宽 0.5 ～ 1mm，边缘具长毛；小叶柄长 1.5 ～ 3mm，被灰黄色小钩状毛或混有长柔毛。总状花序顶生或腋生，或基部有少数分枝而成圆锥花序状；总花梗密被小钩状毛和腺毛；苞片狭卵形，先端长渐尖，具条纹，外面被毛，边缘具长柔毛；花 2 朵生于每节上；花梗丝状，长 0.5 ～ 1.3cm，结果时长达 1.5cm，被小钩状毛和腺毛；花萼长 3 ～ 4mm，5 深裂，密被毛，裂片披针形，较萼筒长，上部 2 裂片长 2 ～ 3mm，下部裂片长 3 ～ 4mm；花冠红色、白色或黄色，旗瓣倒卵形，先端微凹入，基部渐狭，翼瓣长圆形，长 2.5 ～ 3.5mm，先端钝，基部具耳和短瓣柄，龙骨瓣斜长圆形，长 3 ～ 4mm，宽 1mm，具瓣柄；雄蕊二体；子房线形，被毛。荚果窄长圆形，长 1.5 ～ 2cm，腹背两缝线于节间缢缩而呈念珠状，有荚节 (3 ～)5 ～ 7，节近圆形，长 3 ～ 5mm，宽 2.5 ～ 4mm，边缘有时微卷曲，被灰黄色钩状小柔毛。花果期 7 ～ 9 月。

野外鉴别关键特征：茎自基部开始分枝，圆柱形，具条纹，被灰黄色小钩状毛或有时混有长柔毛。

分布与生境：海南岛；广东有栽培。原产南美。

利用：饲料植物资源。

中文名称：三点金

学名： **Desmodium triflorum**(Linn.)DC. Prodr. 2: 334. 1825, 海南植物志 2: 278(1965), 中国植物志 41: 37(1995), 广东植物志 5: 270(2003), Flora of China 10: 276(2010)

科名：豆科Fabaceae(蝶形花科Papilionaceae) **属名：**山蚂蝗属Desmodium Desv.

形态特征：平卧草本，多分枝；茎纤细，长 10 ～ 45cm，被开展的柔毛。叶有小叶 3 片；叶柄长约 5mm；托叶披针形，膜质，宿存，长 3 ～ 4mm；小叶倒心形、倒三角形或倒卵形，长和宽均为 2.5 ～ 10mm，顶端阔截平而微凹入，基部楔形，腹面无毛，背面被紧贴的柔毛；小叶柄长 0.5mm，被柔毛。花单生或 2 ～ 3 朵簇生于叶腋内，长 3 ～ 5mm；花梗极纤细，被白色、开展的柔毛，长 3 ～ 8mm，结果时长约 13mm；萼长 2 ～ 3mm，密被白色长柔毛，裂齿狭披针形，比萼管长；花冠紫红色，与萼近等长，旗瓣倒心形，基部渐狭，具长爪，翼瓣椭圆形，龙骨瓣弯曲，镰刀状，顶端钝，爪比瓣片长；雄蕊 2 体；子房无柄，线形，多少被毛，花柱内弯，无毛。荚果扁平，略呈镰刀状，有荚节 3 ～ 5 个，长 5 ～ 12mm，宽 2.5mm，被钩状短柔毛，荚节近方形，扁平，具网纹；种子长方形，种皮浅灰褐色。花期 6 ～ 10 月。

野外鉴别关键特征：三点金的叶长宽差不多，倒心形、倒三角形或倒卵形。

分布与生境：儋州、昌江、东方、乐东、三亚、万宁；福建、广东、广西、江西、台湾、浙江；广布于世界热带。生于旷野或河边沙地。

利用：全草入药，有解表、消食之效。

注：手绘图引自中国高等植物图鉴。

南美山蚂蝗 (Desmodium tortuosum)

1. 植株；2. 花；3. 花萼展开；4. 旗瓣；
5. 翼瓣；6. 龙骨瓣；7. 雄蕊；8. 雌蕊；
9. 荚果；10. 种子。

三点金 (Desmodium triflorum)

中文名称： 绒毛山蚂蝗

学名： **Desmodium velutinum**(Willd.)DC. Prodr. 2: 328. 1825, 海南植物志 2: 279(1965), 中国植物志 41: 27 (1995), 广东植物志 5: 268(2003), Flora of China 10: 273(2010). ——Desmodium velutinum var. plukenetii(Wight & Arn.)Schindl. in Fedde, Rep. Sp. Nov. 21: 6. 1925, 海南植物志 2: 280(1965)

科名： 豆科 Fabaceae(蝶形花科 Papilionaceae)　**属名：** 山蚂蝗属 Desmodium Desv.

形态特征： 小灌木或亚灌木。茎高达 150cm，被短柔毛或糙伏毛；枝稍呈“之”字曲折，嫩时密被黄褐色绒毛。叶通常具单小叶，少有 3 小叶；托叶三角形。长 5 ～ 7mm，先端长渐尖，基部宽，被糙伏毛或近无毛；叶柄长 1.5 ～ 1.8cm，密被黄色绒毛；小叶纸质，卵状披针形、三角状卵形或宽卵形，长 4 ～ 11cm，宽 2.5 ～ 8cm，先端圆钝或渐尖，基部圆钝或截平，两面被黄色绒毛，下面毛密而长，全缘，侧脉每边 8 ～ 10 条，直达叶缘；小托叶钻形，长 1.5 ～ 4mm，毛被与托叶同；小叶柄极短，毛被与叶柄同。总状花序腋生和顶生，顶生者有时具少数分枝而成圆锥花序状，长 4 ～ 10cm，总花梗被黄色绒毛；花小，每 2 ～ 5 朵生于节上，密集；苞片钻形，长 2 ～ 3.5mm，密被毛；花梗长约 1.5mm，结果时稍增长至 2mm，被毛；花萼宽钟形，长 2 ～ 3mm，外面密被小钩状毛和贴伏毛。4 裂，裂片三角形，与萼筒等长或稍短，上部裂片先端微 2 裂；花冠紫色或粉红色，长约 3mm，旗瓣倒卵状近圆形，翼瓣长椭圆形，具耳，龙骨瓣狭窄，无耳；雄蕊二体，长约 5mm；雌蕊长 5 ～ 6mm，子房密被糙伏毛，有胚珠 5 ～ 7，花柱明显弯曲，无毛；荚果狭长圆形，长 10 ～ 20mm，宽 2 ～ 3mm，腹缝线几直，背缝线浅波状，有荚节 5 ～ 7，荚节近圆形，两面稍凸起，密被黄色直毛和混有钩状毛。花果期 9 ～ 11 月。

野外鉴别关键特征： 茎高达 150cm，被短柔毛或糙伏毛；枝稍呈“之”字曲折，嫩时密被黄褐色绒毛。

分布与生境： 定安、临高、澄迈等地；广东、广西、贵州、台湾、云南；热带非洲至印度、越南。生于草坡或灌丛中。

利用： 饲料植物资源。

注： 尖叶绒毛山绿豆 (Desmodium velutinum var. plukenetii) 被 Flora of China 归并为绒毛山蚂蝗 (Desmodium velutinum)。

中文名称： 单叶拿身草 (长荚山绿豆)

学名： **Desmodium zonatum** Miq. Fl. Ind. Bat. 1(1): 250. 1855, 海南植物志 2: 278(1965), 中国植物志 41: 20(1995), 广东植物志 5: 269(2003), Flora of China 10: 270(2010)

科名： 豆科 Fabaceae(蝶形花科 Papilionaceae)　**属名：** 山蚂蝗属 Desmodium Desv.

形态特征： 直立小灌木，高 30 ～ 80cm；茎和枝条初时被锈色短柔毛和稍开展的长硬毛，后变无毛。叶仅具单小叶；托叶三角状披针形，长 4 ～ 10mm，近无毛；叶柄长 1 ～ 2.5cm，被开展小钩状毛和散生贴伏毛；小叶卵形、长椭圆状卵形或披针形，长 5 ～ 12cm，宽 2 ～ 5cm，先端渐尖或急尖，基部宽楔形至圆形，上面无毛或沿脉上散生小钩状毛，下面密被黄色柔毛，边全缘，侧脉每边 7 ～ 10 条；小托叶钻形。总状花序通常顶生，长 10 ～ 25cm，被锈色短柔毛；花通常 2 ～ 3 朵簇生于每节上；苞片三角状披针形，较小；花梗长 4 ～ 10mm，被开展柔毛；花萼长 2.5 ～ 3mm，密被锈色长硬毛，裂片长于萼筒，上方裂片先端微 2 裂；花冠白色或粉红色，旗瓣倒卵形，长约 7mm，宽约 5mm，基部渐狭，翼瓣倒卵状长椭圆形，长约 6mm，宽约 2mm，具短而圆的耳和短瓣柄，龙骨瓣弯曲，长约 7mm，宽约 2mm，瓣柄不明显；雄蕊二体，长约 7mm；雌蕊长约 7mm，子房线形，无柄，被柔毛。荚果线形，长 8 ～ 12cm，背腹两缝线均为浅波状，有 6 ～ 8 荚节，荚节长圆状线形，长 12 ～ 20mm，宽约 2mm，密被黄色小钩状毛。花期 7 ～ 8 月；果期 8 ～ 9 月。

野外鉴别关键特征： 总状花序通常顶生，长 10 ～ 25cm，被锈色短柔毛；花通常 2 ～ 3 朵簇生于每节上，花冠白色或粉红色。

分布与生境： 白沙、乐东、保亭、三亚等地；广西、广东、台湾、云南；印度、印度尼西亚、老挝、马来西亚、缅甸、菲律宾、斯里兰卡、泰国、越南。生于山地密林中。

利用： 饲料植物资源。

绒毛山蚂蝗 (Desmodium velutinum)

单叶拿身草 (长荚山绿豆)(Desmodium zonatum)

中文名称：海南镰扁豆

学名：**Dolichos thorelii** Gagnep. in Lecomte, Not. Syst. 3: 191. 1914, 海南植物志 2: 328(1965), 中国植物志 41: 275(1995), 广东植物志 5: 326(2003), Flora of China 10: 254(2010)

科名：豆科 Fabaceae(蝶形花科 Papilionaceae)　**属名：**镰扁豆属 Dolichos Linn.

形态特征：缠绕藤本；枝有棱和槽，被短柔毛。羽状复叶具 3 小叶；托叶卵状披针形，具脉纹；小托叶线形，长 3 ～ 5mm；小叶卵状菱形，长 6 ～ 7cm，宽 4 ～ 6cm，先端渐尖而具小芒尖，基部圆形或宽楔形，两面被伏贴的柔毛，基出脉 3 条。总状花序腋生，长 7 ～ 14cm，密被短柔毛，仅于顶端 2 ～ 3cm 处有花；总花梗长 5 ～ 11cm；苞片卵形，具脉纹，早落；小苞片卵形，与花萼近等长；花萼长约 5mm，裂齿极短，上方的 2 齿几全部合生；花冠白色而有紫色条纹，长 16 ～ 18mm，旗瓣内面中部以下有 2 枚长附属体，翼瓣倒卵状长椭圆形，瓣柄以上有 1 枚圆形的耳，龙骨瓣镰刀状，顶端钝，稍弯曲；子房线形，略被茸毛，花柱无毛，柱头画笔状。荚果线形，扁平，长 6cm，宽 7mm，被短柔毛，有种子 7 颗。花期 12 月。

分布与生境：昌江、白沙；老挝、越南。生于旷野灌丛或疏林。

利用：饲料植物资源。

注：手绘图引自广东植物志，标本引自符国瑗。

中文名称：镰扁豆

学名：**Dolichos trilobus** Linn. Sp. P1. 726. 1753, 中国植物志 41: 273(1995), 广东植物志 5: 326(2003), Flora of China 10: 254(2010)

科名：豆科 Fabaceae(蝶形花科 Papilionaceae)　**属名：**镰扁豆属 Dolichos Linn.

形态特征：缠绕草质藤本；茎纤细，无毛或近无毛。羽状复叶具 3 小叶；托叶卵形，基着，脉纹显露；小托叶线形；小叶菱形或卵状菱形，长 2 ～ 6cm，宽 2 ～ 4.5cm，先端急尖或渐尖，基部圆而钝，通常两面均无毛；叶柄长 2 ～ 3cm；小叶柄长 2 ～ 3mm，被毛。总状花序腋生，纤细，有花 1 ～ 4 朵；总花梗和叶柄等长或较长；苞片与小苞片脉纹显露；花萼阔钟状，长 3mm，无毛，裂齿三角形；花冠白色或淡黄色，旗瓣圆形，基部有 2 枚三角形的附属体，无耳，翼瓣倒卵形，比旗瓣略长，龙骨瓣基部截平，具瓣柄；雄蕊 2 体；子房无柄。荚果线状长椭圆形，稍弯，长 6cm，宽 8mm，扁平，无毛；种子 6 ～ 7 颗。花期 10 月至翌年 3 月。

野外鉴别关键特征：小叶菱形或卵状菱形，先端急尖或渐尖，基部圆而钝。

分布与生境：昌江、东方、乐东、三亚；台湾；热带非洲和亚洲。生于旷野灌丛中。

利用：饲料植物资源。

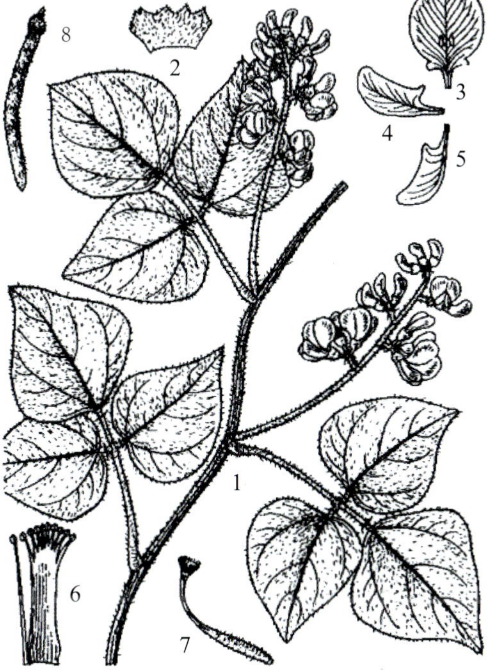

1. 花枝；2. 花萼展开；3. 旗瓣；4. 翼瓣；5. 龙骨瓣；
6. 雄蕊；7. 雌蕊；8. 荚果。

海南镰扁豆 (Dolichos thorelii)

镰扁豆 (Dolichos trilobus)

中文名称：黄毛野扁豆

学名：**Dunbaria fusca**(Wall.)Kurz in Journ. As. Soc. Bengal 45(2): 255. 1876, 海南植物志 2: 306(1965), 中国植物志 41: 308(1995), 广东植物志 5: 336(2003), Flora of China 10: 228(2010)

科名：豆科 Fabaceae(蝶形花科 Papilionaceae) **属名：**野扁豆属 Dunbaria Wight et Arn.

形态特征：一年生、缠绕藤本，茎柔弱，被柔毛，其梗、棱上被毛较密。小叶膜质，卵形或披斜形，侧生的基部偏斜，长 5 ～ 9.5cm，宽 2.5 ～ 4cm，宽约为长之半，顶端渐尖，腹面近无毛或薄被短柔毛，背面密被黄褐色柔毛且有深红色腺点，基出脉 3 条，侧脉每边 3 ～ 4 条；小叶柄被柔毛。总状花序长，稍粗壮，无毛，自顶端至基部有略疏散的花约 15 朵；花梗长 2 ～ 4mm，与花萼及子房均有红色腺点；花萼长约 4mm，基部偏斜，有少数开展、易脱落、黄色的长硬毛，下部 1 枚裂齿披针形，约与萼管等长；花冠长约 12mm，旗瓣紫红色，阔椭圆形，基部心形，有急尖的耳；翼瓣长圆形，与弯曲成直角的龙骨瓣均为黄色，子房无柄，初时密被金黄色长硬毛，有许多腺点，花柱无毛，柱头头状。荚果线状长椭圆形，褐色，被开展、褐黄色、基部膨大的长硬毛，有种子多颗。花期 9 月。

野外鉴别关键特征：小叶膜质，卵形或披斜形，侧生的基部偏斜。荚果线状长椭圆形，褐色，被开展、褐黄色、基部膨大的长硬毛。

分布与生境：昌江、三亚；广东、广西、云南；印度、老挝、马来西亚、缅甸、泰国、越南。生于林中或旷野草地上。

利用：饲料植物资源。

中文名称：白背野扁豆

学名：**Dunbaria incana** (Zollinger & Moritzi)Maesen, Wageningen Agric. Univ. Pap. 98(1): 61. 1998, Flora of China 10: 229(2010). ——Dunbaria nivea Miq. Fl. Ind. Bot. 1: 177. 1855, 中国植物志 41: 310(1995), 广东植物志 5: 337(2003). ——Dunbaria scortechinii Prain ex King in Journ. As. Soc. Bengal 66(2): 44. 1897, 海南植物志 2: 305(1965)

科名：豆科 Fabaceae(蝶形花科 Papilionaceae) **属名：**野扁豆属 Dunbaria Wight et Arn.

形态特征：缠绕状草质藤本。茎、枝略具纵棱，全株密被灰白色绒毛。托叶小，早落；叶柄长 4 ～ 8 (～ 11)cm；顶生小叶菱形，长 5 ～ 7(～ 9.5)cm，宽 5 ～ 6.5cm，先端渐尖至急尖，基部宽楔形、圆形或近截平，边缘常呈微波状，侧生小叶稍小，斜卵形，上面略被微毛，背面密被灰白色绒毛及隐约可见的黑褐色腺点；基出脉 5，但靠近叶缘 2 条较纤细，侧脉每边 2 ～ 4 条，小脉网状，两面均可见。总状花序腋生或侧生，粗壮，长 5 ～ 15cm，密被灰白色绒毛；苞片卵状披针形，早落；花梗长 2 ～ 5mm；花萼钟状，长 5 ～ 8mm，齿裂，裂片三角形，不等大，下面一枚最长，萼管及各裂片均被灰白色绒毛及红色腺点；花冠紫红色，旗瓣扁圆形，基部具 2 急尖的耳，翼瓣倒卵状长圆形，基部具钝耳，龙骨瓣极弯曲；子房密被丝质绒毛及红色腺点，无柄。荚果线状长圆形，长 4 ～ 6.5cm，宽 7 ～ 9mm，密被灰色至灰黑色绒毛；种子 6 ～ 8 颗，近圆形，直径约 5mm。花期 2 ～ 4 月。

野外鉴别关键特征：全株密被灰白色绒毛，顶生小叶菱形，侧生小叶稍小，斜卵形，基出脉 5。

分布与生境：白沙、万宁、陵水、三亚；印度尼西亚、老挝、马来西亚、泰国、越南。生于林中。

利用：饲料植物资源。

注：彩图由刘猛拍摄。

黄毛野扁豆 (Dunbaria fusca)

白背野扁豆 (Dunbaria incana)

中文名称：长柄野扁豆

学名：**Dunbaria podocarpa** Kurz in Journ. As. Soc. Bengal 43(2): 185. 1874, 海南植物志 2: 305(1965), 中国植物志 41: 312(1995), 广东植物志 5: 338(2003), Flora of China 10: 229(2010)

科名：豆科 Fabaceae(蝶形花科 Papilionaceae)　**属名：**野扁豆属 Dunbaria Wight et Arn.

形态特征：多年生、缠绕草本；茎和枝纤细，被短柔毛，具棱，棱上被毛较密。叶柄长 1.5 ～ 4cm，密被短柔毛；顶生小叶菱形，顶端渐尖或急尖，基部钝形，侧生小叶较小，斜阔卵形，腹面略被短柔毛，背面密被灰色柔毛，有无数红色的腺点，基出脉 3，网脉不甚明显；托叶早落。总状花序腋生，通常有花 1 ～ 2 朵，稀有 3 ～ 4 朵；总花梗被白色茸毛；花梗长 4 ～ 5mm；花颇大，萼被茸毛，有橙黄色腺点，裂齿披针形；花冠黄色，旗瓣横椭圆形，宽度大于长度，基部有 2 耳，翼瓣倒卵状长椭圆形，基部有下弯、袋形的耳，龙骨瓣极弯曲，具长喙，无耳；子房密被丝质柔毛及橙黄色腺点，具柄。荚果线状长椭圆形，两端急尖，顶端有长喙，被灰色绒毛，有许多细小的腺点间杂于绒毛中，子房柄伸出于萼外，种子 7 ～ 11 颗，近圆形，扁平，黑色，长宽均为 4mm。

野外鉴别关键特征：顶生小叶菱形，侧生小叶较小，斜阔卵形，基出脉 3。

分布与生境：琼中、乐东、三亚；福建、广东、广西；柬埔寨、印度、印度尼西亚、老挝、马来西亚、缅甸、泰国、越南。生于溪边林中或旷野草坡。

利用：饲料植物资源。

中文名称：圆叶野扁豆

学名：**Dunbaria rotundifolia**(Lour.)Merr. in Philipp. J. Sci. 15: 242. 1919, 海南植物志 2: 306(1965), 中国植物志 41: 310(1995), 广东植物志 5: 337(2003), Flora of China 10: 229(2010)

科名：豆科 Fabaceae(蝶形花科 Papilionaceae)　**属名：**野扁豆属 Dunbaria Wight et Arn.

形态特征：多年生缠绕藤本。茎纤细，柔弱，微被短柔毛。叶具羽状 3 小叶；托叶小，披针形，常早落；叶柄长 0.8 ～ 2.5cm；小叶纸质，顶生小叶圆菱形，长 1.5 ～ 2.7(～ 4)cm，宽常稍大于长，先端钝或圆形，基部圆形，两面微被极短柔毛或近无毛，被黑褐色小腺点，尤以下面较密，侧生小叶稍小，偏斜；基出脉 3，小脉略密，网状，干后灰绿色，叶缘波状，略背卷。花 1 ～ 2 朵腋生；花萼钟状，长 2 ～ 5mm，齿裂卵状披针形，密被红色腺点和短柔毛；花冠黄色，长 1 ～ 1.5cm，旗瓣倒卵状圆形，先端微凹，基部具 2 枚齿状的耳，翼瓣倒卵形，略弯，具尖耳，龙骨瓣镰状，具钝喙；雄蕊二体；子房无柄。荚果线状长椭圆形，扁平，略弯，长 3 ～ 5cm，宽约 8mm，被极短柔毛或近无毛，先端具针状喙，无果颈；种子 6 ～ 8 颗，近圆形，直径约 3mm，黑褐色。果期 9 ～ 10 月。

分布与生境：文昌；福建、广东、广西、贵州、江苏、四川、台湾；孟加拉国、柬埔寨、印度、印度尼西亚、老挝、缅甸、尼泊尔、菲律宾、泰国、越南、澳大利亚。生于溪边。

利用：饲料植物资源。

注：手绘图引自广东植物志，标本引自华南植物园。

长柄野扁豆 (Dunbaria podocarpa)

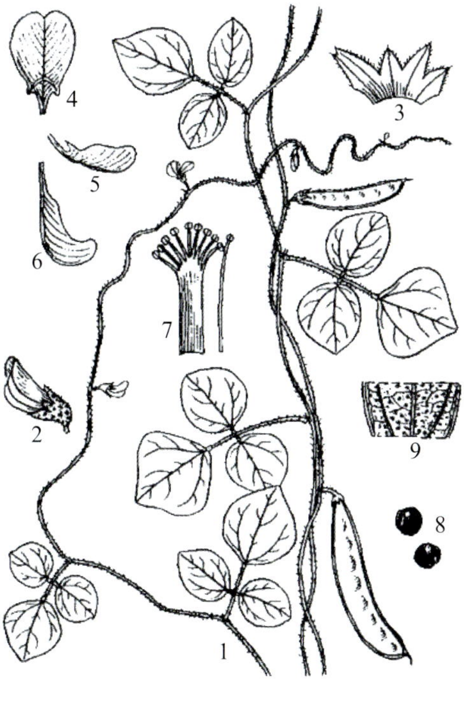

1. 植株部分；2. 花；3. 花萼展开；4. 旗瓣；5. 翼瓣；
6. 龙骨瓣；7. 雄蕊；8. 种子；9. 叶一段，示腺体。

圆叶野扁豆 (Dunbaria rotundifolia)

中文名称： 鸽仔豆

学名： **Dunbaria truncata**(Miquel)Maesen, Wageningen Agric. Univ. Pap. 98(1): 89. 1998, 广东植物志 5: 337(2003), Flora of China 10: 230(2010). ——Dunbaria henryi Y. C. Wu in Bot. Jahrb. Syst. 71: 183. 1941, 海南植物志 2: 305(1965), 中国植物志 41: 313(1995)

科名： 豆科 Fabaceae(蝶形花科 Papilionaceae)　**属名：** 野扁豆属 Dunbaria Wight et Arn.

形态特征： 缠绕草质藤本。茎和枝纤弱，具细线纹，薄被短柔毛。叶具羽状 3 小叶；托叶小，线状披针形，长约 3mm。通常早落；叶柄长 1.5 ～ 4cm，略被短柔毛；小叶薄纸质，顶生小叶宽三角形或宽卵形，长与宽通常为 2.5 ～ 4.5cm，有时宽大于长，先端急渐尖，尖头钝，基部近截平或有时阔楔形，两面略被短柔毛并有红色腺点，尤以背面较密；基出脉 3，侧脉每边 2 ～ 3 条，侧生小叶较小，宽卵形，常偏斜，干后灰绿色；小叶柄长约 1mm，被短柔毛。总状花序腋生，长 1.5 ～ 6cm，略被短柔毛；花 2 朵至数朵，长 1.5 ～ 1.7cm；花梗长约 2mm，被短柔毛；苞片小，线状披针形；花萼长约 8mm，密被短柔毛及红色腺点，裂齿线状披针形或披针形，不等长；花冠黄色，旗瓣近圆形，宽大于长，基部具 2 耳，翼瓣倒卵形。内弯，基部有弯耳，龙骨瓣稍内弯，半圆形，中部以上贴生；子房具柄，被柔毛和具腺体，胚珠 7 ～ 10 颗，花柱细长，上部无毛，顶端稍膨大。荚果线状长圆形，扁平，长 3 ～ 6cm，宽约 7mm，两端急尖，先端有喙，略被短柔毛；果颈长 0.7 ～ 1cm；种子 5 ～ 8 颗，近圆形，赤褐色，直径 3 ～ 4.5mm。花期 2 ～ 5 月；果期 6 ～ 12 月。

野外鉴别关键特征： 小叶薄纸质，顶生小叶宽三角形或宽卵形，两面略被短柔毛并有红色腺点，尤以背面较密；基出脉 3。

分布与生境： 澄迈、万宁、陵水、三亚、东方；广西；印度尼西亚、缅甸、越南。

中文名称： 鸡头薯 (猪仔笠)

学名： **Eriosema chinense** Vog. in Nov. Act. Acad. Nat. Cur. 19(Suppl. 1): 31. 1843, 海南植物志 2: 313(1965), 中国植物志 41: 341(1995), 广东植物志 5: 343(2003), Flora of China 10: 227(2010)

科名： 豆科 Fabaceae(蝶形花科 Papilionaceae)　**属名：** 猪仔笠属 Eriosema(DC.)G. Don

形态特征： 多年生直立草本；茎高 20 ～ 50cm，通常不分枝，密被棕色长茸毛并杂以同色的短柔毛；块根纺锤形，肉质。托叶线形至线状披针形，长 4 ～ 8mm，有细脉纹，被毛，宿存。叶仅具单小叶，披针形，长 3 ～ 7cm，宽 0.5 ～ 1.5cm，先端钝或急尖，基部圆形或有时微心形，上面及叶缘散生棕色长柔毛，下面被灰白色短茸毛，沿主脉密被棕色长柔毛；近无柄。总状花序腋生，极短，通常有花 1 ～ 2 朵；苞片线形；花萼钟状，长约 3mm，5 裂，裂片披针形，被棕色近丝质柔毛；花冠淡黄色，长约为花萼的 3 倍，旗瓣倒卵形，背面略被丝质毛，基部具 2 枚下垂、长圆形的耳，翼瓣倒卵状长圆形，一侧具短耳，龙骨瓣比翼瓣短，但形状相仿；雄蕊二体；子房密被白色长硬毛，花柱内弯，无毛。荚果菱状椭圆形，长 8 ～ 10mm，宽约 6mm，成熟时黑色，被褐色长硬毛；种子 2 颗，小，肾形，黑色，种脐长线形，长约近种子的全长，种柄着生于种脐的一端。花期 5 ～ 6 月；果期 7 ～ 10 月。

分布与生境： 临高、澄迈、儋州、万宁；广东、广西、贵州、湖南、江西、台湾、西藏、云南；印度、澳大利亚。生于旷野草坡。

利用： 块根可供食用和提取淀粉；入药有滋阴、清热解毒、祛痰、消肿的功效。

注： 手绘图引自广东植物志；彩图由 PPBC/ 金宁拍摄。

鸽仔豆 (Dunbaria truncata)

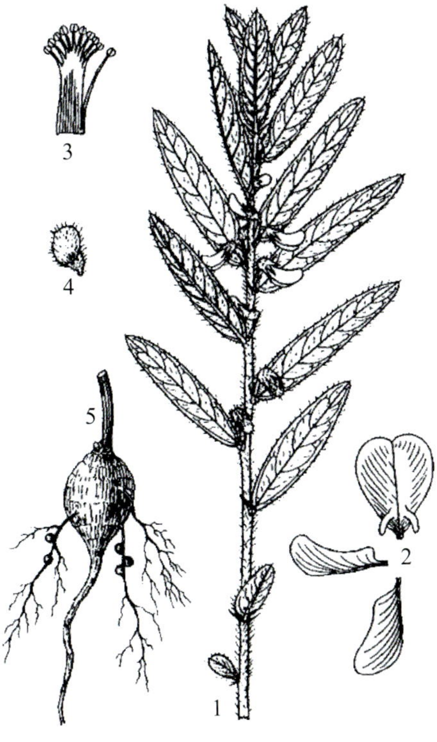

1. 花枝；2. 旗瓣、翼瓣、龙骨瓣；3. 雄蕊；
4. 荚果；5. 块根。

鸡头薯(猪仔笠)(Eriosema chinense)

中文名称：★鹦哥花(乔木刺桐)

学名： **Erythrina arborescens** Roxb. Hort. Beng 53. 1814, 中国植物志 41: 164(1995), 广东植物志 5: 295(2003), Flora of China 10: 238(2010)

科名：豆科 Fabaceae(蝶形花科 Papilionaceae)　**属名：**刺桐属 Erythrina Linn.

形态特征：乔木，高 7 ～ 8m；树干和枝条均具刺。羽状复叶具 3 小叶；叶柄比小叶长，平滑，无刺或有少数皮刺；托叶小；顶生小叶肾状扁圆形，侧生小叶斜宽心形，长 10 ～ 20cm，宽 9 ～ 19cm，侧生小叶略小，先端急尖，基部截平或近心形，全缘，上面绿色，下面稍带白色，两面无毛；小叶柄粗壮。总状花序单生于叶腋，直立，无毛；花通常密集于花序上部，大，具花梗；花萼杯状，先端截平或不等的 2 裂；花冠红色，旗瓣近卵形，舟状，长 3 ～ 4cm，翼瓣斜倒卵形，长约为旗瓣的 1/4，龙骨瓣菱形，比旗瓣短一半，均无柄；雄蕊 10 枚，花丝于近基部连合成一体，5 长 5 短；子房和花柱基部稍被黄色短茸毛。荚果弯曲，长 12 ～ 19cm，宽约 3cm 或更宽，有明显的喙和果梗；种子 5 ～ 10 颗，近白色或褐色，肾形，长约 2cm。花期 9 月。

野外鉴别关键特征：龙骨瓣菱形，比旗瓣短一半。

分布与生境：海南有栽培；广东、四川、西藏、云南有栽培；孟加拉国、不丹、印度、缅甸、尼泊尔、泰国有栽培。

利用：花大而美丽，多用作庭园观赏植物或行道树种。

中文名称：★龙牙花

学名： **Erythrina corallodendron** Linn.

科名：豆科 Fabaceae(蝶形花科 Papilionaceae)　**属名：**刺桐属 Erythrina Linn.

形态特征：灌木或小乔木，高 3 ～ 5m。树干和枝条散生皮刺。羽状复叶具 3 小叶；小叶菱状卵形，长 4 ～ 10cm，宽 2.5 ～ 7cm，先端渐尖而钝或尾状，基部宽楔形，两面无毛，有时叶柄上面和下面中脉上有刺。总状花序腋生，长可达 30cm 以上；花深红色，具短梗，与花序轴成直角或稍下弯，长 4 ～ 6cm，狭而近闭合；花萼钟状，萼齿不明显，仅下面一枚稍突出；旗瓣长椭圆形，长约 4.2cm，先端微缺，略具瓣柄至近无柄，翼瓣短，长 1.4cm，龙骨瓣长 2.2cm，均无瓣柄；雄蕊二体，不整齐，略短于旗瓣；子房有长柄，被白色短柔毛，花柱无毛。荚果长约 10cm，具梗，先端有喙，在种子间收缢；种子多颗，深红色，有一黑斑。花期 6 ～ 11 月。

分布与生境：海南有栽培；广东、云南等地栽培。原产美洲热带。

利用：为一美丽的观赏植物。材质柔软，可代软木作木栓。树皮药用，有麻醉、镇静作用。

注：手绘图引自广东植物志。

鹦哥花(乔木刺桐)(Erythrina arborescens)

1. 茎和叶；2. 花序；3. 花萼；4. 旗瓣、翼瓣、龙骨瓣；5. 雄蕊；6. 雌蕊。

龙牙花 (Erythrina corallodendron)

中文名称：★鸡冠刺桐

学名： **Erythrina crista-galli** Linn. Mant. P1. 1: 99. 1767, 中国植物志 41: 166(1995), 广东植物志 5: 295(2003): Flora of China 10: 130(2010)

科名：豆科 Fabaceae(蝶形花科 Papilionaceae)　**属名：**刺桐属 Erythrina Linn.

形态特征：落叶灌木或小乔木；茎和叶柄稍具皮刺。羽状复叶具 3 小叶；小叶卵形或披针状椭圆形，长 5 ～ 10cm，宽 2.5 ～ 6cm，基部圆形或楔形，两面无毛，叶与花同时开放。总状花序顶生，每节有花 1 ～ 3 朵；花萼钟状，长 10 ～ 12mm，先端 2 浅裂；花冠深红色，旗瓣近琵琶形，盛开时长约 4.5cm，翼瓣极小，披针形，长约 1cm，龙骨瓣弯拱，合生，略短于旗瓣；雄蕊 10 枚，成 9+1 的二体，稍短于旗瓣；子房具柄，被细茸毛。荚果长约 15cm，宽约 1.3cm，种子间稍缢缩；种子大，褐色，光亮。花果期 4 月。

野外鉴别关键特征：龙骨瓣弯拱，合生，略短于旗瓣。

分布与生境：海南有栽培；台湾、云南有栽培。原产巴西。

利用：观赏树。

注：手绘图引自 http：//www.desert-tropicals.com/Plants/Fabaceae/Erythrina_crista-galli.html.

中文名称：刺桐

学名： **Erythrina variegata** Linnaeus, Herb. Amboin. 10. 1754, 中国植物志 41: 167(1995), 广东植物志 5: 296(2003), Flora of China 10: 238(2010)

科名：豆科 Fabaceae(蝶形花科 Papilionaceae)　**属名：**刺桐属 Erythrina Linn.

形态特征：大乔木，高达 20m；树皮灰褐色；枝有明显的叶痕和短圆锥形、黑色直刺，髓部疏松，常成空腔。羽状复叶具 3 小叶，密集于枝端，长 20 ～ 30cm；叶柄长 10 ～ 15cm，通常无刺；托叶披针形，早落；小叶近膜质，顶生小叶阔卵形或菱状卵形，长 10 ～ 17cm，宽与长近相等，先端渐尖而钝，基部阔楔形至近截平，侧生小叶略小，先端稍偏斜，两面无毛；小叶柄短，长约 7mm，基部有 1 对腺体状的小托叶。总状花序腋生，长 10 ～ 16cm；总花梗粗壮，长 7 ～ 10cm；花密集于花序轴的上部，通常 2 朵成对着生；花梗长约 10mm，被短茸毛；花萼佛焰苞状，长 2 ～ 3cm，口部偏斜，一边开裂；花冠鲜红色，旗瓣椭圆形，长 5 ～ 6cm，宽约 2.5cm，先端圆，基部具短柄，翼瓣和龙骨瓣近相等，龙骨瓣彼此分离；雄蕊 10 枚，单体；子房被微毛。荚果黑色，肿胀，长 15 ～ 30cm，宽 2 ～ 3cm，稍弯曲，种子间稍缢缩；种子暗红色至褐色，近肾形，长约 15mm，宽约 10mm，种脐大，椭圆形，长约 8mm，宽约 5mm。花期 3 月；果期 8 月。

野外鉴别关键特征：龙骨瓣与旗瓣近等长。

分布与生境：海南有分布；广东、广西；世界广泛栽培。生于林中溪边。

利用：观赏树；树皮入药称海桐皮，能祛风祛湿、通经活络。

1. 茎和叶一段；2. 花枝。

鸡冠刺桐 (**Erythrina crista-galli**)

刺桐 (**Erythrina variegata**)

中文名称：山豆根

学名： **Euchresta japonica** J. D. Hooker ex Regel, Gartenflora. 14: 321. 1865, 中国植物志 42(2): 384(1998), Flora of China 10: 98(2010)

科名：豆科 Fabaceae(蝶形花科 Papilionaceae) **属名：**山豆根属 Euchresta Benn.

形态特征：藤状灌木，几不分枝，茎上常生不定根。叶仅具小叶 3 枚；叶柄长 4 ～ 5.5cm，被短柔毛，近轴面有一明显的沟槽；小叶厚纸质，椭圆形，长 8 ～ 9.5cm，宽 3 ～ 5cm，先端短渐尖至钝圆，基部宽楔形，上面暗绿色，无毛，干后呈现皱纹，下面苍绿色，被短柔毛；侧脉极不明显；顶生小叶柄长 0.5 ～ 1.3cm，侧生小叶柄几无。总状花序长 6 ～ 10.5cm，总花梗长 3 ～ 5.5cm，花梗长 0.5 ～ 0.7cm，均被短柔毛；小苞片细小，钻形；花萼杯状，长 3 ～ 5mm，宽 4 ～ 6mm，内外均被短柔毛，裂片钝三角形；花冠白色，旗瓣瓣片长圆形，长 1cm，宽 2 ～ 3mm，先端钝圆，匙形，基部外面疏被短柔毛，瓣柄线形，略向后折，长约 2mm，翼瓣椭圆形，先端钝圆，瓣片长 9mm，宽 2 ～ 3mm，瓣柄卷曲，线形，长约 2.5mm，宽不及 1mm，龙骨瓣上半部黏合，极易分离，瓣片椭圆形，长约 1cm，宽 3.5mm，基部有小耳，瓣柄长约 2mm；子房扁长圆形或线形，长 5mm，子房柄长约 4mm，花柱长 3mm。果序长约 8cm，荚果椭圆形，长 1.2 ～ 1.7cm，宽 1.1cm，先端钝圆，具细尖，黑色，光滑，果梗长 1cm，果颈长 4cm，无毛。

分布与生境：文昌等地；广西、广东、四川、湖南、江西、浙江；日本。生于海拔 800 ～ 1350m 的山谷或山坡密林中。

利用：药用，有消炎、解毒的作用。

注：手绘图引自广东植物志；彩图由 PPBC/ 徐永福拍摄。

中文名称：海南千斤拔

学名： **Flemingia latifolia** Benth. var. **hainanensis** Y. T. Wei et S. Lee. in Guihaia 5: 169. 1985, 中国植物志 41: 325(1995), 广东植物志 5: 339(2003), Flora of China 10: 235(2010)

科名：豆科 Fabaceae(蝶形花科 Papilionaceae) **属名：**千斤拔属 Flemingia Roxb.

形态特征：直立亚灌木，茎和老枝圆柱状，近无毛；嫩枝三棱柱状，密被灰褐色或锈色、开展的茸毛。叶柄粗壮，长 3 ～ 10cm，无翅，被毛与嫩枝相同；托叶线状披针形，从稍宽阔的基部向上渐狭而成极狭窄的长尖，背面密被锈色茸毛，腹面无毛而具线纹；顶生小叶近菱形或椭圆形，8 ～ 14cm，宽 4 ～ 6(～ 8.5)cm，顶端渐尖或急尖，基部阔楔形，侧生小叶与顶生小叶等长或较小，偏斜，阔披针形，基部一侧圆形，另一侧狭楔形，两面薄被短柔毛，在脉上的毛较密，背面有明显的腺点；小叶柄密被锈色茸毛。总状花序极稠密，密被锈色茸毛，通常 2 ～ 3 个簇生于同一叶腋内；苞片卵状披针形，被毛，顶端骤狭而成一针状的尾尖，每苞片腋内有 1 朵花；花梗与萼同密被白色、开展的长硬毛；萼外面被毛及有腺点，萼管很短，裂片线形，花冠紫红色或粉红色，比下部的裂片短而与其余的近等长，旗瓣阔椭圆形，基部具 2 枚极小、急尖的耳，翼瓣长椭圆形，具向下的耳及极纤细的长爪，龙骨瓣近半月形，无耳，具长爪；子房椭圆形，被丝毛，花柱细长，稍内弯。荚果椭圆形，被短柔毛，顶端具小尖喙，有种子 2 颗。花期 2 ～ 3 月。

野外鉴别关键特征：顶生小叶近菱形或椭圆形，顶端渐尖或急尖，基部阔楔形，侧生小叶与顶生小叶等长或较小，偏斜，阔披针形。

分布与生境：定安、儋州、昌江、白沙、琼中、万宁、陵水；广西、云南；印度、缅甸、越南。生长于旷野草地。

利用：为民间草药之一，根煎水饮可治黄疸病，并有壮精骨之功效。

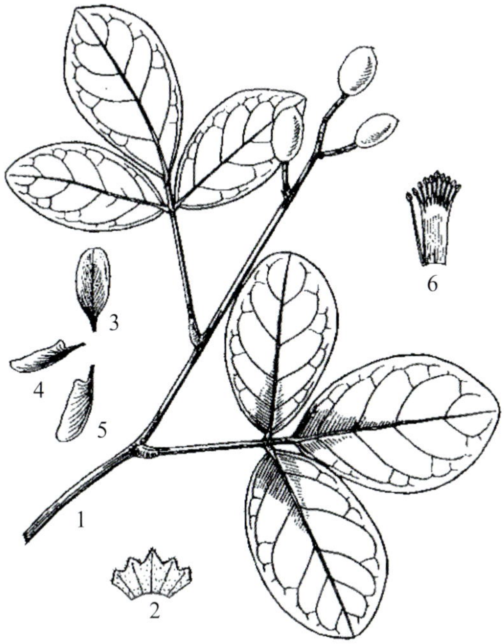

1. 果枝；2. 花萼展开；3. 旗瓣；4. 翼瓣；5. 龙骨瓣；6. 雄蕊。

山豆根 (Euchresta japonica)

海南千斤拔 (Flemingia latifolia var. hainanensis)

中文名称：大叶千斤拔

学　名：**Flemingia macrophylla**(Willdenow)Prain, J. Asiat. Soc. Bengal, Pt. 2, Nat. Hist. 66: 440. 1897, 中国植物志 41: 325(1995), 广东植物志 5: 340(2003), Flora of China 10: 235(2010). ——Moghania macrophylla(Willd.)Kuntze Rev. Gen. Pl. 1: 199. 1891, 海南植物志 2: 310(1965)

科名：豆科 Fabaceae(蝶形花科 Papilionaceae)　**属名：**千斤拔属 Flemingia Roxb.

形态特征：直立灌木，高 0.8～2.5m；幼枝有明显纵棱，密被紧贴的丝质柔毛。叶具指状 3 小叶；托叶大，披针形，长可达 2cm，先端长尖，被短柔毛，具线纹，常早落；叶柄长 3～6cm，具狭翅，被毛与幼枝同；小叶纸质或薄革质，顶生小叶宽披针形至椭圆形，长 8～15cm，宽 4～7cm，先端渐尖，基部楔形；基出脉 3 条，两面除沿脉上被紧贴的柔毛外，通常无毛，下面被黑褐色小腺点，侧生小叶稍小，偏斜，基部一侧圆形，另一侧楔形；基出脉 2～3；小叶柄长 2～5 mm，密被毛。总状花序常数个聚生于叶腋，长 3～8cm，常无总花梗；花多而密集；花梗极短；花萼钟状，长 6～8mm，被丝质短柔毛，裂齿线状披针形，较萼管长 1 倍，下方一齿最长，花序轴、苞片、花梗均密被灰色至灰褐色柔毛；花冠紫红色，稍长于萼，旗瓣长椭圆形，具短瓣柄及 2 耳，翼瓣狭椭圆形，一侧略具耳，瓣柄纤细，龙骨瓣长椭圆形，先端微弯，基部具长瓣柄和一侧具耳；雄蕊二体；子房椭圆形，被丝质毛，花柱纤细。荚果椭圆形，长 1～1.6cm，宽 7～9mm，褐色，略被短柔毛，先端具小尖喙；种子 1～2 颗，球形，光亮，黑色。花期 6～9 月；果期 10～12 月。

野外鉴别关键特征：小叶纸质或薄革质，顶生小叶宽披针形至椭圆形。

分布与生境：澄迈、儋州、白沙、保亭、陵水；福建、广东、广西、贵州、江西、四川、台湾、云南；孟加拉国、不丹、柬埔寨、印度、印度尼西亚、老挝、马来西亚、缅甸、尼泊尔、泰国、越南。生于旷野灌丛中。

利用：根供药用，能祛风活血、强腰壮骨，治风湿骨痛。

中文名称：千斤拔(蔓性千斤拔)

学名：**Flemingia prostrata** Roxburgh, Fl. Ind., ed. 1832. 3: 338. 1832, Flora of China 10: 237(2010). ——Flemingia philippinensis Merr. et Rolfe in Philipp. J. Sci. 31: 103. 1908, 中国植物志 41: 329(1995), 广东植物志 5: 340(2003). ——Maughania philippinensis(Merrill & Rolfe)H. L. Li, 海南植物志 2: 311(1965)

科名：豆科 Fabaceae(蝶形花科 Papilionaceae)　**属名：**千斤拔属 Flemingia Roxb.

形态特征：直立亚灌木，老枝近圆柱状，无毛；嫩枝有棱且有槽纹，密被紧贴的丝毛。3 小叶；叶柄稍粗而有狭翅，被毛与嫩枝同，托叶基部宽阔，渐狭而成长尖，略被毛，具线纹，早落；小叶稍薄，阔披针形，长 4～7(～9)cm，宽 1.7～3cm，顶生小叶顶端渐尖，基部楔形，有基出脉 3 条，侧生小叶较小，偏斜，顶端渐尖，基部侧圆形，腹面近无毛或被短柔毛，背面沿脉上薄被紧贴的丝毛，基出脉 2 条；小叶柄短。总状花序稠密，无总花梗，常数个聚生；苞片披针形，脱落，与萼同被浅褐色、紧贴的丝毛；花多数，紧密排列于花序总轴上，但在每一苞片腋内只有 1 朵；花梗极短；萼裂齿撬状披针形，比萼管长 1 倍，下部 1 枚更长；花冠紫红色，约与花萼等长，旗瓣近圆形，具短爪，翼瓣狭长椭圆形，较短，无耳，具纤细的爪，龙骨瓣长椭圆形，与旗瓣等长，顶端钝，也具长而细的爪；子房椭圆形，被丝毛，花柱纤细内弯。荚果椭圆形，略被短柔毛，顶端具小尖喙，果瓣薄革质，开裂后卷曲；种子球形，黑色，有光泽。花期 9 月。

野外鉴别关键特征：小叶稍薄，阔披针形。

分布与生境：澄迈、儋州、白沙、保亭、陵水；福建、广东、广西、贵州、湖北、湖南、江西、四川、台湾、云南；孟加拉国、印度、日本、缅甸。生于旷野灌丛中。

利用：根供药用，有祛风除湿、舒筋活络、强筋壮骨、消炎止痛等作用。

注：手绘图引自广东植物志。彩图由 PPBC/ 周家宝拍摄。

大叶千斤拔 (Flemingia macrophylla)

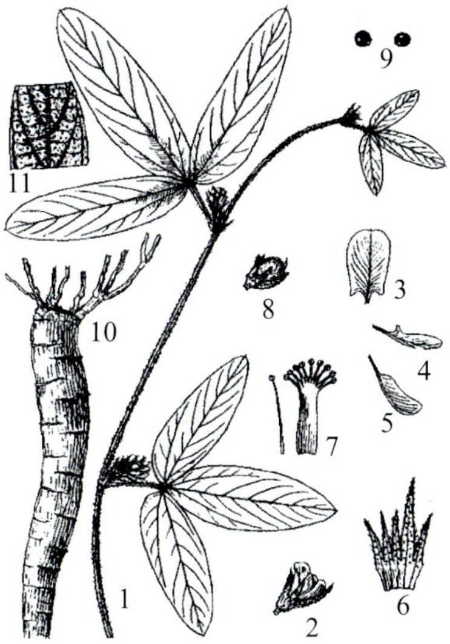

1. 花枝；2. 花；3. 旗瓣；4. 翼瓣；5. 龙骨瓣；
6. 花萼展开；7. 雄蕊；8. 荚果；9. 种子；
10. 根；11. 叶局部。

千斤拔 (蔓性千斤拔)(Flemingia prostrata)

中文名称：球穗千斤拔

学名：**Flemingia strobilifera**(Linnaeus)R. Brown in W. T. Aiton, Hort. Kew., ed. 2. 4: 349. 1812, 中国植物志 41: 318(1995), 广东植物志 5: 339(2003), Flora of China 10: 234(2010). —— Moghania strobilifera(Linn.) J. St. -Hilaire ex Jacks. Ind. Kew. 2: 252. 1894, 海南植物志 2: 312(1965)

科名：豆科 Fabaceae(蝶形花科 Papilionaceae)　**属名：**千斤拔属 Flemingia Roxb.

形态特征：直立或近蔓延状灌木，高 0.3 ～ 3m。小枝具棱，密被灰色至灰褐色柔毛。单叶互生；小叶近革质，卵形、卵状椭圆形、宽椭圆状卵形或长圆形，长 6 ～ 15cm，宽 3 ～ 7cm，先端渐尖、钝或急尖，基部圆形或微心形，两面除中脉或侧脉外，无毛或几无毛，侧脉每边 5 ～ 9 条；叶柄长 0.3 ～ 1.5cm，密被毛；托叶线状披针形，长 0.8 ～ 1.8cm，宿存或脱落。小聚伞花序包藏于贝状苞片内，复再排成总状花序或复总状花序，花序长 5 ～ 11cm，花序轴密被灰褐色柔毛；贝状苞片纸质至近膜质，长 1.2 ～ 3cm，宽 2 ～ 4.4cm，先端截平或圆形，微凹或有细尖，两面多少被长硬毛，边缘具缘毛。花小；花梗长 1.5 ～ 3mm；花萼微被短柔毛，萼齿卵形，略长于萼管；花冠白色，略伸出于萼外，旗瓣扁圆形，顶端微凹入，基部有 2 小耳，翼瓣倒卵状长椭圆形，基部具椭圆形耳，龙骨瓣半圆形，无耳。荚果椭圆形，膨胀，长 6 ～ 10mm，宽 4 ～ 5mm，略被短柔毛；种子 2 颗，近球形，黑褐色。花期春夏；果期秋冬。

野外鉴别关键特征：小叶近革质，卵形、卵状椭圆形、宽椭圆状卵形或长圆形。

分布与生境：陵水；广东、广西、贵州、台湾、云南；柬埔寨、印度、印度尼西亚、老挝、缅甸、马来西亚、菲律宾、斯里兰卡、泰国、越南。生于山坡草丛中。

利用：全株作草药，有止咳祛痰、消热除湿、补虚、壮筋骨之效，治高热不退、感冒、风湿性关节炎、痛经、红白痢。

中文名称：乳豆

学名：**Galactia tenuiflora**(Klein ex Willd.)Wight et Arn. Prodr. 206. 1834, 中国植物志 41: 215(1995), 广东植物志 5: 308(2003), Flora of China 10: 199(2010). —— Galactia elliptifoliola Merr. in Lingnan Sci. J. 14: 12, fig. 4. 1935, 海南植物志 2: 316(1965), 广东植物志 5: 309(2003)

科名：豆科 Fabaceae(蝶形花科 Papilionaceae)　**属名：**乳豆属 Galactia P. Br.

形态特征：多年生草质藤本；茎被灰白色或灰黄色长柔毛。叶有小叶 3 片，小叶纸质，阔椭圆形或椭圆形，长 2 ～ 3.5(～ 4.5)cm，宽 1.3 ～ 2.5(～ 3)cm，两端钝圆，先端微凹入或不凹入，具小凸尖，上面深绿色，疏被短柔毛，下面灰绿色，被灰白色中等长的柔毛，有时被绵毛；侧脉 4 ～ 7 对，纤细，两面微突起；小叶柄短，长约 2mm；小托叶针状，长 1 ～ 1.5mm。总状花序腋生，长 2 ～ 10cm，花序轴纤细；小苞片卵状披针形，被毛；花具短梗，单生或孪生；花萼长约 7mm，疏被短茸毛，萼管长约 3mm，裂片狭披针形，稍长于萼管，先端尖；花冠紫红色至淡蓝色，旗瓣倒卵形，长约 10.5mm，宽约 7mm，先端圆，基部渐狭，具 2 小耳，翼瓣长圆形，长约 9mm，宽约 2mm，基部有尖耳，龙骨瓣稍长于翼瓣，几近直，先端钝，基部具小钝耳；对旗瓣的 1 枚雄蕊与其他的完全分离，花药长圆形；子房无柄，扁平，密生长茸毛，胚珠约 10 颗，花柱伸长，顶部弯，无毛。荚果线形，长 2 ～ 4cm，宽 6 ～ 7mm，初时被长茸毛，后渐变无毛；种子肾形，稍扁，长 2 ～ 3.5mm，宽 3 ～ 5mm，棕褐色，光滑，种脐椭圆形，长 11.5mm。花果期 8 ～ 9 月。

野外鉴别关键特征：茎被灰白色或灰黄色长柔毛，小叶纸质，阔椭圆形或椭圆形，两端钝圆，先端微凹入或不凹入，具小凸尖。

分布与生境：昌江、东方、乐东、三亚、陵水；广东、广西、湖南、台湾、云南；印度、马来西亚、菲律宾、斯里兰卡、泰国、越南、非洲。生于旷野丛林中。

利用：饲料植物资源。

注：手绘图引自广东植物志；台湾乳豆 (Galactia elliptifoliola) 被 Flora of China 归并为乳豆 (Galactia tenuiflora)。

球穗千斤拔 (Flemingia strobilifera)

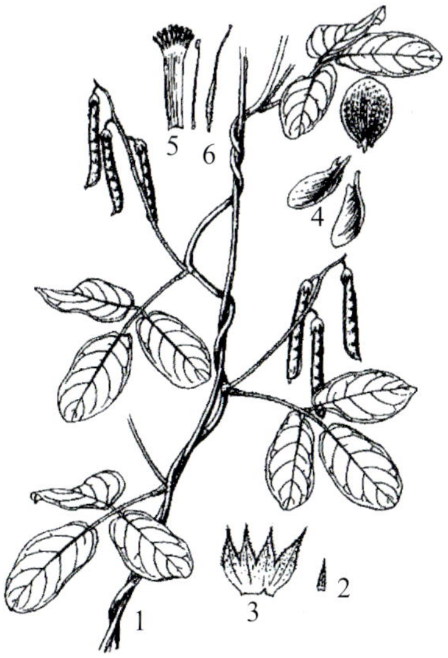

1. 果枝；2. 苞片；3. 花萼展开；4. 旗瓣、翼瓣、龙骨瓣；5. 雄蕊展开；6. 雌蕊。

乳豆 (Galactia tenuiflora)

中文名称：★大豆

学名：**Glycine max**(Linn.)Merr. Interpr. Rumph. Herb. Amb. 274. 1917, 海南植物志 2: 299(1965), 中国植物志 41: 234(1995), 广东植物志 5: 313(2003), Flora of China 10: 251(2010)

科名：豆科 Fabaceae(蝶形花科 Papilionaceae)　**属名：**大豆属 Glycine Willd.

形态特征：一年生草本，高 30 ～ 90cm；茎粗壮，直立或上部缠绕状，密被褐色长硬毛。羽状复叶有小叶 3 片，小叶纸质，菱状卵形或阔卵形，长 7 ～ 13cm，宽 3 ～ 7cm，先端渐尖，基部阔楔形或圆形；侧生小叶较小，斜卵形，通常两面散生糙伏毛或腹面无毛；小叶柄被长硬毛。总状花序通常有 5 ～ 8 朵无柄而紧挤的花，植株下部的花有时单生或成对生于叶腋内；苞片披针形，被糙伏毛，早落；小苞片针状，被伏贴的刚毛；花梗密被长硬毛，有时变无毛；萼密被长硬毛或糙伏毛，裂齿近相等，披针形或刚毛状，上部 2 枚通常合生达中部以上；花冠白色、淡红色、浅蓝色或紫色，旗瓣倒卵状近圆形，近顶端平展或稍外反，翼瓣长椭圆形。荚果在每一叶腋内通常仅 2 ～ 3 个发育，长椭圆形，稍弯曲近镰刀状，下垂，密被褐黄色长硬毛或刚毛；种子卵形至近球形，种皮光滑，淡绿色、乳黄色和黑色，种睾鳞片状，膜质，直立或紧贴，花期 4 月。

分布与生境：海南各地栽培；我国广泛栽培；广布世界热带地区。原产中国。

利用：种子含蛋白质和脂肪，供食用，为豆腐原料，茎叶和油粕为肥料和家畜的饲料。

中文名称：侧序长柄山蚂蝗

学名：**Hylodesmum laterale**(Schindler)H. Ohashi & R. R. Mill, Edinburgh J. Bot. 57: 177. 2000, Flora of China 10: 281(2010). ——Podocarpium laxum var. laterale(Schindl.)Yang et Huang in Bull. Bot. Lab. North-East Forest. Inst. no. 4: 7. 1979, 中国植物志 41: 52(1995), 广东植物志 5: 276(2003)

科名：豆科 Fabaceae(蝶形花科 Papilionaceae)　**属名：**长柄山蚂蝗属 Hylodesmum H. Ohashi & R. R. Mill

形态特征：亚灌木，高 40 ～ 80cm，不分枝或稍分枝；茎上部略具棱，近基部圆柱状，被稀疏的柔毛及短柔毛。小叶 3 片，长 10 ～ 16cm；叶柄长 3 ～ 8cm，被疏柔毛；托叶狭披针形，长 6 ～ 10mm，基部宽约 3mm；小叶卵状披针形或披针形，长通常为宽的 3 ～ 5 倍，顶生小叶长 7 ～ 15cm，宽 2 ～ 3cm，侧生小叶偏斜，长仅及顶生小叶之半，除中脉外近无毛。总状花序或为具少数分枝的圆锥花序，通常顶生，被极稀疏的小钩状毛；花疏离，长 5 ～ 6mm，具花梗；萼长 1.5 ～ 2mm，裂齿极短；旗瓣基部骤然收窄而具爪，翼瓣与龙骨瓣贴生，均具耳；雄蕊 1 粗；子房具长柄。荚果扁平，稍弯曲，长 7 ～ 16mm，宽 3 ～ 3.5mm，腹部直，背缝于荚节间深凹入几达腹部，果柄长 10 ～ 15mm，子房柄长 9 ～ 12mm，宿存的雄蕊管长 3 ～ 4mm；荚节 1 ～ 3 个，半菱形，长 6 ～ 7mm，顶端稍凹入，基部楔形，被小的钩状毛。花期 7 ～ 8 月。

分布与生境：儋州、陵水；福建、广东、广西、江西、台湾；日本。

利用：饲料植物资源。

注：标本引自中国科学院华南植物园。彩图由 PPBC/ 孙观灵拍摄。

大豆 (Glycine max)

侧序长柄山蚂蝗 (Hylodesmum laterale)

中文名称：疏花长柄山蚂蝗

学名： **Hylodesmum laxum**(DC.)H. Ohashi & R. R. Mill, 广东植物志 5: 276(2003), Flora of China 10: 280(2010). ——Desmodium laxum DC. in Ann. Sci. Nat. 4: 102. 1825, 海南植物志 2: 27 7(1965)

科名：豆科 Fabaceae(蝶形花科 Papilionaceae)　**属名：**长柄山蚂蝗属 Hylodesmum H. Ohashi & R. R. Mill

形态特征：直立草本，高 30 ～ 100cm；茎基部木质，从基部开始分枝或单一，嫩枝毛较密，老枝被疏毛。叶为羽状三出复叶，通常簇生于枝顶部；托叶三角状披针形，长约 10mm，基部宽 4mm；叶柄长 3 ～ 9cm，被茸毛；小叶纸质，顶生小叶卵形，长 5 ～ 12cm，宽 5 ～ 5.5cm，先端渐尖，基部圆形，全缘，两面近无毛或下面薄被柔毛，侧脉每边 4 ～ 6 条，网脉明显，侧生小叶较小而偏斜，顶端渐尖，基部圆形，两面近无毛或背面薄被柔毛；小托叶丝状，长 1 ～ 3mm，被柔毛；小叶柄长 1 ～ 2cm，被柔毛。总状花序顶生或腋生，纤细，通常有分枝，长可达 30cm；总花梗被钩状毛和小柔毛，疏花，花 2 ～ 3 朵簇生于每节上；苞片卵形，长约 3mm，宽 1 ～ 2mm；花梗长 3 ～ 4mm；花萼宽钟状，长约 2mm，裂片较萼筒短；花冠粉红色，长 4 ～ 6mm，旗瓣椭圆形，具瓣柄，翼瓣长椭圆形，基部具耳和短瓣柄，龙骨瓣钝，无耳，具瓣柄；雄蕊单体，长约 5mm；雌蕊长约 6mm，子房具柄。荚果有 2 ～ 4 荚节，背缝线于节间凹入达腹缝线而成一深缺口，通常荚节略呈宽半倒卵形，长 9 ～ 10mm，宽约 4mm，先端凹入，基部斜楔形，被钩状毛；果梗长 4 ～ 10mm；果颈长约 10mm。花果期 8 ～ 10 月。

分布与生境：定安；福建、广东、广西、贵州、湖北、湖南、江西、台湾、西藏、云南；不丹、印度、印度尼西亚、日本、菲律宾、斯里兰卡、泰国、越南。

利用：饲料植物资源。

注：手绘图引自贵州植物志；彩图由 PPBC/ 孙观灵拍摄。

中文名称：细柄山蚂蝗

学名： **Hylodesmum leptopus**(A. Gray ex Bentham)H. Ohashi & R. R. Mill, Edinburgh J. Bot. 57: 179. 2000, Flora of China 10: 279(2010). ——Podocarpium leptopus(A. Gray ex Benth.)Yang et Huang in Bull. Bot. Lab. North-East Forest. Inst. no. 4: 6. 1979, 中国植物志 41: 49(1995), 广东植物志 5: 275(2003)

科名：豆科 Fabaceae(蝶形花科 Papilionaceae)　**属名：**长柄山蚂蝗属 Hylodesmum H. Ohashi & R. R. Mill

形态特征：亚灌木，高 30 ～ 70cm。茎直立，幼时被柔毛，老时渐变无毛。叶为羽状三出复叶，簇生或散生，小叶 3；托叶披针形，长 8 ～ 13mm，基部宽 2.5mm；叶柄长 5 ～ 10cm，具沟槽，无毛或被疏柔毛；小叶纸质，较薄，卵形至卵状披针形，长 10 ～ 15cm，宽 3.5 ～ 6cm，先端长渐尖，基部楔形或圆形，侧生小叶通常较小，基部极偏斜，上面除中脉被小钩状毛外，其余近无毛，下面干时有苍白色的小块状斑痕，有极疏的短柔毛，基出脉 3 条，侧脉每边 2 ～ 4 条；小托叶针状，脱落或宿存；小叶柄长 3 ～ 4mm，被糙伏毛。花序顶生，总状花序或具少数分枝的圆锥花序，有时从茎基部抽出，花序轴略被钩状毛和疏长柔毛；花极稀疏；苞片椭圆形，长 3 ～ 5mm，宽 1.5 ～ 2mm；开花时花梗长 3 ～ 4mm，结果时长 11 ～ 13mm，密被钩状毛；花萼长 2 ～ 3mm，萼裂片较萼筒短；花冠粉红色，长约 5mm，旗瓣宽椭圆形，先端微凹，具短瓣柄，翼瓣、龙骨瓣均具瓣柄；雄蕊单体；子房具长柄。荚果扁平，稍弯曲，长 3 ～ 4.5cm，腹缝线直，背缝线于荚节间深凹入而接近腹缝线，有荚节 2 ～ 3，荚节斜三角形，长 12 ～ 14mm，宽 4 ～ 6mm，被小钩状毛；果梗长 11 ～ 13mm；果颈长 10 ～ 12mm。花果期 8 ～ 9 月。

野外鉴别关键特征：花序轴细长，略被钩状毛和疏长柔毛，花极稀疏。

分布与生境：白沙、保亭、三亚；我国江南各省；东南亚。生于山谷密林下或溪边密荫处。

利用：饲料植物资源。

注：手绘图引自广东植物志。

1. 果枝；2. 花萼；3-5. 花瓣；6. 雄蕊；
7. 种子。

疏花长柄山蚂蝗 (Hylodesmum laxum)

1. 果枝；2. 花萼；3. 旗瓣；4. 翼瓣；5. 龙骨瓣；6. 雄蕊。

细柄山蚂蝗 (Hylodesmum leptopus)

中文名称：宽卵叶长柄山蚂蝗(假山绿豆)
学名： **Hylodesmum podocarpum** subsp. **fallax**(Schindler)H. Ohashi & R. R. Mill, Edinburgh J. Bot. 57: 182. 2000, Flora of China 10: 282(2010). ——Podocarpium podocarpum var. fallax(Schindl.)Yang et Huang in Bull. Bot. Lab. North- East Forrest. Inst. no 4: 8. 1979, 中国植物志 41: 54(1995), 广东植物志 5: 274(2003)
科名：豆科 Fabaceae(蝶形花科 Papilionaceae) **属名：**长柄山蚂蝗属 Hylodesmum H. Ohashi & R. R. Mill
形态特征：直立草本，高 50 ～ 100cm；茎具条纹，疏被伸展短柔毛。叶为羽状三出复叶；托叶钻形，长约 7mm，基部宽 0.5 ～ 1mm，被毛；叶柄长 2 ～ 12cm，疏被伸展短柔毛；小叶纸质，顶生小叶宽卵形或卵形，长 3.5 ～ 12cm，宽 2.5 ～ 8cm，先端渐尖或急尖，基部阔楔形或圆形，全缘，两面疏被短柔毛或几无毛，侧脉每边约 4 条，侧生小叶斜卵形，较小，偏斜；小托叶丝状，长 1 ～ 4mm；小叶柄长 1 ～ 2cm，被伸展短柔毛。总状花序或圆锥花序顶生或腋生，至果序时延长至 40cm；总花梗被柔毛和钩状毛，通常每节生 2 朵花；花梗长 2 ～ 4mm；苞片早落，窄卵形，长 3 ～ 5mm，宽约 1mm，被柔毛；花萼钟形，长约 2mm，裂片较萼筒短，被小钩状毛；花冠紫红色，长约 4mm，旗瓣宽倒卵形，翼瓣窄椭圆形，龙骨瓣与翼瓣相似，均无瓣柄；雄蕊单体；雌蕊长约 3mm，子房具柄。荚果通常具 2 荚节，背缝线节间深凹入达腹缝线；荚节略呈宽半倒卵形，长 5 ～ 10mm，宽 3 ～ 4mm，先端截平，基部楔形，被钩状毛和小直毛，稍有网纹；果柄长约 6mm；果颈长 3 ～ 5mm。花果期 8 ～ 9 月。
野外鉴别关键特征：叶为羽状三出复叶；托叶钻形，长约 7mm，基部宽 0.5 ～ 1mm，被毛。
分布与生境：海南各地；我国广泛分布；不丹、印度、印度尼西亚、日本、朝鲜、老挝、缅甸、尼泊尔、菲律宾、越南。生于山坡路旁、草坡或次生阔叶林下。
利用：饲料植物资源。
注：手绘图引自黑龙江植物志。

中文名称：深紫木蓝
学 名： **Indigofera atropurpurea** Buchanan-Hamilton ex Hornemann, Hort. Bot. Hafn. , Suppl. 152. 1819, 中国植物志 40: 274(1994), 广东植物志 5: 259(2003), Flora of China 10: 149(2010)
科名：豆科 Fabaceae(蝶形花科 Papilionaceae) **属名：**木蓝属 Indigofera Linn.
形态特征：灌木或小乔木，高 1.5 ～ 5m。茎褐色，有圆形皮孔，嫩枝绿色，有棱，平贴“丁”字毛，圆柱形，羽状复叶长达 24cm；叶柄长 2.5 ～ 3.5(～ 5)cm，与小叶柄均被白色或间生有棕色平贴疏“丁”字毛；托叶披针状钻形，长 3 ～ 5mm，早落；小叶 3 ～ 9(～ 10) 对，对生，膜质，卵形或椭圆形，稀近阔卵形，长 1.5 ～ 6.5(～ 8)cm，宽 1 ～ 2.5(～ 3 ～ 5)cm，先端圆钝，微凹或急尖，有小尖头，基部阔楔形或圆形，两面疏生短“丁”字毛，或上面近无毛，中脉上面凹入，下面隆起，侧脉 8 ～ 10 对，两面均明显；小叶柄长 1.5 ～ 2.5mm，小托叶钻形，与小叶柄近等长或较短。总状花序长达 28cm，通常长 8 ～ 15cm；总花梗长 1.5 ～ 2.5cm，与花序轴均被棕色疏“丁”字毛；苞片卵形或卵状披针形，长 2.5 ～ 3.5(～ 5)mm，先端尾状渐尖，外面被棕色毛；花梗短，长约 1.5mm；花萼钟状，长 2.5mm，外面密被灰褐色“丁”字毛，萼齿短三角形，长约 0.5mm；花冠深紫色，旗瓣长圆状椭圆形，长 7 ～ 8.5mm，宽 4.5 ～ 5.5mm，外面无毛，翼瓣长 7 ～ 8mm，先端有缘毛，基部有短瓣柄，龙骨瓣长 7.5 ～ 8.5mm，先端及边缘有柔毛，中下部有距，距长约 0.5mm，基部有短瓣柄；花药球形，顶端有小凸尖头，基部有少量髯毛；子房无毛，有胚珠 6 ～ 9 粒，荚果圆柱形，长 2.5 ～ 5cm，两缝线明显加厚，早期疏被毛，后变无毛，有种子 6 ～ 9 粒。种子间有横隔，内果皮白色，无紫色斑点，果瓣开裂后旋卷状。花期 5 ～ 9 月；果期 8 ～ 12 月。
分布与生境：海南有分布记录；江西、福建、湖北、湖南、广西、四川、贵州、云南、西藏；越南、缅甸、尼泊尔、印度等国。生于海拔 300 ～ 1600m 的山坡路旁灌丛、山谷疏林中。
注：彩图由 PPBC/ 徐永福拍摄。

1. 叶；2. 果序；3. 荚果。

宽卵叶长柄山蚂蝗(假山绿豆)(Hylodesmum podocarpum subsp. fallax)

深紫木蓝(Indigofera atropurpurea)

中文名称：★河北木蓝

学名： **Indigofera bungeana** Walpers, Linnaea. 13: 525. 1839, 中国植物志 40: 306(1994), Flora of China 10: 158(2010)

科名：豆科 Fabaceae(蝶形花科 Papilionaceae)　**属名：**木蓝属 Indigofera Linn.

形态特征：直立灌木，高 40 ～ 100cm。茎褐色，圆柱形，有皮孔，枝银灰色，被灰白色“丁”字毛。羽状复叶长 2.5 ～ 5cm；叶柄长达 1cm，叶轴上面有槽，与叶柄均被灰色平贴“丁”字毛；托叶三角形，长约 1mm，早落；小叶 2 ～ 4 对，对生，椭圆形，稍倒阔卵形，长 5 ～ 1.5mm，宽 3 ～ 10mm，先端钝圆，基部圆形，上面绿色，疏被“丁”字毛，下面苍绿色，“丁”字毛较粗；小叶柄长 0.5mm；小托叶与小叶柄近等长或不明显。总状花序腋生，长 4 ～ 6(～ 8)cm；总花梗较叶柄短；苞片线形，长约 1.5mm；花梗长约 1mm；花萼长约 2mm，外面被白色“丁”字毛，萼齿近相等，三角状披针形，与萼筒近等长；花冠紫色或紫红色，旗瓣阔倒卵形，长达 5mm，外面被“丁”字毛，翼瓣与龙骨瓣等长，龙骨瓣有距；花药圆球形，先端具小凸尖；子房线形，被疏毛。荚果褐色，线状圆柱形，长不超过 2.5cm，被白色“丁”字毛，种子间有横隔，内果皮有紫红色斑点；种子椭圆形。花期 5 ～ 6 月；果期 8 ～ 10 月。

分布与生境：万宁有栽培，我国长江以南；日本、朝鲜。

利用：全草药用，能清热止血、消肿生肌，外敷治创伤。

注：手绘图引自河北植物志，彩图由 PPBC/ 刘冰拍摄。

中文名称：疏花木蓝

学名： **Indigofera colutea**(N. L. Burman)Merrill, Philipp. J. Sci. 19: 355. 1921, Flora of China 10: 145(2010). —— Indigofera chuniana Metc. in Sunyatsenia 4: 154. 1940, Chun & How, l. c, 海南植物志 2: 256(1965), 中国植物志 40: 314(1994), 广东植物志 5: 257(2003)

科名：豆科 Fabaceae(蝶形花科 Papilionaceae)　**属名：**木蓝属 Indigofera Linn.

形态特征：亚灌木状草本；茎平卧或近直立，多分枝，被灰白色柔毛和头状腺毛。羽状复叶长 2.5 ～ 4cm；叶柄长约 1cm，与叶轴均被开展腺毛；小叶 3 ～ 5 对，椭圆形，长 5 ～ 7mm，宽 1.5 ～ 2mm，先端钝，具小尖头，基部楔形，两面均被白色“丁”字毛，上面毛开展，细而少，下面的毛平贴并较粗；小叶柄短，长达 0.5mm。总状花序腋生，长达 3cm，有 5 ～ 10 朵疏离的花；总花梗长达 1cm，与花序轴均被“丁”字毛和腺毛；花萼长 1.5 ～ 2mm，密被白色“丁”字毛，萼齿线形，远较萼筒长，基部被毛；花冠红色，长约 4mm，旗瓣倒卵形，外面被毛，翼瓣线状长圆形，均具极短瓣柄，龙骨瓣中部以下渐狭；子房线形，被茸毛。荚果圆柱形，长 1.1 ～ 1.4cm，宽 1.5 ～ 1.8cm，顶端有凸尖，被腺毛和开展“丁”字毛，有种子 9 ～ 12 颗；种子方形。花期 6 ～ 8 月；果期 8 ～ 12 月。

分布与生境：乐东、三亚；广东；印度、印度尼西亚、缅甸、斯里兰卡、泰国、越南、非洲、澳大利亚。

注：标本引自符国瑗。

1. 花枝；2. 花；3. 萼；4. 旗瓣；
5. 翼瓣；6. 龙骨瓣；7. 雄蕊；
8. 雌蕊；9. 荚果。

河北木蓝(Indigofera bungeana)

疏花木蓝(Indigofera colutea)

中文名称：假大青蓝

学名：**Indigofera galegoides** DC. Prodr. 2: 225. 1825, 海南植物志 2: 258(1965), 中国植物志 40: 271(1994), 广东植物志 5: 259(2003), Flora of China 10: 152(2010)

科名：豆科 Fabaceae(蝶形花科 Papilionaceae)　**属名：**木蓝属 Indigofera Linn.

形态特征：灌木或亚灌木，高 1 ～ 2m；嫩枝被白色或灰褐色平贴“丁”字毛，后变无毛。羽状复叶长达 20cm；叶柄长 1.5 ～ 3cm；小叶 5 ～ 12 对，对生或近对生，膜质，长圆形或倒披针状长圆形，长 2 ～ 4cm，宽 0.7 ～ 1.6cm，先端圆形或急尖，有小尖头，基部阔楔形或圆形，两面有棕褐色并间生白色平贴“丁”字毛，侧脉约 11 对，下面较上面明显；小叶柄长约 2mm，被棕褐色毛。总状花序长 6 ～ 10cm，花密集；总花梗短，长 7 ～ 10mm，花序袖和总花梗均有白色平贴柔毛；花萼钟状，长约 2mm，薄被茸毛，萼齿短，三角形；花冠淡红色，旗瓣卵状椭圆形，长 8 ～ 9mm，宽达 5mm，外面密生棕黄色并间生白色平贴毛，翼瓣长约 8mm，有缘毛，龙骨瓣与翼瓣等长，先端密生棕色绢丝状毛，距长 1.5mm；子房无毛，有胚珠 20 余颗。荚果长圆柱形，直立，长 9cm，顶端具长尖喙，嫩荚薄被棕褐色粗短“丁”字毛，后变无毛，有种子 15 ～ 18 颗。花期 4 ～ 8 月；果期 9 ～ 10 月。

分布与生境：儋州、白沙、保亭、三亚、万宁；广东、广西、贵州、台湾、云南；孟加拉国、柬埔寨、印度、印度尼西亚、老挝、马来西亚、缅甸、菲律宾、斯里兰卡、泰国、越南。

利用：叶可提取蓝靛染料。

注：手绘图引自中国高等植物图鉴，标本引自成都生物研究所。

中文名称：◆穗序木蓝 (铺地木蓝)

学名：**Indigofera hendecaphylla** Jacquin, Collectanea. 2: 358. 1788, Flora of China 10: 144(2010)

科名：豆科 Fabaceae(蝶形花科 Papilionaceae)　**属名：**木蓝属 Indigofera Linn.

形态特征：一至多年生草本，高 15 ～ 40cm。茎单一或基部多分枝，枝直立或偃状，上升，中空，幼枝具棱，有灰色紧贴“丁”字毛。羽状复叶长 2.5 ～ 7.5cm；叶柄极短或近无柄；托叶膜质，披针形，长达 6mm；小叶 2 ～ 5 对，互生，倒卵形至倒披针形，有时线形，长 8 ～ 20mm，宽 4 ～ 8mm，先端圆钝或截平，基部阔楔形，上面无毛，下面疏生粗“丁”字毛，中脉上面凹入，侧脉不显；小叶柄短，长约 1mm；小托叶钻形，与小叶柄等长。总状花序约与复叶等长；总花梗长约 1cm；苞片膜质，披针形，长约 3mm，脱落；花梗长约 1mm，有粗“丁”字毛；花萼钟状，萼筒长 0.5 ～ 1mm，萼齿线状披针形，长约 2.5mm；花冠青紫色，旗瓣阔卵形，长 5 ～ 6mm，翼瓣长约 4mm，龙骨瓣长约 5mm。荚果有 4 棱，线形，长 10 ～ 25mm，无毛，有种子 8 ～ 10 粒；果梗下弯。花果期 4 ～ 11 月。

分布与生境：海口、儋州；台湾、云南、广东；印度、越南、泰国、菲律宾、印度尼西亚；热带非洲。生于路边旷野。

利用：饲料植物。

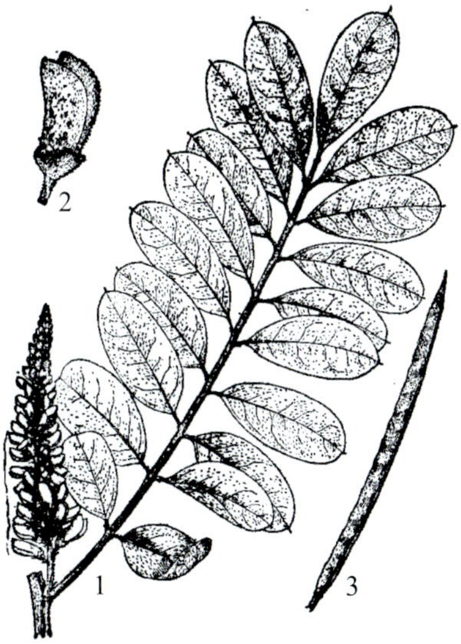

1. 花枝；2. 花；3. 果。

假大青蓝(Indigofera galegoides)

穗序木蓝(Indigofera hendecaphylla)

中文名称：硬毛木蓝（毛木蓝）

学名： **Indigofera hirsuta** Linnaeus, Sp. Pl. 2: 751. 1753, 海南植物志 2: 256(1965), 中国植物志 40: 312(1994), 广东植物志 5: 258(2003), Flora of China 10: 152(2010)

科名：豆科 Fabaceae(蝶形花科 Papilionaceae)　**属名：**木蓝属 Indigofera Linn.

形态特征：直立或蔓生亚灌木，高 30 ～ 100cm；多分枝；枝、叶柄和花序均被开展长硬毛。羽状复叶长 2.5 ～ 10cm；叶柄长约 1cm；小叶 3 ～ 9 对，倒卵形或椭圆形，长 3 ～ 3.5cm，宽 1 ～ 2cm，先端圆钝，基部阔楔形，两面有伏贴毛，下面较密；小叶柄长约 2mm。总状花序长 10 ～ 25cm，密被锈色和白色混生的硬毛，花小，密集；总花梗较叶柄长；花萼长约 4mm，外面被红褐色开展长硬毛，萼齿线形；花冠红色，长 4 ～ 5mm，外面被茸毛，旗瓣倒卵状椭圆形，有瓣柄，翼瓣与龙骨瓣等长，有瓣柄，距短小。荚果线状圆柱形，长 1.5 ～ 2cm，宽 2.5 ～ 8mm，被开展长硬毛，有种子 6 ～ 8 颗。花期 7 ～ 9 月；果期 10 ～ 12 月。

分布与生境：海南岛；福建、广东、广西、台湾、云南、浙江；热带亚洲、非洲及大洋洲。

利用：饲料植物。

中文名称：九叶木蓝

学名： **Indigofera linnaei** Ali in Bot. Not. 3: 549. 1958, 中国植物志 40: 318(1994), 广东植物志 5: 255(2003), Flora of China 10: 144(2010). ——Indigofera enneaphylla Linn. Mant. Pl. 2: 272. 1771, 海南植物志 2: 255(1965)

科名：豆科 Fabaceae(蝶形花科 Papilionaceae)　**属名：**木蓝属 Indigofera Linn.

形态特征：亚灌木，高 20 ～ 90cm；多分枝；枝纤细平卧，长 10 ～ 40cm，上部有棱，下面圆柱形，被白色平贴“丁”字毛。羽状复叶长 1.5 ～ 3cm；叶柄极短；小叶 2 ～ 5 对，互生，近无柄，狭倒卵形或长椭圆状卵形至倒披针形，长 3 ～ 8mm，宽 1 ～ 3.5mm，先端圆钝，有小尖头，基部楔形，两面有白色粗硬“丁”字毛，中脉上面凹入。总状花序长 0.5 ～ 2.5mm，有花 10 ～ 20 朵，密集；花萼杯状，萼筒长约 1.5mm，萼齿线状披针形，渐尖头，最下萼齿长约 2.5mm；花冠紫红色，长约 3mm，旗瓣阔卵形至圆形，长 3 ～ 4.5mm，宽 2.5 ～ 4mm，背面被毛，翼瓣、龙骨瓣等长，具缘毛；子房椭圆形，有毛。荚果长圆形，长 3 ～ 8mm，宽 1.5 ～ 2mm，顶端有锐尖头，有紧贴白色茸毛，有种子 2 ～ 3 颗。花期 8 月；果期 11 月。

分布与生境：三亚、乐东；四川、云南；印度、斯里兰卡、中南半岛、热带非洲西部。生于海边沙地。

注：手绘图引自福建植物志，标本引自西双版纳植物园。

硬毛木蓝(毛木蓝)(Indigofera hirsuta)

1. 植株；2. 小叶；3. 荚果；4. 种子。

九叶木蓝(Indigofera linnaei)

中文名称：▲ 滨海木蓝

学名：**Indigofera litoralis** Chun & T. Chen in Act. Phytotax. Sin. 7: 26. 1958, 海南植物志 2: 255(1965), 中国植物志 40: 318(1994), 广东植物志 5: 256(2003), Flora of China 10: 145(2010)

科名：豆科 Fabaceae(蝶形花科 Papilionaceae)　**属名：**木蓝属 Indigofera Linn.

形态特征：多年生披散草本，有时呈匍匐状，除茎和枝的下部外，各部被紧贴白色“丁”字毛。羽状复叶长 1.5 ～ 3cm；叶柄长 1.5 ～ 3mm；小叶 1 ～ 3 对，互生，通常线形，稀狭长圆形，长 7 ～ 20mm，宽 1.5 ～ 3mm，先端渐尖或近急尖，基部楔形，两面有平贴“丁”字毛，上面后渐脱落，下面毛较密；小叶柄长不及 1mm。总状花序长 2 ～ 3mm，花小，密集；总花梗长 5 ～ 8mm；花萼钟状，长 2 ～ 3mm，外面有“丁”字毛，萼筒长约 1mm，萼齿线状钻形，长 1.5 ～ 2.5mm；花冠伸出萼外，红色，旗瓣倒卵形，先端圆钝，瓣柄短，外面中部以上被“丁”字毛，翼瓣倒卵状长圆形，龙骨瓣镰刀形，无毛，有短瓣柄；子房线形，有毛，荚果劲直，具 4 棱，下垂，线形，长约 2cm，背腹缝有隆起的脊，种子间有隔膜，有种子 7 ～ 10 颗；种子赤褐色，长方形，长约 1.2mm，两端截平。花期 8 ～ 9 月；果期 10 月。

分布与生境：特有种，霸王岭、尖峰岭。生于海滨沙地或旷野草丛中。

注：标本引自中国科学院华南植物园。

中文名称：刺荚木蓝

学名：**Indigofera nummularifolia**(Linn.)Livera ex Alston in Trimen, Fl. Ceyl . 6(Suppl.): 72. 1931, 中国植物志 40: 324(1994), 海南植物志 2: 254(1965), Flora of China 10: 142(2010)

科名：豆科 Fabaceae(蝶形花科 Papilionaceae)　**属名：**木蓝属 Indigofera Linn.

形态特征：一年生平卧草本，高 15 ～ 30cm；茎基部分枝，分枝长达 4 ～ 11cm；幼枝有毛，后变无毛。单叶互生，倒卵形或近圆形，长 1 ～ 2cm，宽 8 ～ 14mm，先端圆钝，基部圆形或阔楔形，除边缘有密毛外，两面近无毛或下面疏生脱落性“丁”字毛；叶柄长 1 ～ 2mm；总状花序长 1.5 ～ 3cm，有花 5 ～ 10 朵；总花梗长达 1cm，花序轴疏生“丁”字毛；花梗短，长约 0.5mm；花萼筒长约 1mm，萼齿线形，长 2 ～ 3mm；花冠深红色，旗瓣倒卵形，外面密生“丁”字毛，长约 3mm，翼瓣基部具耳状附属物，龙骨瓣长约 4mm；子房有毛。荚果镰刀形，侧向压扁，长约 5mm，宽约 4mm，顶端有宿存花柱所成的尖喙，背缝极弯拱，沿弯拱部位有数行钩刺，有种子 1 颗；种子亮褐色，肾状长圆形，长 3.5 ～ 4mm。花期 10 月；果期 10 ～ 11 月。

分布与生境：琼中、陵水、三亚；台湾；热带西非洲、斯里兰卡、中南半岛、马来半岛。生于海滨沙土上。

注：标本引自中山大学。

滨海木蓝(**Indigofera litoralis**)

刺荚木蓝(**Indigofera nummularifolia**)

中文名称：◆假蓝靛

学名：**Indigofera suffruticosa** Mill. Gard. Dict. ed . 8, No. 2. 1768, 海南植物志 2: 257(1965), 中国植物志 40: 303(1994), 广东植物志 5: 258(2003), Flora of China 10: 150(2010)

科名：豆科 Fabaceae(蝶形花科 Papilionaceae) **属名：**木蓝属 Indigofera Linn.

形态特征：直立灌木或亚灌木，茎有棱，具少数分枝，被紧贴的短柔毛。托叶钻状；小叶对生，长椭圆形、倒披针形或倒卵形，长 1 ～ 4cm，宽 5 ～ 15mm，顶端短锐尖，腹面近无毛或略被疏毛，背面灰白色且被紧贴的柔毛。总状花序多花，单生，腋生，花具极短而下弯的花梗；萼钟形，被紧贴的柔毛，裂齿圆而短，约与萼管等长；花冠红色，长伸出于萼外。荚果多数，紧挤，排列于果序上，下垂，弯曲如钩镰状，被短柔毛；种子 6 ～ 8 颗，短圆柱状，两端截平，干时褐色。花期春季。

野外鉴别关键特征：荚果多数，紧挤，排列于果序上，下垂，弯曲如钩镰状，被短柔毛。

分布与生境：海南岛；广布于世界热带地区。生于低海拔旷野。原产热带美洲。

利用：本植物可提取天然蓝靛。

注：手绘图引自海南植物志。

中文名称：◆木蓝

学名：**Indigofera tinctoria** Linn. Sp. Pl. 751. 1753, 海南植物志 2: 257(1965), 中国植物志 40: 303(1994), 广东植物志 5: 258(2003), Flora of China 10: 151(2010)

科名：豆科 Fabaceae(蝶形花科 Papilionaceae) **属名：**木蓝属 Indigofera Linn.

形态特征：小灌木，嫩枝有棱，被银白色的"丁"字毛。叶有小叶 9 ～ 13 片；小叶对生，膜质，倒卵状长椭圆形或倒卵形，长 1.5 ～ 3cm，宽 0.5 ～ 1.5cm，顶端圆形而有小凸尖，基部渐狭，两面被"丁"字毛；托叶及小托叶小，锥状。总状花序腋生，比叶短得多，从基部以上有稍稀疏的花；花梗长 2 ～ 3mm，苞片锥状，比花梗短，萼外面被紧贴的"丁"字毛，裂齿三角形，与萼管等长；花冠伸出萼外，红色，旗瓣阔倒卵形，背面被毛。荚果线形，劲直，向上。略被"丁"字毛，背缝、腹缝均加厚；种子 5 ～ 16 颗，近方形，长 1.5mm。花期几乎全年。

分布与生境：东方、三亚、万宁；广东、广西、贵州、台湾、云南；热带亚洲和非洲。

利用：本种常栽培作染料用。

注：彩图由 PPBC/ 徐洲锋拍摄。

1. 花枝；2. 果枝。

假蓝靛(Indigofera suffruticosa)

木蓝(Indigofera tinctoria)

中文名称：三叶木蓝(三叶木豆)

学名：**Indigofera trifoliata** Linnaeus, Cent. Pl. II. 29. 1756, 海南植物志 2: 255(1965), 中国植物志 40: 319(1994), 广东植物志 5: 255(2003), Flora of China 10: 142(2010)

科名：豆科 Fabaceae(蝶形花科 Papilionaceae)　**属名：**木蓝属 Indigofera Linn.

形态特征：多年生草本；茎平卧或近直立，基部木质化，具细长分枝，初期被毛，后变无毛。三出羽状或掌状复叶；叶柄长 6～10mm，纤细；小叶膜质，倒卵状长椭圆形或倒披针形，长 1～2.5cm，宽 4～7mm，先端圆，基部楔形，下面有暗褐色或红色腺点，两面被柔毛，中脉上面凹入，侧脉不明显；小叶柄长 0.5～1mm。总状花序近头状，远较复叶短；总花梗长约 2.5mm，密生长硬毛；花小，通常 6～12 朵，密集；花萼钟状，长约 2.5mm，萼齿刚毛状；花冠红色，旗瓣倒卵形，长约 6mm，被毛，翼瓣长圆形，无毛，龙骨瓣镰刀形，外面密被毛；子房无毛。荚果劲直，长 1～1.5cm，宽 2mm，背腹两缝线有明显的棱脊，早期被毛及红色腺点，后渐脱落，有种子 6～8 颗。花期 7～9 月；果期 9～10 月。

分布与生境：三亚；云南、湖北、湖南、广东、广西；印度、澳大利亚。生于旷野草坡。

利用：饲料植物。

注：手绘图引自中国高等植物图鉴；彩图由 PPBC/ 徐永福拍摄。

中文名称：海南木蓝

学名：**Indigofera wightii** Graham ex Wight & Arnott, Prodr. Fl. Ind. Orient. 202. 1834, Flora of China 10: 158(2010). ——Indigofera hainanensis Tsai & Yu in Bull. Fan Mem. Inst. Biol. 7: 30. 1936, 海南植物志 2: 256(1965), 中国植物志 40: 302(1994), 广东植物志 5: 257(2003)

科名：豆科 Fabaceae(蝶形花科 Papilionaceae)　**属名：**木蓝属 Indigofera Linn.

形态特征：亚灌木，高 1～1.5m；茎上部分枝，枝和小枝具棱，被白色和褐色短“丁”字毛。羽状复叶长 3.5～5cm；叶柄长约 1cm；小叶 5～9(～11) 对，质稍坚厚，椭圆状长圆形或长圆状披针形，长 5～10mm，宽 2.5～5mm，先端圆形或急尖，有小尖头，基部楔形，两面被平贴白色“丁”字毛，中脉上面凹入，侧脉不明显；小叶柄长约 1mm。总状花序长 1.5～3.5cm；总花梗长 3～5mm，被灰色茸毛；花短钟状，有毛，筒长不及 1mm，齿短，长约 0.7mm；花冠红色，密生绢毛，旗瓣阔卵形，长约 6mm，先端急尖，基部阔楔形，翼瓣长椭圆形，长约 3mm，宽约 1mm，龙骨瓣和旗瓣等长，宽约 1.5mm；子房被茸毛。荚果圆柱形，长 1.5～3cm，宽 2～3mm；果瓣革质，密生平贴“丁”字毛，有种子 6～11 颗。花期 8 月；果期 10～11 月。

野外鉴别关键特征：羽状复叶长 3.5～5cm；叶柄长约 1cm；小叶 5～9(～11) 对。

分布与生境：三亚、乐东；柬埔寨、印度、老挝、缅甸、斯里兰卡、泰国、越南。生于斜坡沙地上。

利用：饲料植物。

1. 花枝；2. 叶；3. 花；4. 果。

三叶木蓝(三叶木豆)(Indigofera trifoliata)

海南木蓝(Indigofera wightii)

中文名称： 尖叶木蓝

学名： **Indigofera zollingeriana** Miq. Fl. Bat. 1(1): 310. 1855, 海南植物志 2: 257(1965), 中国植物志 40: 274(1994), 广东植物志 5: 260(2003), Flora of China 10: 151(2010)

科名： 豆科 Fabaceae(蝶形花科 Papilionaceae)　**属名：** 木蓝属 Indigofera Linn.

形态特征： 直立亚灌木，高 1 ～ 2m；茎上部有棱，薄被紧贴茸毛。羽状复叶长达 25cm；叶柄长 2 ～ 2.5cm；小叶 5 ～ 9 对，卵状披针形，长 3 ～ 6cm，宽 1.5 ～ 2cm，先端渐尖，基部圆形或阔楔形，两面均薄被平贴“丁”字毛，中脉两面均显著隆起，侧脉 13 ～ 14 对，两面明显。总状花序长 7 ～ 13cm，花多而稠密；总花梗短于叶柄，与花序轴均被锈褐色平贴或半开展的柔毛；花萼斜杯状，密被灰褐色或棕褐色短柔毛，长 1 ～ 2mm，萼齿三角形，极短；花冠白色微带红色或紫色，旗瓣卵状椭圆形，长 6.5 ～ 8mm，外面密被棕褐色绢毛，翼瓣边缘有睫毛，与旗瓣等长，龙骨瓣长 7 ～ 7.5mm，外面上部密被与旗瓣相同的毛；花药长圆形，基部疏被毛；子房无毛。荚果近圆柱形，下垂，长 2.5 ～ 4.5cm，宽 5.5 ～ 6mm，被疏毛，种子间有缢缩，顶端有尖喙，内果皮有紫色斑点，有种子 10 ～ 12 颗；种子扁圆形，直径约 2mm。花期 6 ～ 9 月；果期 10 ～ 11 月。

分布与生境： 乐东；广东、广西、云南；印度尼西亚、日本、马来西亚、老挝、菲律宾、泰国、越南。生于旷野、塘边、山坡路旁及林下。

利用： 饲料植物。

中文名称： ★扁豆 (藊豆)

学名： **Lablab purpureus**(Linn.)Sweet Hort. Brit. ed. 481. 1827, 中国植物志 41: 271(1995), 广东植物志 5: 325(2003), Flora of China 10: 253(2010). ——Dolichos lablab Linn. Sp. Pl. 725. 1753, 海南植物志 2: 327(1965), 广东植物志 5: 325(2003)

科名： 豆科 Fabaceae(蝶形花科 Papilionaceae)　**属名：** 扁豆属 Lablab Adanson

形态特征： 多年生、缠绕藤本，全株几无毛；茎常呈淡紫色。羽状复叶具 3 小叶；托叶基着，披针形；小托叶线形，小叶宽三角状卵形，长 6 ～ 10cm，宽约与长相等，侧生小叶两边不等大，偏斜，先端急尖或渐尖，基部近截平。总状花序直立，花序轴粗壮，小苞片 2 枚，近圆形，脱落；花 2 朵至多朵簇生于每一节上；花萼钟状，上方 2 裂齿几完全合生，下方 3 裂齿近相等；花冠白色或紫色，旗瓣圆形，基部两侧具 2 枚长而直立的小附属体，附属体下有 2 耳，翼瓣宽倒卵形，具截平的耳，龙骨瓣呈直角弯曲，基部渐狭成瓣柄；子房线形，无毛，花柱比子房长，弯曲不逾 90°，一侧扁平，近顶部内缘被毛。荚果长圆状镰形，近顶端最阔，扁平，直或稍向背弯曲，顶端有弯曲的尖喙，基部渐狭；种子扁平，长椭圆形，在白花品种中为白色，在紫花品种中为紫黑色，种脐线形，长约占种子周长的 2/5。花期 4 ～ 12 月。

分布与生境： 海南各地栽培；我国广泛栽培。原产印度。

利用： 嫩荚作蔬食，白花和白色种子入药有消暑除湿、健脾止泻之效。

注： 手绘图引自广东植物志。

尖叶木蓝(Indigofera zollingeriana)

1. 花枝；2. 果枝；3. 旗瓣；4. 翼瓣；5. 龙骨瓣；6. 雄蕊。

扁豆(藊豆)(Lablab purpureus)

中文名称： 截叶铁扫帚

学名： **Lespedeza cuneata**(Dumont de Courset)G. Don, Gen. Hist. 2: 307. 1832, 中国植物志 41: 156(1995), 广东植物志 5: 293(2003), Flora of China 10: 309(2010)

科名： 豆科 Fabaceae(蝶形花科 Papilionaceae) **属名：** 胡枝子属 Lespedeza Michx.

形态特征： 小灌木，高达 1m。茎直立或斜升，被毛，上部分枝；分枝斜上举。叶密集，柄短；小叶楔形或线状楔形，长 1 ～ 3cm，宽 2 ～ 5(～ 7)mm，先端截形或近截形，具小刺尖，基部楔形，上面近无毛，下面密被伏毛。总状花序腋生，具 2 ～ 4 朵花；总花梗极短；小苞片卵形或狭卵形，长 1 ～ 1.5mm，先端渐尖，背面被白色伏毛，边具缘毛；花萼狭钟形，密被伏毛，5 深裂，裂片披针形；花冠淡黄色或白色，旗瓣基部有紫斑，有时龙骨瓣先端带紫色，翼瓣与旗瓣近等长，龙骨瓣稍长；闭锁花簇生于叶腋。荚果宽卵形或近球形，被伏毛，长 2.5 ～ 3.5mm，宽约 2.5mm。花期 7 ～ 8 月；果期 9 ～ 10 月。

分布与生境： 琼海、琼中；台湾、湖南、湖北、山东、河南、云南、四川、陕西、甘肃、西藏等省 (自治区)；朝鲜、日本、印度、巴基斯坦、阿富汗、澳大利亚。多见于山坡、路旁草丛中。

利用： 饲料植物。

注： 手绘图引自秦岭植物志。

中文名称： ◆紫花大翼豆

学名： **Macroptilium atropurpureum**(DC.)Urban, 中国植物志 41: 293(1995), 广东植物志 5: 332(2003), Flora of China10: 260(2010)

科名： 豆科 Fabaceae(蝶形花科 Papilionaceae) **属名：** 大翼豆属 Macroptilium(Bentham)Urban

形态特征： 多年生蔓生草本。根茎深入土层；茎被短柔毛或茸毛，逐节生根。羽状复叶具 3 小叶；托叶卵形，长 4 ～ 5mm，被长柔毛，脉显露；小叶卵形至菱形，长 1.5 ～ 7cm，宽 1.3 ～ 5cm，有时具裂片，侧生小叶偏斜，外侧具裂片，先端钝或急尖，基部圆形，上面被短柔毛，下面被银色茸毛；叶柄长 0.5 ～ 5cm。花序轴长 1 ～ 8cm，总花梗长 10 ～ 25cm；花萼钟状，长约 5mm，被白色长柔毛，具 5 齿；花冠深紫色，旗瓣长 1.5 ～ 2cm，具长瓣柄。荚果线形，长 5 ～ 9cm，宽不逾 3mm，顶端具喙尖，具种子 12 ～ 15 颗；种子长圆状椭圆形，长 4mm，具棕色及黑色大理石花纹，具凹痕。

野外鉴别关键特征： 小叶卵形至菱形，侧生小叶偏斜，花冠深紫色。

分布与生境： 儋州、临高等地；广东、台湾；广泛栽培于热带地区。原产热带美洲。

利用： 本种是年降水量为 750 ～ 1800mm 的热带地区的高产牧草，抗旱、耐放牧，有良好的固氮作用，适应土壤的范围广，产种子多；叶含丰富的蛋白质，适口性好。

1. 花枝；2. 小叶放大；3. 花；4. 花冠展开；5. 雄蕊；6. 雌蕊；7. 荚果。

截叶铁扫帚(Lespedeza cuneata)

紫花大翼豆(Macroptilium atropurpureum)

中文名称：◆大翼豆
学名：**Macroptilium lathyroides**(Linn.)Urban, Symb. Antil1. 9: 457. 1928, 中国植物志 41: 294(1995), 广东植物志 5: 332(2003)
科名：豆科 Fabaceae(蝶形花科 Papilionaceae)　**属名**：大翼豆属 Macroptilium(Bentham)Urban
形态特征：一年生或二年生直立草本，高 0.6 ～ 1.5m，有时蔓生或缠绕，茎密被短柔毛。羽状复叶具 3 小叶；托叶披针形，长 5 ～ 10mm，脉纹显露；小叶狭椭圆形至卵状披针形，长 3 ～ 8cm，宽 1 ～ 3.5cm，先端急尖，基部楔形，上面无毛，下面密被短柔毛或薄被长柔毛，无裂片或微具裂片；叶柄长 1.5cm。花序长 3.5 ～ 15cm，总花梗长 15 ～ 40cm；花成对稀疏地生于花序轴的上部；花萼管状钟形；萼齿短三角形；花冠紫红色，旗瓣近圆形，长 1.5cm，有时染绿，翼瓣长约 2cm，具白色瓣柄，龙骨瓣先端旋卷。荚果线形，长 5.5 ～ 10cm，宽 2 ～ 3mm，密被短柔毛，内含种子 18 ～ 30 颗；种子斜长圆形，棕色或具棕色及黑色斑，长约 3mm，具凹痕。花期 7 月；果期 9 ～ 11 月。
野外鉴别关键特征：小叶狭椭圆形至卵状披针形，花冠紫红色。
分布与生境：三亚；福建、广东有栽培；广泛栽培于热带、亚热带地区。原产热带美洲。
利用：本种可作覆盖作物，适宜于年降水量 750 ～ 2000mm 的地区种植，耐瘦瘠的酸性土。可作混合饲料。
注：手绘图引自广东植物志。

中文名称：◆硬皮豆
学名：**Macrotyloma uniflorum**(Lam.)Verdc. In Kew Bull. 24: 322. 1970, 中国植物志 41: 277(1995), 广东植物志 5: 327(2003), Flora of China 10: 225(2010)
科名：豆科 Fabaceae(蝶形花科 Papilionaceae)　**属名**：硬皮豆属 Macrotyloma(Wight & Arnott)Verdcourt
形态特征：多年生或一年生攀援草本，高达 60cm。茎被白色短柔毛。小叶 3 枚，质薄，卵状菱形、倒卵形或椭圆形，一侧偏斜，长 1 ～ 8cm，宽 0.7 ～ 7.8cm，顶端圆或稍急尖，基部圆，无毛或被短柔毛，或稀可两面被绒毛，总叶柄长 0.8 ～ 6.8cm；托叶披针形，长 4 ～ 8mm。花 (1 ～)2 ～ 3(～ 5) 朵腋生成簇；花梗及花序轴长 0 ～ 1.5cm；苞片线形，长约 2mm；小花梗长 1 ～ 7mm；花萼管长约 2mm，裂片三角状披针形，长 3 ～ 8mm；旗瓣黄色或淡黄绿色，中央有一紫色小斑，倒卵状长圆形，长 0.6 ～ 1.2cm，宽 4 ～ 7mm；翼瓣及龙骨瓣淡黄绿色。荚果线状长圆形，长 3 ～ 5.5cm，宽 4 ～ 8mm；被短柔毛或几无毛；种子浅或深红棕色，长圆形或圆肾形，长 3 ～ 4.2mm，宽 2.8 ～ 3.5mm。
分布与生境：三亚；台湾；不丹、印度、印度尼西亚、缅甸、尼泊尔、菲律宾、斯里兰卡、非洲、澳大利亚有栽培。原产印度、非洲。
利用：本种可作覆盖作物、绿肥及饲料。
注：手绘图引自广东植物志。

1. 果枝；2. 旗瓣；3. 翼瓣；4. 龙骨瓣；
5. 雌蕊；6. 种子。

大翼豆(Macroptilium lathyroides)

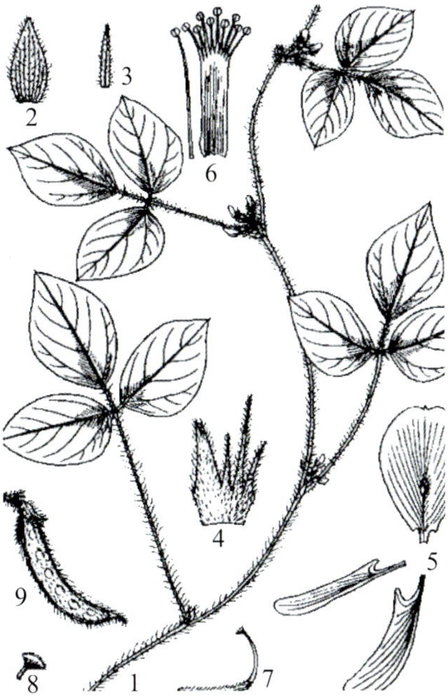

1. 花枝；2. 托叶；3. 苞片；4. 花萼展开；
5. 旗瓣、翼瓣、龙骨瓣；6. 雄蕊；
7. 雌蕊；8. 柱头；9. 荚果。

硬皮豆(Macrotyloma uniflorum)

中文名称：长柄荚

学名：**Mecopus nidulans** Benn. Pl. Jav. Rar. 154, t. 32. 1840, 海南植物志 2: 282(1965), 中国植物志 41: 66(1995), 广东植物志 5: 280(2003), Flora of China 10: 285(2010)

科名：豆科 Fabaceae(蝶形花科 Papilionaceae)　**属名：**长柄荚属 Mecopus Benn.

形态特征：直立草本，高 30 ～ 40cm 或更高；茎和枝条纤细，平展，无毛。叶具单小叶；托叶小，线状披针形，长 5 ～ 7mm，具条纹，无毛；小叶膜质，宽倒卵状肾形，长 10 ～ 12mm，宽 15 ～ 30mm，先端截平或微凹，基部圆形或近心形，两面无毛，淡绿色，侧脉每边 4 ～ 5 条，纤细，叶柄纤细，长约 10mm，顶端渐尖，有沟槽，无毛。总状花序顶生，长 2.5 ～ 3cm，花成对着生于花序轴的节上；苞片 2 枚，锥形，长约 7mm，被极稀疏、开展的灰黄色长柔毛；花梗长 1 ～ 1.5cm，先端钩状，被灰黄色短柔毛；花极小；花萼膜质，长 1mm，裂片披针形，上方 2 裂片合生；花冠白色，旗瓣倒卵形，基部渐狭，翼瓣镰刀形，龙骨瓣向内弯曲，先端钝；雄蕊二体，花丝长 1.5mm，花药同形；子房具柄。荚果椭圆形，压扁，两面稍突起，长 2 ～ 2.5mm，被短茸毛，先端有喙，果颈长约 5mm；果柄长，顶端旋扭，使荚果反向靠近果序轴，藏于苞片内；种子 1 颗，肾形，长约 2mm。花期 9 月；果期 10 ～ 12 月。

野外鉴别关键特征：小叶膜质，宽倒卵状肾形，先端截平或微凹，基部圆形或近心形。

分布与生境：昌江、东方、保亭、陵水、三亚等地；印度、中南半岛、印度尼西亚。生于山坡。

注：手绘图引自广东植物志。

中文名称：★褐斑苜蓿

学名：**Medicago arabica**(Linnaeus)Hudson, Fl. Angl. 288. 1762, 中国植物志 42(2): 328(1998), Flora of China 10: 557(2010)

科名：豆科 Fabaceae(蝶形花科 Papilionaceae)　**属名：**苜蓿属 Medicago Linn.

形态特征：一年生草本，高 40 ～ 65cm。茎匍匐或蔓生，较粗壮，基部多分枝，具纵棱，被稀疏单细胞和多细胞柔毛，尤以节上较明显。羽状三出复叶；托叶卵状披针形，渐尖头，长 5 ～ 12mm，边缘深齿裂或浅撕裂成 6 ～ 8 条，尖端狭三角形；叶柄柔软细长，长 2 ～ 8(～ 12)cm，疏被多节柔毛；小叶倒心形至倒阔卵形，近等大，长 7 ～ 25(～ 30)mm，宽 14 ～ 32mm，先端微凹或钝圆，基部阔楔形，通常中央有一深色的斑纹，边缘具浅锯齿或近全缘，上面无毛，下面稀被长柔毛。花序聚伞状；总花梗比叶柄短 2 倍以上，腋生，多少被毛，具花 (1)2 ～ 5(～ 6) 朵；花序轴先端呈芒刺状；苞片卵形，渐尖头，长约 1mm；花长 5 ～ 6.5mm，花梗近等长，无毛或被毛；萼钟形，长 2.5 ～ 3mm，宽 1.5mm，外被微毛，萼齿三角状锥形，与萼筒等长；花冠鲜黄色，旗瓣阔倒卵形，先端微凹，瓣柄短而阔，翼瓣长圆形，基部有耳和短瓣柄，齿突小，龙骨瓣稍比翼瓣长，先端钝，基部具短耳；子房狭长圆形，具柄，背缝有毛，花柱直角上指。荚果短圆柱形或近球形，反时钟方向旋转 3 ～ 7 圈，无毛，直径 5 ～ 7mm，螺面有 5 ～ 8 条辐射状脉纹，每圈具棘刺 13 ～ 15 枚；每圈有种子 1 ～ 3 粒。种子长圆状椭圆形，长 2.5 ～ 3.5mm，宽 1.2 ～ 1.5mm，黄色或浅棕色，种皮光滑。花期 3 ～ 5 月；果期 5 ～ 6 月。

野外鉴别关键特征：小叶倒心形至倒阔卵形，近等大，先端微凹或钝圆，基部阔楔形，通常中央有一深色的斑纹。

分布与生境：海南有栽培记录；广东、广西、湖南、福建、江苏有栽培；世界广泛栽培。原产地中海。

利用：可作饲料或绿肥用。

注：彩图引自 http://www.alabamaplants.com/Yellowalt/Medicago_arabica_page.html.

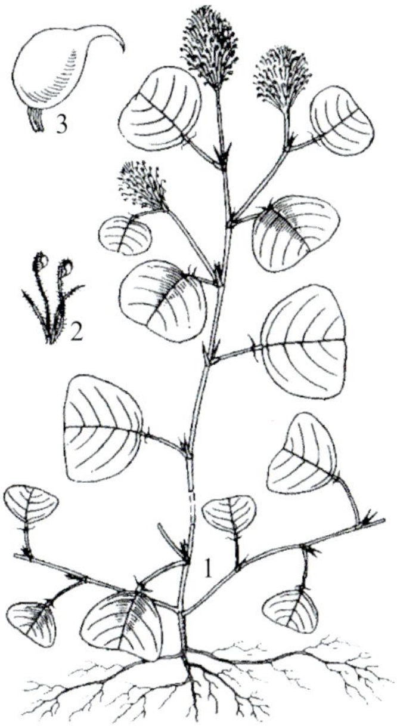

1. 植株；2. 苞片和荚果；3. 荚果。

长柄荚(Mecopus nidulans)

褐斑苜蓿(Medicago arabica)

中文名称：★南苜蓿

学名： **Medicago polymorpha** Linnaeus, Sp. Pl. 2: 779. 1753, 中国植物志 42(2): 327(1998), 广东植物志 5: 361(2003), Flora of China 10: 557(2010)

科名：豆科 Fabaceae(蝶形花科 Papilionaceae)　**属名：**苜蓿属 Medicago Linn.

形态特征：一二年生草本，高 20 ～ 90cm。茎平卧、上升或直立，近四棱形，基部分枝，无毛或微被毛。羽状三出复叶；托叶大，卵状长圆形，长 4 ～ 7mm，先端渐尖，基部耳状，边缘具不整齐条裂，成丝状细条或深齿状缺刻，脉纹明显；叶柄柔软，细长，长 1 ～ 5cm，上面具浅沟；小叶倒卵形或三角状倒卵形，几等大，长 7 ～ 20mm，宽 5 ～ 15mm，纸质，先端钝，近截平或凹缺，具细尖，基部阔楔形，边缘在 1/3 以上具浅锯齿，上面无毛，下面被疏柔毛，无斑纹。花序头状伞形，具花 (1 ～) 2 ～ 10 朵；总花梗腋生，纤细无毛，长 3 ～ 15mm，通常比叶短，花序轴先端不呈芒状尖；苞片甚小，尾尖；花长 3 ～ 4mm；花梗不到 1mm；萼钟形，长约 2mm，萼齿披针形，与萼筒近等长，无毛或稀被毛；花冠黄色，旗瓣倒卵形，先端凹缺，基部阔楔形，比翼瓣和龙骨瓣长，翼瓣长圆形，基部具耳和稍阔的瓣柄，齿突甚发达，龙骨瓣比翼瓣稍短，基部具小耳，呈钩状；子房长圆形，镰状上弯，微被毛。荚果盘形，暗绿褐色，顺时针方向紧旋 1.5 ～ 2.5(～ 6) 圈，直径 (不包括刺长)4 ～ 6 (～ 10)mm，螺面平坦无毛，有多条辐射状脉纹，近边缘处环结，每圈具棘刺或瘤突 15 枚；种子每圈 1 ～ 2 粒。种子长肾形，长约 2.5mm，宽 1.25mm，棕褐色，平滑。花期 3 ～ 5 月；果期 5 ～ 6 月。

分布与生境：海南有分布记录，栽培或呈半野生状态；欧洲南部、西南亚以及整个旧大陆均有分布，并引种到美洲、大洋洲。

利用：全草作饲料用。

中文名称：印度草木犀

学名： **Melilotus indicus**(Linnaeus)Allioni, Fl. Pedem. 1: 308. 1785, Flora of China 10: 553(2010)

科名：豆科 Fabaceae(蝶形花科 Papilionaceae)　**属名：**草木犀属 Melilotus Mill.

形态特征：一年生草本，高 20 ～ 50cm。根系细而松散。茎直立，作“之”字曲折，自基部分枝，圆柱形，初被细柔毛，后脱落。羽状三出复叶；托叶披针形，边缘膜质，长 4 ～ 6mm，先端长，锥尖，基部扩大呈耳状，有 2 ～ 3 细齿；叶柄细，与小叶近等长，小叶倒卵状楔形至狭长圆形，近等大，长 10 ～ 25(～ 30)mm，宽 8 ～ 10mm，先端钝或截平，有时微凹，基部楔形，边缘在 2/3 处以上具细锯齿，上面无毛，下面被贴伏柔毛，侧脉 7 ～ 9 对，平行直达齿尖，两面均平坦。总状花序细，长 1.5 ～ 4cm，总梗较长，被柔毛，具花 15 ～ 25 朵；苞片刺毛状，甚细；花小，长 2.2 ～ 2.8mm；花梗短，长约 1mm；萼杯状，长约 1.5mm，脉纹 5 条，明显隆起，萼齿三角形，稍长于萼筒；花冠黄色，旗瓣阔卵形，先端微凹，与翼瓣、龙骨瓣近等长，或龙骨瓣稍伸出；子房卵状长圆形，无毛，花柱比子房短，胚珠 2 粒。荚果球形，长约 2mm，稍伸出萼外，表面具网状脉纹，橄榄绿色，熟后红褐色；有种子 1 粒。种子阔卵形，径 1.5mm，暗褐色。花期 3 ～ 5 月；果期 5 ～ 6 月。

分布与生境：海南有分布记录；我国华南、华中、西南；亚洲、欧洲。生于旷地、路旁及盐碱性土壤。

利用：本种原产印度，现世界各地引种试验，在美洲已沦为农田杂草。抗碱力强，味苦不适口，通常作保土植物，改良后也用作牧草。

南苜蓿(Medicago polymorpha)

印度草木犀(Melilotus indicus)

中文名称：厚果崖豆藤

学名：**Millettia pachycarpa** Bentham in Miquel, Pl. Jungh. 250. 1852, 中国植物志 40: 148(1994), 广东植物志 5: 232(2003), Flora of China 10: 179(2010)

科名：豆科 Fabaceae(蝶形花科 Papilionaceae)　**属名：**崖豆藤属 Millettia Wight et Arn.

形态特征：巨大藤本，长达 15m。幼年时直立如小乔木状。嫩枝褐色，密被黄色绒毛，后渐秃净，老枝黑色，光滑，散布褐色皮孔，茎中空。羽状复叶长 30 ～ 50cm；叶柄长 7 ～ 9cm；托叶阔卵形，黑褐色，贴生鳞芽两侧，长 3 ～ 4mm，宿存；小叶 4 ～ 8 对，间隔 2 ～ 3cm，革质，长圆状椭圆形至长圆状披针形，长 10 ～ 18cm，宽 3.5 ～ 4.5cm，先端锐尖，基部楔形或圆钝，上面平坦，下面被平伏绢毛，中脉在下面隆起，密被褐色绒毛，侧脉 12 ～ 15 对，平行近叶缘弧曲；小叶柄长 4 ～ 5mm，密被毛；无小托叶。总状圆锥花序，2 ～ 6 枝生于新枝下部，长 15 ～ 30cm，密被褐色绒毛，生花节长 1 ～ 3mm，花 2 ～ 5 朵着生节上；苞片小，阔卵形，小苞片甚小，线形，离萼生；花长 2.1 ～ 2.3cm；花梗长 6 ～ 8mm，花萼杯状，长约 6mm，宽约 7mm，密被绒毛，萼齿甚短，几不明显，圆头，上方 2 齿全合生；花冠淡紫，旗瓣无毛，或先端边缘具睫毛，卵形，基部淡紫，基部具 2 短耳，无胼胝体，翼瓣长圆形，下侧具钩，龙骨瓣基部截形，具短钩；雄蕊单体，对旗瓣的 1 枚基部分离；无花盘；子房线形，密被绒毛，花柱长于子房，向上弯，胚珠 5 ～ 7 粒。荚果深褐黄色，肿胀，长圆形，单粒种子时卵形，长 5 ～ 23cm，宽约 4cm，厚约 3cm，秃净，密布浅黄色疣状斑点，果瓣木质，甚厚，迟裂，有种子 1 ～ 5 粒；种子黑褐色，肾形，或挤压呈棋子形。花期 4 ～ 6 月；果期 6 ～ 11 月。

野外鉴别关键特征：侧脉 12 ～ 15 对，明显。

分布与生境：东方、昌江；浙江、江西、福建、台湾、湖南、广东、广西、四川、贵州、云南、西藏；越南、老挝、泰国、缅甸、孟加拉国、印度、尼泊尔、不丹。生于海拔 1500m 以下的山坡常绿阔叶林或疏林中。

利用：种子和根含鱼藤酮，磨粉可作杀虫药，能防治多种粮棉害虫；茎皮纤维可供利用。

注：手绘图引自广东植物志。

中文名称：毛瓣鸡血藤 (海南崖豆藤)

学名：**Millettia pachyloba** Drake in Morot, Journ. Bot. 5: 187. 1891, 中国植物志 40: 146(1994), 广东植物志 5: 236(2003), Flora of China 10: 178(2010). ——Millettia lasiopetala(Hayata)Merr. in Lingnan Agr. Rev. 2: 16. 1924, 海南植物志 2: 263(1965)

科名：豆科 Fabaceae(蝶形花科 Papilionaceae)　**属名：**崖豆藤属 Millettia Wight et Arn.

形态特征：攀援灌木；茎有纵条纹和皮孔；嫩枝黄褐色，被柔毛。羽状复叶长 25 ～ 35cm；叶柄长 6 ～ 8cm；小叶倒卵形、卵形或长椭圆形，长 7 ～ 17cm，宽 3 ～ 5.5cm，顶端钝形、圆形或微凹，基部楔形或钝形，腹面无毛，背面被黄色或褐色柔毛，边缘背卷，侧脉约 19 对，平行，末端略弯拱，与中脉同于叶腹面凹入；小托叶锥状，宿存。总状花序腋生或有时为顶生的圆锥花序，被黄褐色柔毛；花 3 ～ 6 朵簇生于总轴或分枝的短枝上；花梗和萼被黄褐色柔毛；花冠粉红色，有香味，旗瓣背面被金黄色茸毛，腹面无毛，基部无胼胝状附属物，翼瓣基部两侧有短耳，与龙骨瓣背面均各被长硬毛一束；雄蕊 1 组；雌蕊密被柔毛。荚果膨胀，长椭圆形，近无毛，果瓣厚木质，有皮孔。花期 5 ～ 7 月。

野外鉴别关键特征：侧脉约 19 对，平行。

分布与生境：儋州、东方、琼中、陵水、三亚；广东、广西、贵州、湖南、云南；越南。生于山地林缘或者疏林中。

利用：根部可作杀虫药，能防治三化螟、稻椿象和灭蚊蝇。

注：手绘图引自中国高等植物图鉴。

1. 叶；2. 果枝；3. 花萼；4. 旗瓣；5. 翼瓣；
6. 龙骨瓣；7. 雄蕊和雌蕊；8. 种子。

厚果崖豆藤(Millettia pachycarpa)

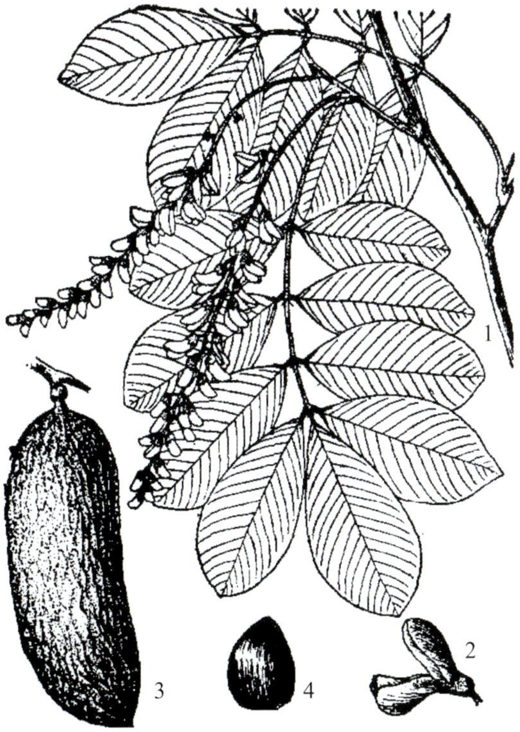

1. 花枝；2. 花；3. 果荚；4. 种子。

毛瓣鸡血藤(海南崖豆藤)(Millettia pachyloba)

中文名称： 印度崖豆藤 (印度鸡血藤)

学名： **Millettia pulchra** Kurz in Journ. Asiat. Soc. Bengal. 2: 69. 1873, 海南植物志 2: 260(1965), 广东植物志 5: 231(2003), Flora of China 10: 130(2010)

科名： 豆科 Fabaceae(蝶形花科 Papilionaceae)　**属名：** 崖豆藤属 Millettia Wight et Arn.

形态特征： 直立灌木或小乔木，高 3 ～ 8m；幼枝薄被灰色柔毛。叶柄长 3 ～ 4cm；托叶披针形，长 2mm；小叶 11 ～ 19 片，粗质，披针形或披针状长椭圆形，长 2 ～ 8cm，宽 7 ～ 15mm，顶端急尖，基部渐狭或钝，腹面近无毛或被稀疏短柔毛，背面被柔毛；小叶柄极短；小托叶微小，钻状。总状花序腋生，短于叶，直立，长 6 ～ 15cm；花 3 ～ 4 朵丛生于总轴的每一节上；花梗极短而纤弱；萼钟状，薄被短柔毛，裂齿极短，三角形；花冠粉红色或紫红色，长约 1cm，旗瓣背面的顶端和沿脉上薄被丝毛，翼瓣长椭圆形，龙骨瓣簇刀状；雄蕊粗；子房线形，约有胚珠 5 颗。荚果长椭圆形，长 5 ～ 10cm，宽 1 ～ 1.4cm，果瓣薄木质，扁平，被紧贴的柔毛，成熟后近无毛，内有种子 1 ～ 4 颗。花期 4 ～ 8 月。

野外鉴别关键特征： 幼枝薄被灰色柔毛，小叶侧脉不明显。

分布与生境： 白沙、琼中、保亭、陵水和三亚等地；福建、广东、广西、贵州、湖南、江西、台湾、云南；印度、老挝、缅甸、越南。生于旷野。

利用： 杀虫药。

中文名称： 疏叶崖豆

学名： **Millettia pulchra** var. **laxior**(Dunn)Z. Wei, Acta Phytotax. Sin. 23: 280. 1985, 中国植物志 40: 158(1994), Flora of China 10: 180(2010)

科名： 豆科 Fabaceae(蝶形花科 Papilionaceae)　**属名：** 崖豆藤属 Millettia Wight et Arn.

形态特征： 本种与原变种不同为：叶和花序均散布在枝上，非集生于枝梢；小叶较大，长 3.5 ～ 10cm，宽 1.5 ～ 4cm。

野外鉴别关键特征： 侧脉 5 ～ 7 对。

分布与生境： 乐东；广东、广西、湖南、江西、福建、贵州、云南；印度。生于海拔 200 ～ 1100m 的河边灌丛中。

利用： 杀虫药。

注： 彩图由 PPBC/ 徐永福拍摄。

印度崖豆藤(印度鸡血藤)(Millettia pulchra)

疏叶崖豆(Millettia pulchra var. laxior)

中文名称： 黄毛黧豆

学名： **Mucuna bracteata** DC. Prodr. 2: 406. 1825, 中国植物志 41: 186(1995), 广东植物志 5: 301(2003), Flora of China 10: 218(2010). ——Mucuna venulosa(Pipcr)Merr. & Metc. in Lingnan Sci. J. 16: 196. 1937, 海南植物志 2: 315(1965)

科名： 豆科 Fabaceae(蝶形花科 Papilionaceae)　**属名：** 黧豆属 Mucuna Adans.

形态特征： 一年生缠绕藤本；茎具纵条纹，嫩枝稍被毛。羽状复叶长 14 ～ 31cm，有小叶 3 片；叶柄长 6 ～ 11cm；托叶早落；小叶纸质，顶生小叶菱形或斜方状卵形，长 6 ～ 11cm，宽 3.5 ～ 9cm，先端急尖，基部钝，侧生小叶斜卵形或斜卵状三角形，两侧极不对称，上面近无毛，下面密被紧贴短柔毛，脉上的毛更密；侧脉 5 ～ 7 对，与中脉在下面明显突起；小叶柄长 3 ～ 5mm，被短柔毛；小托叶钻状，长约 3mm。总状花序腋生，长 15 ～ 30cm 或稍长，常下垂；总轴和花梗密被灰褐色短柔毛；花梗长 5 ～ 10mm；花 3 朵聚生于花序总轴的每节上；小苞片卵状长圆形，长 1 ～ 2cm，先端尖，被毛，早落；花萼阔钟状，长 4 ～ 7mm，宽 7 ～ 10mm，密被灰色短柔毛和黄褐色脱落的长刺毛，上面的裂齿阔，下面的披针状三角形；花冠深紫色，旗瓣卵形，长 1.6 ～ 2.3cm，先端急尖，翼瓣线状长圆形，龙骨瓣镰形，长 3.5 ～ 4.3cm，先端具小尖喙；雄蕊长 2.5 ～ 3cm，无毛；子房线形，密被褐色硬毛，有胚珠 6 颗。荚果长 5 ～ 9cm，宽 1.2 ～ 1.6cm，肿胀，密被黑褐色刺毛；种子 3 ～ 6 颗，椭圆形，长约 9mm，宽约 6mm，厚约 4mm，黑褐色，有斑点，种脐长约 5mm。花期 1 ～ 6 月；果期 10 ～ 11 月。

野外鉴别关键特征： 荚果长 5 ～ 9cm，宽 1.2 ～ 1.6cm，肿胀，密被黑褐色刺毛。

分布与生境： 澄迈、定安、白沙、东方、琼中、乐东、保亭、陵水；广东、云南；老挝、缅甸、泰国、越南。生于草坡、灌丛中。

中文名称： 巨黧豆

学名： **Mucuna gigantea**(Willd.)DC. Prodr. 2: 405. 1825, 海南植物志 2: 314(1965), 中国植物志 41: 177 (1995), 广东植物志 5: 299(2003), Flora of China 10: 213(2010)

科名： 豆科 Fabaceae(蝶形花科 Papilionaceae)　**属名：** 黧豆属 Mucuna Adans.

形态特征： 大型攀援木质藤本。植株常无毛或多少被稀疏短毛；茎光滑或具细纵槽纹。老茎有皱纹。羽状复叶具 3 小叶，叶长 12 ～ 27cm；托叶脱落；叶柄长 3.5 ～ 12cm；小叶薄纸质，顶生小叶通常椭圆状卵形，有时椭圆形、菱形或卵形，长 7 ～ 16cm，宽 4 ～ 8.5cm，先端短凸尖，有时有细尖头，基部圆形，侧生小叶不对称，长 7 ～ 11cm，基部圆而偏斜或稍为心形，上面有光泽，两面无毛或在脉上具疏短伏贴毛；侧脉每边 4 ～ 6；小托叶线形，长 3 ～ 5mm；小叶柄长约 5mm。花序常生于较老茎上，长 8 ～ 25cm，每 3 朵或多朵常聚生于花序上部 1/4 或短于 1/4，花序下部无花也无苞片或痕迹；苞片脱落；花梗长 5 ～ 20mm，长短不一而使花序呈伞房状；小苞片卵状披针形，长 16 ～ 18mm，宽 5 ～ 7mm，以后脱落；花萼密被脱落的红褐色刚毛；萼筒狭杯形，长 8 ～ 10mm，宽 11 ～ 16mm；花冠带粉红色或带绿白色，旗瓣长 2 ～ 2.8cm，先端有 1 ～ 2mm 深的凹缺，基部的耳长 1 ～ 2mm，翼瓣长 2.8 ～ 4.4cm，约与龙骨瓣等长，宽 8 ～ 10mm，先端圆，耳长约 4mm，瓣柄长约 7mm，龙骨瓣长 3 ～ 4.2cm，雄蕊管长 2.2 ～ 3cm；雌蕊长约 3cm，花柱下部有毛；胚珠 2 ～ 4。果革质，长椭圆形，长 7 ～ 14cm，宽 3 ～ 5.5cm，厚 5mm，被黄褐色伏贴短毛，后脱落无毛，边缘增厚为隆起的脊，两边具翅；种子 1 ～ 3 颗。

野外鉴别关键特征： 果革质，长椭圆形，长 7 ～ 14cm，宽 3 ～ 5.5cm，厚 5mm，被黄褐色伏贴短毛，后脱落无毛。

分布与生境： 文昌；台湾；印度、日本、马来西亚、越南、澳大利亚。

注： 手绘图引自广东植物志；彩图引自 http://keys.trin.org.au/key-server/data/0e0f0504-0103-430d-8004-060d07080d04/media/Html/taxon/Mucuna_gigantea.htm；(Australian Tropical Rainforest Plants).

黄毛黧豆(Mucuna bracteata)

1. 叶枝；2. 果枝。

巨黧豆(Mucuna gigantea)

中文名称： 海南黧豆

学名： **Mucuna hainanensis** Hayata, Icon. Pl. Formos. 3: 72. 1913, 海南植物志 2: 314(1965), 中国植物志 41: 175(1995), 广东植物志 5: 298(2003), Flora of China 10: 215(2010)

科名： 豆科 Fabaceae(蝶形花科 Papilionaceae)　**属名：** 黧豆属 Mucuna Adans.

形态特征： 多年生木质藤本；茎长达 5m，小枝具纵沟纹，无毛或疏被伏毛。羽状复叶长 7 ～ 23cm，有小叶 3 片；叶柄长 3 ～ 11.5cm，纤细；托叶早落；小叶纸质或近革质，顶生小叶倒卵状椭圆形或椭圆形，长 6.5 ～ 11cm，宽 2.5 ～ 5.3cm，先端骤然收狭成一短尾尖，具小凸尖，基部圆形，侧生小叶斜卵形，长 5 ～ 10cm，宽 2.5 ～ 5.5cm，基部斜圆形，两面近无毛；小叶柄长 3 ～ 6mm；小托叶针状，长 2 ～ 6mm。总状花序腋生，长 6 ～ 27cm，花序轴每节有花 3 朵，小苞片长圆形或长卵形，长 1.5 ～ 2cm，包盖着花蕾，被柔毛，早落；花梗长 8 ～ 10mm，被丝质短柔毛；萼筒阔钟状，长 7 ～ 10mm，宽 12 ～ 14mm，密被灰白色短柔毛和黄褐色刺毛，里面的毛更密，上唇裂齿阔，下唇裂齿较狭，披针形，最下 1 枚最长；花冠深紫色或淡红色，旗瓣卵圆形，长和宽 2.5 ～ 3.2cm，翼瓣长 4.5 ～ 5.5cm，宽 1 ～ 1.3cm，瓣柄长 7 ～ 9mm，有淡褐色缘毛，龙骨瓣尖头，与翼瓣等长或稍长之，耳略短，瓣柄长 8 ～ 10mm；雄蕊管长 3.7 ～ 4cm，花药被毛；子房密被硬毛，长约 6mm，花柱线形，长约 4mm。荚果革质，被红褐色长刺毛，长椭圆形或卵状长椭圆形，略弯斜，长 6 ～ 14cm，连翅宽 4.5 ～ 6cm，缝线边缘各有 1 对近等宽的翅；种子 1 ～ 4 颗。花期 1 ～ 4 月；果期 5 ～ 10 月。

野外鉴别关键特征： 荚果革质，被红褐色长刺毛，长椭圆形或卵状长椭圆形，略弯斜。

分布与生境： 临高、澄迈、白沙、琼中、陵水、三亚、乐东；广东、广西、云南；越南。生于低海拔灌丛中。

注： 手绘图引自中国高等植物图鉴。

中文名称： 大果油麻藤 (褐毛黧豆)

学名： **Mucuna macrocarpa** Wall. Cat. No. 5618. 1828-49, et Pl. As. Rar. 1: 41, tab. 47. 1830, 中国植物志 41: 180(1995), 广东植物志 5: 300(2003), Flora of China 10: 212(2010)

科名： 豆科 Fabaceae(蝶形花科 Papilionaceae)　**属名：** 黧豆属 Mucuna Adans.

形态特征： 木质藤本；茎长达 15m；小枝与叶柄密被红褐色茸毛，略具沟纹。羽状复叶长 25 ～ 33cm，有小叶 3 片；叶柄长 8 ～ 13cm；托叶早落；小叶椭圆形、卵状椭圆形、卵形或微倒卵形，长 10 ～ 19cm，宽 5 ～ 10cm，先端急尖或圆，具小凸尖，基部圆形，侧生小叶斜卵形，近等大，基部极偏斜，幼时两面被褐色茸毛，脉上的毛较密，成长后上面无毛；侧脉 5 ～ 6 对，上面平坦；下面突起；小托叶长约 5mm。总状花序多生于老茎上，长 5 ～ 23cm，花 2 ～ 3 朵聚生于花序轴上部的每节上；花梗与花萼密被褐色短茸毛和脱落性刚毛；花萼阔钟状，长 8 ～ 12mm，宽 10 ～ 20mm，上唇 2 齿合生，下唇最下 1 齿长 5 ～ 6mm，两侧的长 3 ～ 4mm；花冠深紫红色，旗瓣稍带绿白色，长 3 ～ 3.5cm，先端圆，耳小，翼瓣长 4 ～ 5.2cm，耳长 3 ～ 5mm，瓣柄长 5 ～ 7mm，龙骨瓣与翼瓣等长或略短，但瓣柄则稍长；雄蕊管长 4.5 ～ 5.5cm。荚果木质，带状，长 26 ～ 45cm，宽 3 ～ 5cm，厚约 1cm，密被红褐色短茸毛，先端具圆锥状短喙，种子间缢缩，荚节扁圆状方形，紧密，缝线边缘增厚，常具不规则的木质脊，但沿缝线边缘无高隆起的圆形脊，有种子 6 ～ 12 颗；种子黑色，椭圆状，压扁，长约 3cm，宽约 2cm，种脐暗褐色或黑色，长为种子周长的 3/4 或略过之。花期 4 ～ 5 月；果期 6 ～ 7 月。

野外鉴别关键特征： 荚果木质，带状，荚节扁圆状方形，紧密，缝线边缘增厚，常具不规则的木质脊。

分布与生境： 琼中、白沙；广东、广西、贵州、台湾、云南；不丹、印度、日本、老挝、缅甸、尼泊尔、泰国、越南。生于林下。

注： 手绘图引自云南植物志。

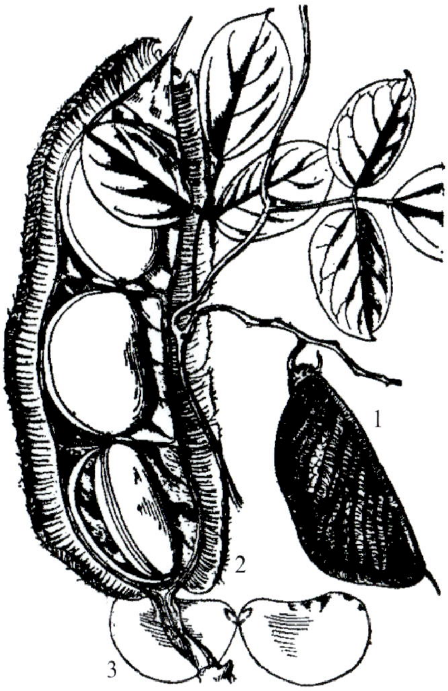

1. 果枝；2. 果荚纵剖；3. 种子。

海南黧豆(Mucuna hainanensis)

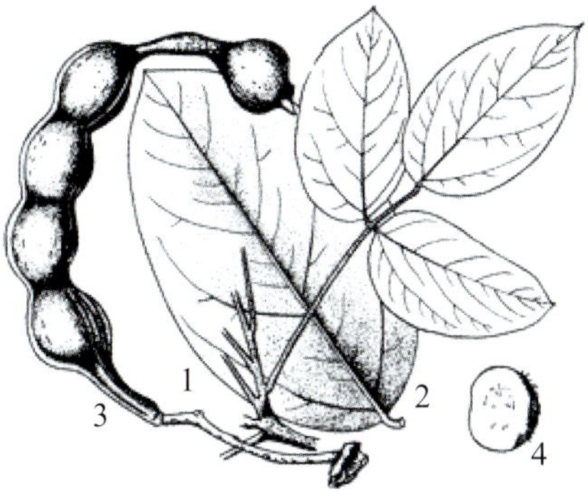

1. 小叶；2. 叶片；3. 荚果；4. 种子。

大果油麻藤(褐毛黧豆)(Mucuna macrocarpa)

中文名称：刺毛黧豆

学名：**Mucuna pruriens**(Linn.)DC. Prodr. 2: 405. 1825, 海南植物志 2: 315(1965), 中国植物志 41: 183(1995), 广东植物志 5: 300(2003), Flora of China 10: 217(2010)

科名：豆科 Fabaceae(蝶形花科 Papilionaceae)　**属名：**黧豆属 Mucuna Adans.

形态特征：一年生缠绕藤本；茎和枝纤细，被紧贴茸毛，后渐变无毛。羽状复叶长可达 46cm，有小叶 3 片；叶柄长 8 ～ 26cm，被毛；托叶长 3 ～ 4mm，早落；顶生小叶卵状菱形或卵状椭圆形，长 (7 ～)10 ～ 16cm，宽 (4 ～)7 ～ 10cm，先端初时被毛，后变无毛，下面薄被灰白色绢毛；侧脉 5 ～ 8 对；小叶柄长约 5mm，被淡褐色茸毛；小托叶钻状，长 4 ～ 5mm。总状花序腋生，长 15 ～ 30cm，下垂；花常单朵生于花序总轴上部 2/3 的每节上；花梗长 2 ～ 6mm，被毛；苞片和小苞片线状披针形，被丝毛，花后脱落；花萼阔钟状，长约 5mm，宽约 10mm，外面密被淡棕色短柔毛，萼齿三角形，最下 1 枚较狭而长，长 6 ～ 10mm；花冠深紫色，旗瓣椭圆形，先端圆而微凹，与翼瓣边缘均具睫毛，翼瓣长 2 ～ 4cm，瓣柄长约 4mm，龙骨瓣长 2.8 ～ 4.5cm，瓣柄长约 5mm；雄蕊管长 2 ～ 2.7cm，子房有胚珠 6 颗。荚果略呈“S”形，长 5 ～ 9cm，宽 0.8 ～ 2cm，厚约 5mm，密被橙红色或淡褐色易断折的刺毛，毛脱落后果瓣上满布圆锥形痕迹，有种子 3 ～ 6 颗；种子黑色，光亮，椭圆形，略扁，长约 9mm，宽约 6mm，种脐长圆形，长约 5mm，黄褐色。花期 8 ～ 9 月；果期 10 月至翌年 1 月。

野外鉴别关键特征：荚果略呈“S”形，长 5 ～ 9cm，宽 0.8 ～ 2cm，厚约 5mm，密被橙红色或淡褐色易断折的刺毛，毛脱落后果瓣上满布圆锥形痕迹。

分布与生境：昌江、东方、三亚；广东、广西、贵州、湖北、四川、台湾、云南；广布于世界热带。生于旷野中。

中文名称：★狗爪豆

学名：**Mucuna pruriens** var. **utilis**(Wall. ex Wight)Baker ex Burck in Ann. Jard. Buitenzorg 11: 187. 1893, 中国植物志 41: 185(1995), 广东植物志 5: 301(2003), Flora of China 10: 217(2010). ——Mucuna cochinchinensis(Lour.)A. Chcval. in Bull. Agr. Inst. Sci. Saigon 1: 91. 1919, 海南植物志 2: 316(1965)

科名：豆科 Fabaceae(蝶形花科 Papilionaceae)　**属名：**黧豆属 Mucuna Adans.

形态特征：一年生、草质、缠绕藤本；枝略被开展的疏柔毛。小叶长 8 ～ 15cm 或过之，宽 4.5 ～ 10cm，顶生小叶阔卵形或长椭圆状卵形，基部菱形，侧生的极偏斜，顶端急尖，两面均薄被白色疏毛；小叶柄长 4mm，密被长硬毛；小托叶丝状。总状花序下垂，苞片小，线状披针形；花萼阔钟状，质较薄，密被灰白色小柔毛和有疏刺毛，上部裂片极阔，下部中间 1 枚线状披针形，花瓣较黄毛黧豆薄，深紫色或白色，龙骨瓣长约 4cm，翼瓣略短，旗瓣长约为龙骨瓣之半。荚果，嫩果膨胀，绿色，被灰色短柔毛，成熟时稍扁，黑色，毛较疏，荚有隆起纵棱 1 ～ 2 条，内有灰白色种子 6 ～ 8 颗。花期 10 月。

分布与生境：海南有栽培；广东有栽培；世界各地广泛栽培。原产热带亚洲。

利用：本种嫩荚和种子可供蔬食，但含少量毒质，食前须经煮过并用清水泡浸去毒。

注：手绘图引自中国植物志；标本引自广西植物研究所。

刺毛黧豆(**Mucuna pruriens**)

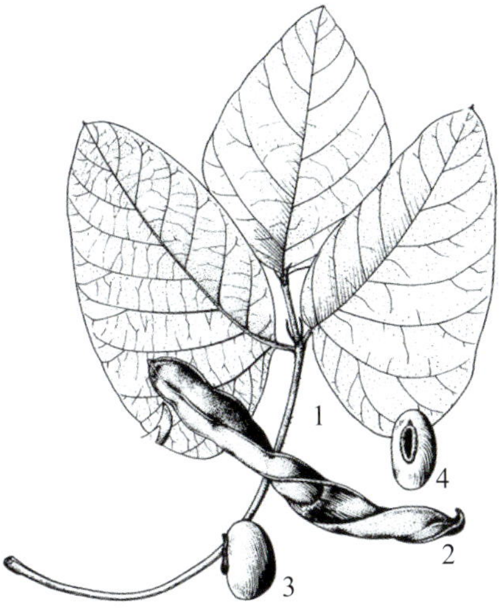

1. 叶；2. 果；3、4. 种子。

狗爪豆(**Mucuna pruriens var. utilis**)

中文名称： ★吐鲁香

学名： **Myroxylon balsamum**(L.)Marms. 海南岛尖峰岭地区生物物种名录

科名： 豆科 Fabaceae(蝶形花科 Papilionaceae)　**属名：** 香脂木豆属 Myroxylon Linn.

形态特征： 直立乔木，高可达 40m，小枝披黄褐色绒毛，羽状叶，5 ～ 13 小叶。小叶卵形或卵状椭圆形，宽 5cm 以下，先端长渐尖，叶缘波状起伏。花冠白色，雄蕊黄色，总状花序。荚果，长 7 ～ 11cm，包含一个种子。

分布与生境： 海南有栽培，尖峰岭、儋州、兴隆。原产南美洲。

利用： 它的树体流出的香膏清香宜人，还可消炎、止血、镇痛。

注： 手绘图引自 http://commons.wikimedia.org/wiki/File:Myroxylon_balsamum_Taub101a.png.

中文名称： 羽叶拟大豆

学名： **Ophrestia pinnata**(Merr.)H. M. L. Forbes in Bohalia 4: 1003. 1948, 中国植物志 41: 259(1995), Flora of China 10: 200(2010). ——Paraglycine pinnata(Merr.)F. J. Herm. in Tech. Bull. U. S. Dept. Agr. 1286: 69. 1962, 海南植物志 2: 300(1965)

科名： 豆科 Fabaceae(蝶形花科 Papilionaceae)　**属名：** 拟大豆属 Ophrestia H. M. L. Forbes

形态特征： 缠绕藤本。茎草质或近木质，植株几全部被黄褐色、倒向的长硬毛。羽状复叶具小叶 5 ～ 7 片，叶长 10 ～ 15cm；托叶披针形，有脉纹；叶柄长 3 ～ 6cm，具槽纹；小叶纸质，长椭圆形或椭圆形，长 2.5 ～ 7(～ 9)cm，宽 1.4 ～ 3.8cm，先端钝至渐尖，有时具小凸尖，基部圆形，上面无毛或被极稀疏的糙伏毛，下面密被白色糙毛，脉上较密；侧脉每边 5 ～ 6 条；小托叶针状，长约 1mm，脱落；小叶柄长 1 ～ 2mm。总状花序腋生，长 4 ～ 10cm；总花梗长 6 ～ 10mm；花小，单朵或成对，长约 6mm；苞片针状，长约 1mm，基部具结节和关节，在果脱落后与萼均宿存；小苞片针状或线形，长约 1mm，具纵脉纹；花萼膜质，具纵脉纹，长 2.5 ～ 3.5mm，裂片 5，上面 2 裂齿合生而呈宽三角形，下面裂齿披针形，均比萼管短；花冠紫红色至桃红色，旗瓣提琴形，长 5.5 ～ 6mm，上面或至少先端被丝毛，翼瓣通常狭长椭圆形，具耳，有瓣柄，龙骨瓣长椭圆形，与翼瓣等长，有耳和瓣柄；雄蕊二体，对旗瓣的 1 枚离生；子房具胚珠 2 ～ 8 颗。荚果长圆形，长 2.5 ～ 4cm，宽 6 ～ 8cm，扁平，先端具短喙，密被黄褐色茸毛或长硬毛，果瓣于种子间有不明显的缢纹，开裂后旋卷；种子 2 ～ 5 颗，近圆形，扁平，直径约 4.5mm，褐色或黑色，种阜隆起，干膜质，鳞片状。花期 7 ～ 8 月；果期 8 ～ 9 月。

分布与生境： 澄迈、昌江、东方、保亭、三亚；越南。生于旷野灌丛中。

注： 手绘图引自广东植物志，标本引自中国科学院华南植物园。

1. 花枝；2. 花；3. 荚果。

吐鲁香(Myroxylon balsamum)

1. 花枝；2. 旗瓣；3. 翼瓣；4. 龙骨瓣；5. 荚果。

羽叶拟大豆（Ophrestia pinnata）

中文名称：★链荚木

学名：**Ormocarpum cochinchinense**(Loureiro)Merrill, Philipp. J. Sci. , C. 5: 76. 1910, 中国植物志 41: 348(1995), 广东植物志 5: 346(2003), Flora of China 10: 133(2010)

科名：豆科 Fabaceae(蝶形花科 Papilionaceae)　**属名：**链荚木属 Ormocarpum Beauv.

形态特征：常绿矮灌木，高约 1m。小枝纤细，圆柱形；小枝、叶轴有黏质，干后变亮褐黑色。叶为奇数羽状，复叶，小叶 9 ～ 17，叶轴具纵沟；托叶小，披针形，长 2 ～ 3mm；叶柄长 1.5 ～ 2cm；小叶纸质，互生，椭圆形、倒卵形或长圆形，长 1.5 ～ 2.5cm，先端钝并有小尖头，基部圆形，下面网脉明显；侧脉 3 ～ 4 对；小叶柄长约 2mm。总状花序腋生，长 3cm，有花 2 ～ 6 朵；总花梗长约 2cm；花大，长约 1.5cm；苞片伸展，微小，三角形；花梗长 7 ～ 8mm，有黏质，干后也为亮褐黑色；小苞片披针形，长约 1mm，具纵脉纹；花萼膜质，具纵脉纹，长约 10mm；花冠黄色；子房被毛。荚果微膨胀，长 10 ～ 12cm，宽 5 ～ 6mm，有荚节 4 ～ 5，荚节线形或长圆形。花期 8 ～ 9 月；果期 9 ～ 10 月。

分布与生境：海南有栽培记录；我国南部及台湾有引种；泰国、菲律宾、波利尼西亚和非洲热带地区。

注：手绘图引自广东植物志，标本引自中国台湾东华大学。

中文名称：长脐红豆

学名：**Ormosia balansae** Drake in Morot. Journ. de Bot. 5: 215. 1891, 海南植物志 2: 244(1965), 中国植物志 40: 11(1994), 广东植物志 5: 208(2003), Flora of China 10: 75(2010)

科名：豆科 Fabaceae(蝶形花科 Papilionaceae)　**属名：**红豆属 Ormosia G. Jacks.

形态特征：乔木，小枝圆柱形，密被灰褐色短茸毛。奇数羽状复叶，长 15 ～ 20(～ 35)cm；叶柄长 2 ～ 6.3cm，叶轴长 1 ～ 5(～ 9)cm，叶轴密生短毛；小叶革质，椭圆形至长椭圆形，长 (5 ～)8 ～ 13(～ 20)cm，宽 (2.5 ～)4 ～ 5.5(～ 8.5)cm，先端短渐尖或钝，基部圆钝，上面无毛，下面被黄褐色毡毛；中脉在上面微凹入，下面突起，侧脉两面均突起；小叶柄被毛。圆锥花序顶生，下部分枝长 18 ～ 20cm；花序轴及花梗均密被灰褐色短茸毛；花萼杯状，密被褐色茸毛，萼齿 5，不相等，上方 2 齿三角形，下方 3 齿披针形；花冠白色，旗瓣近圆形，具短柄，翼瓣与龙骨瓣长圆形，均具细长柄及耳；雄蕊 10 枚，不等长；子房卵形，密被褐色短茸毛，有胚珠 2 颗。荚果阔卵形、近圆形或倒卵形，密被褐色短茸毛，压扁，中部于种子处隆起，喙偏斜，果瓣薄革质，质脆；种子通常 1 颗，紫红色至深红色，圆形或椭圆形，种脐极长，超过种子周长的 1/2。花期 6 ～ 7 月；果期 10 ～ 12 月。

野外鉴别关键特征：小叶革质，椭圆形至长椭圆形，先端短渐尖或钝，基部圆钝，上面无毛，下面被黄褐色毡毛。

分布与生境：三亚、保亭、昌江；广西、江西、云南；越南。生于中海拔至高海拔林中。

利用：木材纹理通直，材质稍轻软，色淡而均匀，适作一般房屋建筑及农具、家具等。为海南五类用材。

1. 花枝；2. 花萼展开；3. 旗瓣；4. 翼瓣；
5. 龙骨瓣；6. 雄蕊；7. 荚果。

链荚木(Ormocarpum cochinchinense)

长脐红豆(Ormosia balansae)

中文名称：凹叶红豆

学名：**Ormosia emarginata**(Hook. & Arn.)Benth. in Journ. Bot. Kew Misc. 4: 77. 1852, 海南植物志 2: 241(1965), 中国植物志 40: 34(1994), 广东植物志 5: 212(2003), Flora of China 10: 80(2010)

科名：豆科 Fabaceae(蝶形花科 Papilionaceae) **属名：**红豆属 Ormosia G. Jacks.

形态特征：常绿小乔木，通常高约 6m，稀可达 12m，胸径 8cm，稀达 30cm，有时呈灌木状；幼树树皮绿色，渐变为灰绿色。小枝绿色，平滑无毛，无明显皮孔；芽有锈褐色毛。奇数羽状复叶，长 (6.5)11 ～ 20.5cm，叶柄长 (2.3)3.4 ～ 4.8cm，叶轴长 (2.3)4 ～ 8.6cm，幼时叶柄、叶轴及叶下面中脉疏被黄褐色柔毛，旋即脱落无毛，叶柄及叶轴有沟槽；小叶 (1 ～)2 ～ 3 对，厚革质，倒卵形、倒卵状椭圆形、长倒卵形或长椭圆形，长 (1.4 ～)3.7 ～ 7cm，宽 (0.9 ～)1.6 ～ 3.2cm，先端钝圆而有凹缺，基部圆形或楔形，侧脉 7 ～ 8 对，纤细，与中脉成 45° 角，细脉纤细，两面均隆起，下面较明显；小叶柄长 3 ～ 5mm，粗短，有凹槽及皱纹；圆锥花序顶生，长约 11cm；花疏，有香气；花梗长 3 ～ 5mm，细柔，无毛；花萼 5 裂达中部，萼齿等大，边缘及内面有灰色茸毛；花冠白色或粉红色，旗瓣半圆形，长约 7mm，宽约 8mm，先端圆，基部柄长 2mm，翼瓣蓖形，有长柄，基部耳状，龙骨瓣为不整齐的长圆形，基部有纤细的柄，一侧微呈耳形；雄蕊 10，不等长，3 长 7 短；子房无毛。荚果扁平，黑褐色或黑色，菱形或长圆形，长 3 ～ 5.5cm，宽 1.7 ～ 2.4cm，两端尖，果颈长 2 ～ 3mm，果瓣木质，内面有隔膜，有种子 1 ～ 4 粒；种子近圆形或椭圆形，微扁，长 7 ～ 10mm，宽 7mm，种皮鲜红色，种脐小，长约 2mm，有黄白色残留珠柄。花期 5 ～ 6 月。

野外鉴别关键特征：小叶 (1 ～)2 ～ 3 对，厚革质。

分布与生境：三亚、保亭、琼中；广东、广西；越南。生于混交林中。

利用：木材优良，可旋切单板贴面。为海南三类珍贵用材。

注：手绘图引自广东植物志。

中文名称：肥荚红豆

学名：**Ormosia fordiana** Oliver in Hooker’s Ic. Pl. 25: t. 2422. 1895, 海南植物志 2: 243(1965), 中国植物志 40: 20(1994), 广东植物志 5: 210(2003), Flora of China 10: 77(2010)

科名：豆科 Fabaceae(蝶形花科 Papilionaceae) **属名：**红豆属 Ormosia G. Jacks.

形态特征：乔木，嫩枝被锈色柔毛。奇数羽状复叶，长 19 ～ 40cm；叶柄长 3.5 ～ 7cm，叶轴长 5.5 ～ 15.5cm，叶被棕褐色柔毛；小叶 (2 ～)3 ～ 4(～ 6) 对，薄革质，倒卵状椭圆形至长椭圆形，顶生小叶较大，长 5 ～ 20cm，宽 1.5 ～ 7cm，顶端急渐尖，基部楔形或钝，两面无毛或背面略被丝毛。圆锥花序顶生，被锈色柔毛；花大，紫红色；萼 5 深裂；旗瓣圆形，有短而扁厚的爪，子房被紧贴、褐色的丝毛，通常有胚珠 4 颗。荚果椭圆形，扁平，内面对种子之部常染红色；果瓣木质；种子 1 ～ 4 颗，红色，椭圆形，长约 3cm，直径 2cm。花期 7 月。

分布与生境：琼中、白沙、三亚、保亭、昌江、乐东；广东、广西、云南；孟加拉国、缅甸、泰国、越南。生于山谷林中。

利用：木材纹理略通直，可作一般建筑和家具用材料。为海南五类用材。

注：手绘图引自广东植物志。彩图由 PPBC/ 徐锦泉拍摄。

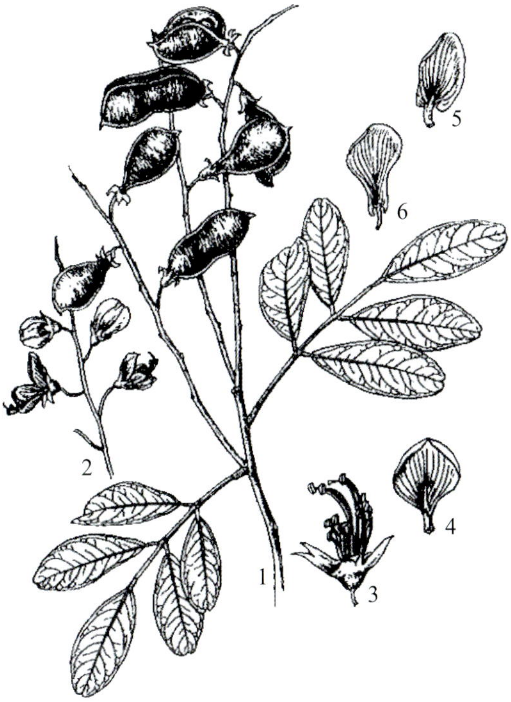

1. 果枝；2. 花序一部分；3. 花萼与雄蕊；
4. 旗瓣；5. 翼瓣；6. 龙骨瓣。

凹叶红豆(Ormosia emarginata)

1. 花枝；2. 果枝；3. 种子。

肥荚红豆(Ormosia fordiana)

中文名称： 光叶红豆

学名： **Ormosia glaberrima** Y. C. Wu in Bot. Jahrb. Syst. 71: 182. 1940, 海南植物志 2: 242(1965), 中国植物志 40: 36(1994), 广东植物志 5: 212(2003), Flora of China 10: 80(2010)

科名： 豆科 Fabaceae(蝶形花科 Papilionaceae)　**属名：** 红豆属 Ormosia G. Jacks.

形态特征： 乔木，高 10 ～ 15m；树皮灰绿色，平滑，小枝暗灰色，初时被褐色柔毛，后变无毛。奇数羽状复叶，长 12 ～ 20cm，有小叶 5 ～ 7 片；叶柄长 2.5 ～ 4cm；叶轴无沟槽，小叶革质或薄革质，卵形或椭圆状披针形，长 4 ～ 9cm，宽 2 ～ 3.5cm，先端短渐尖，尖头钝或微凹入，基部圆钝，两面无毛；侧脉 8 ～ 10 对，与中脉成 45° 角；小叶柄长 3 ～ 6mm。圆锥花序顶生或腋生，长 9 ～ 12cm，总花梗及花梗初时被黄褐色粗伏毛，后变无毛；花长约 10mm，具短梗；花萼钟状，5 齿裂达中部，内外均被黄褐色短柔毛；旗瓣近圆形，长和宽约 8mm，先端微凹，基部有柄；雄蕊 10 枚，全部发育，内弯，其中 3 ～ 4 枚较长，其余的较短；子房无毛，有胚珠 5 颗。荚果扁平，长椭圆形或椭圆形，长 3.5 ～ 5cm，宽 1.5 ～ 2cm，两端急尖，先端有短而略弯的喙，果瓣木质，无毛，内壁有较厚的横隔膜；种子 1 ～ 4 颗，鲜红色，光亮，近圆形，长 9 ～ 11mm，宽 8 ～ 9mm，种脐凹陷，椭圆形，长 1 ～ 3mm。花期 5 ～ 6 月；果期 9 ～ 12 月。

野外鉴别关键特征： 小叶革质或薄革质，卵形或椭圆状披针形。

分布与生境： 琼海；广东、广西、湖南、江西。生于沟谷疏林中。

利用： 材质优良，为海南三类珍贵用材。

中文名称： ★花榈木

学名： **Ormosia henryi** Prain in Journ. As. Soc. Beng. 69: 180. 1900, 中国植物志 40: 36(1994), 广东植物志 5: 213(2003), Flora of China 10: 81(2010)

科名： 豆科 Fabaceae(蝶形花科 Papilionaceae)　**属名：** 红豆属 Ormosia G. Jacks.

形态特征： 常绿乔木，高 16m，胸径可达 40cm；树皮灰绿色。平滑，有浅裂纹。小枝、叶轴、花序密被茸毛。奇数羽状复叶，长 13 ～ 32.5(～ 35)cm；小叶 (1 ～)2 ～ 3 对，革质，椭圆形或长圆状椭圆形，长 4.3 ～ 13.5(～ 17)cm，宽 2.3 ～ 6.8cm，先端钝或短尖，基部圆形或宽楔形，叶缘微反卷，上面深绿色，光滑无毛，下面及叶柄均密被黄褐色绒毛，侧脉 6 ～ 11 对，与中脉成 45° 角；小叶柄长 3 ～ 6mm。圆锥花序顶生，或总状花序腋生；长 11 ～ 17cm，密被淡褐色茸毛；花长 2cm，径 2cm；花梗长 7 ～ 12mm；花萼钟形，5 齿裂，裂至 2/3 处，萼齿三角状卵形，内外均密被褐色绒毛；花冠中央淡绿色，边缘绿色微带淡紫色，旗瓣近圆形，基部具胼胝体，半圆形，不凹或上部中央微凹，翼瓣倒卵状长圆形，淡紫绿色，长约 1.4cm，宽约 1cm，柄长 3mm，龙骨瓣倒卵状长圆形，长约 1.6cm，宽约 7mm，柄长 3.5mm；雄蕊 10，分离，长 1.3 ～ 2.5cm，不等长，花丝淡绿色，花药淡灰紫色；子房扁，沿缝线密被淡褐色长毛，其余无毛，胚珠 9 ～ 10 粒，花柱线形，柱头偏斜。荚果扁平，长椭圆形，长 5 ～ 12cm，宽 1.5 ～ 4cm，顶端有喙，果颈长约 5mm，果瓣革质，厚 2 ～ 3mm，紫褐色，无毛，内壁有横隔膜，有种子 4 ～ 8 粒，稀 1 ～ 2 粒；种子椭圆形或卵形，长 8 ～ 15mm，种皮鲜红色，有光泽，种脐长约 3mm，位于短轴一端。花期 7 ～ 8 月；果期 10 ～ 11 月。

分布与生境： 海南有栽培；安徽、广东、贵州、湖北、湖南、江西、四川、云南、浙江有栽培。

利用： 木材致密质重，纹理美丽，可作轴承及细木家具用材；根、枝、叶入药，能祛风散结、解毒去淤；又为绿化或防火树种。枝条折断时有臭气，浙南俗称臭桶柴。

注： 彩图由 PPBC/ 徐永福拍摄。

光叶红豆(**Ormosia glaberrima**)

花榈木(**Ormosia henryi**)

中文名称：▲ 缘毛红豆

学名：**Ormosia howii** Merr. & Chun ex L. Chen in Sargentia 3: 112. 1943, 海南植物志 2: 242(1965), 中国植物志 40: 25(1994), 广东植物志 5: 211(2003), Flora of China 10: 78(2010)

科名：豆科 Fabaceae(蝶形花科 Papilionaceae)　**属名：**红豆属 Ormosia G. Jacks.

形态特征：常绿乔木，高达 10m，胸径 12cm；树皮灰褐色。枝密被灰褐色短柔毛。奇数羽状复叶，长 14.5 ～ 36cm；叶柄长 4.2 ～ 5cm，叶轴长 6.5 ～ 7cm，叶轴在最上部一对小叶处延长 5 ～ 8mm 生顶小叶，叶柄、叶轴及小叶柄均粗壮，被灰色短柔毛；小叶 2 ～ 3 对，厚革质，长椭圆状倒卵形或长椭圆形，长 6 ～ 17cm，宽 2 ～ 6.5cm，先端短尖、钝头或微凹，基部楔形或近圆形，两面无毛或仅下面中脉上有短柔毛，侧脉约 12 对，稀 17 对，与中脉成 60° 角，边缘弧曲相接，细脉上面凹陷，下面隆起；小叶柄长 7 ～ 10mm，上面微有凹槽。圆锥花序顶生，长达 15cm，密被褐色柔毛；花未见。荚果斜椭圆状卵形或卵形状菱形，微扁，长 2 ～ 2.5cm，宽 1.5 ～ 2cm，顶端急剧收缩成一长 3 ～ 4mm 的斜喙，果颈长 3 ～ 4mm，果瓣厚革质，淡褐黑色，幼果果瓣及边缘均有褐色毛，成熟时秃净或在边缘疏被淡褐色长毛，花萼宿存，密被锈褐色毛，有种子 1 ～ 2 粒；种子近圆形，略扁，或三棱形，一面平，长和宽各 8 ～ 9mm，种皮暗红色，有光泽，种脐微凹，椭圆形，长约 2mm。

野外鉴别关键特征：小叶 2 ～ 3 对，厚革质。

分布与生境：特有种，陵水 (吊罗山)。生于海拔约 700m 的山地林中。

利用：材质坚硬，有斑纹，可作雕刻材，但现存甚少，已列为国家重点保护树种。

注：手绘图引自中国植物志。

中文名称：▲ 胀荚红豆

学名：**Ormosia inflata** Merrill & Chun, Sargentia. 3: 100. 1943, 海南植物志 2: 243(1965), 中国植物志 40: 16(1994), 广东植物志 5: 209(2003), Flora of China 10: 76(2010)

科名：豆科 Fabaceae(蝶形花科 Papilionaceae)　**属名：**红豆属 Ormosia G. Jacks.

形态特征：常绿乔木，高 6 ～ 10m，胸径 30cm；树皮褐色。枝、叶轴及花序密被锈褐色柔毛。奇数羽状复叶，长 10.7 ～ 19.2cm；叶柄长 1.5 ～ 2.1cm，叶轴长 3 ～ 6cm，叶轴在最上部一对小叶处不延长，叶柄、叶轴均密被褐色柔毛；小叶 2 ～ 3 对，长椭圆状倒披针形或长椭圆形，长 5 ～ 11cm，宽 1.5 ～ 3.5cm，先端尾尖，基部窄楔形，上面无毛，下面密被锈色或褐色柔毛，中脉上面凹陷，下面隆起，侧脉 10 ～ 15 对，上面不明显，下面弧曲，细脉明显；小叶柄长 2 ～ 5mm，密被柔毛。圆锥花序顶生，长 12 ～ 15cm，密被柔毛；花密集，长 1 ～ 1.2cm；花梗短；萼齿 5，卵形，先端钝，外面密被褐色茸毛；花冠白色，旗瓣近圆形，顶端微凹，基部具柄，长 7 ～ 8mm，瓣柄长 2 ～ 5mm，翼瓣与龙骨瓣长椭圆形，长约 8mm，宽约 2mm，柄长约 3mm；子房密被长柔毛；胚珠 2 ～ 3 粒，花柱微具柔毛。荚果卵形或椭圆形，肥厚，肿胀，长 3 ～ 5cm，宽 2 ～ 2.5cm，厚约 1.5cm，果瓣厚革质，外面密被褐色茸毛，内壁光滑，无隔膜，有种子 1 ～ 2 粒。种子近椭圆形或近圆形，稍扁，栗褐色，有光泽，种脐小，长约 1mm。花期 5 月；果期 10 ～ 11 月。

野外鉴别关键特征：小叶 2 ～ 3 对，长椭圆状倒披针形或长椭圆形，先端尾尖，基部窄楔形，上面无毛，下面密被锈色或褐色柔毛。

分布与生境：特有种，海南岛。生于低海拔溪边林中。

利用：荒坡绿化树种。

注：手绘图引自中国植物志。

缘毛红豆(**Ormosia howii**)

1. 果枝；2. 去花瓣及雄蕊的花；3. 旗瓣；4. 翼瓣；5. 龙骨瓣；6. 雄蕊；7. 种子。

胀荚红豆(**Ormosia inflata**)

中文名称：海南红豆

学名：**Ormosia pinnata**(Lour.)Merr. in Lingnan Sci. J. 14: 12. 1935, 海南植物志 2: 242(1965), 中国植物志 40: 43(1994), 广东植物志 5: 213(2003), Flora of China 10: 82(2010)

科名：豆科 Fabaceae(蝶形花科 Papilionaceae)　**属名：**红豆属 Ormosia G. Jacks.

形态特征：常绿乔木或灌木，高 3 ～ 18m，稀达 25m，胸径 30cm；树皮灰色或灰黑色；木质部有黏液。幼枝被淡褐色短柔毛，渐变无毛。奇数羽状复叶，长 16 ～ 22.5cm；叶柄长 2 ～ 3.5(～ 6.5)cm，叶轴长 2.5 ～ 9cm，叶轴在最上部一对小叶处延长 0.2 ～ 2.6cm 生顶小叶；小叶 3(～ 4) 对，薄革质，披针形，长 12 ～ 15cm，宽 4 ～ 5cm，先端钝或渐尖，两面均无毛，侧脉 5 ～ 7 对；小叶柄长 3 ～ 6mm，有凹槽及短柔毛或近无毛。圆锥花序顶生，长 20 ～ 30cm；花长 1.5 ～ 2cm；花萼钟状，比花梗长，被柔毛，萼齿阔三角形；花冠粉红色而带黄白色，各瓣均具柄，旗瓣长 13mm，瓣片基部有角质耳状体 2 枚，翼瓣倒卵圆形，龙骨瓣基部耳形；子房密被褐色短柔毛，内有胚珠 4 粒，花柱无毛而弯曲。荚果长 3 ～ 7cm，宽约 2cm，有种子 1 ～ 4 粒，如具单粒种子时，其基部有明显的果颈，呈镰状，如具数粒种子时，则肿胀而微弯曲。种子间缢缩，果瓣厚木质，成熟时橙红色，干时褐色，有淡色斑点，光滑无毛；种子椭圆形，长 15 ～ 20mm，种皮红色，种脐长不足 1mm，位于短轴一端。花期 7 ～ 8 月。

野外鉴别关键特征：小叶 3(～ 4) 对，薄革质。

分布与生境：海南岛；广东、广西。生于低海拔至中海拔林中。

利用：木材纹理通直，心材淡红棕色，边材淡黄棕色，材质稍软，易加工，不耐腐，可作一般家具、建筑用材。为海南五类用材。树冠浓绿美观，近年用作行道树，甚受欢迎。

中文名称：软荚红豆

学名：**Ormosia semicastrata** Hance in J. Bot. 20: 78. 1882, 海南植物志 2: 243(1965), 中国植物志 40: 22(1994), 广东植物志 5: 210(2003), Flora of China 10: 77(2010). ——Ormosia semicastrata f. litchifolia How in Act. Phytotax. Sin. 1: 235. 1951, 海南植物志 2: 243(1965), 中国植物志 40: 24(1994)

科名：豆科 Fabaceae(蝶形花科 Papilionaceae)　**属名：**红豆属 Ormosia G. Jacks.

形态特征：乔木，高达 12m；树皮褐色至灰白色；小枝疏被黄褐色柔毛。奇数羽状复叶，长 18 ～ 25cm，有小叶 3 ～ 9(～ 11) 片，叶轴于顶部一对小叶处延伸 12 ～ 20mm；小叶革质，长卵状椭圆形至狭椭圆形或披针形，长 4 ～ 12cm，宽 1 ～ 6cm，先端渐尖或急尖，基部钝圆或楔形，两面无毛或有时下面沿中脉被柔毛；侧脉 10 ～ 11 对，不明显；叶轴及小叶柄初时被灰褐色柔毛，后渐变无毛。圆锥花序生于上部叶腋内，约与叶等长，密被黄褐色柔毛；花萼钟状，长 4 ～ 5mm，外面被锈色柔毛，萼齿三角形，近相等；花冠白色，长约为花萼的 2 倍，旗瓣近圆形，长和宽约 4mm，具短柄，翼瓣线状倒披针形，连柄长约 4.5mm，宽约 2mm，龙骨瓣长圆形，与翼瓣近等长；雄蕊 10 枚，5 枚发育，5 枚退化而无花药；子房密被黄褐色短柔毛，有胚珠 2 颗。荚果小，近圆形，长 1.5 ～ 2cm，略肿胀，革质，光亮，干时黑褐色，果颈长 2 ～ 3mm，先端具短喙；种子 1 颗，鲜红色，扁圆形，长和宽均约 9mm，种脐长约 2mm。花期 3 ～ 5 月；果期 5 ～ 12 月。

分布与生境：琼中、定安、东方、乐东、三亚；福建、广东、广西、贵州、湖南、江西。生于山地林中。

利用：韧皮纤维可作人造棉和编绳原料。

注：荔枝叶红豆 (Ormosia semicastrata f. litchifolia)、苍叶红豆 (Ormosia semicastrata f. pallida) 被 Flora of China 归并为软荚红豆 (Ormosia semicastrata)。

海南红豆(Ormosia pinnata)

软荚红豆(Ormosia semicastrata)

中文名称：单叶红豆

学名：**Ormosia simplicifolia** Merrill & Chun, Sargentia. 3: 102. 1943, 中国植物志 40: 22(1994), 广东植物志 5: 210(2003), Flora of China 10: 77(2010)

科名：豆科 Fabaceae(蝶形花科 Papilionaceae)　**属名：**红豆属 Ormosia G. Jacks.

形态特征：灌木或小乔木，高 2 ～ 5m；小枝无毛。叶为单小叶，互生或有时在顶端近对生，革质，长椭圆形或披针形，长 5 ～ 25cm，宽 2 ～ 6cm，先端长尾状渐尖，基部楔形或钝圆，两面，无毛或有时下面疏被红褐色粗毛；侧脉 8 ～ 10 对，不明显；叶柄长 4 ～ 8mm，被微毛。圆锥花序或有时为总状花序，生于枝顶或上部叶腋内，被灰褐色茸毛或近无毛；花芳香，花梗纤细，长约 1cm，与花萼被黄灰色短毛；萼齿三角形，稍长于萼管；花冠玫瑰红色或暗紫色，旗瓣阔卵形；雄蕊 10 枚；子房无毛，有胚珠 4 颗。荚果椭圆形或倒卵形，压扁，果瓣近木质，厚约 2mm，有种子 1 ～ 3 颗，无隔膜；种子红色，有光泽，椭圆形，长约 1.5cm，宽 1.2cm，种脐小，位于短轴一端，具残存珠柄，但无假种皮。花期 7 月；果期 9 ～ 10 月。

野外鉴别关键特征：叶为单小叶。

分布与生境：琼中、保亭、万宁；广西 (南部)；越南。生于海拔约 400m 的山地林下。

注：手绘图引自中国植物志。

中文名称：木荚红豆

学名：**Ormosia xylocarpa** Chun ex L. Chen in Sargentia 3: 105. 1943, 海南植物志 2: 243(1965), 中国植物志 40: 41(1994), 广东植物志 5: 215(2003), Flora of China 10: 82(2010)

科名：豆科 Fabaceae(蝶形花科 Papilionaceae)　**属名：**红豆属 Ormosia G. Jacks.

形态特征：乔木，高 12 ～ 20m，胸径 40cm 以上；树皮灰色至棕褐色，平滑；小枝密被黄褐色紧贴短柔毛。奇数羽状复叶，长 11 ～ 24cm，有小叶 5 ～ 7 片；叶柄长 3 ～ 5cm，与叶轴被黄色短柔毛；小叶革质至厚革质，椭圆形或长椭圆状倒披针形，长 3 ～ 14cm，宽 1.3 ～ 5.3cm，先端钝或急尖，基部楔形，边缘微反卷，上面无毛，下面被黄褐色微柔毛，后变近无毛；侧脉约 8 对；小叶柄长 7 ～ 12mm，密被短柔毛，上面具沟槽。圆锥花序顶生，被短柔毛。花大，具长的花梗；萼裂片外面密被丝毛；花冠白色，各瓣近等长；子房密被柔毛，有胚珠 7 ～ 9 颗。荚果木质，扁平，倒卵形至长椭圆形，密被锈色短柔毛；种子 1 ～ 5 颗，红色，光亮，种脐短，长不及 3mm。花期 7 月。

野外鉴别关键特征：小叶革质至厚革质，椭圆形或长椭圆状倒披针形。

分布与生境：昌江、琼海、陵水、万宁、三亚、保亭；福建、广东、广西、贵州、湖南、江西。生于山谷林中。

利用：心材紫红色，纹理直，结构细匀，用途同红豆树。木材弦断面上无薄壁组织所形成的花纹。为海南三类名材。

注：手绘图引自福建植物志。

单叶红豆(Ormosia simplicifolia)

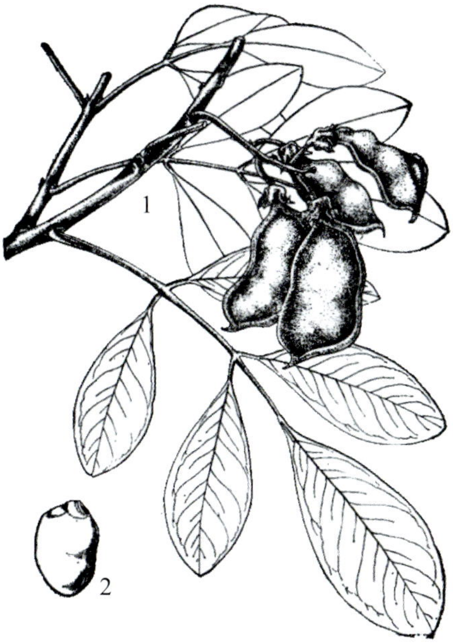

1. 果枝；2. 种子。

木荚红豆(Ormosia xylocarpa)

中文名称： ★豆薯

学名： **Pachyrhizus erosus**(Linn.)Urb. Symb. Autill. 4: 311. 1905, 海南植物志 2: 326(1965), 中国植物志 41: 212(1995), 广东植物志 5: 307(2003), Flora of China 10: 241(2010)

科名： 豆科 Fabaceae(蝶形花科 Papilionaceae)　**属名：** 豆薯属 Pachyrhizus Rich.

形态特征： 粗壮、缠绕、草质藤本，稍被毛；根块状，大，纺锤形或扁球形，肉质，可食。托叶披针形，叶柄长，具棱及槽；小叶菱形，长 4 ～ 18cm，宽 4 ～ 20cm，长和宽几相等或顶生小叶宽甚于长，中部以上呈不规则的浅裂，裂片小，急尖，侧生小叶的两侧极不等；小托叶锥状，总状花序疏散，每节有花 3 ～ 5 朵；小苞片刚毛状，早落；萼长 9 ～ 11mm，被紧贴的长硬毛；花冠浅紫色或淡红色，旗瓣近圆形，中央近基部处有一黄绿色斑块及 2 枚胼胝状附属物，瓣爪以上有 2 枚半圆形、直立的耳，翼瓣镰刀形，基部具线形、向下的长耳，龙骨瓣近镰刀形，雄蕊 2 组，对着旗瓣的 1 枚与其余的完全分离；子房密被浅黄色长硬毛，花柱无毛，极内弯至近旋卷状。荚果扁平，被毛；种子 8 ～ 10 颗。花期 8 月。

分布与生境： 海南有栽培；广东、广西、贵州、湖南、四川、台湾、云南。原产热带美洲。

利用： 块根肉质，可生食和熟食；种子有毒，不能食，但可作杀虫剂，对防治烟蚜、甘蔗蚜虫甚有效。

注： 手绘图引自广东植物志。

中文名称： ★毛鱼藤

学名： **Paraderris elliptica**(Wallich)Adema, Thai Forest Bull. , Bot. 28: 11. 2001, Flora of China 10: 171 (2010). ——Derris elliptica(Wall.)Benth. in J. Linn. Soc., Bot. 4(Suppl.): 111. 1860, 海南植物志 2: 292 (1965), 中国植物志 40: 207(1994), 广东植物志 5: 245(2003)

科名： 豆科 Fabaceae(蝶形花科 Papilionaceae)　**属名：** 拟鱼藤属 Paraderris(Miquel)R. Geesink

形态特征： 粗壮攀援状灌木，高 7 ～ 10m；嫩枝密被棕褐色毛，老枝无毛，散生棕褐色皮孔。羽状复叶长 20 ～ 35mm；叶柄、叶轴上面有槽沟，密被棕褐色柔毛；小叶 4 ～ 6 对，厚纸质，长椭圆形、倒卵状椭圆形至披针形，长 6 ～ 15cm，宽 2 ～ 4cm，先端短渐尖，钝头，基部楔形或宽楔形，上面无毛或仅沿叶脉被毛，下面粉绿色，薄被棕褐色绢毛；小叶柄密被棕褐色柔毛。总状花序腋生，花序轴、总花梗和花梗密被棕褐色柔毛，总花梗长 8 ～ 12cm 或更长，花梗长 6 ～ 8mm，稍聚生；花萼浅杯状，长约 4mm，宽 6 ～ 7mm；花冠淡红色或白色，长 15 ～ 18mm，外面被黄褐色柔毛，内面无毛，旗瓣近圆形，宽 12 ～ 15mm，先端 2 裂，基部内侧有附属体 2；雄蕊单体；子房密被黄褐色柔毛，有胚珠 3 ～ 4 颗。荚果长椭圆形，长 3.5 ～ 8cm，宽 1.7 ～ 2cm，扁平，幼时被柔毛，老时无毛，腹缝翅宽约 2mm，背缝翅宽约 0.5mm；种子 1 ～ 4 颗。花期 4 ～ 5 月。

分布与生境： 海南有栽培；广东、广西、台湾、云南有栽培；柬埔寨、印度、印度尼西亚、老挝、马来西亚、菲律宾、泰国、越南有栽培。

利用： 生物农药。

注： 彩图引自 http://www.flickr.com/photos/adaduitokla/6130448232/(Flickr).

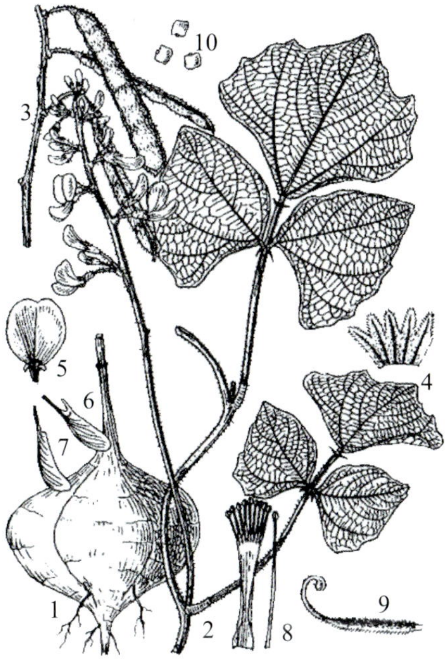

1. 块根；2. 花枝；3. 果枝；4. 花萼展开；5. 旗瓣；
6. 翼瓣；7. 龙骨瓣；8. 雄蕊；9. 雌蕊；10. 种子。

豆薯(Pachyrhizus erosus)

毛鱼藤(Paraderris elliptica)

中文名称： 粉叶鱼藤

学名： **Paraderris glauca**(Merrill & Chun)T. C. Chen & Pedley, Fl. China. 10: 171. 2010. Flora of China 10: 171(2010). ——Derris glauca Merr. & Chun in Sunyatsenia 2: 246, pl. 50. 1935, 海南植物志 2: 294(1965), 中国植物志 40: 206(1994), 广东植物志 5: 244(2003)

科名： 豆科 Fabaceae(蝶形花科 Papilionaceae) **属名：** 拟鱼藤属 Paraderris(Miquel)R. Geesink

形态特征： 攀援状灌木。枝、芽有黄色柔毛，小枝变无毛或被极稀疏柔毛，有小瘤体。羽状复叶；小叶 4 ～ 6 对，膜质，倒卵状长圆形，长 5 ～ 7cm，宽 2 ～ 3.5cm。先端尾状渐尖，基部楔形或阔楔形；幼时下面绿白色，老时粉绿色。聚伞花序组成圆锥花序，长 10 ～ 15cm，径 6 ～ 8cm，花通常 3 朵聚生于长 8 ～ 10mm 的短枝顶端；花长 16 ～ 18mm；花梗纤细，长 8 ～ 10mm；有小苞片 2 枚；花萼红褐色，阔杯状，径 6 ～ 7mm，边缘和口部有黄色柔毛；花冠玫瑰色，旗瓣阔卵形，长 16 ～ 17mm，宽约 12mm，先端 2 浅裂，近基部内侧有薄片状附属体 2，翼瓣和龙骨瓣约与翼瓣等长，基部有耳；雄蕊单体；子房下部被黄色微柔毛，有胚珠 4 粒。荚果薄，长椭圆形或舌状，长 4 ～ 8cm，宽 1.5 ～ 2.5cm，顶端渐尖，基部渐狭或钝，腹缝翅宽 3 ～ 4mm，背缝翅宽 1 ～ 2mm，种子 1 ～ 3 粒。花期 4 ～ 5 月；果期 7 ～ 8 月。

分布与生境： 儋州、白沙、昌江、东方等地；广西。生于低海拔至中海拔林中。

利用： 生物农药。

注： 标本引自中国科学院华南植物园。

中文名称： ▲ 海南鱼藤

学名： **Paraderris hainanensis**(Hayata)Adema, Blumea. 48: 138. 2003, Flora of China 10: 171(2010). ——Derris hainanensis Hayata, Icon. Pl. Formos. 3: 77. 1913, 海南植物志 2: 295(1965), 中国植物志 40: 206(1994), 广东植物志 5: 244(2003)

科名： 豆科 Fabaceae(蝶形花科 Papilionaceae) **属名：** 拟鱼藤属 Paraderris(Miquel)R. Geesink

形态特征： 木质藤本。枝圆柱状，无毛，散生椭圆形皮孔。羽状复叶；托叶长椭圆状三角形，先端钝，具短尖，外被稀疏柔毛；小叶 6 ～ 7 对，膜质，长 4 ～ 7cm，宽 1.8 ～ 3.5cm，先端尾状渐尖，基部楔形、阔楔形或有时近圆形，两面无毛，下面苍黄稍带粉绿色；小叶柄长约 5mm；聚伞花序组成圆锥花序，腋生，长 10 ～ 15cm；花梗长 1 ～ 2cm；基部有小苞片 1 枚，顶部有小苞片 2 枚；小苞片三角形，长 0.5 ～ 1mm，先端急尖，基部圆形，外被稀疏粗毛，边缘有小睫毛；花萼钟状，长约 4mm，宽约 7mm，近无毛；花冠白色，旗瓣近圆形，长 1.5cm，先端微凹陷，基部心形，具短柄，柄长约 3mm，基部内侧有小附属体 2，附属体三角形，长约 2mm，翼瓣长 1.5cm，斜长椭圆形，先端钝，基部内侧有耳，柄长约 5mm，龙骨瓣斧形，与翼瓣等长，柄长约 6mm；雄蕊单体；子房线形，长约 11mm，宽约 1mm，花柱长 1 ～ 2mm，柱头球形。荚果长椭圆形或舌形，长 4.5 ～ 10cm，宽约 2cm，腹缝翅宽 3 ～ 4mm，背缝翅宽 1 ～ 2mm。花期 4 ～ 6 月；果期 7 ～ 10 月。

分布与生境： 特有种，白沙。生于山地疏林或灌木林中。

利用： 生物农药。

粉叶鱼藤(*Paraderris glauca*)

海南鱼藤(*Paraderris hainanensis*)

中文名称：★异翅鱼藤

学名：**Paraderris malaccensis**(Bentham)Adema, Thai Forest Bull. , Bot. 28: 11. 2001, Flora of China 10: 172(2010). ——Derris malaccensis Prain in Journ. As. Soc. Bengal 66: 107. 1897, 海南植物志 2: 294(1965), 中国植物志 40: 208(1994), 广东植物志 5: 245(2003)

科名：豆科 Fabaceae(蝶形花科 Papilionaceae)　属名：拟鱼藤属 Paraderris(Miquel)R. Geesink

形态特征：攀援状灌木，高 10 ～ 15m；除花萼口部和子房被柔毛外全体无毛。羽状复叶长 20 ～ 30cm；小叶 2 ～ 3(～ 4) 对，近革质。椭圆形，长 10 ～ 15cm，先端尾状渐尖，基部圆形。总状花序短于复叶，花束轴常延伸成一短枝；花萼淡红色，钟状，长约 3mm，波状浅裂；花冠玫瑰红色、粉红色或白色，长 13 ～ 14mm，旗瓣圆形，先端截平或倒心形，基部内侧有小附属体 2；雄蕊单体。荚果长椭圆形，长 5 ～ 8cm，腹背两缝均有翅，翅极不相等，背缝翅宽不及 3mm，种子 1 ～ 4 粒。

分布与生境：海南有栽培；广东有栽培。原产中南半岛、马来半岛、加里曼丹岛。

利用：生物农药。

注：标本引自中国科学院华南植物园。

中文名称：★棉豆

学名：**Phaseolus lunatus** Linn. Sp. Pl. 724. 1753, 海南植物志 2: 323(1965), 中国植物志 41: 298(1995), 广东植物志 5: 334(2003), Flora of China 10: 261(2010)

科名：豆科 Fabaceae(蝶形花科 Papilionaceae)　属名：菜豆属 Phaseolus Linn.

形态特征：一年生或多年生缠绕草本。茎无毛或被微柔毛。羽状复叶具 3 小叶；托叶三角形，长 2 ～ 3.5mm，基着；小叶卵形，长 5 ～ 12cm，宽 3 ～ 9cm，先端渐尖或急尖，基部圆形或阔楔形，沿脉上被疏柔毛或无毛，侧生小叶常偏斜。总状花序腋生，长 8 ～ 20cm；花梗长 5 ～ 8mm；小苞片较花萼短，椭圆形，有 3 条粗脉，干时隆起；花萼钟状，长 2 ～ 3mm，外被短柔毛；花冠白色、淡黄或淡红色，旗瓣圆形或扁长圆形，长 7 ～ 10mm，宽 5 ～ 8.5mm，先端微缺，翼瓣倒卵形，龙骨瓣先端旋卷 1 ～ 2 圈；子房被短柔毛，柱头偏斜。荚果镰状长圆形，长 5 ～ 10cm，宽 1.5 ～ 2.5cm，扁平，顶端有喙，内有种子 2 ～ 4 颗；种子近菱形或肾形，长 12 ～ 13mm，宽 8.5 ～ 9.5mm，白色、紫色或其他颜色，种脐白色，凸起。花期春夏间。

分布与生境：海南有栽培；广东、广西、河北、江西、山东、云南有栽培。原产热带美洲。

利用：成熟的种子供蔬食，但有的品种含氢氰酸，食前应先用水煮沸，然后换清水浸过。

注：手绘图引自山东植物志，彩图由 PPBC/ 惠肇祥拍摄。

异翅鱼藤(Paraderris malaccensis)

1. 植株一部分；2. 果枝；3. 花；4. 旗瓣；
5. 翼瓣；6. 龙骨瓣；7. 花萼和雌蕊；8. 雌蕊；
9. 花柱上部；10. 种子。

棉豆(Phaseolus lunatus)

中文名称：★菜豆

学名： **Phaseolus vulgaris** Linn. Sp. Pl. 723. 1753, 海南植物志 2: 323(1965), 中国植物志 41: 296(1995), 广东植物志 5: 333(2003), Flora of China 10: 260(2010)

科名：豆科 Fabaceae(蝶形花科 Papilionaceae)　**属名：**菜豆属 Phaseolus Linn.

形态特征：一年生藤本、缠绕或近直立草本，茎被短柔毛或老时无毛。羽状复叶具 3 小叶；托叶披针形，长约 4mm，基着。小叶宽卵形或卵状菱形，侧生的偏斜，长 4 ～ 16cm，宽 2.5 ～ 11cm，先端长渐尖，有细尖，基部圆形或宽楔形，全缘，被短柔毛。总状花序比叶短，有数朵生于花序顶部的花；花梗长 5 ～ 8mm；小苞片卵形，有数条隆起的脉，约与花萼等长或稍较其为长，宿存；花萼杯状，长 3 ～ 4mm，上方的 2 枚裂片连合成一微凹的裂片；花冠白色、黄色、紫色或红色；旗瓣近方形，宽 9 ～ 12mm，翼瓣倒卵形，龙骨瓣长约 1cm，先端旋卷，子房被短柔毛，花柱压扁。荚果带形，稍弯曲，长 10 ～ 15cm，宽 1 ～ 1.5cm，略肿胀，通常无毛，顶有喙；种子 4 ～ 6，长椭圆形或肾形，长 0.9 ～ 2cm，宽 0.3 ～ 1.2cm，白色、褐色、蓝色或有花斑，种脐通常白色。花期春夏。

分布与生境：海南有栽培；全国均有栽培。原产美洲，现广植于各热带至温带地区。

利用：本种为本属栽培最广的一种作物，嫩荚供蔬食，品种逾 500 个，故植株的形态、花的颜色和大小、荚果及种子的形状和颜色均有较大的变异，风味也不同。

注：手绘图引自广东植物志。

中文名称：毛排钱草

学名： **Phyllodium elegans** Desv. in Mém. Soc. Linn. Paris 4: 324. 1825, 中国植物志 41: 12(1995), 广东植物志 5: 265(2003), Flora of China 10: 266(2010). ——Desmodium blandum Van Meeuwen in Reinwardtia 6: 247. 1962, 海南植物志 2: 272(1965)

科名：豆科 Fabaceae(蝶形花科 Papilionaceae)　**属名：**排钱草属 Phyllodium Desvaux

形态特征：直立亚灌木，茎、枝和叶柄均密被黄色绒毛。叶有小叶 3 片；叶柄长 5 ～ 10mm；小叶厚革质，顶生小叶卵形或长菱形，长 7 ～ 10cm，侧生小叶斜卵形，约比顶生的小 1 倍，两端钝，顶端有时微凹入，两面均密被绒毛，背面更密。花序与排钱草相似，唯苞片与总轴均密被绒毛；苞片背椭圆形，偏斜，顶端凹入；花通常 4 ～ 7 朵簇生于叶状苞片内；萼被灰白色短柔毛，裂齿三角形，顶端渐尖，比萼管短，下部 1 枚较长，锥状；花冠白色或淡绿色，旗瓣倒卵形，基部渐狭而具不明显的爪，翼瓣线形，较短，具耳，龙骨瓣倒卵状长椭圆形，与翼瓣同具纤细的长爪；雄蕊 1 组；子房无柄，线状，被毛，花柱纤细，内弯。荚果线状长方形，密被银灰色绒毛，腹缝直或浅波状，背缝波状，通常有荚节 3 ～ 4 个，种子椭圆形，长 2.5mm，种皮褐色。花期夏季。

野外鉴别关键特征：小叶厚革质，顶生小叶卵形或长菱形，侧生小叶斜卵形，约比顶生的小 1 倍。

分布与生境：临高、澄迈、儋州、琼中、万宁、保亭、陵水、三亚；福建、广东、广西、贵州、云南；柬埔寨、印度尼西亚、老挝、泰国、越南。生于旷野。

利用：根、叶供药用，有消炎解毒、活血利尿之效。

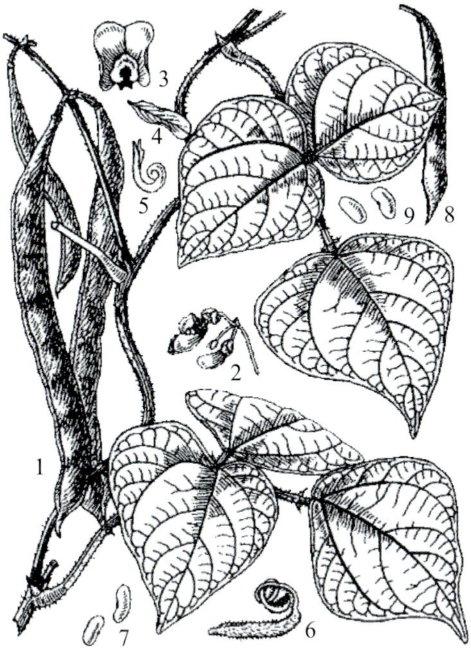

1. 果枝；2. 花序；3. 旗瓣；4. 翼瓣；5. 龙骨瓣；
6. 雌蕊；7. 种子；8、9. 不同品种的荚果和种子。

菜豆(Phaseolus vulgaris)

毛排钱草(Phyllodium elegans)

中文名称：排钱草

学名：**Phyllodium pulchellum**(Linnaeus)Desvaux, J. Bot. Agric. 1: 124. 1813, 中国植物志 41: 11(1995), Flora of China 10: 266(2010)

科名：豆科 Fabaceae(蝶形花科 Papilionaceae)　**属名：**排钱草属 Phyllodium Desvaux

形态特征：灌木，高 0.6 ～ 1m。枝纤细，被柔毛。3 出复叶，顶端小叶矩圆形，长 6 ～ 12cm，侧生小叶比顶生的小 2 倍，先端钝，或渐尖，基部浑圆形，边缘稍作波浪形，革质，上面绿色，秃净或两面均被小柔毛；叶柄长 6 ～ 8mm。总状花序顶生及侧生，长 8 ～ 30cm 或过之，由 12 ～ 60 个伞形花序或丛生花序组成，每一伞形花序隐藏于 2 个长 1 ～ 3cm 的圆形、叶状的苞片内；花柄长 2 ～ 3mm，与萼同被短柔毛；萼长约 2mm，裂齿披针形；花冠蝶形，白色，长约 6mm，旗瓣椭圆形，翼瓣贴生于龙骨瓣；雄蕊 10，2 体；雌蕊 1，花柱内弯。荚果矩圆形，秃净或被小柔毛，边缘具睫毛，通常有节 2 个。花期 7 ～ 9 月。

野外鉴别关键特征：3 出复叶，顶端小叶矩圆形，长 6 ～ 12cm，侧生小叶比顶生的小 2 倍。

分布与生境：临高、儋州、昌江、东方、三亚、保亭、陵水；福建、广东、广西、贵州、江西、台湾、云南；南亚至东南亚、澳大利亚。生于旷野中。

利用：根、叶供药用，有解表清热、活血散淤之效。

中文名称：★豌豆

学名：**Pisum sativum** Linn. Sp. Pl. 727. 1753, 海南植物志 2: 296(1965), 中国植物志 42(2): 287(1998), 广东植物志 5: 357(2003), Flora of China 10: 577(2010)

科名：豆科 Fabaceae(蝶形花科 Papilionaceae)　**属名：**豌豆属 Pisum Linn.

形态特征：一年生攀援草本，植物体各部无毛，被白色粉霜。叶互生，叶轴顶端的卷须纤细，具分枝；小叶卵形或椭圆状长椭圆形，长 2 ～ 5cm，宽 1 ～ 2.5cm，顶端钝而具小锐尖；托叶大于小叶，斜卵形或斜长椭圆形，中部以下一侧有齿，基部半抱茎。花着生于腋生的总花梗上，较阔；萼基部偏斜，裂片披针形，上部 2 枚较阔；花冠白色或紫红色，旗瓣具极阔而短的爪，翼瓣阔倒卵形，基部一侧有耳，与龙骨瓣同具内弯的爪。荚果长 5 ～ 8cm。花期冬春间。

分布与生境：海南有栽培；我国广泛栽培；广植于世界温带地区。原产欧洲南部、地中海沿岸。

利用：种子及嫩荚、嫩苗均可食用；种子含淀粉、油脂，可作药用，有强壮、利尿，止泻之效；茎叶能清凉解暑，并作绿肥、饲料或燃料。

注：手绘图引自广东植物志。

排钱草(*Phyllodium pulchellum*)

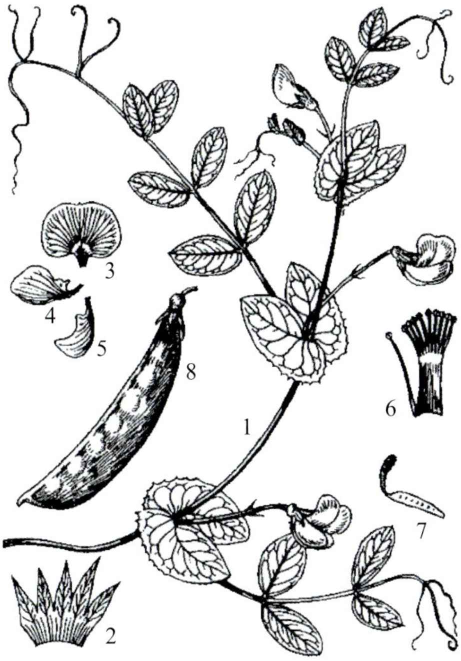

1. 花枝；2. 花萼展开；3. 旗瓣；4. 翼瓣；
5. 龙骨瓣；6. 雄蕊；7. 雌蕊；8. 荚果。

豌豆(*Pisum sativum*)

中文名称：★荷兰豆

学名： **Pisum sativum** var. **saccharatum**

科名：豆科 Fabaceae(蝶形花科 Papilionaceae)　**属名：**豌豆属 Pisum Linn.

形态特征：一年生缠绕草本，高 90 ～ 180cm，全株绿色，光滑无毛，被粉霜。羽状复叶；小叶 4 ～ 6 片，小叶卵圆形，长 2 ～ 5cm，宽 1 ～ 2.5cm，全缘；托叶叶状，卵形，基部耳状包围叶柄。花白色或紫红色、单生或 1 ～ 3 朵排列成总状腋生，花柱内侧有须毛，闭花授粉，花瓣蝴蝶形。荚果肿胀，长椭圆形，长 2.5 ～ 10cm，宽 0.7 ～ 1.4cm，顶端斜急尖，背部近于伸直，内侧有坚硬纸质的内皮；种子 2 ～ 10 颗，圆形，青绿色，有皱纹或无，干后变为黄色。花果期 4 ～ 5 月。

分布与生境：海南有栽培；我国广泛栽培。

利用：嫩荚供蔬食。

中文名称：水黄皮

学名： **Pongamia pinnata**(Linn.)Merr. Interpr. Rumph. Herb. Amb. 271. 1917, 海南植物志 2: 291(1965), 中国植物志 40: 183(1995), 广东植物志 5: 238(2003), Flora of China 10: 188(2010)

科名：豆科 Fabaceae(蝶形花科 Papilionaceae)　**属名：**水黄皮属 Pongamia Vent.

形态特征：乔木，高 8 ～ 15m。嫩枝通常无毛，有时稍被微柔毛，老枝密生灰白色小皮孔。羽状复叶长 20 ～ 25cm；小叶 2 ～ 3 对，近革质，卵形，阔椭圆形至长椭圆形，长 5 ～ 10cm，宽 4 ～ 8cm，先端短渐尖或圆形，基部宽楔形、圆形或近截形；小叶柄长 6 ～ 8mm。总状花序腋生，长 15 ～ 20cm，通常 2 朵花簇生于花序总轴的节上；花梗长 5 ～ 8mm，在花萼下有卵形的小苞片 2 枚；花萼长约 3mm，萼齿不明显，外面略被锈色短柔毛，边缘尤密；花冠白色或粉红色，长 12 ～ 14mm，各瓣均具柄，旗瓣背面被丝毛，边缘内卷，龙骨瓣略弯曲。荚果长 4 ～ 5cm，宽 1.5 ～ 2.5cm，表面有不甚明显的小疣凸，顶端有微弯曲的短喙，不开裂，沿缝线处无隆起的边或翅，有种子 1 粒；种子肾形。花期 5 ～ 6 月，果期 8 ～ 10 月。

分布与生境：海口、琼海、万宁、陵水、三亚；福建、广东、台湾；印度、马来西亚、澳大利亚、日本。生于近海边潮湿处。

利用：植物的叶可为水田的肥料，种子内榨出的油可治癣疥、脓疮及风湿症。本植物全部均含有一种物质，可为催吐剂；茎枝可毒鱼。

荷兰豆(**Pisum sativum var. saccharatum**)

水黄皮(**Pongamia pinnata**)

中文名称：★四棱豆

学名：**Psophocarpus tetragonolobus** DC. Prodr. 2: 403. 1825, 海南植物志 2: 329(1965), 中国植物志 41: 268(1995), 广东植物志 5: 323(2003), Flora of China 10:240(2010)

科名：豆科 Fabaceae(蝶形花科 Papilionaceae)　属名：四棱豆属 Psophocarpus Neck.

形态特征：一年生、草质缠绕植物，全体无毛。小叶阔卵形或三角状卵形，长 4 ～ 15cm，宽 3.5 ～ 12cm，顶端渐尖，边全缘，有基出脉 3 条。总状花序长达 15cm，顶部有花 3 ～ 6 朵；花长 3 ～ 3.5cm；萼钟状，裂齿相等，极钝；花冠浅蓝色，长伸出于萼外，旗瓣圆形，有附属体及 2 枚齿状的耳，翼瓣倒卵形，两侧具不相等的 2 耳，龙骨瓣稍内弯，具圆的耳；子房无毛，有胚珠 10 余颗。荚果四棱柱状，有皱波纹；种子近球形，褐色而有光泽，平滑，有极小的种脐。花期秋季。

分布与生境：澄迈有栽培；广东、广西、台湾、云南有栽培。原产热带亚洲。

利用：块根和嫩荚供食用。

注：手绘图引自广东植物志。

中文名称：★菲律宾紫檀（刺紫檀）

学名：**Pterocarpus echinatus** Perr, 海南岛尖峰岭地区生物物种名录

科名：豆科 Fabaceae(蝶形花科 Papilionaceae)　属名：紫檀属 Pterocarpus Jacq.

形态特征：高大乔木，高 20 ～ 25m，胸径达 40cm 以上；树皮灰褐色。羽状复叶长 20 ～ 35cm；托叶早落；小叶 5 ～ 7 对（互生明显），椭圆形，长 6 ～ 11cm，宽 4 ～ 5cm，先端渐尖，基部宽楔形，叶脉纤细。圆锥花序顶生或腋生，多花，被褐色短柔毛。荚果圆形，扁平，偏斜，宽 3 ～ 5cm，周围具宽翅，翅宽可达 1cm，有种子 1 ～ 2 粒。

分布与生境：海南有栽培，尖峰岭；云南；菲律宾。

利用：高级木材，园林应用。

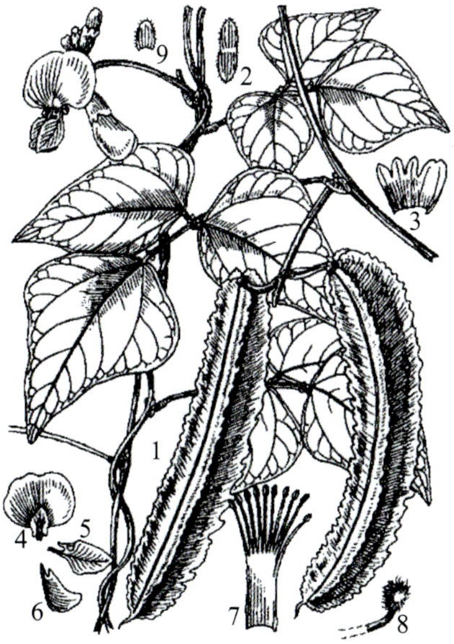

1. 花果枝；2. 托叶；3. 花萼；4. 旗瓣；5. 翼瓣；
6. 龙骨瓣；7. 雄蕊；8. 柱头；9. 小苞片。

四棱豆 (Psophocarpus tetragonolobus)

菲律宾紫檀(刺紫檀)(Pterocarpus echinatus)

中文名称：★紫檀（印度紫檀）
学名：**Pterocarpus indicus** Willd. Sp. Pl. 3: 904. 1802, 中国植物志 40: 122(1994), 广东植物志 5: 227(2003), Flora of China 10: 130(2010)
科名：豆科 Fabaceae(蝶形花科 Papilionaceae)　**属名：**紫檀属 Pterocarpus Jacq.
形态特征：乔木，高 15 ～ 25m，胸径达 40cm；树皮灰色。羽状复叶长 15 ～ 30cm；托叶早落；小叶 3 ～ 5 对，卵形，长 6 ～ 11cm，宽 4 ～ 5cm，先端渐尖，基部圆形，两面无毛，叶脉纤细。圆锥花序顶生或腋生，多花，被褐色短柔毛；花梗长 7 ～ 10mm，顶端有 2 枚线形、易脱落的小苞片；花萼钟状，微弯，长约 5mm，萼齿阔三角形，长约 1mm，先端圆，被褐色丝毛；花冠黄色，花瓣有长柄，边缘皱波状，旗瓣宽 10 ～ 13mm；雄蕊 10，单体，最后分为 5+5 的二体；子房具短柄，密被柔毛。荚果圆形，扁平，偏斜，宽约 5cm，对种子部分略被毛且有网纹，周围具宽翅，翅宽可达 2cm，有种子 1 ～ 2 粒。花期春季。
分布与生境：海南各地栽培；广东、云南、台湾；印度、菲律宾、印度尼西亚、缅甸。原产印度。
利用：木材坚硬致密，心材红色，为优良的建筑、乐器及家具用材；树脂和木材药用。
注：手绘图引自广东植物志。

中文名称：★马拉巴紫檀
学名：**Pterocarpus marsupium** Roxb
科名：豆科 Fabaceae(蝶形花科 Papilionaceae)　**属名：**紫檀属 Pterocarpus Jacq.
形态特征：高大乔木，高 20 ～ 25m，胸径达 40cm 以上；树皮灰褐色。羽状复叶长 10 ～ 15cm；托叶早落；小叶 2 对（互生明显），卵形，顶生小叶稍大，长 6 ～ 10cm，宽 4 ～ 5cm，先端突尖，基部圆形，叶脉纤细，侧生小叶稍小些，长 4 ～ 8cm，宽 3 ～ 4cm，形状似顶生叶。圆锥花序顶生或腋生，多花，被褐色短柔毛。荚果圆形，扁平，偏斜，宽 3 ～ 5cm，周围具宽翅，翅宽可达 1cm，有裂片，有种子 1 ～ 2 粒。
分布与生境：海南有引种；越南、柬埔寨、缅甸、印度尼西亚、印度。
利用：高级木材，园林应用。
注：手绘图引自 http://www.ibiblio.org/neoherbal/spotlight/spotlight.php.

1. 花枝；2. 荚果。

紫檀（印度紫檀）(Pterocarpus indicus)

1. 花枝；2. 荚果；3. 旗瓣；4. 翼瓣；5. 雄蕊。

马拉巴紫檀 (Pterocarpus marsupium)

中文名称：★古巴紫檀

学名： **Pterocarpus septentrionalis**(Donn. Smith)

科名：豆科 Fabaceae(蝶形花科 Papilionaceae)　**属名：**紫檀属 Pterocarpus Jacq.

形态特征：与紫檀属其他树种相比，它具有两个显著特点：树干通直，分叉少，枝下高达 10m。羽状复叶长 15 ～ 30cm；托叶早落；小叶 3 ～ 4 对，卵形，长 6 ～ 10cm，宽 4 ～ 5cm，先端短渐尖，基部圆形，两面无毛，叶脉纤细。圆锥花序顶生或腋生，多花。果实为荚果，圆形，扁平，偏斜，宽约 5cm，周围具宽翅，翅宽可达 1 ～ 2cm，有种子 1 ～ 2 粒，9 ～ 10 月成熟。荚果由金黄色变为黄褐色时即可采种。

分布与生境：海南有栽培，霸王岭、尖峰岭；东南亚国家。

利用：高级木材，园林应用。

中文名称：葛(越南野葛)

学名： **Pueraria montana**(Loureiro)Merrill, Trans. Amer. Philos. Soc., ser. 2. 24(2): 10, 210. 1935, 海南植物志 2: 319(1965), Flora of China 10: 246(2010). ——Pueraria lobata var. montana(Lour.)can der Maesen, 广东植物志 5: 311(2003)

科名：豆科 Fabaceae(蝶形花科 Papilionaceae)　**属名：**葛属 Pueraria DC.

形态特征：藤本；块根肥厚。茎疏生黄色长硬毛。小叶 3，顶生小叶阔卵形，长 9 ～ 18cm，宽 6 ～ 12cm，先端渐尖，基部圆形，上面有稀疏长硬毛，下面有绢质柔毛，侧生小叶略小而偏斜；托叶披针形，基部于着生处下延为盾形。总状花序或圆锥花序腋生，花多而密，苞片卵形，比小苞片短，有毛；萼钟状，萼齿 5，披针形，最下一个萼齿较长，均有黄色硬毛；花冠紫色，长约 1.2cm。荚果条形，扁平，长 4 ～ 9cm，密生锈色长硬毛。

野外鉴别关键特征：茎疏生黄色长硬毛。小叶 3，顶生小叶阔卵形，先端渐尖，基部圆形，上面有稀疏长硬毛，下面有绢质柔毛，侧生小叶略小而偏斜。

分布与生境：澄迈、儋州、琼中、万宁、乐东、陵水；我国南北各地；菲律宾。生于山地林缘。

利用：根茎可提取淀粉食用或酿酒；茎皮纤维可纺织；嫩茎叶可作饲料。

注：手绘图引自海南植物志。

古巴紫檀 (Pterocarpus septentrionalis)

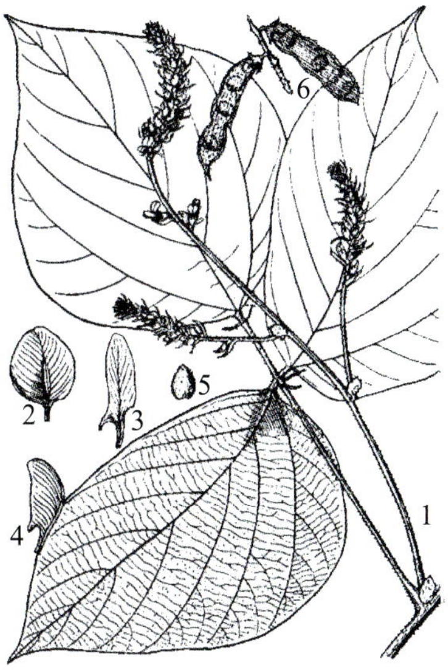

1. 花枝；2. 旗瓣；3. 翼瓣；4. 龙骨瓣；
5. 苞片；6. 未成熟的荚果。

葛（越南野葛）(Pueraria montana)

中文名称： 葛麻姆 (葛，野葛)

学名： **Pueraria montana** var. **lobata**(Willdenow)Maesen & S. M. Almeida ex Sanjappa & Predeep in Sanjappa, Legumes India. 288. 1992, Flora of China 10: 246(2010). ——Pueraria lobata(Willd.). Ohwi in Bull. Tokyo Sci. Mus. 18: 16. 1947, 中国植物志 41: 224(1995), 广东植物志 5: 311(2003). ——Pueraria thunbergiana(S. & Z.)Benth. in J. Linn. Soc., Bot. 9: 122. 1865, 海南植物志 2: 319(1965)

科名： 豆科 Fabaceae(蝶形花科 Papilionaceae)　**属名：** 葛属 Pueraria DC.

形态特征： 粗壮藤本，长可达 8m，全体被黄色长硬毛，茎基部木质，有粗厚的块状根。羽状复叶具 3 小叶；托叶背着，卵状长圆形，具线条；小托叶线状披针形，与小叶柄等长或较长；小叶三裂，偶尔全缘，顶生小叶宽卵形或斜卵形，长 7 ～ 15(～ 19)cm，宽 5 ～ 12(～ 18)cm，先端长渐尖，侧生小叶斜卵形，稍小，上面被淡黄色、平伏的疏柔毛。下面较密；小叶柄被黄褐色绒毛。总状花序长 15 ～ 30cm，中部以上有颇密集的花；苞片线状披针形至线形，远比小苞片长，早落；小苞片卵形，长不及 2mm；花 2 ～ 3 朵聚生于花序轴的节上；花萼钟形，长 8 ～ 10mm，被黄褐色柔毛，裂片披针形，渐尖，比萼管略长；花冠长 10 ～ 12mm，紫色，旗瓣倒卵形，基部有 2 耳及一黄色硬痂状附属体，具短瓣柄，翼瓣镰状，较龙骨瓣为狭，基部有线形、向下的耳，龙骨瓣镰状长圆形，基部有极小、急尖的耳；对旗瓣的 1 枚雄蕊仅上部离生；子房线形，被毛。荚果长椭圆形，长 5 ～ 9cm，宽 8 ～ 11mm，扁平，被褐色长硬毛。花期 9 ～ 10 月；果期 11 ～ 12 月。

野外鉴别关键特征： 小叶三裂，偶尔全缘，顶生小叶宽卵形或斜卵形，先端长渐尖，侧生小叶斜卵形，稍小，上面被淡黄色、平伏的疏柔毛。

分布与生境： 定安、白沙、东方、万宁、保亭、陵水、三亚；广东、广西、福建、台湾；越南。生于旷野灌木丛中。

利用： 茎皮纤维供织布和造纸原料；块根可制葛粉，并和花供药用，能解热透疹、生津止渴、解毒、止泻；种子可榨油。

注： 手绘图引自河南植物志。

中文名称： ★粉葛

学名： **Pueraria montana** var. **thomsonii**(Bentham)M. R. Almeida, Fl. Maharashtra. 2: 122. 1998, Flora of China 10: 246(2010). ——Pueraria lobata var. thomsonii(Benth.)van der Maesen, op, cit. 85(1): 58. 1985, 中国植物志 41: 226(1995), 广东植物志 5: 312(2003). ——Pueraria thomsoni Benth. in J. Linn. Soc. Bot., 9: 128. 1867, 海南植物志 2: 320(1965)

科名： 豆科 Fabaceae(蝶形花科 Papilionaceae)　**属名：** 葛属 Pueraria DC.

形态特征： 粗壮的草质藤本，全体被毛；茎基部木质，有坚硬、粗厚的块状根。托叶卵状长椭圆形，具线条，基部于着生处下延而成盾形；顶生小叶菱状卵形或宽卵形，侧生的斜卵形，长和宽 10 ～ 13cm，先端急尖或具长小尖头，基部截平或急尖，全缘或具 2 ～ 3 裂片，两面均被黄色粗伏毛；小托叶线状披针形，与被黄褐色茸毛的小叶柄等长或更长。总状花序中部以上有颇密集的花；苞片线状披针形至线形，远比小苞片长，早落；小苞片卵形，长不及 2mm；花 2 ～ 3 朵聚生于花序总轴的每一节上；萼被黄褐色柔毛，裂片披针形，渐尖，与萼管近等长；花冠紫色，花冠长 16 ～ 18mm；旗瓣近圆形，近基部有一黄色的硬痂状附属体，具短爪，翼瓣钩镰状，狭窄，基部有耳，耳线形向下，长约为瓣爪之半，龙骨瓣镰刀状长椭圆形，具极小、急尖的耳；子房线状，被毛。荚果长椭圆形，扁平，被褐色长硬毛。花期 9 月；果期 11 月。

分布与生境： 定安、琼中、三亚有栽培；广东、广西、江西、四川、台湾、西藏、云南；印度、老挝、缅甸、菲律宾、泰国、越南。

利用： 块根含淀粉，供食用，所提取的淀粉称葛粉。

注： 彩图由 PPBC/ 田乾福拍摄。

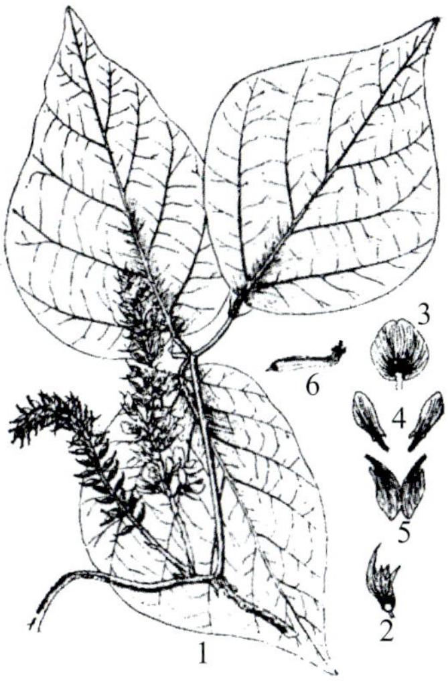

1. 花枝；2. 萼；3. 旗瓣；4. 翼瓣；
5. 龙骨瓣；6. 雄蕊及雌蕊。

葛麻姆（葛，野葛）(Pueraria montana var. lobata)

粉葛 (Pueraria montana var. thomsonii)

中文名称：三裂叶野葛

学名：**Pueraria phaseoloides**(Roxb.)Benth. in J. Linn. Soc., Bot. 9:125. 1865, 海南植物志 2: 320(1965), 中国植物志 41: 221(1995), 广东植物志 5: 310(2003), Flora of China 10: 245(2010)

科名：豆科 Fabaceae(蝶形花科 Papilionaceae)　**属名：**葛属 Pueraria DC.

形态特征：草质藤本；茎纤细，与叶柄同被褐黄色、开展的长硬毛。托叶小，披针形，基部着生，有线纹；小叶菱形或卵状菱形，顶生小叶较阔，长 6 ～ 10cm，宽 4.5 ～ 9cm，侧生的较小，偏斜，全缘或不规则的 3 裂，腹面绿色，薄被短柔毛及紧贴的长硬毛，背面灰绿色，毛密而互相交织；小托叶钻状。总状花序单生，中部以上有花；苞片和小苞片线状披针形，被长硬毛；花具短梗，聚生于较疏离的节上；萼钟状，被紧贴的长硬毛，下部的裂齿与萼管等长而呈刚毛状，其余的裂齿三角形，比萼管短；花冠浅蓝色或淡紫色，旗瓣近圆形，基部有小片状，直立的附属体及 2 枚内折的耳，翼瓣倒卵状长椭圆形，基部一侧有阔而圆的耳，具纤细而长的爪。龙骨瓣镰刀状，基部截形，具爪；雄蕊 1 组；子房线形，略被毛。荚果近圆柱状，稍被紧贴的长硬毛，果瓣薄革质，开裂后扭曲；种子长椭圆形，两端近截平，种脐长约 2.5mm。花期秋季。

野外鉴别关键特征：小叶菱形或卵状菱形，顶生小叶较阔，侧生的较小，偏斜，全缘或不规则的 3 裂，腹面绿色，薄被短柔毛及紧贴的长硬毛，背面灰绿色，毛密而互相交织。

分布与生境：海南岛；广东、广西、台湾、云南、浙江；不丹、柬埔寨、印度、老挝、马来西亚、缅甸、泰国、越南及世界热带地区。生于低海拔旷野。

利用：本种可作覆盖植物。

注：手绘图引自浙江植物志。

中文名称：密子豆

学名：**Pycnospora lutescens**(Poir.)Schindl. in J. Bot. 64: 145. 1926, 海南植物志 2: 269(1965), 中国植物志 41: 61(1995), 广东植物志 5: 278(2003), Flora of China 10: 284(2010)

科名：豆科 Fabaceae(蝶形花科 Papilionaceae)　**属名：**密子豆属 Pycnospora R. Br. ex Wight et Arn.

形态特征：亚灌木状草本，高 15 ～ 60cm。茎直立或平卧，从基部分枝，小枝被灰色短柔毛。托叶狭三角形，长 4mm，基部宽 1mm，被灰色柔毛和缘毛，叶柄长约 1cm，被灰色短柔毛；小叶近革质，倒卵形或倒卵状长圆形，顶生小叶长 1.2 ～ 3.5cm，宽 1 ～ 2.5cm，先端圆形或微凹，基部楔形或微心形，侧生小叶常较小或有时缺。两面密被贴伏柔毛，侧脉 4 ～ 7 条，纤细，在下面隆起，网脉明显；小托叶针状，长 1mm；小叶柄长约 1mm，被灰色短柔毛。总状花序长 3 ～ 6cm，花很小，每 2 朵排列于疏离的节上，节间长约 1cm，总花梗被灰色柔毛；苞片早落，干膜质，卵形，先端渐尖，有条纹，被柔毛和缘毛；花梗长 2 ～ 4mm，被灰色短柔毛；花萼长约 2mm，深裂，裂片窄三角形，被柔毛；花冠淡紫蓝色，长约 4mm；子房有柔毛。荚果长圆形，长 6 ～ 10mm，宽及厚 5 ～ 6mm，膨胀，有横脉纹，稍被毛，成熟时黑色，沿腹缝线开裂，背缝线明显凸起；果梗长 3 ～ 5mm，纤细。被开展柔毛；种子 8 ～ 10 颗，肾状椭圆形，长约 2mm。花果期 8 ～ 9 月。

分布与生境：海南岛；广东、广西、贵州、江西、台湾、云南；柬埔寨、印度、印度尼西亚、老挝、缅甸、巴布亚新几内亚、菲律宾、泰国、越南、澳大利亚东部。生于山地草坡。

利用：为保土和绿肥植物。

注：手绘图引自广东植物志。

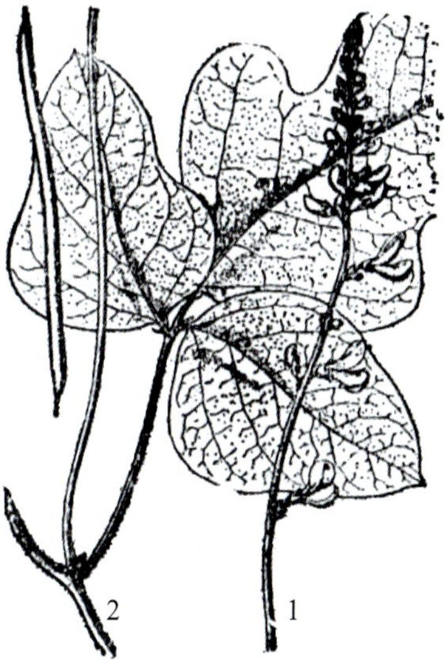

1. 植株部分；2. 花序。

三裂叶野葛 (Pueraria phaseoloides)

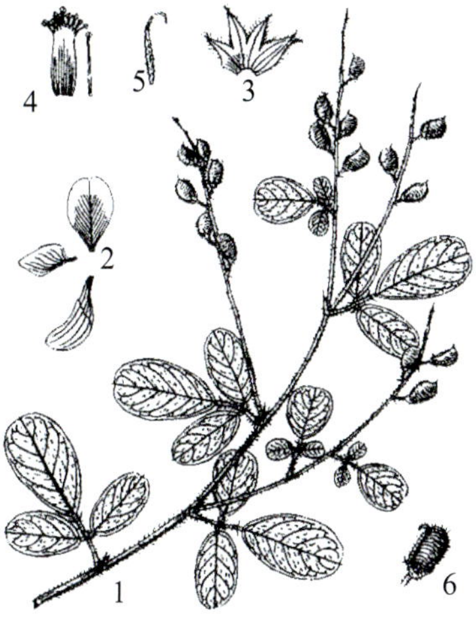

1. 果枝；2. 旗瓣、翼瓣、龙骨瓣；
3. 花萼展开；4. 雄蕊；5. 雌蕊；6. 荚果。

密子豆 (Pycnospora lutescens)

中文名称：密果鹿藿

学名： **Rhynchosia acuminatissima** Miq. Fl. Ind. Bat. 1(1): 171. 1855, 海南植物志 2: 310(1965), 中国植物志 41: 332(1995), 广东植物志 5: 342(2003, Flora of China 10: 224(2010)

科名：豆科 Fabaceae(蝶形花科 Papilionaceae)　**属名：**鹿藿属 Rhynchosia Lour.

形态特征：缠绕藤本；植物各部被短而柔软的黄色柔毛或绒毛；茎有沟纹。叶柄长 6 ～ 10 (～ 14) cm，托叶线状披针形，小叶 3 片，膜质，卵形至阔卵状菱形，长 5.5 ～ 12cm，宽 4.5 ～ 8.5cm，顶端渐尖或长渐尖，基部圆形，侧生小叶较小，基部偏斜，背面被毛较密且有少数不明显的腺点；小托叶锥状。总状花序有花 40 ～ 80 朵；总花梗长 1.5 ～ 2cm，苞片锥状，花梗极纤细，通常攀生，在花序上部的簇生，萼裂齿急尖，不相等，花冠淡紫色，旗瓣外面被柔毛，内面近基部有明显的胼胝状附属物，龙骨瓣钝；子房密被长柔毛。荚果近镰刀状，略扁平，在种子背微收窄，果瓣绿色，干时淡褐色或金黄色，密被柔毛并杂以长柔毛，有种子 2 颗；种子卵形，深蓝色或蓝黑色，有光泽。花期 3 ～ 4 月。

分布与生境：三亚；云南；印度尼西亚、马来西亚、巴布亚新几内亚、菲律宾、越南、澳大利亚。

中文名称：小鹿藿

学名： **Rhynchosia minima**(Linn.)DC. Prodr. Z: 385. 1825, 中国植物志 41: 337(1995), 广东植物志 5: 341 (2003), Flora of China 10: 226(2010)

科名：豆科 Fabaceae(蝶形花科 Papilionaceae)　**属名：**鹿藿属 Rhynchosia Lour.

形态特征：缠绕状一年生草本。茎很纤细，具细纵纹，略被短柔毛。叶具羽状 3 小叶；托叶小，披针形，常早落；叶柄长 1 ～ 4cm，具微纵纹，无毛或略被短柔毛；小叶膜质或近膜质，顶生小叶菱状圆形，长、宽均为 1.5 ～ 3cm，有时宽大于长，先端钝或圆，稀短急尖，两面无毛或被极细的微柔毛，下面密被小腺点，基出脉 3；小托叶极小；小叶柄极短，侧生小叶与顶生小叶近相等或稍小，斜圆形。总状花序腋生，长 5 ～ 11cm，花序轴纤细，微被短柔毛；花小，长约 8mm，排列稀疏，常略下弯；苞片小，披针形，早落；花梗极短；花萼长约 5mm，微被短柔毛，裂片披针形，略长于萼管，其中下面一裂片较长；花冠黄色，伸出萼外，各瓣近等长，旗瓣倒卵状圆形，基部具瓣柄和 2 尖耳，翼瓣倒卵状椭圆形，具瓣柄和耳，龙骨瓣稍弯，先端钝，具瓣柄。荚果倒披针形至椭圆形，长 1 ～ 1.7cm，宽约 5mm，被短柔毛；种子 1 ～ 2 颗。花果期 5 ～ 11 月。

分布与生境：三亚；四川、台湾、云南；印度、缅甸。

利用：饲料植物。

密果鹿藿 (Rhynchosia acuminatissima)

小鹿藿 (Rhynchosia minima)

中文名称： 鹿藿

学名： **Rhynchosia volubilis** Lour. Fl. Cochinch. 460. 1790, 海南植物志 2: 309(1965), 中国植物志 41: 334 (1995), 广东植物志 5: 342(2003), Flora of China 10: 224(2010)

科名： 豆科 Fabaceae(蝶形花科 Papilionaceae　**属名：** 鹿藿属 Rhynchosia Lour.

形态特征： 缠绕草质藤本。全株各部多少被灰色至淡黄色柔毛；茎略具棱。叶为羽状或有时近指状 3 小叶；托叶小，披针形，长 3 ～ 5mm，被短柔毛；叶柄长 2 ～ 5.5cm；小叶纸质，顶生小叶菱形或倒卵状菱形，长 3 ～ 8cm，宽 3 ～ 5.5cm，先端钝，或为急尖，常有小凸尖，基部圆形或阔楔形，两面均被灰色或淡黄色柔毛，下面尤密，并被黄褐色腺点；基出脉 3；小叶柄长 2 ～ 4mm，侧生小叶较小，常偏斜。总状花序长 1.5 ～ 4cm，1 ～ 3 个腋生；花长约 1cm，排列稍密集；花梗长约 2mm；花萼钟状，长约 5mm，裂片披针形，外面被短柔毛及腺点；花冠黄色，旗瓣近圆形，有宽而内弯的耳，翼瓣倒卵状长圆形，基部一侧具长耳，龙骨瓣具喙；雄蕊二体；子房被毛及密集的小腺点。胚珠 2 颗。荚果长圆形，红紫色，长 1 ～ 1.5cm，宽约 8mm，极扁平，在种子间略收缩，稍被毛或近无毛，先端有小喙；种子通常 2 颗，椭圆形或近肾形，黑色，光亮。花期 5 ～ 8 月；果期 9 ～ 12 月。

分布与生境： 保亭；广东、台湾；日本、朝鲜、越南。

利用： 根祛风和血、镇咳祛痰，治风湿骨痛、气管炎。叶外用治疮疥。

注： 手绘图引自广东植物志。彩图由 PPBC/ 孙观灵拍摄。

中文名称： 落地豆

学名： **Rothia indica**(Linnaeus)Druce, Rep. Bot. Exch. Club Soc. Brit. Isles. 3: 423. 1914, 广东植物志 5: 372(2003), Flora of China 10: 118(2010)

科名： 豆科 Fabaceae(蝶形花科 Papilionaceae)　**属名：** 落地豆属 Rothia Persoon

形态特征： 一年生草本；茎多分枝，披散，长达 40cm，被毛。掌状复叶具 3 小叶，被绢毛；小叶纸质，倒卵形，长 3.5 ～ 15mm，宽 2 ～ 6mm，顶端圆钝，具细短尖头，基部楔形，全缘，叶脉不明显，侧生小叶片较小；叶柄长 3.5 ～ 8mm；托叶极小，倒披针形，被绢毛。花序与叶对生，有花 1 ～ 2 (或 3) 朵，具短总花梗，花梗长 1 ～ 3mm；苞片和小苞片极小；花萼管钟状，密被绢毛，裂片 5，上方 2 裂片较宽且呈镰形；花冠粉红色、紫色或黄色，长达 8mm；花瓣直，同形，具长柄；旗瓣比其他花瓣大，长 6 ～ 8mm，宽约 2mm，背面上部中央被微柔毛；翼瓣狭匙形；龙骨瓣略弯曲；雄蕊 10 枚，连合成管状，顶端分离，花药基着。子房无柄，被绢毛，胚珠多数，花柱短而直，柱头头状。荚果线形，长 3.5 ～ 5cm，宽 2 ～ 2.5mm，被绢毛，无间隔。种子 10 ～ 20 颗，近肾形，长 1.5 ～ 2mm，宽约 1mm，表面光滑，有浅色雀斑纹。花果期 3 ～ 6 月。

分布与生境： 临高；印度、越南、老挝、斯里兰卡、印度尼西亚和澳大利亚。生于海边沙质土草地上。

注： 手绘图引自广东植物志。

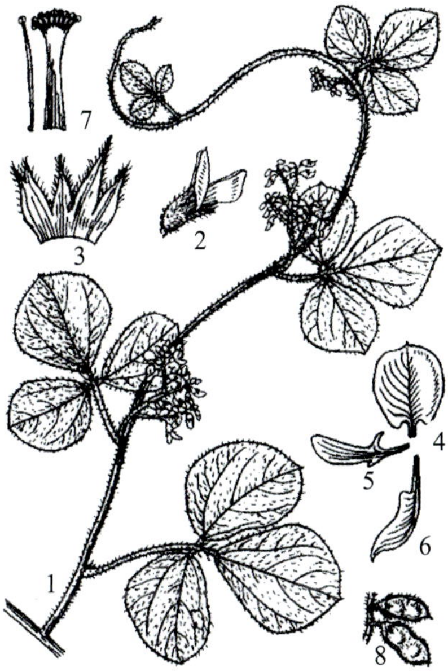

1. 花枝；2. 花；3. 花萼展开；4. 旗瓣；5. 翼瓣；
5. 龙骨瓣；7. 雄蕊；8. 荚果。

鹿藿 (Rhynchosia volubilis)

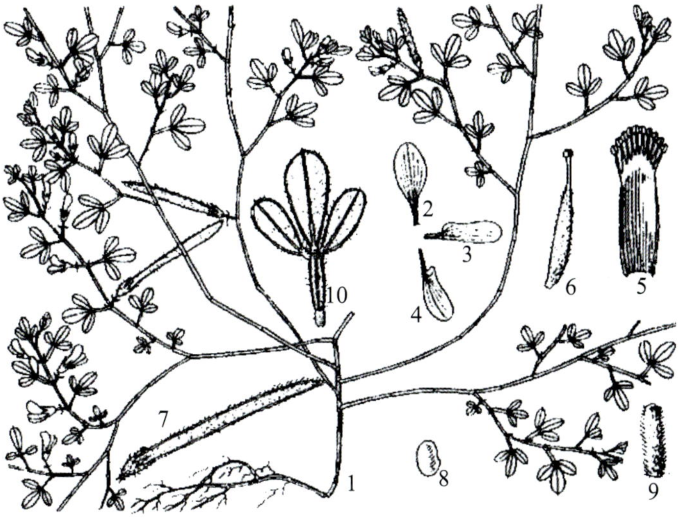

1. 植株；2. 旗瓣；3. 翼瓣；4. 龙骨瓣；5. 雄蕊；6. 雌蕊；7. 荚果；8. 种子；9. 茎一段，示被毛；10. 叶。

落地豆 (Rothia indica)

中文名称： 耀花豆

学名： **Sarcodum scandens**(lour.)Merr. in J. Bot. 66: 265. 1928, 海南植物志 2: 265(1965), 中国植物志 40: 189(1994), 广东植物志 5: 239(2003), Flora of China 10: 175(2010)

科名： 豆科 Fabaceae(蝶形花科 Papilionaceae)　**属名：** 耀花豆属 Sarcodum Lour.

形态特征： 缠绕藤本，长 2 ～ 7m，多分枝；除花冠外全体被疏至密的黄棕色长柔毛。茎幼时有棱。奇数羽状复叶长 10 ～ 25cm；叶柄和叶轴稍有棱，密被棕色毛；托叶线状披针形至芒状，长 11 ～ 15mm，上面疏被毛，宿存；小叶 9 ～ 16 对，对生或近对生，长圆形至卵状长圆形，长 2 ～ 5.5cm，宽 1 ～ 1.5cm，先端钝圆至锐尖，具长约 2mm 的芒尖，基部圆至阔楔形，全缘，两面被棕色毛，下面中脉两侧较密，边缘具密睫毛，侧脉 7 ～ 10 对；小叶柄长约 2mm，小托叶宿存，芒状，长 3 ～ 5mm。总状花序长 10 ～ 15cm；花序轴和总花梗密被棕色毛；苞片卵状披针形，长 1.6 ～ 2cm，先端尾状长尖，小苞片小，长 2 ～ 4mm；花多数；花梗长 7 ～ 10mm；花萼长 3 ～ 4mm，密被棕色毛，萼齿 5，上方 2 齿不明显，下方 3 齿阔三角形；花冠紫红色至淡紫红色，旗瓣向后反折，椭圆形，长 15 ～ 17mm，宽约 11mm，先端圆，基部近心形，瓣柄宽短，翼瓣卵状长圆形，长约 12mm，宽约 5mm，有短瓣柄，先端钝圆，基部有下垂的耳，龙骨瓣镰状弯曲，长约 17mm，较翼瓣长，最宽处达 5mm，先端稍增厚，弯成喙状；雄蕊二体，花药椭圆形；子房线形，光滑无毛，基部具长柄，花柱上弯，胚珠 6 ～ 10 粒。荚果线状圆柱形，长 7 ～ 9cm，径 8 ～ 9mm，喙长约 7mm，果颈长约 5mm，外果皮干后深褐色，纸质，薄而脆，内果皮白色，软骨质，两者常分离，种子间略收缩，有种子 6 ～ 10 粒；种子亮黑色，椭圆状肾形，长约 6mm，宽约 3.5mm，种脐阔卵形。花期 4 ～ 5 月；果期 7 ～ 8 月。

分布与生境： 琼中、白沙、保亭；印度尼西亚、菲律宾、越南。生于山谷林中。

利用： 花色鲜艳，光彩夺目，故名耀花豆。供观赏。

注： 手绘图引自广东植物志；标本引自黄全。

中文名称： 刺田菁

学名： **Sesbania bispinosa**(Jacquin)W. Wight, U. S. D. A. Bur. Pl. Industr. Bull. 137: 15. 1909, 中国植物志 40: 235(1994), 广东植物志 5: 252(2003), Flora of China 10: 314(2010)

科名： 豆科 Fabaceae(蝶形花科 Papilionaceae)　**属名：** 田菁属 Sesbania Scop.

形态特征： 灌木状草本，高 1 ～ 3m，枝圆柱形，稍具绿白色线条，通常疏生扁小皮刺。偶数羽状复叶，长 13 ～ 30cm；叶轴上面有沟槽，顶端尖，下方疏生皮刺；托叶线状披针形，长约 7mm，宽约 1mm，先端渐尖，无毛，早落；小叶 20 ～ 40 对，线状长圆形，长 10 ～ 16mm，宽 2 ～ 3mm，先端钝圆，有细尖头，基部圆，上面绿色，下面灰绿色，两面密生紫褐色腺点，无毛；小托叶细小，针芒状。总状花序长 5 ～ 10cm，具 2 ～ 6 朵花；总花梗常具皮刺；苞片线状披针形，长约 3mm，下面疏被毛；花长 9 ～ 12mm；花梗纤细，长 6 ～ 8mm；小苞片 2，卵状披针形，无毛，与苞片均早落，花萼钟状，长约 4mm，无毛，萼齿 5，短三角形，花冠黄色，旗瓣外面有红褐色斑点，近卵形，长大于宽，长约 10mm，先端微凹，基部变狭成柄，胼胝体三角形，翼瓣长椭圆形，具长柄，一侧具耳，龙骨瓣长倒卵形，基部具耳，呈齿牙状；雄蕊二体，对旗瓣的 1 枚分离，长 9 ～ 12mm，花药倒卵形，背部褐色；雌蕊线形，与雄蕊等长，花柱细长向上弯曲，柱头顶生，头状。荚果深褐色，圆柱形，直或稍镰状弯曲，长 15 ～ 22cm。径约 3mm，喙长 10 ～ 12mm，种子间微缢缩，横隔间距约 5mm，有多数种子；种子近圆柱状，长约 3mm，径约 2mm，种脐圆形，在中部。花果期 8 ～ 12 月。

分布与生境： 西沙群岛有分布记录；我国华南、云南及四川 (西南部)；伊朗、巴基斯坦、印度、斯里兰卡、中南半岛、马来半岛等。生于山坡路边湿润处。

利用： 绿肥。

注： 彩图引自 http://foter.com/f/photo/2853236445/4a7165566a/。

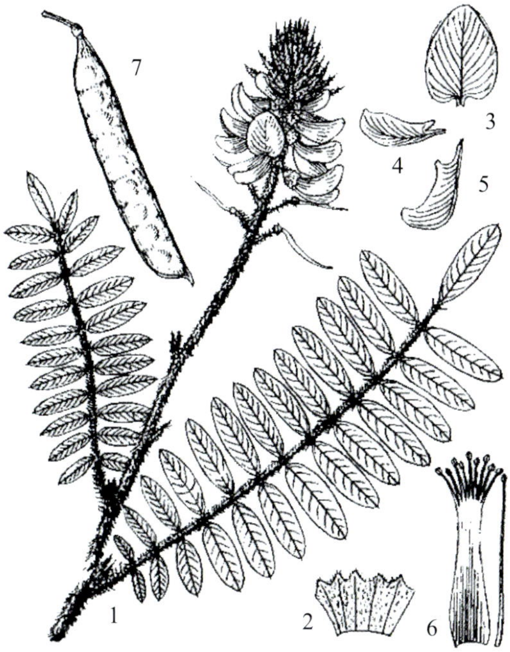

1. 花枝；2. 花萼；3. 旗瓣；4. 翼瓣；5. 龙骨瓣；6. 雄蕊；7. 荚果。

耀花豆 (Sarcodum scandens)

刺田菁 (Sesbania bispinosa)

中文名称： ●田菁

学名： **Sesbania cannabina**(Retz.)Pers. Syn. 2: 316. 1807, 海南植物志 2: 264(1965), 中国植物志 40: 232 (1994), 广东植物志 5: 251(2003), Flora of China 10: 313(2010)

科名： 豆科 Fabaceae(蝶形花科 Papilionaceae) **属名：** 田菁属 Sesbania Scop.

形态特征： 一年生草本，高 3 ～ 3.5m。茎绿色，有时带褐色红色，微被白粉，有不明显淡绿色线纹。平滑，基部有多数不定根，幼枝疏被白色绢毛，后秃净，折断有白色黏液，枝髓粗大充实。羽状复叶；叶轴长 15 ～ 25cm，上面具沟槽，幼时疏被绢毛，后几无毛；托叶披针形，早落；小叶 20 ～ 30 (～ 40) 对，对生或近对生，线状长圆形，长 8 ～ 20(～ 40)mm，宽 2.5 ～ 4(～ 7)mm，位于叶轴两端者较短小，先端钝至截平，具小尖头，基部圆形，两侧不对称，上面无毛，下面幼时疏被绢毛，后秃净，两面被紫色小腺点，下面尤密；小叶柄长约 1mm，疏被毛；小托叶钻形，短于或几等于小叶柄，宿存。总状花序长 3 ～ 10cm，具 2 ～ 6 朵花，疏松；总花梗及花梗纤细，下垂，疏被绢毛；苞片线状披针形，小苞片 2 枚，均早落；花萼斜钟状，长 3 ～ 4mm，无毛，萼齿短三角形，先端锐齿，各齿间常有 1 ～ 3 腺状附属物，内面边缘具白色细长曲柔毛；花冠黄色，旗瓣横椭圆形至近圆形，长 9 ～ 10mm，先端微凹至圆形，基部近圆形，外面散生大小不等的紫黑点和线，胼胝体小，梨形，瓣柄长约 2mm，翼瓣倒卵状长圆形，与旗瓣近等长，宽约 3.5mm，基部具短耳，中部具较深色的斑块，并横向皱折，龙骨瓣较翼瓣短，三角状阔卵形，长宽近相等，先端圆钝，平三角形，瓣柄长约 4.5mm；雄蕊二体，对旗瓣的 1 枚分离，花药卵形至长圆形；雌蕊无毛，柱头头状，顶生。荚果细长，长圆柱形，长 12 ～ 22cm，宽 2.5 ～ 3.5mm，微弯，外面具黑褐色斑纹，喙尖，长 5 ～ 7(～ 10)mm，果颈长约 5mm，开裂，种子间具横隔，有种子 20 ～ 35 粒；种子绿褐色，有光泽，短圆柱状，长约 4mm，径 2 ～ 3mm，种脐圆形，稍偏于一端。花果期 7 ～ 12 月。

分布与生境： 三亚、乐东、东方有栽培或逸生；我国南部广泛分布；东半球热带。生于旷野田边。

利用： 茎、叶可作绿肥及牲畜饲料。

注： 手绘图引自广东植物志。

中文名称： ●大花田菁

学名： **Sesbania grandiflora**(Linn.)Pers. Syn. 2: 316. 1807, 海南植物志 2: 265(1965), 中国植物志 40: 238 (1994), 广东植物志 5: 252(2003), Flora of China 10: 314(2010)

科名： 豆科 Fabaceae(蝶形花科 Papilionaceae) **属名：** 田菁属 Sesbania Scop.

形态特征： 小乔木，羽状复叶，小叶长圆形至长椭圆形，长 2 ～ 5cm，宽 8 ～ 16mm，叶轴中部的小叶较两端者大，先端圆钝至微凹，有小突尖，基部圆形至阔楔形，两面密布紫褐色腺点或无，幼时两面被绢状伏毛，后变无毛。总状花序下垂，有花 2 ～ 4 朵；花大，花蕾时镰刀状弯曲；花梗密被柔毛；花萼钟状，浅二唇形至近截平；花冠白色、粉红色至玫瑰红色，旗瓣长圆状倒卵形至阔卵形，先端微凹，基部近心形，无胼胝体，开花时反折，翼瓣镰状长卵形，先端钝，龙骨瓣弯曲，下缘连合成舟状，先端 1/4 ～ 1/3 分离，钝圆，瓣柄分离，长约 2cm；雄蕊二体。荚果线形，稍弯曲，下垂，先端渐狭成喙，果颈长约 5cm，成熟时缝线处有棱，开裂；种子红褐色，稍有光泽，椭圆形至近肾形，种脐圆形，微凹。花果期 9 月至翌年 4 月。

分布与生境： 三亚、陵水有栽培或逸生；福建、广东、广西、台湾、云南有栽培。原产西印度群岛及美国佛罗里达州南部。

利用： 花大而美丽，供观赏；叶、花嫩可食用；树皮入药为收敛剂。

1. 花枝；2. 花萼；3. 旗瓣；4. 翼瓣；
5. 龙骨瓣；6. 雄蕊；7. 雌蕊；
8. 小叶；9. 荚果。

田菁 (Sesbania cannabina)

大花田菁 (Sesbania grandiflora)

中文名称：★印度田菁

学名： **Sesbania sesban**(Linnaeus)Merrill, Philipp. J. Sci. , C. 7: 235. 1912, 中国植物志 40: 237(1994), Flora of China 10: 313(2010)

科名：豆科 Fabaceae(蝶形花科 Papilionaceae)　**属名：**田菁属 Sesbania Scop.

形态特征：灌木状草本，高 2 ～ 4m。小枝幼时被短柔毛，后变无毛，节间通常长 0.5 ～ 2.5cm，节上显著隆起。偶数羽状复叶；叶柄、叶轴均被开展短柔毛，叶柄基部尤多，叶轴长 4 ～ 10cm；托叶三角状披针形，长 3 ～ 4mm，被短柔毛，早落，但基部则常残留枝上；小叶 10 ～ 20 对，长圆形至线形，长 1.3 ～ 2.5cm，宽 3 ～ 4(～ 6)mm，先端圆至微凹，具短尖头，基部圆，偏斜，上面无毛或近无毛，下面幼时疏被短柔毛，后几无毛，两面中脉两侧具紫黑色腺点；小叶柄被短柔毛；小托叶针状。总状花序具 4 ～ 10 朵花；总花梗细，长 8 ～ 10cm，被短柔毛，后几无毛；苞片线状披针形，下面疏被短柔毛，小苞片较小，均早落；花梗纤细，长约 8mm，幼时被短柔毛；花萼钟状，萼齿短三角形，内缘被短柔毛至近无毛；花冠黄色，旗瓣横椭圆形，宽大于长，长 11 ～ 13mm，先端凹缺，基部近心形，瓣柄长 4 ～ 5mm，胼胝体呈 S 形弯曲，中部加宽，长约 2mm，先端渐尖，分离，基部下延渐狭，翼瓣长圆形，长 10 ～ 12mm，先端圆，基部具不明显的耳，瓣柄弯曲，长约 4mm，龙骨瓣近半圆形，长 6 ～ 8mm，宽 5 ～ 7mm，基部较先端狭，上侧具 1 三角形短耳，瓣柄与瓣片近等长；雄蕊二体，雄蕊管长 8 ～ 10mm，花药椭圆形，长约 1mm；子房无毛，花柱长约 5mm，上弯，无毛，柱头球形。荚果幼时扭曲，熟时近圆柱形，长 15 ～ 23(～ 30)cm，宽 3 ～ 4mm，直或稍弯曲，基部常有宿存花萼或具残片，顶端具喙尖，长 4 ～ 5mm，横隔间距约 5mm，有 20 ～ 40 粒种子；种子近圆柱形，长 3 ～ 4mm，宽约 2mm，稍扁，种脐圆，凹陷。

分布与生境：海南有栽培，台湾地区也有栽培，整个热带东部都有分布。

利用：茎、枝可为竹子代用品；烧制木炭可作火药原料；茎皮供制绳索；枝、叶可作家畜饲料及绿肥。

注：彩图引自 http://www.tropicalforages.info/key/Forages/Media/Html/Sesbania_sesban.htm(Tropical Forages).

中文名称：西南宿苞豆 (毛宿苞豆)

学名： **Shuteria vestita** Wight & Arnott, Prodr. Fl. Ind. Orient. 207. 1834, Flora of China 10: 206(2010); Shuteria involucrata var. glabrata (Pampan.)Ohashi in Journ. Jap. Bot. 50: 305. 1975, 中国植物志 41: 245(1995), 广东植物志 5: 317(2003)

科名：豆科 Fabaceae(蝶形花科 Papilionaceae)　**属名：**宿苞豆属 Shuteria Wight et Arn.

形态特征：小叶长 1.5 ～ 3cm，宽 1 ～ 2cm；小叶两面密被或疏被灰白色长柔毛。总状花序稀疏，常具有苞片状小叶，接近的小叶少一半。荚果小，长达 25mm，被灰白色长柔毛。

分布与生境：琼中；广西、云南；不丹、印度、印度尼西亚、缅甸、尼泊尔、斯里兰卡、菲律宾、泰国、越南。生于山林中。

利用：绿肥与饲料植物。

注：手绘图引自广东植物志；标本引自中国科学院华南植物园。

印度田菁 (Sesbania sesban)

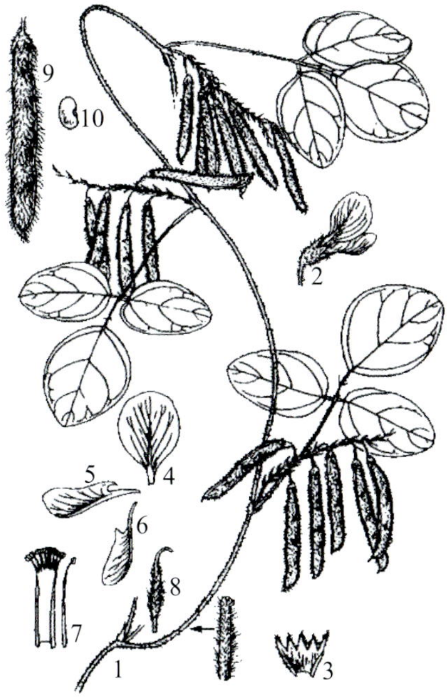

1. 果枝；2. 花；3. 花萼展开；4. 旗瓣；5. 翼瓣；
6. 龙骨瓣；7. 雄蕊；8. 雌蕊；9. 荚果；10. 种子。

西南宿苞豆 (毛宿苞豆)(Shuteria vestita)

中文名称： 华扁豆

学名： **Sinodolichos lagopus**(Dunn)Verdcourt, Kew Bull. 24: 398. 1970, 中国植物志 41: 231(1995), 广东植物志 5: 312(2003), Flora of China 10: 248(2010)

科名： 豆科 Fabaceae(蝶形花科 Papilionaceae)　**属名：** 华扁豆属 Sinodolichos Verdcourt

形态特征： 缠绕草本。茎及叶柄密被黄色短毛。羽状复叶具 3 小叶，托叶基着，三角形，长约 3mm；小托叶线形，宿存；小叶纸质，卵形或菱形，长 4 ～ 10cm，宽 2.5 ～ 7cm，两面被粗柔毛，先端渐尖，基部钝；叶脉在下面凸起；叶柄长 4 ～ 10cm；叶轴长约 1cm；小叶柄长 2 ～ 3mm。总状花序腋生，比叶柄短；花萼长约 1cm，被灰色或黄色粗柔毛，裂片 4，线状披针形，长约 6mm；花冠紫色，旗瓣近圆形，长约 1.3cm(连瓣柄)，基部具极短的耳；翼瓣及龙骨瓣倒卵状长圆形，约与旗瓣近等长，基部均有耳及瓣柄，龙骨瓣顶端无喙状附属体；雄蕊管长约 1cm；花柱线形，柱头顶生。荚果线形，长 5.5 ～ 6.5cm，宽约 6mm，被黄色粗长毛；种子黑色，长 4mm，宽 3mm。花期 11 月。

分布与生境： 保亭、昌江、五指山；广西、云南；泰国、马来西亚。生于海拔 100m 以上的山地灌丛中。

注： 手绘图引自广东植物志，标本引自广西植物研究所。

中文名称： 坡油甘

学名： **Smithia sensitiva** Ait. Hort. Kew. ed. 1, 3: 496. 1789, 海南植物志 2: 264(1965), 中国植物志 41: 352(1995), 广东植物志 5: 349(2003), Flora of China 10: 135(2010)

科名： 豆科 Fabaceae(蝶形花科 Papilionaceae)　**属名：** 坡油甘属 Smithia Aiton

形态特征： 一年生灌木状草本，披散或伏地，高 15 ～ 100cm。茎纤细，多分枝，无毛。偶数羽状复叶，具小叶 3 ～ 10 对；托叶干膜质，下延成耳，有纵纹，无毛；叶柄长约 1mm；叶轴长 1 ～ 3cm，上面有小刺毛；小叶薄纸质，长圆形，长 4 ～ 10mm，宽 1.5 ～ 3mm，先端钝或圆形，具刚毛状的短尖头，边缘和上面中脉疏被刚毛；侧脉每边 5 条；小托叶小，刚毛状；小叶柄短，长约 1mm，无毛。总状花序腋生；总花梗长 2 ～ 3cm；花小，1 ～ 6 朵或更多，密集于总花梗的近基部；花梗短；小苞片 2，卵形，具纵脉纹，有缘毛，长约为萼的 1/3，紧贴花萼，宿存；花萼硬纸质，具纵脉纹，长 5 ～ 8mm，疏被刚毛；花冠黄色，稍长于萼，旗瓣倒卵形，宽约 5mm，先端微凹，瓣柄短，翼瓣较旗瓣短，长圆形，具瓣柄，翼瓣与龙骨瓣近等长；子房线形，有胚珠多颗。荚果有荚节 4 ～ 6，叠藏于萼内，有密集的乳头状凸起。花期 8 ～ 9 月；果期 9 ～ 10 月。

分布与生境： 儋州、澄迈、定安、保亭、三亚；我国南部各省 (自治区)；广布于热带亚洲及非洲。生于田边低湿之处。

利用： 全株用于治肝炎、疮毒、咳嗽、蛇伤，也可作牧草。

注： 手绘图引自广东植物志。

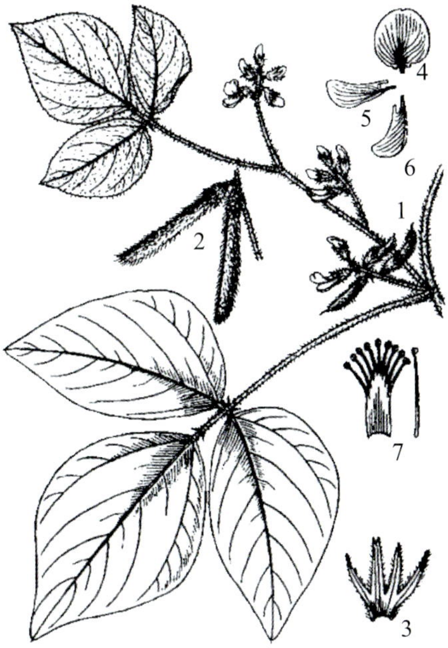

1. 花枝；2. 果序；3. 花萼展开；4. 旗瓣；5. 翼瓣；6. 龙骨瓣；7. 雄蕊。

华扁豆 (Sinodolichos lagopus)

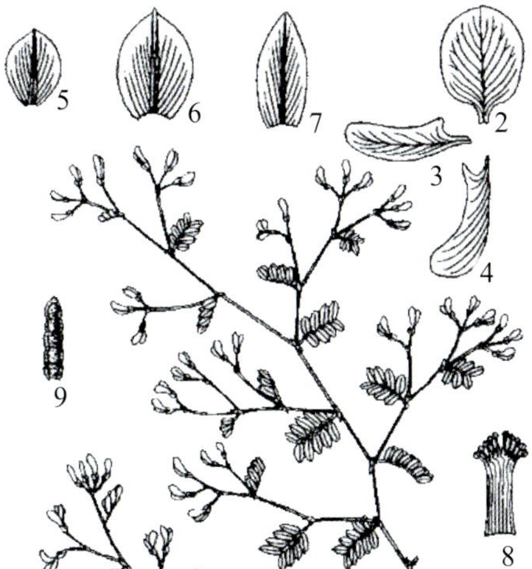

1. 花枝；2. 旗瓣；3. 翼瓣；4. 龙骨瓣；5. 小苞片；
6. 花萼上唇；7. 花萼下唇；8. 雄蕊；9. 荚果；10. 托叶。

坡油甘 (Smithia sensitiva)

中文名称：★苦参

学名： **Sophora flavescens** Aiton, Hort. Kew. 2: 43. 1789, 中国植物志 40: 81(1995), 广东植物志 5: 218 (2003), Flora of China 10: 86(2010)

科名：豆科 Fabaceae(蝶形花科 Papilionaceae)　**属名：**槐属 Sophora Linn.

形态特征：草本或亚灌木，稀呈灌木状，通常高 1m 左右，稀达 2m。茎具纹棱，幼时疏被柔毛，后无毛。羽状复叶长达 25cm；托叶披针状线形，渐尖，长 6 ～ 8mm；小叶 6 ～ 12 对，互生或近对生，纸质，形状多变，椭圆形、卵形、披针形至披针状线形，长 3 ～ 4(～ 6)cm，宽 (0.5 ～)1.2 ～ 2cm，先端钝或急尖，基部宽楔形或浅心形，上面无毛，下面疏被灰白色短柔毛或近无毛。中脉下面隆起。总状花序顶生，长 15 ～ 25cm；花多数，疏或稍密；花梗纤细，长约 7mm；苞片线形，长约 2.5mm；花萼钟状，明显歪斜，具不明显波状齿，完全发育后近截平，长约 5mm，宽约 6mm，疏被短柔毛；花冠比花萼长 1 倍，白色或淡黄白色，旗瓣倒卵状匙形，长 14 ～ 15mm，宽 6 ～ 7mm，先端圆形或微缺，基部渐狭成柄，柄宽 3mm，翼瓣单侧生，强烈皱褶几达瓣片的顶部，柄与瓣片近等长，长约 13mm，龙骨瓣与翼瓣相似，稍宽，宽约 4mm，雄蕊 10，分离或近基部稍连合；子房近无柄，被淡黄白色柔毛，花柱稍弯曲，胚珠多数。荚果长 5 ～ 10cm，种子间稍缢缩，呈不明显串珠状，稍四棱形，疏被短柔毛或近无毛，成熟后开裂成 4 瓣，有种子 1 ～ 5 粒；种子长卵形，稍压扁，深红褐色或紫褐色。花期 6 ～ 8 月；果期 7 ～ 10 月。

分布与生境：海南有分布；我国南北各省 (自治区)；印度、日本、朝鲜、俄罗斯西伯利亚地区。生于海拔 1500m 以下山坡、沙地、草坡、灌木林中或田野附近。

注：手绘图引自秦岭植物志。

中文名称：★槐

学名： **Sophora japonica** Linnaeus, Mant. Pl. 1: 68. 1767, 中国植物志 40: 92(1995), 广东植物志 5: 220 (2003), Flora of China 10: 92(2010)

科名：豆科 Fabaceae(蝶形花科 Papilionaceae)　**属名：**槐属 Sophora Linn.

形态特征：乔木，高达 25m；树皮灰褐色，具纵裂纹。当年生枝绿色，无毛。羽状复叶长达 25cm；叶轴初被疏柔毛，旋即脱净；叶柄基部膨大，包裹着芽；托叶形状多变，有时呈卵形，叶状，有时线形或钻状，早落；小叶 4 ～ 7 对，对生或近互生，纸质，卵状披针形或卵状长圆形，长 2.5 ～ 6cm，宽 1.5 ～ 3cm，先端渐尖，具小尖头，基部宽楔形或近圆形，稍偏斜，下面灰白色，初被疏短柔毛，旋变无毛；小托叶 2 枚，钻状。圆锥花序顶生，常呈金字塔形，长达 30cm；花梗比花萼短；小苞片 2 枚，形似小托叶；花萼浅钟状，长约 4mm，萼齿 5，近等大，圆形或钝三角形，被灰白色短柔毛，萼管近无毛；花冠白色或淡黄色，旗瓣近圆形，长和宽约 11mm，具短柄，有紫色脉纹，先端微缺，基部浅心形，翼瓣卵状长圆形，长 10mm，宽 4mm，先端浑圆，基部斜戟形，无皱褶，龙骨瓣阔卵状长圆形，与翼瓣等长，宽达 6mm；雄蕊近分离，宿存；子房近无毛。荚果串珠状，长 2.5 ～ 5cm 或稍长，径约 10mm，种子间缢缩不明显，种子排列较紧密，具肉质果皮，成熟后不开裂，具种子 1 ～ 6 粒；种子卵球形，淡黄绿色，干后黑褐色。花期 7 ～ 8 月；果期 8 ～ 10 月。

分布与生境: 万宁有栽培，原产中国，现南北各省 (自治区) 广泛栽培。日本、朝鲜、越南，欧美也有引种。

利用：树冠优美，花芳香，是行道树和优良的蜜源植物；花和荚果入药，有清凉收敛、止血降压作用；叶和根皮有清热解毒作用，可治疗疮毒；木材供建筑用。本种由于生境不同，或由于人工选育结果，形态多变，产生许多变种和变型。

注：手绘图引自安徽植物志。

1. 花枝；2、3. 叶；4. 萼；5. 花冠平展；6. 去花冠，示雄蕊和雌蕊；7. 雄蕊；8. 花药；9. 雌蕊；10. 荚果；11. 种子。

苦参 (Sophora flavescens)

1. 叶枝；2. 花枝；3. 果枝；4. 花瓣；5. 花萼；6. 雄蕊；7. 雌蕊；8. 种子。

槐 (Sophora japonica)

中文名称：★小叶槐

学名： **Sophora microphylla** Soland. ex Ait, 海南岛尖峰岭地区生物物种名录

科名：豆科 Fabaceae(蝶形花科 Papilionaceae) **属名：**槐属 Sophora Linn.

形态特征：落叶灌木，植株丛生或单生，树干深黑褐色，有纵裂，新枝绿色，有短毛，老枝褐色，枝条有锐利的针状刺；羽状复叶，小叶 9 ～ 15，叶片椭圆形至卵状长圆形，长约 1cm，宽 0.3 ～ 0.4cm，叶绿色，背面颜色稍浅，有短柔毛。总状花序腋生，花萼紫色，花蕾白色，带紫晕，花冠蝶形，黄色，似吊钟状，长 3 ～ 4cm，宽 1.5 ～ 2cm，花丝比花冠长，有芳香，花期 4 ～ 5 月。

分布与生境：海南有栽培，尖峰岭。原产大洋洲新西兰。

利用：可提取精油，传统上用来清凉提神，深受人欢迎，其黄色如吊钟的小花更获当地鸟类喜爱，可观赏用，造盆景。喜温暖湿润和阳光充足的环境，耐寒冷，怕积水，稍耐半阴。

注：手绘图引自 http://www.teara.govt.nz/en/1966/25974/kowhai~sophora~microphylla；彩图引自 http://www.havlis.cz/karta_en. php?kytkaid=756.

中文名称：▲疏节槐

学名： **Sophora praetorulosa** Chun & T. Chen in Act. Phytotax. Sin. 7: 28. 1958; 海南植物志 2: 245(1965); 中国植物志 40: 89(1995); 广东植物志 5: 219(2003)

科名：豆科 Fabaceae(蝶形花科 Papilionaceae) **属名：**槐属 Sophora Linn.

形态特征：亚灌木，高 20 ～ 100cm。茎黄褐色，无毛，叶痕多而显著，基部多分枝。叶多而密集；羽状复叶，长 10 ～ 15cm；叶柄和叶轴上面有宽而浅的凹槽；无托叶；小叶 5 ～ 8 对，对生，近革质，形状多变，矮小植株上者多为椭圆形或近圆形，粗壮植株上者多为倒卵形或倒卵状长圆形，顶生小叶较大，向基部者渐尖，长 10 ～ 25mm，宽 7 ～ 15mm，先端钝或具短尖，基部圆形或微心形，边缘稍厚，向下反卷，幼时两面散生贴伏柔毛，旋即脱净，上面常具透明小腺点，中脉上面微凹，下面隆起，侧脉 4 ～ 6 对，斜伸，干时凹陷，近叶缘处消失。花序总状，总状花序顶生，长约 12cm；花 10 ～ 15 朵，疏散；苞片钻状，长不足 1mm，宿存；花梗长约 5mm；花萼斜钟形，比花梗稍长，疏被柔毛，萼齿 5，不等大，圆三角形；花冠紫色，旗瓣倒卵形，长 5 ～ 7mm，宽 3 ～ 4mm，先端微缺，外翻，基部骤狭成柄，柄长 1mm，翼瓣双侧生，线状长圆形，基部具近等大 2 耳，耳戟状，柄长 1.5mm，较旗瓣小，龙骨瓣与翼瓣等长，稍宽，镰状，内弯，单侧生，两瓣片先端有时稍连合；雄蕊 10，基部稍连合；子房疏被绢质柔毛，具短柄，花柱弯曲，无毛，胚珠 6 粒。果序长达 60cm，疏散；荚果疏串珠状，几无毛，种子间缢缩部分细长，先端渐狭成喙，通常具种子 2 ～ 3 粒；种子椭圆形，长 6mm，暗褐色，具光泽。花期 7 ～ 8 月。

分布与生境：特有种，尖峰岭。生于荒野沙地。

注：手绘图引自中国植物志；标本引自广西植物研究所。

小叶槐 (Sophora microphylla)

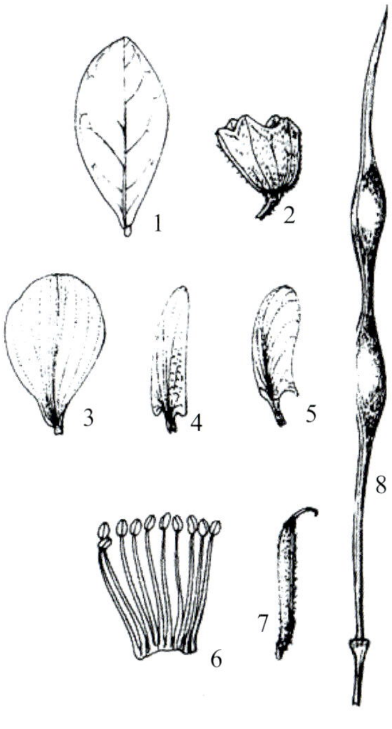

1. 小叶片上下面；2. 花萼；3. 旗瓣；4. 翼瓣；
5. 龙骨瓣；6. 雄蕊；7. 雌蕊；8. 荚果。

疏节槐 (Sophora praetorulosa)

中文名称： 绒毛槐 (海南槐)

学名： **Sphora tomentosa** Linn. Sp. Pl. 372. 1753, 海南植物志 2: 244(1965), 中国植物志 40: 84(1995), 广东植物志 5: 219(2003), Flora of China 10: 91(2010)

科名： 豆科 Fabaceae(蝶形花科 Papilionaceae)　**属名：** 槐属 Sophora Linn.

形态特征： 灌木或小乔木，高 2 ～ 4m；枝与小枝密被灰白色短茸毛。奇数羽状复叶互生，长 12 ～ 18cm，有小叶 11 ～ 15 片，有时达 19 片；小叶近革质，顶生小叶较大，阔椭圆形或近圆形，稀为倒卵形，长 2.5 ～ 5cm，宽 2 ～ 3.5cm，先端圆形或微凹，基部圆而略偏斜，上面灰绿色，光亮无毛，下面密被灰白色短茸毛，干后边缘反卷或内折，中脉在上面微凹入，侧脉不明显。总状花序顶生，通常不分枝或有时分枝呈圆锥状，密被灰白色短茸毛；花密集，长 15 ～ 17mm，花梗与花萼等长，被毛，且于萼稍下部具 1 小关节；花萼钟状，长 6mm，外面密被灰白色短茸毛，幼时微具 5 齿，成长后檐部偏斜而近截平；花冠黄色，旗瓣阔卵形，基部近截平，瓣柄长约 3mm，翼瓣长椭圆形，与旗瓣近等长，具 1 钝圆形耳，瓣柄纤细，长约 5mm，龙骨瓣与翼瓣相似，稍短；雄蕊 10 枚，近等长，花丝分离；子房及花柱被毛，长不及 2mm。荚果革质，念珠状，长 7 ～ 10cm，密被短茸毛。荚节近球形，直径约 10mm，成熟时 4 瓣裂；种子球形，褐色，具光泽。花期 8 ～ 10 月；果期 9 ～ 12 月。

野外鉴别关键特征： 枝与小枝密被灰白色短茸毛。荚果革质，念珠状，密被短茸毛。荚节近球形，成熟时 4 瓣裂。

分布与生境： 陵水、三亚；广东、四川；世界热带地区。生于海边沙地。

注： 手绘图引自海南植物志。

中文名称： 光叶密花豆

学名： **Spatholobus harmandii** Gagnep. in Lecomte, Not. Syst. 2: 368. 1913, 海南植物志 2: 317(1965), 中国植物志 41: 191(1995), 广东植物志 5: 302(2003), Flora of China 10: 220(2010)

科名： 豆科 Fabaceae(蝶形花科 Papilionaceae)　**属名：** 密花豆属 Spatholobus Hassk.

形态特征： 攀援灌木；枝被短柔毛，渐变无毛。叶柄无毛；小叶硬革质，长圆状椭圆形至椭圆形，长 7.5 ～ 13cm，宽 3 ～ 6cm，顶端渐尖而钝头，基部圆形，腹面有光泽，网脉明显；小叶柄略被毛或无毛。圆锥花序单生或 2 ～ 3 个簇生于叶腋内，薄被黄褐色柔毛，由基部开始分枝，下部的分枝长达 6cm，上部的较短；花梗纤细，被毛；小苞片 2，线形，早落；花长 9 ～ 11mm；萼长 5 ～ 6mm，内外均被毛，裂齿三角形，上部 2 枚完全合生；花冠紫色，各瓣均等长，均具长爪，旗瓣圆形，顶端凹入，翼瓣与龙骨瓣长椭圆形，具圆的耳；子房无柄，被毛，花柱无毛。荚果顶端渐狭而钝，基部近截平，两面有网纹，幼嫩时于顶端和边缘被褐色柔毛；种子顶生，椭圆形。花期 3 月。

野外鉴别关键特征： 小叶硬革质，长圆状椭圆形至椭圆形，顶端渐尖而钝头，基部圆形，腹面有光泽，网脉明显。

分布与生境： 儋州、白沙；老挝、越南。生于溪旁疏林中。

注： 手绘图引自海南植物志。

1. 花枝；2. 旗瓣、翼瓣、龙骨瓣；
3. 雌蕊；4. 荚果。

绒毛槐 (海南槐)(Sphora tomentosa)

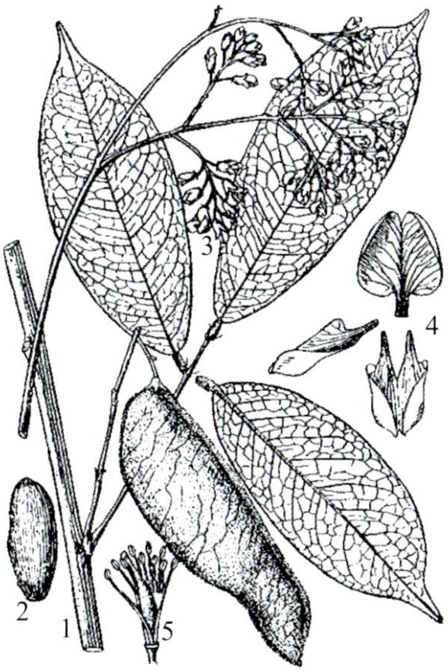

1. 果枝；2. 种子；3. 花序；4. 旗瓣、翼瓣、
龙骨瓣；5. 雄蕊和雌蕊。

光叶密花豆 (Spatholobus harmandii)

中文名称：红血藤

学名：**Spatholobus sinensis** Chun & T. Chen in Act. Phytotax. Sin. 7: 31. 1957, 海南植物志 2: 318(1965), 中国植物志 41: 191(1995), 广东植物志 5: 302(2003), Flora of China 10: 219(2010)

科名：豆科 Fabaceae(蝶形花科 Papilionaceae)　**属名：**密花豆属 Spatholobus Hassk.

形态特征：木质藤本；嫩枝紫褐色，疏被短茸毛，后变无毛。叶有小叶 3 片；叶柄长 2～5cm，圆柱形，被糙伏毛及稀疏长茸毛；小叶革质，近同形，长圆状椭圆形，顶生的长 5～9.5cm，宽 2～4cm，侧生的略小，先端圆而骤缩成一略钝的短尖头，基部钝圆，上面无毛，下面被糙伏毛，中脉上的毛较密；中脉粗壮，上面凹入，下面隆起，侧脉和网脉纤细，两面微突起；小叶柄长 3～5mm，稍膨大，密被糙伏毛；小托叶钻状，与小叶柄等长，宿存。圆锥花序通常腋生，长 5～10cm，密被棕色糙伏毛；苞片和小苞片钻状，着生在花梗的中部或近顶部；花稍密集；花梗被毛；萼钟状，外面密被紧贴的短柔毛，5 裂几达中部，裂齿卵形，上部 2 枚大部分合生；花冠紫红色，各瓣均具纤细的长爪，旗瓣扁圆形，顶端凹入，翼瓣倒卵状长椭圆形，基部具急尖、向下的耳，龙骨瓣长椭圆形，较翼瓣短，无耳；子房线状长椭圆形，被糙伏毛，花柱无毛。荚果无子房柄，斜长椭圆形，上部较狭，果瓣薄，具稀疏而细的网脉，全部被褐色长柔毛，背缝密被绒毛；种子近顶生，长圆形，扁平的凸面，种皮黑色。

分布与生境：澄迈、万宁、保亭、三亚；广东、广西。生于山谷密林中。

利用：用于血虚经闭、月经不调、痛经。用于跌打损伤、肢体麻木、腰膝酸痛、风湿痹痛等症。

中文名称：密花豆

学名：**Spatholobus suberectus** Dunn in J. Linn. Soc., Bot. 35: 489. 1900, 中国植物志 41: 192(1995), 广东植物志 5: 303(2003), Flora of China 10: 220(2010)

科名：豆科 Fabaceae(蝶形花科 Papilionaceae)　**属名：**密花豆属 Spatholobus Hassk.

形态特征：木质藤本，长 10 余米；茎粗壮，灰褐色，砍伤后有红色汁液流出；小枝圆柱形，无毛。叶有小叶 3 片；小叶纸质或近革质，不同形，顶生小叶阔椭圆形，两侧对称，长 9～19cm，宽 5～14cm，先端骤缩成一短钝尖，基部钝或阔楔形，侧生小叶卵形或阔卵形，与顶生小叶近等长，两侧不对称，基部偏斜，近圆形，两面无毛或略被微毛，下面脉腋间常有髯毛；侧脉 6～8 对，微弯；小叶柄长 5～8mm，近无毛；小托叶钻状，长 3～6mm。圆锥花序腋生或生于小枝顶端，长达 50cm，总花梗与花梗均被黄褐色短柔毛；苞片和小苞片线形，宿存；花萼筒状，长 3.5～4mm，外面密被黄褐色短柔毛，里面被银灰色长柔毛，萼齿短，长不及 1mm，钝头，上唇 2 齿合生；花冠白色，长 7～8mm，各瓣均具瓣柄，旗瓣近圆形，宽略大于长，先端凹缺，基部无耳，龙骨瓣与翼瓣等长或略短，两者先端钝圆，基部一侧具短尖耳垂；雄蕊内藏；花药球形，大小均一；子房近无柄，密生白色短硬毛。荚果刀状，长 8～11cm，密被棕色短柔毛，基部有 4～9mm 长的果颈；种子扁，长圆形，长约 2cm，宽约 1cm，种皮紫褐色，薄而脆，有光泽。花期 6～7 月；果期 11～12 月。

野外鉴别关键特征：叶有小叶 3 片；小叶纸质或近革质，不同形，顶生小叶阔椭圆形，两侧对称。

分布与生境：海南各地；福建、广东、广西、云南。生于山坡、沟谷、疏林或灌丛中。

利用：藤茎入药，名鸡血藤，可祛风通络、补血活血。

注：手绘图引自广东植物志，彩图由 PPBC/ 孙观灵拍摄。

红血藤 (Spatholobus sinensis)

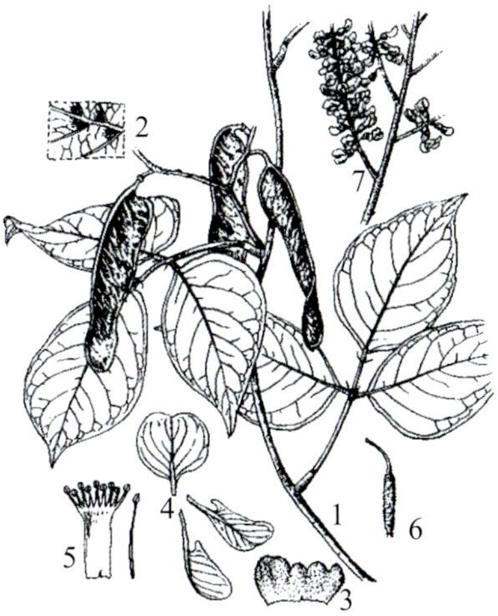

1. 果枝；2. 小叶部分；3. 花萼展开；4. 旗瓣、翼瓣、龙骨瓣；5. 雄蕊；6. 雌蕊；7. 花序部分。

密花豆 (Spatholobus suberectus)

中文名称：◆圭亚那笔花豆（柱花草）

学名：**Stylosanthes guianensis**(Aubl.)Sw. in Svenska Vet. Akad. Handl. 10: 301 1789, 中国植物志 41: 360 (1994), 广东植物志 5: 352(2003), Flora of China 10: 135(2010)

科名：豆科 Fabaceae(蝶形花科 Papilionaceae)　属名：笔花豆属 Stylosanthes Swartz

形态特征：直立草本或亚灌木，少为攀援，高 0.6 ～ 1m。茎无毛或有疏柔毛。叶具 3 小叶；托叶鞘状，长 0.4 ～ 2.5cm；叶柄和叶轴长 0.2 ～ 1.2cm；小叶卵形，椭圆形或披针形，长 0.5 ～ 3（～ 4.5）cm，宽 0.2 ～ 1（～ 2）cm，先端常钝急尖，基部楔形，无毛或被疏柔毛或刚毛，边缘有时具小刺状齿；无小托叶，小叶柄长 1mm。花序长 1 ～ 1.5cm，具密集的花 2 ～ 40 朵；初生苞片长 1 ～ 2.2cm，密被伸展长刚毛，次生苞片长 2.5 ～ 5.5mm，宽 0.8mm，小苞片长 2 ～ 4.5mm；花托长 4 ～ 8mm；花萼管椭圆形或长圆形，长 3 ～ 5mm，宽 1 ～ 1.5mm；旗瓣橙黄色，具红色细脉纹，长 4 ～ 8mm，宽 3 ～ 5mm。荚果具 1 荚节，卵形，长 2 ～ 3mm，宽 1.8mm，无毛或近顶端被短柔毛，喙很小，长 0.1 ～ 0.5mm，内弯；种子灰褐色，扁椭圆形，近种脐具喙或尖头，长 2.2mm，宽 1.5mm。

分布与生境：海南有栽培品种，现已归化；广东、台湾有栽培。原产墨西哥至阿根廷。

利用：本种为优良牧草，可作绿肥、覆盖植物。

注：手绘图引自广东植物志。

中文名称：★有钩柱花草

学名：**Stylosanthes hamata**(Linnaeus)Taubert, Verh. Bot. Vereins Prov. Brandenburg. 32: 22. 1890, Flora of China 10: 135(2010)

科名：豆科 Fabaceae(蝶形花科 Papilionaceae)　属名：笔花豆属 Stylosanthes Swartz

形态特征：草本，为匍匐型，轴根系，入土深。茎光滑细软，多分枝，茎秆上有一行十分细而短的白毛。在花期植株自然高度平均为 43.33cm，绝对高度平均为 61.74cm，有倒伏现象。叶量大，茎叶比小。三出复叶，叶片狭长，中间小叶叶均宽 0.5cm，叶均长 2 ～ 3cm，两侧小叶叶均宽 0.39cm，叶均长 2cm，中间一小叶有叶柄。穗状花序，花小黄色。荚果小，种荚厚硬，脉明显，其上有一长 3 ～ 5mm 的卷钩，荚内含一粒种子。种子肾形，褐色、黄色或绿黄色，种荚与种子不易分离，带荚千粒重 2.8g。

分布与生境：海南有栽培记录。原产美洲。

利用：饲料植物。

注：手绘图引自 http://www.tropicalgrasslands.asn.au/pastures/verano.html.

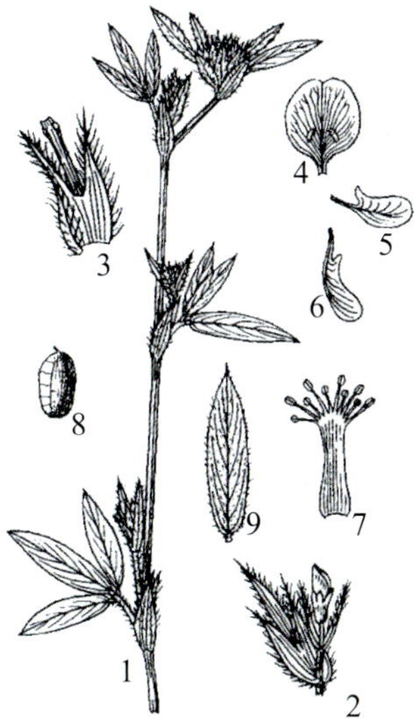

1. 花枝；2. 苞片和花；3. 叶轴和托叶；
4. 旗瓣；5. 翼瓣；6. 龙骨瓣；7. 雄蕊；
8. 荚果；9. 小叶。

圭亚那笔花豆 (柱花草)(Stylosanthes guianensis)

1. 花果枝；2. 果。

有钩柱花草 (Stylosanthes hamata)

中文名称：★西卡柱花草

学名： **Stylosanthes scabra** Vogel

科名：豆科 Fabaceae(蝶形花科 Papilionaceae)　**属名：**笔花豆属 Stylosanthes Swartz

形态特征：多年生亚灌木状草本。根系发达。茎直立或半直立，高 1 ～ 1.5m，分枝多。掌状三出复叶。花序倒卵形至椭圆形，花为黄色。果为荚果。种子小，黄色，肾形。

分布与生境：海南有栽培；福建、广东、广西、四川、贵州、云南等地有栽培。自然分布于海平面至海拔 600m 的地区，不耐霜冻。耐干旱，但不耐水渍。耐酸性土，在沙质土至沙壤土上自然传播良好，而在土表板结或重黏土上，则会自然消失。耐火烧。

利用：是热带干旱及半干旱地区最主要的放牧型豆科牧草，可与网脉旗草、干巴草、巴夫草、坚尼草等禾本科牧草混播，建植优质人工草地。

中文名称：蔓茎葫芦茶

学名： **Tadehagi pseudotriquetrum**(Candolle)H. Ohashi, J. Jap. Bot. 70: 116. 1995, 中国植物志 41: 65(1995), Flora of China 10: 285(2010)

科名：豆科 Fabaceae(蝶形花科 Papilionaceae)　**属名：**葫芦茶属 Tadehagi H. Ohashi

形态特征：亚灌木，茎蔓生，长 30 ～ 60cm。幼枝三棱形，棱上疏被短硬毛，老时变无毛。叶仅具单小叶；托叶披针形，长达 1.5cm，有条纹；叶柄长 0.7 ～ 3.2cm，两侧有宽翅，翅宽 3 ～ 7mm，与叶同质；小叶卵形，有时为卵圆形，长 3 ～ 10cm，宽 1.3 ～ 5.2cm，先端急尖，基部心形，上面无毛，下面沿脉疏被短柔毛，侧脉每边约 8 条，近叶缘处弧曲联结，网脉在下面明显。总状花序顶生和腋生，长达 25cm，被贴伏丝状毛和小钩状毛；花通常 2 ～ 3 朵簇生于每节上；苞片狭三角形或披针形，长达 10mm，花梗长约 5mm，被丝状毛和小钩状毛；花萼长 5mm，疏被柔毛，萼裂片披针形，稍长于萼筒；花冠紫红色，长 7mm，伸出萼外；旗瓣近圆形，先端凹入，翼瓣倒卵形，基部具钝而向下的耳，龙骨瓣镰刀状，无耳，有瓣柄，瓣柄长略与瓣片相等；子房被毛，花柱无毛。荚果长 2 ～ 4cm，宽约 5mm，仅背腹缝线密被白色柔毛，果皮无毛，具网脉，腹缝线直，背缝线稍缢缩，有荚节 5 ～ 8。花期 8 月；果期 10 ～ 11 月。

野外鉴别关键特征：叶仅具单小叶；托叶披针形，长达 1.5cm，有条纹；叶柄两侧有宽翅，翅宽 3 ～ 7mm，与叶同质；小叶卵形，有时为卵圆形。

分布与生境：海南岛；福建、广东、广西、贵州、湖南、江西、四川、台湾、云南；印度、尼泊尔、菲律宾。生于山地疏林下。

西卡柱花草 (Stylosanthes scabra)

蔓茎葫芦茶 (Tadehagi pseudotriquetrum)

中文名称：葫芦茶

学名：**Tadehagi triquetrum**(Linn.)Ohashi in Ginkgoana 1: 290. 1973, 中国植物志 41: 63(1995), 广东植物志 5: 279(2003), Flora of China 10: 285(2010). ——Desmodium triquetrum(Linn.)DC. Prodr. 2: 326. 1825, 海南植物志 2: 281(1965)

科名：豆科 Fabaceae(蝶形花科 Papilionaceae)　**属名：**葫芦茶属 Tadehagi H. Ohashi

形态特征：灌木或亚灌木，茎直立，高 1 ～ 2m。幼枝三棱形，棱上被疏短硬毛，老时渐变无。叶仅具单小叶，托叶披针形。长 1.3 ～ 2cm，有条纹；叶柄长 1 ～ 3cm，两侧有宽翅，翅宽 4 ～ 8mm，与叶同质；小叶纸质，狭披针形至卵状披针形，长 5.8 ～ 13cm，宽 1.1 ～ 3.5cm，先端急尖，基部圆形或浅心形，上面无毛，下面中脉或侧脉疏被短柔毛，侧脉每边 8 ～ 14 条，不达叶缘，叶下面网脉明显。总状花序顶生和腋生，长 15 ～ 30cm，被贴伏丝状毛和小钩状毛；花 2 ～ 3 朵簇生于每节上；苞片钻形或狭三角形，长 5 ～ 10mm；花梗开花时长 2 ～ 6mm，结果时延长到 5 ～ 8mm，被小钩状毛和丝状毛；花萼宽钟形，长约 3mm，萼筒长 1.5mm，上部裂片三角形，先端微 2 裂或有时全缘，侧裂片披针形，下部裂片线形；花冠淡紫色或蓝紫色，长 5 ～ 6mm，伸出萼外，旗瓣近圆形，先端凹入，翼瓣倒卵形，基部具耳，龙骨瓣镰刀形，弯曲，瓣柄与瓣片近等长；雄蕊二体；子房被毛，有 5 ～ 8 胚珠，花柱无毛。荚果长 2 ～ 5cm，宽 5mm，全部密被黄色或白色糙伏毛，无网脉，腹缝线直，背缝线稍缩，有荚节 5 ～ 8，荚节近方形；种子宽椭圆形或椭圆形。花期 6 ～ 10 月；果期 10 ～ 12 月。

野外鉴别关键特征：叶仅具单小叶，托叶披针形，长 1.3 ～ 2cm，有条纹；叶柄两侧有宽翅，翅宽 4 ～ 8mm，与叶同质；小叶纸质，狭披针形至卵状披针形。

分布与生境：海南岛；福建、广东、广西、贵州、江西、台湾、云南；越南。生于旷野。

利用：全株供药用，能清热解毒、健脾消食和利尿。

注：手绘图引自广东植物志。

中文名称：白花灰叶豆

学名：**Tephrosia candida** DC Prodr. 2: 249. 1825, 中国植物志 40: 215(1995), 广东植物志 5: 247(2003), Flora of China 10: 191(2010)

科名：豆科 Fabaceae(蝶形花科 Papilionaceae)　**属名：**灰叶属 Tephrosia Pers.

形态特征：高 1 ～ 3m，枝有棱，密生褐色或灰色绒毛。奇数羽状复叶；叶面无毛，叶背密生白色平贴长柔毛。总状花序顶生或腋生，长 15 ～ 20cm；花冠长约 2cm。荚果长 7 ～ 10cm，宽约 8mm，密生褐色平贴丝毛，有种子 10 ～ 15 粒。

野外鉴别关键特征：枝有棱，密生褐色或灰色绒毛，花白色。

分布与生境：海南有分布；福建、广东、广西、台湾、云南。原产印度。

利用：优良绿肥。

1. 花枝；2. 旗瓣、翼瓣、龙骨瓣；
3. 花萼展开；4. 雄蕊；5. 荚果。

葫芦茶 (Tadehagi triquetrum)

白花灰叶豆 (Tephrosia candida)

中文名称：红花灰叶

学名：**Tephrosia coccinea** Wall. Pl. As. Rar. t. 60. 1830, 海南植物志 2: 259(1965), 中国植物志 40: 217(1995), Flora of China 10: 191(2010)

科名：豆科 Fabaceae(蝶形花科 Papilionaceae)　**属名：**灰叶属 Tephrosia Pers.

形态特征：亚灌木；茎稍木质；分枝多，平展，具棱，嫩枝常呈四棱柱状，密被银灰色或白色、紧贴的柔毛。叶长 6 ～ 10cm，小叶 5 ～ 9 片；叶柄和小叶柄均极短，被毛；托叶长 4 ～ 5mm，被毛；小叶长椭圆状倒卵形，顶生小叶较大，长 3.5 ～ 4cm，宽 1.5cm，顶端钝、截平，通常稍凹入，稀为渐尖，基部楔形，腹面无毛，背面密被银灰色丝毛，侧脉多而密。总状花序顶生或与叶对生，长 10 ～ 20cm，总轴纤细，密被银灰色丝毛；花疏离排列于花序总轴上；花梗长 3 ～ 5mm，被丝毛；萼长约 7mm，外面密被丝毛，裂片线形，通常比萼管稍长；花冠红褐色，旗瓣圆形，爪长 2mm，翼瓣线状长椭圆形，与旗瓣等长，基部具截平的耳及短的瓣爪，龙骨瓣内弯成直角，具喙，基部有 2 耳；子房具柄，胚珠 10 ～ 12 颗，花柱扁平。荚果线形，长 6cm，宽 7 ～ 8mm，被绒毛，种子 8 ～ 12 颗。

野外鉴别关键特征：小叶 5 ～ 9 片，顶生小叶较大，长 3.5 ～ 4cm，宽 1.5cm，花冠红褐色，旗瓣圆形。

分布与生境：乐东、三亚；老挝、越南、缅甸、印度。

中文名称：▲ 狭叶红花灰叶

学名：**Tephrosia coccinea** var. **stenophylla** Hosokawa in Trans. Nat. Hist. Soc. Formos. 32: 195. 1942, 中国植物志 40: 219(1995), 广东植物志 5: 248(2003), Flora of China 10: 191(2010)

科名：豆科 Fabaceae(蝶形花科 Papilionaceae)　**属名：**灰叶属 Tephrosia Pers.

形态特征：亚灌木，高 40 ～ 50cm；茎木质化，圆柱形，多分枝；嫩枝常呈四棱形，被银灰色或白色紧贴的柔毛。羽状复叶长 6 ～ 10cm；几无叶柄；托叶狭三角形，长 4 ～ 5mm；小叶 2 ～ 3(～ 4) 对，倒披针状线形或倒披针状长圆形，顶生小叶长 4 ～ 6cm，宽约 1cm，下部各对小叶依次缩小，下面密被银灰色柔毛，侧脉 9 ～ 10 对；小叶柄短。总状花序顶生或与叶对生，长达 25cm，花序轴密被银灰色柔毛，花疏散排列于花序总轴上；苞片小，线形，锥尖；花长约 1cm；花梗长 3 ～ 6mm，被茸毛；花萼阔钟状，密被柔毛，萼齿披针形，长于萼筒；花冠红色，旗瓣圆形，瓣柄长约 2mm，翼瓣线状长圆形，与旗瓣等长，具短柄，龙骨瓣内弯成直角，先端具喙，基部两侧有耳；子房线形，被茸毛，有胚珠 10 ～ 12 颗。荚果扁平，长约 6cm，宽 7 ～ 8mm，被柔毛，有种子 8 ～ 12 颗。果期 8 ～ 9 月。

野外鉴别关键特征：小叶 2 ～ 3(～ 4) 对，倒披针状线形或倒披针状长圆形，顶生小叶长 4 ～ 6cm，宽约 1cm，花冠红色，旗瓣圆形。

分布与生境：特有种，乐东、三亚。生于干燥开旷的沙地。

注：手绘图引自中国植物志，标本引自中国科学院华南植物园。

红花灰叶 (Tephrosia coccinea)

1. 花果枝；2. 小叶片；3. 花萼。

狭叶红花灰叶 (Tephrosia coccinea var. stenophylla)

中文名称：西沙灰毛豆

学名：**Tephrosia luzonensis** Vogel, Nov. Actorum Acad. Caes. Leop. -Carol. Nat. Cur. 19(Suppl. 1): 15. 1843, 中国植物志 40: 223(1995), 广东植物志 5: 249(2003), Flora of China 10: 192(2010)

科名：豆科 Fabaceae(蝶形花科 Papilionaceae)　**属名：**灰叶属 Tephrosia Pers.

形态特征：一年生草本，高 10 ～ 15(～ 100)cm；多分枝；全株被伸展白色柔毛。茎直立、平卧或上升，基部木质化。羽状复叶长 5 ～ 10cm，叶柄长约 1cm；托叶狭三角形，锥尖，长约 4mm；小叶 (2 ～) 4 ～ 6(～ 10) 对，纸质，长圆状倒披针形或狭长圆形，长 1 ～ 3cm，宽 0.3 ～ 0.7cm，先端钝圆或微凹，具短尖，基部楔形，上面被平伏细毛，下面密被灰白色平伏柔毛，侧脉约 10 对，小叶柄短。总状花序短，腋生，有多数花，花密集；总花梗甚短；花长约 7mm，花梗长 3 ～ 4mm；花冠粉红带紫色。荚果线形，长 2.5 ～ 3.5cm，宽约 0.4cm，扁平，稍弯，被柔毛，顶端具短直喙，有种子 7 ～ 12 粒；种子黑褐色，近圆形，径约 2mm，微扁。

分布与生境：西沙群岛 (永兴岛) 有分布记录；广东；菲律宾、印度尼西亚、泰国；生于空旷沙地上。

注：手绘图引自中国植物志，彩图由 PPBC/ 徐克学拍摄。

中文名称：矮灰毛豆

学名：**Tephrosia pumila**(Lam.)Pers. Syn. Pl. 2: 330. 1807, 中国植物志 40: 222(1994), 广东植物志 5: 249 (2003), Flora of China 10: 192(2010)

科名：豆科 Fabaceae(蝶形花科 Papilionaceae)　**属名：**灰叶属 Tephrosia Pers.

形态特征：一年生或多年生草本，枝匍匐状或蔓生，高 20 ～ 30cm。茎细硬，具棱，密被伸展硬毛。羽状复叶长 2 ～ 4cm，叶柄长 3 ～ 10mm；托叶线状三角形或钻形，长 3 ～ 4mm；小叶 3(～ 6) 对，楔状长圆形或倒披针形，长 1.2 ～ 2cm，宽 0.4 ～ 0.8cm，先端截平或钝，短尖头，基部楔形，上面被平伏柔毛，下面被伸展毛，侧脉 6 ～ 7 对，不明显；小叶柄甚短。总状花序短，顶生或与叶对生，长约 2cm，被长硬毛，有 1 ～ 3 朵花；苞片线状锥形，长 2 ～ 3mm，宿存；花长约 6mm；花梗长 2.5 ～ 4mm；花萼浅皿状，长约 3mm，宽约 2mm，密被长硬毛，萼齿三角形，尾状渐尖，上方 2 齿部分连合，下方 1 齿最长；花冠白色至黄色，旗瓣圆形，外被柔毛，翼瓣和龙骨瓣无毛；子房被柔毛，花柱扁平，稍扭转，无毛，胚珠多数。荚果线形，长 3.5 ～ 4cm，宽约 0.4cm，顶端稍上弯，被短硬毛，喙急剧下指，有种子 8 ～ 14 粒；种子长圆状菱形，具斑纹，种脐位于中央。花期全年。

分布与生境：三亚；广东；热带非洲、亚洲、澳大利亚。生于向阳处的路边或山坡草地。

注：标本引自中国科学院华南植物园。

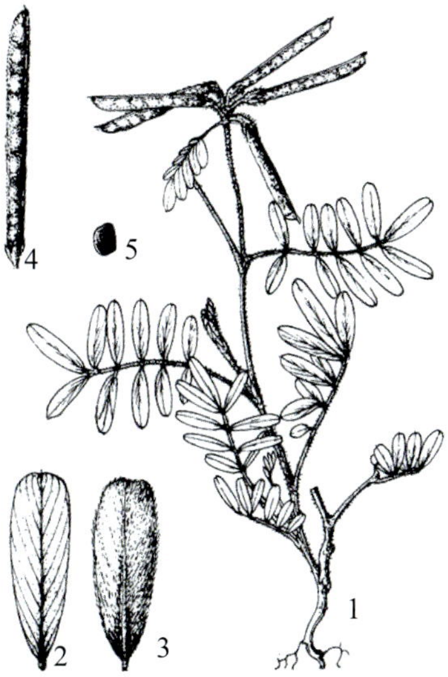

1. 果株；2、3. 小叶片（上下面）；
4. 果荚；5. 种子。

西沙灰毛豆 (**Tephrosia luzonensis**)

矮灰毛豆 (**Tephrosia pumila**)

中文名称： 灰毛豆 (灰叶)

学名： **Tephrosia purpurea**(Linn.)Pers. Syn. 2: 329. 1807, 海南植物志 2: 258(1965), 中国植物志 40: 219 (1995), 广东植物志 5: 248(2003), Flora of China 10: 191(2010)

科名： 豆科 Fabaceae(蝶形花科 Papilionaceae)　**属名：** 灰叶属 Tephrosia Pers.

形态特征： 亚灌木，高 30 ～ 60cm，多分枝；茎基部木质化，近直立或伸展，具纵棱，近无毛或被短柔毛。羽状复叶长 7 ～ 15mm，具短柄；托叶线状锥形，长约 4mm；小叶 4 ～ 8 对，椭圆状长圆形或长圆状倒披针形，长 15 ～ 35mm，宽 5 ～ 14mm，先端钝或微凹而具小锐尖，上面无毛，下面被平伏短柔毛，侧脉 7 ～ 12 对；小叶柄长约 2mm，被柔毛。总状花序顶生或生于枝条上端之叶腋，长 10 ～ 15cm，每节生花 2(～ 4) 朵；苞片锥状狭披针形，长 2 ～ 4mm；花长约 8mm；花梗长 2 ～ 4mm，被柔毛；花萼阔钟状，长 3 ～ 4mm，被柔毛，萼齿狭三角形，近等长；花冠淡紫色，长约 8mm，旗瓣扁圆形，外面被细柔毛，翼瓣长椭圆状倒卵形，龙骨瓣近半圆形；子房密被柔毛，胚珠多数。荚果长 4 ～ 5cm，宽约 4mm，顶端具短喙，被稀疏平伏柔毛，有种子 6 ～ 10 颗；种子椭圆形，稍扁平，长 3 ～ 5mm，灰褐色，间有红褐色花斑。花期 5 ～ 10 月；果期 6 ～ 12 月。

野外鉴别关键特征： 小叶 4 ～ 8 对，椭圆状长圆形或长圆状倒披针形，长 15 ～ 35mm，宽 5 ～ 14mm。花冠淡紫色，旗瓣扁圆形。

分布与生境： 海南岛；福建、广东、广西、四川、台湾、云南；柬埔寨、印度、印度尼西亚、老挝、马来西亚、尼泊尔、泰国、越南。生于低海拔旷野。

利用： 枝叶可作绿肥，捣烂投水中可毒鱼；又为良好的固沙及堤岸保土植物。

注： 手绘图引自广东植物志。

中文名称： 黄灰毛豆 (黄毛灰叶)

学名： **Tephrosia vestita** Vog. in Nov. Act. Acad. Nat. Cur. 19(Suppl.): 15. 1843, 海南植物志 2: 259(1965), 中国植物志 40: 217(1995), 广东植物志 5: 247(2003), Flora of China 10: 191(2010)

科名： 豆科 Fabaceae(蝶形花科 Papilionaceae)　**属名：** 灰叶属 Tephrosia Pers.

形态特征： 多年生亚灌木，高 1 ～ 2m；茎基部木质；嫩枝有棱，叶柄及叶轴密被黄色、紧贴的丝质柔毛。叶长约 10cm，具短柄；托叶线状锥形；小叶 7 ～ 9(～ 13) 片，倒卵状长椭圆形至长椭圆形，长 2 ～ 4cm，宽 1 ～ 1.8cm，顶端圆形或微凹入，有小锐尖，基部楔形，腹面无毛，背面密被黄色丝质柔毛，侧脉斜举，边缘稍加厚；小叶柄密被黄色丝质柔毛。总状花序顶生或与叶对生，长约 6cm，每节有 2 ～ 3 朵花，萼长约 3mm，密被黄色丝毛，裂齿三角形；花冠白色，旗瓣近圆形，外面密被丝毛，翼瓣倒卵状长椭圆形，龙骨瓣稍呈镰形；花柱内弯，一侧有长纤毛。荚果长 5 ～ 6cm，密被黄色丝毛，边缘加厚，种子 10 ～ 12 颗。花期 9 月。

野外鉴别关键特征： 叶柄及叶轴密被黄色、紧贴的丝质柔毛，小叶 7 ～ 9(～ 13) 片，花冠白色，旗瓣近圆形。

分布与生境： 海南岛；广东、广西、江西；柬埔寨、印度尼西亚、老挝、马来西亚、巴布亚新几内亚、菲律宾、泰国、越南。生于旷野。

注： 手绘图引自广东植物志。

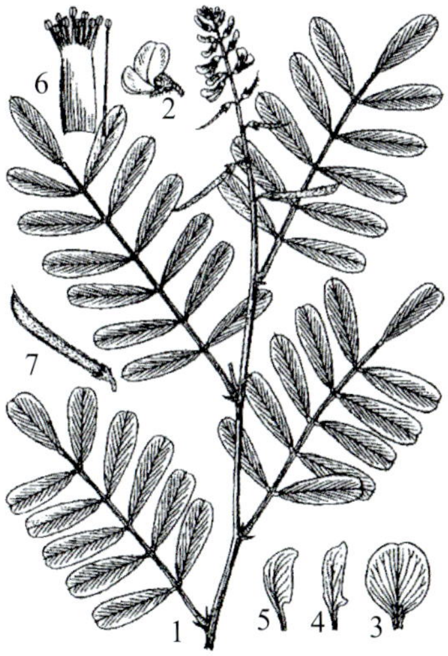

1. 花枝；2. 花；3. 旗瓣；4. 翼瓣；
5. 龙骨瓣；6. 雄蕊；7. 荚果。

灰毛豆（灰叶）(Tephrosia purpurea)

1. 花枝；2. 旗瓣；3. 翼瓣；4. 龙骨瓣；
5. 花萼展开；6. 雄蕊；7. 雌蕊；8. 荚果。

黄灰毛豆（黄毛灰叶）(Tephrosia vestita)

中文名称：★西非灰毛豆

学名： **Tephrosia vogelii** J. D. Hooker in Hooker, Niger Fl. 296. 1849, 中国植物志 40: 213(1995), 广东植物志 5: 247(2003), Flora of China 10: 190(2010)

科名：豆科 Fabaceae(蝶形花科 Papilionaceae) **属名：**灰叶属 Tephrosia Pers.

形态特征：多年生灌木状草本，多分枝；全株被白色与黄色长短混杂的茸毛，毛长达 1.5mm。茎木质，直立，具纵棱。羽状复叶长 10 ~ 25cm；叶柄长 1 ~ 3cm，叶轴上面有沟；托叶披针形，渐尖，长 1 ~ 1.5cm，密被茸毛，早落，托叶痕清晰可见；小叶 6 ~ 14 对，椭圆状长圆形或椭圆状披针形，长 3 ~ 7cm，宽 0.9 ~ 1.8cm，上面被白色平伏绢毛，下面密被黄白色混杂的茸毛，侧脉 12 ~ 15 对；小叶柄长 3 ~ 5mm，密被茸毛。总状花序顶生或近枝梢腋生，长 10 ~ 15cm，粗壮，密被锈色茸毛。总花梗几等长；花密集；苞片卵形，锐尖，长约 1.2cm，宽约 0.9cm，早落；花长约 2.5cm；花梗长 2 ~ 2.3cm；花萼浅杯状，长约 12mm，宽约 10mm，密被茸毛，萼齿长圆形，圆钝头，上方 2 齿几全连合，长约 6mm，最下方 1 齿较长，锐尖，长达 10mm，花冠白色，有时紫色，旗瓣外面密被白色绢毛，宽约 23mm，龙骨瓣下缘被毛；子房密被长绒毛，花柱扁平，成锐角内向上弯，两侧具柔毛，柱头点状，胚珠多数。荚果直，线形，密被黄白色茸毛，缝线上较深，锈色，长 10 ~ 13cm，宽 1.2 ~ 1.4cm，顶端具短喙，有种子 12 ~ 16 粒；种子黑色，平滑，阔卵形，长约 7mm，宽约 4.5mm，厚约 3mm，种脐略偏一端，具一明显环形种阜。

野外鉴别关键特征：全株被白色与黄色长短混杂的茸毛，荚果直，线形，密被黄白色茸毛。

分布与生境：海南有栽培记录；广东、台湾有栽培。原产非洲热带地区。

中文名称：软荚豆

学名： **Teramnus labialis**(Linn. f.)Spreng. Syst. 3: 235. 1826, 海南植物志 2: 304(1965), 中国植物志 41: 240(1995), 广东植物志 5: 315(2003), Flora of China 10: 250(2010)

科名：豆科 Fabaceae(蝶形花科 Papilionaceae) **属名：**软荚豆属 Teramnus P. Br.

形态特征：一年生草本。茎缠绕，纤细，长达 4m，有棱，密被黄色、开展的绒毛。托叶细小，披针形，脱落；叶柄长 1.5 ~ 4cm；小叶膜质，顶生小叶长椭圆形或长卵形，长 2.5 ~ 6cm，宽 1 ~ 2.2cm，先端急尖，基部圆形，上面光亮，被稀疏、紧贴的黄色柔毛，下面被毛较密；侧脉每边 5 ~ 6 条；小托叶线形，长 3mm；小叶柄长 1 ~ 2mm，被柔毛。总状花序腋生，长 2.5 ~ 4cm，被柔毛，总花梗长约 2cm；花小，中部以上有花 6 ~ 10 朵；苞片披针形；花梗长约 5mm；小苞片着生于花萼的基部，与苞片相似；花萼膜质，长 3 ~ 4mm，被紧贴的柔毛，裂片 5，卵状披针形而短于萼管；花冠初时白色，后渐变为玫瑰红色或紫色，旗瓣长约 4mm，翼瓣长圆形，基部截平，龙骨瓣菱形；子房被毛。荚果线形，扁平，长约 4cm，宽 3.5 ~ 4mm，下垂，被短柔毛，先端有宿存弯钩状的花柱；种子 5 ~ 9 颗，褐黑色，长圆状椭圆形，长 4mm，宽 2mm。花期 6 ~ 7 月；果期 7 ~ 10 月。

分布与生境：三亚；台湾；柬埔寨、印度、印度尼西亚、老挝、菲律宾、斯里兰卡、泰国、越南、非洲、热带美洲。

利用：饲料植物。

注：手绘图引自广东植物志；标本引自中国科学院华南植物园。

西非灰毛豆 (Tephrosia vogelii)

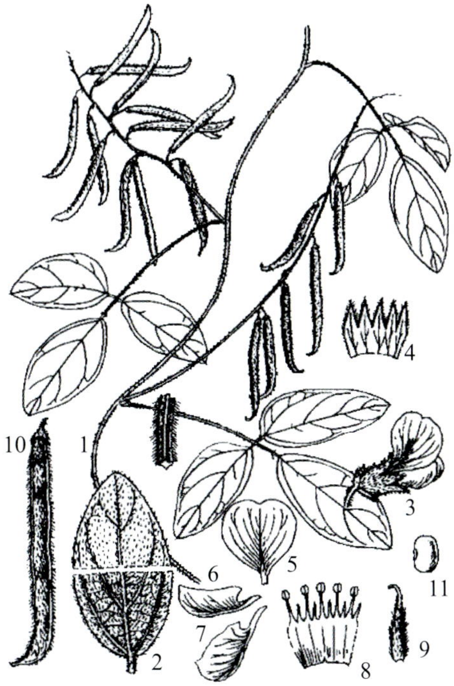

1. 果枝；2. 小叶片；3. 花；4. 花萼展开；5. 旗瓣；6. 翼瓣；
7. 龙骨瓣；8. 雄蕊展开；9. 雌蕊；10. 荚果；11. 种子。

软荚豆 (Teramnus labialis)

中文名称：琼豆

学名：**Teyleria koordersii**(Backer)Backer in Bull. Jard. Bot. Buitenzorg ser. 3, 16: 108. 1939, 海南植物志 2: 301(1965), 中国植物志 41: 242(1995), 广东植物志 5: 316(2003), Flora of China 10: 242(2010)

科名：豆科 Fabaceae(蝶形花科 Papilionaceae)　**属名：**琼豆属 Teyleria Backer

形态特征：缠绕草本。茎四棱柱形，上部具槽纹，枝棱上密被倒生的长硬毛。羽状复叶具 3 小叶；托叶卵形，渐尖，具纵条纹；叶柄长 4 ～ 6cm，具槽，被糙伏毛，渐变无毛；小叶纸质，顶生小叶卵形，长 6 ～ 14cm，宽 2.5 ～ 7cm，侧生小叶较小，斜卵形，长 6 ～ 9cm，先端渐尖或急尖，基部通常圆形，干时呈绿色或黄绿色，两面无毛或仅被极稀疏、伏贴的长硬毛；侧脉每边 3 ～ 4 条；小托叶针状；小叶柄长 3 ～ 4mm，被长硬毛。总状花序腋生；总花梗长 5 ～ 18mm，与总轴均具显著的棱，棱上被倒向的糙伏毛；花 5 ～ 20 朵，密集；苞片披针形，长 3 ～ 4mm，具脊；花梗明显具节，长 1 ～ 2mm，近无毛，有时在顶部膨大；小苞片针状，长 2.5 ～ 3.5mm，散生糙伏毛；花萼膜质，具纵脉纹，长 5 ～ 5.5mm，裂片 5，狭披针形，与萼管等长或稍长，无毛；花冠白色，长 6 ～ 7mm，翼瓣与龙骨瓣顶端稍呈紫色，具瓣柄，无耳；雄蕊单体；子房无柄，有胚珠 6 ～ 8 颗。荚果线形，长 3 ～ 3.5cm，宽 3 ～ 4mm，果瓣薄革质，种子间有横纹，被开展、基部膨大、长约 2mm 的长硬毛，果颈短；种子 4 ～ 8 颗，近方形，长、宽约 3mm，褐色，种阜短，干膜质，舌状。花期 11 ～ 12 月。

分布与生境：昌江、东方、白沙、三亚；印度尼西亚。生于旷野灌丛中。

注：手绘图引自广东植物志，标本引自中山大学。

中文名称：三叉刺

学名：**Trifidacanthus unifoliolatus** Merr. in Philipp. J. Sci. 12: 269. 1917, 海南植物志 2: 266(1965), 中国植物志 41: 3(1995), 广东植物志 5: 261(2003), Flora of China 10: 263(2010)

科名：豆科 Fabaceae(蝶形花科 Papilionaceae)　**属名：**三叉刺属 Trifidacanthus Merr.

形态特征：直立小灌木，高 1 ～ 2m，多分枝；枝坚硬，灰色，节上常具三叉的锐刺，刺坚硬而直，长 3 ～ 5cm。叶互生；叶柄长 2 ～ 4mm，被柔毛；托叶卵状披针形，长 1.5 ～ 2mm，膜质，具条纹；小托叶微小，生于曲膝状、极短的小叶柄基部；小叶近革质，椭圆形、长圆状椭圆形至线状长圆形。先端钝圆而具细尖，有时微凹，两面无毛，全缘，边缘略加厚，干时背卷，网脉明显，在两面均突起。总状花序长约 3cm，腋生，被稀疏柔毛，基部为许多托叶状的苞片所包；苞片宽卵形，具条纹；花梗长 5mm，通常数枚簇生于花序的节上；花长约 1cm；花萼被稀疏短柔毛，膜质，长约 3mm，上部的裂片三角状卵形；花冠紫色，无毛；子房略被柔毛，子房柄长 1mm。荚果劲直，扁平而薄，长约 2cm，有网纹，略被短柔毛，腹缝线直或微波状，背缝线于节间深凹，荚节通常 3 ～ 4 个，长 6 ～ 7mm，宽约 4mm。花期 4 ～ 7 月；果期 9 ～ 10 月。

野外鉴别关键特征：枝坚硬，灰色，节上常具三叉的锐刺，刺坚硬而直。

分布与生境：东方、乐东、三亚、昌江；印度尼西亚、菲律宾、越南。生于低海拔林中。

注：手绘图引自广东植物志。

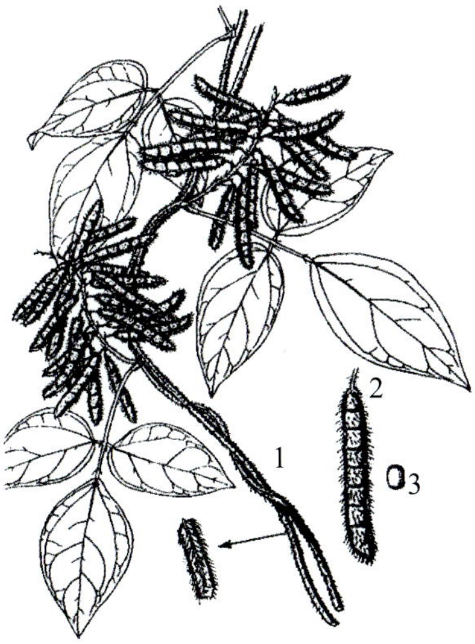

1. 果枝；2. 荚果；3. 种子。

琼豆 (Teyleria koordersii)

1. 花枝；2. 果枝；3. 旗瓣；4. 翼瓣；5. 龙骨瓣；
6. 花萼；7. 雄蕊；8. 雌蕊。

三叉刺 (Trifidacanthus unifoliolatus)

中文名称：猫尾草(长穗猫尾草)

学名：**Uraria crinita**(Linn.)Desv. ex DC. Prodr. 2: 324. 1825, 海南植物志 2: 284(1965), 中国植物志 41: 68(1995), 广东植物志 5: 283(2003), Flora of China 10: 286(2010). ——Uraria crinita(Linn.)var. macrostachya Wall. Pl. As. Rar. 2: 8, t. 110. 1831, 海南植物志 2: 284(1965)

科名：豆科 Fabaceae(蝶形花科 Papilionaceae)　**属名：**狸尾草属 Uraria Desv.

形态特征：亚灌木；茎直立，高 1 ～ 1.5m。分枝少，被灰色短毛。叶为奇数羽状复叶，茎下部小叶通常为 3，上部为 5，少有为 7；托叶长三角形，长 6 ～ 10mm，先端细长而尖，基部宽 2mm，边缘有灰白色缘毛；叶柄长 5.5 ～ 15cm，被灰白色短柔毛；小叶近革质，长椭圆形、卵状披针形或卵形，顶端小叶长 6 ～ 15cm，宽 3 ～ 8cm，侧生小叶略小，先端略急尖、钝或圆形，基部圆形至微心形，上面无毛或于中脉上略被灰色短柔毛，下面沿脉上被短柔毛，侧脉每边 6 ～ 9 条，在两面均凸起，下面网脉明显；小托叶狭三角形，长 5mm，基部宽 1.5mm，有稀疏缘毛；小叶柄长 1 ～ 3mm，密被柔毛。总状花序顶生，长 15 ～ 30cm 或更长，粗壮，密被灰白色长硬毛；苞片卵形或披针形，长达 2cm，宽达 7mm，具条纹，被白色开展缘毛；花梗长约 4mm，花后伸长至 10 ～ 15mm，弯曲，被短钩状毛和白色长毛；花萼浅杯状，被白色长硬毛，5 裂，上部 2 裂长约 3mm，下部 3 裂长 3.5mm；花冠紫色，长 6mm。荚果略被短柔毛；荚节 2 ～ 4，椭圆形，具网脉。花果期 4 ～ 9 月。

野外鉴别关键特征：小叶近革质，长椭圆形、卵状披针形或卵形，总状花序顶生，长 15 ～ 30cm 或更长，粗壮，密被灰白色长硬毛。

分布与生境：海口、澄迈、临高、昌江、琼中、保亭、三亚；福建、广东、广西、江西、台湾、云南；印度、斯里兰卡、马来西亚、澳大利亚。生于旷野坡地灌丛中。

注：长穗猫尾草 (Uraria crinita var. macrostachya) 被 Flora of China 归并为猫尾草 (Uraria crinita)。

中文名称：狸尾草

学名：**Uraria lagopodioides**(Linn.)Desv. ex DC. Prodr. 2: 324. 1825, 海南植物志 2: 283(1965), 中国植物志 41: 69(1995). ——Uraia crinita(Linn.)Desv, 广东植物志 5: 281(2003), Flora of China 10: 287(2010)

科名：豆科 Fabaceae(蝶形花科 Papilionaceae)　**属名：**狸尾草属 Uraria Desv.

形态特征：平卧或开展草本，通常高可达 60cm。花枝直立或斜举，被短柔毛。叶多为 3 小叶，稀兼有单小叶；托叶三角形，长 3mm，宽约 1mm，先端尾尖，被灰黄色长柔毛和缘毛；叶柄长 1 ～ 2cm，有沟槽；小叶纸质，顶生小叶近圆形或椭圆形至卵形，长 2 ～ 6cm，宽 1.5 ～ 3cm，先端圆形或微凹，有细尖，基部圆形或心形，侧生小叶较小，上面略粗糙，下面被灰黄色短柔毛，侧脉每边 5 ～ 7 条，直而斜展，靠叶缘处微弯拱，两面凸起，网脉在下面明显；小托叶刚毛状，长 1.5mm；小叶柄长约 2mm，密被灰黄色短柔毛。总状花序顶生，长 3 ～ 6cm，直径 1.5 ～ 2cm，花排列紧密；苞片宽卵形，长 8 ～ 10mm，先端锥尖，密被灰色毛和缘毛，开花时脱落；花梗长 4mm，疏被白色长柔毛；花萼 5 裂，上部二裂片三角形，较短，长约 2mm，下部 3 裂片刺毛状，较上部裂片长 3 倍以上，被白色长柔毛，萼筒长约 1mm；花冠长约 6mm，淡紫色，旗瓣倒卵形，基部渐狭；雄蕊二体；子房无毛，有胚珠 1 ～ 2。荚果小，包藏于萼内，有荚节 1 ～ 2，荚节椭圆形，长约 2.5mm，黑褐色，膨胀，无毛，略有光泽。花果期 8 ～ 10 月。

野外鉴别关键特征：总状花序顶生，长 3 ～ 6cm，密被灰色毛和缘毛。

分布与生境：海南各地；我国南部各省(自治区)；印度、缅甸、越南、马来西亚、澳大利亚。生于旷野间。

利用：全草供药用，有消肿、驱虫之效。

注：手绘图引自广东植物志。

猫尾草 (Uraria crinita)

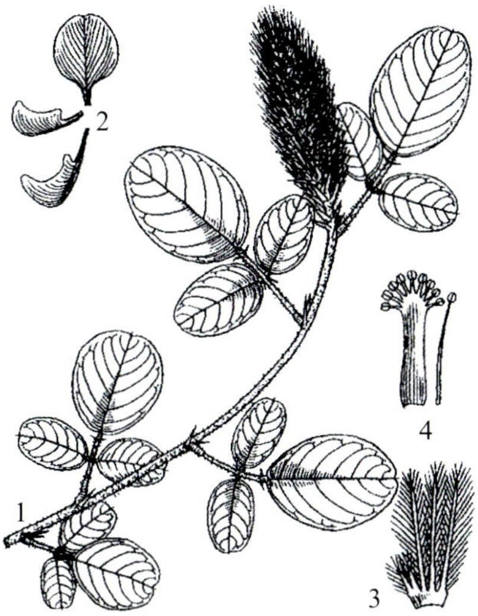

1. 花枝；2. 旗瓣、翼瓣、龙骨瓣；
3. 花萼展开；4. 雄蕊。

狸尾草 (Uraria lagopodioides)

中文名称：福建狸尾豆

学名：**Uraria neglecta** Prain, J. Asiat. Soc. Bengal, Pt. 2, Nat. Hist. 66: 382. 1897, Flora of China 10: 287(2010), U. fujianensis Y. C. Yang & P. H. Huang. 中国植物志 41: 70(1995)

科名：豆科 Fabaceae(蝶形花科 Papilionaceae)　**属名：**狸尾草属 Uraria Desv.

形态特征：直立、亚灌木状草本。茎具条纹，幼时密被灰黄色绒毛和开展柔毛。叶具单小叶；托叶狭三角形，长约 2mm，宽 1mm，先端尾尖，具条纹，被柔毛；叶柄长 7 ～ 10mm，密被灰黄色绒毛和开展柔毛；小叶纸质，圆形或近圆形，长 1.8 ～ 3.2cm，宽 1.9 ～ 3.3cm，先端圆形而微凹，基部圆形或稍呈心形，上面散生短柔毛，下面被柔毛，侧脉每边 6 ～ 8 条，两面隆起，下面网脉明显；小托叶刺毛状，长 1.5mm，被柔毛；小叶柄长约 2mm。总状花序顶生，长 6 ～ 8cm，花序轴密被灰黄色绒毛和开展柔毛，每节生 2 朵花，生花节长 2 ～ 4mm；苞片卵形，长 3mm，宽 1.5mm，先端长尾尖，具条纹，被长柔毛；花梗长 7 ～ 10mm，先端弯曲，密被长柔毛；花萼 5 裂，裂片刺毛状，长约 2mm，上部 2 裂片较短，长 1.5mm，被柔毛，萼筒短，长 1mm；花冠长 5mm，旗瓣倒卵形，长 5mm，宽 3mm，先端圆形，基部楔形，翼瓣、龙骨瓣耳状长圆形，长 4mm，宽 1.5mm；雄蕊二体，长 6mm；子房长 2.5mm，无毛，花柱长 4mm，弯曲。荚果有反复折叠荚节 5 ～ 6，长 4 ～ 5mm，荚节稍扁平，无毛。花果期 10 ～ 11 月。

野外鉴别关键特征：总状花序顶生，长 6 ～ 8cm，花序轴密被灰黄色绒毛和开展柔毛，每节生 2 朵花。

分布与生境：海南有分布记录；广东、广西、江西、福建、台湾、浙江；印度、孟加拉国、尼泊尔。生于海拔 500m 以下的山地、路边、田边。

注：手绘图引自中国植物志。

中文名称：美花狸尾豆

学名：**Uraria picta**(Jacquin)Desvaux ex Candolle, Prodr. 2: 324. 1825, 中国植物志 41: 68(1995), Flora of China 10: 286(2010)

科名：豆科 Fabaceae(蝶形花科 Papilionaceae)　**属名：**狸尾草属 Uraria Desv.

形态特征：亚灌木或灌木，茎直立，较粗壮，高 1 ～ 2m。分枝少，被灰色短糙毛。叶为奇数羽状复叶，小叶 5 ～ 7 片，极少为 9 片；托叶卵形，中部以上突然收缩成尾尖，长约 1cm，基部宽 4mm，具条纹，有灰色长缘毛；叶柄长 4 ～ 7cm；叶轴长 3 ～ 7cm；小叶硬纸质，线状长圆形或狭披针形，长 (4.5 ～)6 ～ 10(～ 13)cm，宽 (0.8 ～)1 ～ 2cm，先端狭而尖，基部圆，上面中脉及基部边缘处被短柔毛，下面脉上毛较密，网脉细密，凸起；小托叶刺毛状，长 4mm；小叶柄长约 2mm。总状花序顶生，长 10 ～ 30cm；苞片长披针形，长约 2.5cm，宽约 5mm，基部稍狭，先端渐尖，被长毛；花梗长 5 ～ 6mm，花后增至 8mm，略粗，先端弯曲，被灰色毛；花萼 5 深裂，被长毛和缘毛，上部 2 裂片狭三角形，下部 3 裂片刺毛状，略长于上部裂片；花冠蓝紫色，稍伸出于花萼之外，旗瓣圆形，长 6 ～ 8mm，基部具瓣柄，翼瓣耳形，长 4 ～ 7mm，基部有很短的耳，龙骨瓣约与翼瓣等长，上部弯曲；雄蕊二体；子房无毛，有胚珠 3 ～ 5。荚果铅色，有光泽，无毛，有 3 ～ 5 荚节，荚节长约 3mm，宽约 2mm。花果期 4 ～ 10 月。

野外鉴别关键特征：小叶硬纸质，线状长圆形或狭披针形，总状花序顶生，长 10 ～ 30cm。

分布与生境：陵水等地，广西、四川、贵州、云南及台湾；印度、越南、泰国、马来西亚、菲律宾、非洲。生于海拔 400 ～ 1500m 的山地草坡上。

利用：根供药用，有平肝、宁心、健脾之效。

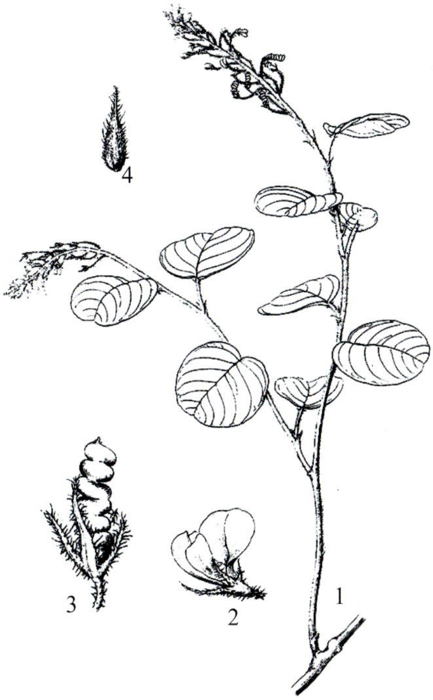

1. 花果枝；2. 花；3. 荚果；4. 苞片。

福建狸尾豆 (Uraria neglecta)

美花狸尾豆 (Uraria picta)

中文名称：钩柄狸尾草

学名：**Uraria rufescens**(DC.)Schindl. in Fedde, Rep. Sp. Nov. 21: 14. 1925, 海南植物志 2: 284(1965), 中国植物志 41: 72(1995), 广东植物志 5: 282(2003), Flora of China 10: 287(2010)

科名：豆科 Fabaceae(蝶形花科 Papilionaceae)　**属名：**狸尾草属 Uraria Desv.

形态特征：直立亚灌木；枝纤细，薄被短柔毛和短绒毛。通常有小叶 3 片，有时仅具单小叶；叶柄长 1 ～ 2.5cm，被毛；托叶早落，披针形，长 8 ～ 10mm；小叶椭圆形，长 4 ～ 9cm，宽 2 ～ 4.5cm，侧生的较小，顶端圆形而凹入，基部宽，圆形或稍呈心形，腹面无毛，背面薄被短柔毛，侧脉 11 ～ 15 对，平行，达边缘处微弯拱；小托叶锥状，长 3 ～ 4mm。花序为总状花序集合而成的圆锥花序，顶生，长 10 ～ 20cm，密被钩毛和柔毛，疏花；苞片圆形或扁圆形，中部以上骤然收窄而成一尾尖，长 7 ～ 9mm，具缘毛；花梗初时长 3mm，被毛，结果时长 5 ～ 6mm，顶端弯曲，萼被柔毛，长 3mm，裂片三角形，上部 2 片略短；花冠紫色，比萼长 1 ～ 2 倍。荚果无子房柄，有反复折叠的荚节 4 ～ 7 个；荚节扁平，无毛，灰褐色，略有网纹。花期 10 ～ 11 月。

野外鉴别关键特征：通常有小叶 3 片，有时仅具单小叶；小叶椭圆形，侧生的较小花序为总状花序集合而成的圆锥花序，顶生，长 10 ～ 20cm。

分布与生境：昌江、东方、琼中、三亚；广东、广西、西藏、云南；孟加拉国、柬埔寨、印度、印度尼西亚、老挝、马来西亚、缅甸、斯里兰卡、泰国、越南。生于旷野灌丛中。

中文名称：★蚕豆

学名：**Vicia faba** Linn. Sp. Pl. 737. 1753, 海南植物志 2: 295(1965), 中国植物志 42(2): 269(1998), 广东植物志 5: 355(2003), Flora of China 10: 571(2010)

科名：豆科 Fabaceae(蝶形花科 Papilionaceae)　**属名：**蚕豆属 Vicia Linn.

形态特征：一年生草本，高 30 ～ 100(～ 120)cm。主根短粗，多须根，根瘤粉红色，密集。茎粗壮，直立，直径 0.7 ～ 1cm，具四棱，中空、无毛。偶数羽状复叶，叶轴顶端卷须短缩为短尖头；托叶戟头形或近三角状卵形，长 1 ～ 2.5cm，宽约 0.5cm，略有锯齿，具深紫色密腺点；小叶通常 1 ～ 3 对，互生，上部小叶可达 4 ～ 5 对，基部较少，小叶椭圆形、长圆形或倒卵形，稀圆形，长 4 ～ 6(～ 10)cm，宽 1.5 ～ 4cm，先端圆钝，具短尖头，基部楔形，全缘，两面均无毛。总状花序腋生，花梗近无；花萼钟形，萼齿披针形，下萼齿较长；具花 2 ～ 4(6) 朵，呈丛状着生于叶腋，花冠白色，具紫色脉纹及黑色斑晕，长 2 ～ 3.5cm，旗瓣中部缢缩，基部渐狭，翼瓣短于旗瓣，长于龙骨瓣；雄蕊 2 体 (9+1)，子房线形，无柄，胚珠 2 ～ 4，花柱密被白柔毛，顶端远轴面有一束髯毛。荚果肥厚，长 5 ～ 10cm，宽 2 ～ 3cm；表皮绿色，被钩毛，内有白色海绵状横隔膜，成熟后表皮变为黑色。种子 2 ～ 6，长方圆形，近长方形，中间内凹，种皮革质，青绿色、灰绿色至棕褐色，稀紫色或黑色；种脐线形，黑色，位于种子一端。花期 4 ～ 5 月；果期 5 ～ 6 月。

分布与生境：海南有栽培；我国广泛栽培。原产非洲北部或亚洲西南部。世界广泛栽培。

利用：作为粮食磨粉制糕点、小吃。嫩时作为时新蔬菜或饲料，民间药用治疗高血压和水肿。

注：手绘图引自广东植物志。

钩柄狸尾草 (Uraria rufescens)

1. 花枝；2. 旗瓣；3. 翼瓣；4. 龙骨瓣；
5. 花萼；6. 荚果；7. 种子。

蚕豆 (Vicia faba)

中文名称： 腺药豇豆

学名： **Vigna adenantha**(G. Meyer)Maréchal, Mascherpa & Stainier, Taxon. 27: 202. 1978, Flora of China 10: 256(2010)

科名： 豆科 Fabaceae(蝶形花科 Papilionaceae)　**属名：** 豇豆属 Vigna Savi

形态特征： 多年生缠绕草本。托叶基部截形，长 3 ～ 5mm，披针形；叶柄长 3.5 ～ 9cm；顶生小叶菱形状卵形，长 7 ～ 8cm，宽 5 ～ 6.5cm，近无毛，先端急尖，基部钝；侧生小叶稍偏斜。总状花序腋生，长 7 ～ 19cm；花梗长 2 ～ 3mm；小苞片卵形，长 4mm，早落；萼裂片渐尖；花冠紫色，长 1.8 ～ 3cm；旗瓣圆形；翼瓣长圆形；龙骨瓣弯拱；子房无毛。荚果线形，长 9 ～ 14cm，宽 0.8 ～ 1.4cm，无毛；种子 11 ～ 15 粒，暗褐色，肾形，长约 7mm，宽约 5mm。

分布与生境： 南沙群岛 (太平岛)，台湾；热带地区遍布。生于旷地上。

注： 彩图引自 http://www.flickr.com/photos/phuonglovejesus2782010/5289429625/.

中文名称： ★赤豆

学名： **Vigna angularis**(Willd.)Ohwi et Ohashi in Journ. Jap. Bot. 44: 29. 1969, 中国植物志 41: 287(1995), 广东植物志 5: 330(2003), Flora of China 10: 259(2010). ——Phaseolus angularis(Willd.)W. F. Wight in U. S. Dept. Agr. Bur. Pl. Ind. Bull. 137: 17. 1909, 海南植物志 2: 324(1965)

科名： 豆科 Fabaceae(蝶形花科 Papilionaceae)　**属名：** 豇豆属 Vigna Savi

形态特征： 一年生、直立或缠绕草本。高 30 ～ 90cm，植株被疏长毛。羽状复叶具 3 小叶；托叶盾状着生，箭头形，长 0.9 ～ 1.7cm；小叶卵形至菱状卵形，长 5 ～ 10cm，宽 5 ～ 8cm，先端宽三角形或近圆形，侧生的偏斜，全缘或浅三裂，两面均稍被疏长毛。花黄色，约 5 朵或 6 朵生于短的总花梗顶端；花梗极短；小苞片披针形，长 6 ～ 8mm；花萼钟状，长 3 ～ 4mm；花冠长约 9mm，旗瓣扁圆形或近肾形，常稍歪斜，顶端凹，翼瓣比龙骨瓣宽，具短瓣柄及耳，龙骨瓣顶端弯曲近半圈，其中一片的中下部有一角状凸起，基部有瓣柄；子房线形，花柱弯曲，近先端有毛。荚果圆柱状，长 5 ～ 8cm，宽 5 ～ 6mm，平展或下弯，无毛，种子通常暗红色或其他颜色，长圆形，长 5 ～ 6mm，宽 4 ～ 5mm，两头截平或近浑圆，种脐不凹陷。花期夏季；果期 9 ～ 10 月。

分布与生境： 海南有栽培；我国广泛栽培。美洲、非洲有栽培。原产亚洲。

利用： 种子供食用，煮粥、制豆沙均可。干豆含蛋白质 21% ～ 23%，脂肪 0.3%，碳水化合物 65%。红色赤豆入药治水肿脚气、泻痢、痈肿，并为缓和的清热解毒药及利尿药；浸水后捣烂外敷，治各种肿毒。

注： 手绘图引自河北植物志；彩图由 PPBC/ 徐永福拍摄。

腺药豇豆 (Vigna adenantha)

1. 花果枝；2. 种子。

赤豆 (Vigna angularis)

中文名称：滨豇豆

学名：**Vigna marina**(Burman)Merrill, Interpr. Herb. Amboin. 285. 1917, 中国植物志 41: 279(1995), 广东植物志 5: 328(2003), Flora of China 10: 256(2010)

科名：豆科 Fabaceae(蝶形花科 Papilionaceae) **属名：**豇豆属 Vigna Savi

形态特征：多年生匍匐或攀援草本，长可达数米；茎幼时被毛，老时无毛或被疏毛。羽状复叶具 3 小叶；托叶基着，卵形，长 3 ～ 5mm；小叶近革质，卵圆形或倒卵形，长 3.5 ～ 9.5cm，宽 2.5 ～ 9.5cm，先端浑圆，钝或微凹，基部宽楔形或近圆形，两面被极稀疏的短刚毛至近无毛；叶柄长 1.5 ～ 11.5cm，叶轴长 0.5 ～ 3cm；小叶柄长 2 ～ 6mm。总状花序长 2 ～ 4cm，被短柔毛；总花梗长 3 ～ 13cm，有时增粗；花梗长 4.5 ～ 6mm；小苞片披针形，长 1.5mm，早落；花萼管长 2.5 ～ 3mm，无毛，裂片三角形，长 1 ～ 1.5mm，上方的一对连合成全缘的上唇，具缘毛；花冠黄色，旗瓣倒卵形，长 1.2 ～ 1.3cm，宽 1.4cm；翼瓣及龙骨瓣长约 1cm。荚果线状长圆形，微弯，肿胀，长 3.5 ～ 6cm，宽 8 ～ 9mm，嫩时被稀疏微柔毛，老时无毛，种子间稍收缩；种子 2 ～ 6 颗，黄褐色或红褐色，长圆形，长 5 ～ 7mm，宽 4.5 ～ 5mm，种脐长圆形，一端稍狭，种脐周围的种皮稍隆起。

野外鉴别关键特征：羽状复叶具 3 小叶，小叶近革质，卵圆形或倒卵形，花冠黄色，旗瓣倒卵形。

分布与生境：南沙群岛、西沙群岛有分布记录；台湾；世界热带地区广泛引种。生于海边沙地。

利用：沙滩绿化。

注：手绘图引自广东植物志。

中文名称：贼小豆 (狭叶菜豆)

学名：**Vigna minima**(Roxb.)Ohwi et Ohashi in Journ. Jap. Bot. 44: 30. 1969, 中国植物志 41: 285(1995), 广东植物志 5: 329(2003), Flora of China 10: 258(2010). ——Phaseolus minimus Roxb. Fl. Ind. ed. 2, 3: 290. 1832, 海南植物志 2: 324(1965)

科名：豆科 Fabaceae(蝶形花科 Papilionaceae) **属名：**豇豆属 Vigna Savi

形态特征：一年生缠绕草本。茎纤细，无毛或被疏毛。羽状复叶具 3 小叶；托叶披针形，长约 4mm，盾状着生，被疏硬毛；小叶的形状和大小变化颇大，卵形、卵状披针形、披针形或线形，长 2.5 ～ 7cm，宽 0.8 ～ 3cm，先端急尖或钝，基部圆形或宽楔形，两面近无毛或被极稀疏的糙伏毛。总状花序柔弱；总花梗远长于叶柄，通常有花 3 ～ 4 朵；小苞片线形或线状披针形；花萼钟状，具不等大的 5 齿，裂齿被硬缘毛；花冠黄色，旗瓣极外弯，近圆形，长约 1cm，宽约 8mm，龙骨瓣具长而尖的耳。荚果圆柱形，长 3.5 ～ 6.5cm，宽 4mm，无毛，开裂后旋卷；种子 4 ～ 8 颗，长圆形，长约 4mm，宽约 3mm，深灰色，种脐线形，突起。花果期 8 ～ 10 月。

野外鉴别关键特征：花冠黄色，旗瓣极外弯，近圆形。

分布与生境：陵水、保亭、儋州；我国广泛栽培；印度、日本、菲律宾。生于旷野、草丛或灌丛中。

注：手绘图引自安徽植物志。

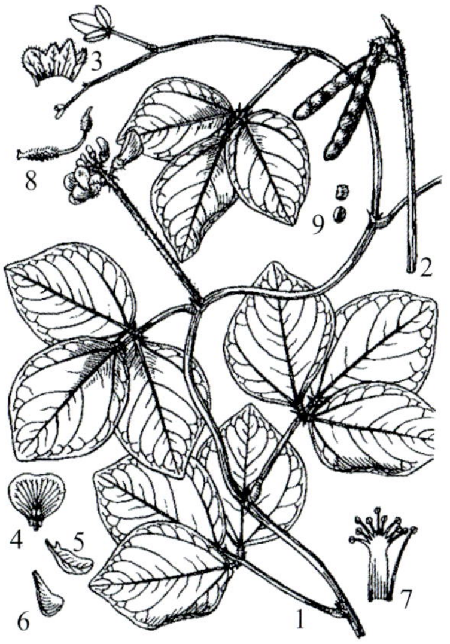

1. 花枝；2. 果序；3. 花萼展开；4. 旗瓣；5. 翼瓣；6. 龙骨瓣；7. 雄蕊；8. 雌蕊；9. 种子。

滨豇豆 (Vigna marina)

1. 花枝；2. 花萼；3. 花冠平展；4. 雄蕊；5. 荚果；6. 雌蕊。

贼小豆（狭叶菜豆）(Vigna minima)

中文名称：★绿豆

学名：**Vigna radiata**(Linnaeus)R. Wilczek, Fl. Congo Belge. 6: 386. 1954, 中国植物志 41: 284(1995), 广东植物志 5: 324(2003), Flora of China 10: 257(2010). ——Phaseolus radiatus Linn. Sp. Pl. 725. 1753, et Mant. 441. 1771, 海南植物志 2: 324(1965)

科名：豆科 Fabaceae(蝶形花科 Papilionaceae)　**属名：**豇豆属 Vigna Savi

形态特征：一年生直立草本，高 20 ～ 60cm。茎被褐色长硬毛。羽状复叶具 3 小叶；托叶盾状着生，卵形，长 0.8 ～ 1.2cm，具缘毛；小托叶显著，披针形；小叶卵形，长 5 ～ 16cm，宽 3 ～ 12cm，侧生的多少偏斜，全缘，先端渐尖，基部阔楔形或浑圆，两面多少被疏长毛，基部三脉明显；叶柄长 5 ～ 21cm；叶轴长 1.5 ～ 4cm；小叶柄长 3 ～ 6mm。总状花序腋生，有花 4 朵至数朵，最多可达 25 朵；总花梗长 2.5 ～ 9.5cm；花梗长 2 ～ 3mm；小苞片线状披针形或长圆形，长 4 ～ 7mm，有线条，近宿存；萼管无毛，长 3 ～ 4mm，裂片狭三角形，长 1.5 ～ 4mm，具缘毛，上方的一对合生成一先端 2 裂的裂片；旗瓣近方形，长 1.2cm，宽 1.5cm，外面黄绿色，里面有时粉红，顶端微凹，内弯，无毛；翼瓣卵形，黄色；龙骨瓣镰刀状，绿色而染粉红，右侧有显著的囊。荚果线状圆柱形，平展，长 4 ～ 9cm，宽 5 ～ 6mm，被淡褐色、散生的长硬毛，种子间多少收缩；种子 8 ～ 11 颗，淡绿色或黄褐色，短圆柱形，长 2.5 ～ 4mm，宽 2.5 ～ 3mm，种脐白色而不凹陷。花期初夏；果期 6 ～ 8 月。

分布与生境：海南有栽培；我国广泛栽培；世界各热带、亚热带地区广泛栽培。

利用：种子供食用，也可提取淀粉，制作豆沙、粉丝等。洗净置流水中，遮光发芽，可制成芽菜，供蔬食。入药，有清凉解毒、利尿明目之效。全株是很好的夏季绿肥。

注：手绘图引自黑龙江植物志。

中文名称：卷毛豇豆

学名：**Vigna reflexopilosa** Hayata, J. Coll. Sci. Imp. Univ. Tokyo. 30(1): 82. 1911, Flora of China 10: 259(2010)

科名：豆科 Fabaceae(蝶形花科 Papilionaceae)　**属名：**豇豆属 Vigna Savi

形态特征：一年生直立草本。茎圆柱形，具条纹，被反折的硬糙毛和黄色疏柔毛。羽状复叶具 3 小叶；托叶长圆形，连耳长 1cm，宽 3mm，先端急尖，两面及边缘被纤毛状长柔毛；小托叶披针形，长 2 ～ 4mm；顶生小叶菱状卵形，长 8.5cm，宽 5cm，先端急尖，基部圆形急尖，边全缘或波状，背面颜色稍淡；叶脉在两面稍凸起，基出脉 3 条，两面被硬糙毛；小叶柄长 3mm，叶轴长 2cm，侧生小叶与顶生小叶同形，惟稍大，斜卵形，下边较宽，基部截状圆形；总叶柄长 7cm，被反折长柔毛。总状花序腋生，长 3cm；总花梗长 13cm，被反折长柔毛，苞片与托叶同形；花梗长 1cm，顶端具 2 枚小苞片，花萼阔钟形，长 3mm，裂片边缘具齿状细缘毛，上方的裂片极宽，全缘，下唇 3 裂，裂片三角形，急尖。荚果线形，稍粗糙。

分布与生境：海南有分布记录；台湾；日本、东南亚、澳大利亚。生于海拔 1500m 以下的荒原、草地。

1. 植株的一部分；2. 花序及茎的一部分；
3. 旗瓣；4. 翼瓣；5. 龙骨瓣；
6. 雄蕊；7. 雌蕊。

绿豆 (Vigna radiata)

卷毛豇豆 (Vigna reflexopilosa)

中文名称：★赤小豆

学名：**Vigna umbellata**(Thunberg)Ohwi & H. Ohashi, J. Jap. Bot. 44: 31. 1969, 海南植物志 2: 325(1965), 中国植物志 41: 288(1995), 广东植物志 5: 330(2003), Flora of China 10: 258(2010)

科名：豆科 Fabaceae(蝶形花科 Papilionaceae)　**属名：**豇豆属 Vigna Savi

形态特征：一年生草本。茎纤细，长达 1m 或过之，幼时被黄色长柔毛，老时无毛。羽状复叶具 3 小叶；托叶盾状着生，披针形或卵状披针形，长 10 ～ 15mm，两端渐尖；小托叶钻形，小叶纸质，卵形或披针形，长 10 ～ 13cm，宽 (2 ～)5 ～ 7.5cm，先端急尖，基部宽楔形或钝，全缘或微 3 裂，沿两面脉上薄被疏毛，有基出脉 3 条。总状花序腋生，短，有花 2 ～ 3 朵；苞片披针形；花梗短，着生处有腺体；花黄色，长约 1.8cm，宽约 1.2cm；龙骨瓣右侧具长角状附属体。荚果线状圆柱形，下垂，长 6 ～ 10cm，宽约 5mm，无毛，种子 6 ～ 10 颗，长椭圆形，通常暗红色，有时为褐色、黑色或草黄色。直径 3 ～ 3.5mm，种脐凹陷。花期 5 ～ 8 月。

分布与生境：海南有栽培；广东、广西、台湾、云南有栽培；日本、朝鲜、菲律宾、东南亚有栽培。原产亚洲热带地区。

利用：种子供食用；入药，有行血补血、健脾去湿、利水消肿之效。

注：手绘图引自海南植物志；彩图由 PPBC 孙观灵 / 拍摄。

中文名称：★豇豆

学名：**Vigna unguiculata**(Linn.)Walp. Rep. 1: 779. 1842, 中国植物志 41: 289(1995), 广东植物志 5: 330(2003), Flora of China 10: 258(2010). ——Vigna sinensis(Linn.)Savi ex Hassk. Cat. Hort. Bogor. 279. 1844, 海南植物志 2: 325(1965)

科名：豆科 Fabaceae(蝶形花科 Papilionaceae)　**属名：**豇豆属 Vigna Savi

形态特征：一年生缠绕、草质藤本或近直立草本，有时顶端缠绕状。茎近无毛。羽状复叶具 3 小叶；托叶披针形，长约 1cm，着生处下延成一短距，有线纹；小叶卵状菱形，长 5 ～ 15cm，宽 4 ～ 6cm，先端急尖，边全缘或近全缘，有时淡紫色，无毛。总状花序腋生，具长梗；花 2 ～ 6 朵聚生于花序的顶端，花梗间常有肉质密腺；花萼浅绿色，钟状，长 6 ～ 10mm，裂齿披针形；花冠黄白色而略带青紫，长约 2cm，各瓣均具瓣柄，旗瓣扁圆形，宽约 2cm，顶端微凹，基部稍有耳，翼瓣略呈三角形，龙骨瓣稍弯；子房线形，被毛。荚果下垂，直立或斜展，线形，长 7.5 ～ 70(～ 90)cm，宽 6 ～ 10mm，稍肉质而膨胀或坚实，有种子多颗；种子长椭圆形或圆柱形或稍肾形，长 6 ～ 12mm，黄白色、暗红色或其他颜色。花期 5 ～ 8 月。

分布与生境：海南有栽培；我国广泛栽培；世界热带、亚热带地区广泛栽培。原产非洲和亚洲。

利用：嫩荚做蔬菜食用。

注：手绘图引自浙江植物志。

1. 花枝；2. 旗瓣；3. 翼瓣；4. 龙骨瓣；5. 雄蕊；6. 雌蕊。

赤小豆 (Vigna umbellata)

1. 花枝；2. 花瓣；3. 雄蕊；4. 雌蕊；5. 花药；6. 果实；7. 种子。

豇豆 (Vigna unguiculata)

中文名称：★眉豆

学名：**Vigna unguiculata** subsp. **cylindrica**(Linn.)Verdc. in Kew Bull. 24: 544. 1970, 中国植物志 41: 292 (1995), 广东植物志 5: 331(2003), Flora of China 10: 259(2010). ——Vigna cylindria(Linn.)Skeels in U. S. Dept. Agr. Bur. Pl. Ind. Bull. 282: 32. 1913, 海南植物志 2: 295(1965)

科名：豆科 Fabaceae(蝶形花科 Papilionaceae) **属名：**豇豆属 Vigna Savi

形态特征：一年生直立草本，高 20 ～ 40cm。茎近无毛。羽状复叶具 3 小叶；托叶披针形，长约 1cm，着生处下延成一短距，有线纹；小叶卵状菱形，长 5 ～ 15cm，宽 4 ～ 6cm，先端急尖，边全缘或近全缘，有时淡紫色，无毛。总状花序腋生，具长梗；花 2 ～ 6 朵聚生于花序的顶端，花梗间常有肉质密腺；花萼浅绿色，钟状，长 6 ～ 10mm，裂齿披针形；花冠黄白色而略带青紫，长约 2cm，各瓣均具瓣柄，旗瓣扁圆形，宽约 2cm，顶端微凹，基部稍有耳，翼瓣略呈三角形，龙骨瓣稍弯；子房线形，被毛。荚果下垂，直立或斜展，线形，长 10 ～ 16cm，宽 6 ～ 10mm，稍肉质而膨胀或坚实，有种子多颗；种子长椭圆形或圆柱形或稍肾形，长 6 ～ 12mm，黄白色、暗红色或其他颜色。花期 7 ～ 8 月；果期 9 月。

分布与生境：海南有栽培；我国广泛栽培；柬埔寨、朝鲜、日本、老挝、越南、非洲、美洲有栽培。

利用：种子供食用，可掺大米中作豆饭、煮汤、煮粥或磨粉用。

注：手绘图引自海南植物志。

中文名称：★长豇豆

学名：**Vigna unguiculata** subsp. **sesquipedalis**(Linnaeus)Verdcourt in P. H. Davis, Fl. Turkey. 3: 266. 1970, 中国植物志 41: 290(1995), Flora of China 10: 259(2010)

科名：豆科 Fabaceae(蝶形花科 Papilionaceae) **属名：**豇豆属 Vigna Savi

形态特征：一年生攀援植物，长 2 ～ 4m。荚果长 30 ～ 70(～ 90)cm，宽 4 ～ 8mm，下垂，嫩时多少膨胀；种子肾形，长 8 ～ 12mm。花果期夏季。

分布与生境：海口、琼海、万宁、乐东；我国各地常见栽培；亚洲、非洲及美洲广泛栽培。

利用：嫩荚做蔬菜食用。

注：手绘图引自中国植物志。

1. 花枝；2. 花瓣；3. 雄蕊；4. 雌蕊；5. 果。

眉豆 (Vigna unguiculata subsp.cylindrica)

1. 花枝；2. 花萼；3. 旗瓣；4. 翼瓣；
5. 龙骨瓣；6. 雄蕊；7. 花柱；8. 荚果。

长豇豆 (Vigna unguiculata subsp. sesguipedalis)

中文名称：野豇豆

学名： **Vigna vexillata**(Linnaeus)A. Richard, Hist. Fis. Cuba, Bot. 10: 191. 1845, 中国植物志 41: 282(1995), Flora of China 10: 255(2010)

科名：豆科 Fabaceae(蝶形花科 Papilionaceae) **属名：**豇豆属 Vigna Savi

形态特征：多年生攀援或蔓生草本。根纺锤形，木质；茎被开展的棕色刚毛，老时渐变为无毛。羽状复叶具 3 小叶；托叶卵形至卵状披针形，长 3 ～ 5mm，基部心形或耳状，被缘毛；小叶膜质，形状变化较大，卵形至披针形，长 4 ～ 9(～ 15)cm，宽 2 ～ 2.5cm，先端急尖或渐尖，基部圆形或楔形，通常全缘，少数微具 3 裂片，两面被棕色或灰色柔毛；叶柄长 1 ～ 11cm；叶轴长 0.4 ～ 3cm；小叶柄长 2 ～ 4mm。花序腋生，有 2 ～ 4 朵生于花序轴顶部的花，使花序近伞形；总花梗长 5 ～ 20cm；小苞片钻状，长约 3mm，早落；花萼被棕色或白色刚毛，稀变无毛，萼管长 5 ～ 7mm，裂片线形或线状披针形，长 2 ～ 5mm，上方的 2 枚基部合生；旗瓣黄色、粉红色或紫色，有时在基部内面具黄色或紫红斑点，长 2 ～ 3.5cm，宽 2 ～ 4cm，顶端凹缺，无毛，翼瓣紫色，基部稍淡，龙骨瓣白色或淡紫色，镰状，喙部呈 180° 弯曲，左侧具明显的袋状附属物。荚果直立，线状圆柱形，长 4 ～ 14cm，宽 2.5 ～ 4mm，被刚毛；种子 10 ～ 18 颗，浅黄色至黑色，无斑点或棕色至深红而有黑色之斑点，长圆形或长圆状肾形，长 2 ～ 4.5mm。花期 7 ～ 9 月。

分布与生境：海南各地，我国华东、华南至西南各省 (自治区) 有分布；全球热带、亚热带地区广布。生于旷野、灌丛或疏林中。

利用：本种的根或全株作草药，有清热解毒、消肿止痛、利咽喉的功效。因本种的根常非木质，在江苏、浙江地区偶有将其根蒸熟后充作人参，但并无人参的功效，应注意鉴别。

注：手绘图引自浙江植物志。

中文名称：紫藤

学名： **Wisteria sinensis**(Sims)Sweet, Hort. Brit. 121. 1827, 中国植物志 40: 184(1994), 广东植物志 5: 239 (2003), Flora of China 10: 188(2010)

科名：豆科 Fabaceae(蝶形花科 Papilionaceae) **属名：**紫藤属 Wisteria Nutt.

形态特征：落叶藤本。茎左旋，枝较粗壮，嫩枝被白色柔毛，后秃净；冬芽卵形。奇数羽状复叶，长 15 ～ 25cm；托叶线形，早落；小叶 3 ～ 6 对，纸质，卵状椭圆形至卵状披针形，上部小叶较大，基部 1 对最小，长 5 ～ 8cm，宽 2 ～ 4cm，先端渐尖至尾尖，基部钝圆或楔形，或歪斜，嫩叶两面被平伏毛，后秃净；小叶柄长 3 ～ 4mm，被柔毛；小托叶刺毛状，长 4 ～ 5mm，宿存。总状花序发自去年短枝的腋芽或顶芽，长 15 ～ 30cm，径 8 ～ 10cm，花序轴被白色柔毛；苞片披针形，早落；花长 2 ～ 2.5cm，芳香；花梗细，长 2 ～ 3cm；花萼杯状，长 5 ～ 6mm，宽 7 ～ 8mm，密被细绢毛，上方 2 齿甚钝，下方 3 齿卵状三角形；花冠紫色，旗瓣圆形，先端略凹陷，花开后反折，基部有 2 胼胝体，翼瓣长圆形，基部圆，龙骨瓣较翼瓣短，阔镰形，子房线形，密被绒毛，花柱无毛，上弯，胚珠 6 ～ 8 粒。荚果倒披针形，长 10 ～ 15cm，宽 1.5 ～ 2cm，密被绒毛，悬垂枝上不脱落，有种子 1 ～ 3 粒；种子褐色，具光泽，圆形，宽 1.5cm，扁平。花期 4 月中旬至 5 月上旬；果期 5 ～ 8 月。

分布与生境：尖峰岭；福建、广西、河北、河南、湖南、江苏、江西、陕西、山东、山西、浙江；日本。生于林中。

利用：本种我国自古即栽培作庭园棚架植物，先叶开花，紫穗满垂缀以稀疏嫩叶，十分优美。

注：手绘图引自广东植物志。

1. 花枝；2. 花；3. 旗瓣；4. 翼瓣；5. 龙骨瓣；
6. 雄蕊；7. 雌蕊；8. 荚果；9. 种子。

野豇豆 (Vigna vexillata)

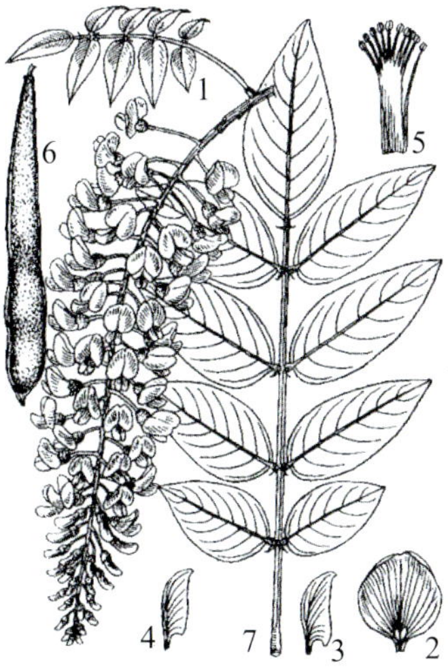

1. 花枝；2. 旗瓣；3. 翼瓣；4. 龙骨瓣；
5. 雄蕊；6. 荚果；7. 复叶。

紫藤 (Wisteria sinensis)

中文名称：丁癸草

学名： **Zornia gibbosa** Spanog. in Linnaea 15: 192. 1841, 中国植物志 41: 358(1995), 广东植物志 5: 351 (2003), Flora of China 10: 136(2010)

科名：豆科 Fabaceae(蝶形花科 Papilionaceae)　**属名：**丁癸草属 Zornia J. F. Gmel.

形态特征：多年生、纤弱多分枝草本，高 20 ～ 50cm。无毛，有时有粗厚的根状茎。托叶披针形，长 1mm，无毛，有明显的脉纹，基部具长耳。小叶 2 枚，卵状长圆形、倒卵形至披针形，长 0.8 ～ 1.5cm，有时长达 2.5cm，先端急尖而具短尖头，基部偏斜，两面无毛，背面有褐色或黑色腺点。总状花序腋生，长 2 ～ 6cm，花 2 ～ 6(～ 10) 朵疏生于花序轴上；苞片 2，卵形，长 6 ～ 7(～ 10)mm，盾状着生，具缘毛，有明显的纵脉纹 5 ～ 6 条；花萼长 3mm，花冠黄色，旗瓣有纵脉，翼瓣和龙骨瓣均较小，具瓣柄。荚果通常长于苞片，少有短于苞片，有荚节 2 ～ 6，荚节近圆形，长与宽约 2 (～ 4)mm，表面具明显网脉及针刺。花期 4 ～ 7 月；果期 7 ～ 9 月。

分布与生境：万宁、三亚、东方、乐东；福建、广东、广西、江苏、江西、四川、台湾、云南、浙江；不丹、印度、日本、马来西亚、缅甸、尼泊尔、斯里兰卡、越南、澳大利亚。生于较干旱旷野。

注：手绘图引自广东植物志。

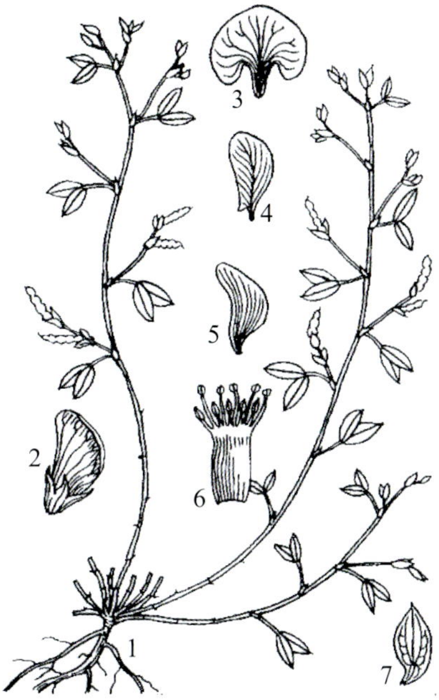

1. 植株；2. 花；3. 旗瓣；4. 翼瓣；
5. 龙骨瓣；6. 雄蕊；7. 托叶。

丁癸草 (Zornia gibbosa)

附　录

1. 中文名称：★巨荚棋子豆
学名： **Cylindrokelupha gigantocarpa** S. Y. Liang, 海南岛尖峰岭地区生物物种名录
科名：豆科 Fabaceae(含羞草科 Mimosaceae)　**属名：**棋子豆属 Cylindrokelupha Kosterm.
分布与生境：海南有栽培，尖峰岭；云南。

2. 中文名称：★缅甸铁木
学名： **Xylia dolabriformis** Benth. 海南岛尖峰岭地区生物物种名录
科名：豆科 Fabaceae(含羞草科 Mimosaceae)　**属名：**铁木属 Xylia Benth.
形态特征：落叶大乔木，高 30 多米，胸径 90 ～ 120cm，边材窄，浅灰白色，心材明显，暗红褐色，且有条纹。树干通直，树皮较厚，灰白色，平滑。二歧偶数羽状复叶，光滑无毛，小叶对生。叶深绿色，长椭圆形，全缘。二歧分叉处和每对小的叶柄着生处都有一明显的腺体。3 ～ 4 月果熟，荚果深红，形如猪腰子，长约 15cm，宽 6cm，种子数粒。
分布与生境： 海南有栽培，尖峰岭。原产缅甸、印度和中南半岛。
利用：木材硬重，耐腐，纹理美观。原产地用于桥梁、造船、电线杆、枕木、板材、细木工等。

3. 中文名称：★香二翅豆
学名： **Dipteryx odorata**(Aubl.)Willd
科名：豆科 Fabaceae(蝶形花科 Papilionaceae)　**属名：**山蚂蝗属 Desmodium Desv.
形态特征：大乔木，高可达 22 ～ 48m，主干圆直、光滑，枝下高可达 18 ～ 24m；胸径 30 ～ 80cm。
分布与生境：保亭有栽培；广东有栽培。原产南美洲。

4. 中文名称：★塞内加尔刺桐
学名： **Erythrina senegalensis** DC, 中国植物志 41: 163(1995)
科名：豆科 Fabaceae(蝶形花科 Papilionaceae)　**属名：**刺桐属 Erythrina Linn.
形态特征：中乔木；小枝脆，幼枝有小刺，有时小叶中脉上也有刺。花鲜红色，在原产地花、叶同出，有时一年两度开花。种子红色。
分布与生境：海南有栽培；云南有栽培。原产北非洲。

5. 中文名称：★北方叶形果
学名： **Phyllocarpus septentrionalis** Donn.
科名：豆科 Fabaceae(蝶形花科 Papilionaceae)　**属名：**叶形果属 Phyllocarpus
形态特征：乔木，高可达 10 ～ 12cm，花红色。
分布与生境：海南有栽培；尖峰岭；巴基斯坦。

6. 中文名称：★松香紫檀
学名： **Pterocarpus santalinus** L. f, 中国自然标本馆
科名：豆科 Fabaceae(蝶形花科 Papilionaceae)　**属名：**紫檀属 Pterocarpus Jacq.

形态特征: 高大乔木，高 20 ～ 25m，胸径达 40cm 以上；树皮灰褐色。羽状复叶长 10cm 左右；托叶早落；小叶 1 ～ 2 对，宽卵形，长 8 ～ 10cm，宽 6 ～ 8cm，先端突尖或微凹，基部圆形，叶脉纤细。圆锥花序顶生或腋生，多花，被褐色短柔毛。荚果圆形，扁平，偏斜，宽 3 ～ 5cm，周围具宽翅，翅宽可达 1 ～ 2cm，有种子 1 ～ 2 粒。

分布与生境： 海南有栽培；台湾；印度。

利用： 良好木材，园林绿化。

7. 中文名称： ★斑巴拉花生

学名： **Vigna ubterranean**(L)Verdc

科名： 豆科 Fabaceae(蝶形花科 Papilionaceae) **属名：** 豇豆属 Vigna Savi

分布与生境： 儋州有栽培。原产非洲，非洲撒哈拉沙漠以南广泛种植。

参考文献

[1] 安徽植物志协作组 . 1986. 安徽植物志第 3 卷 . 合肥：安徽科学技术出版社
[2] 陈汉斌，等 . 1997. 山东植物志 下卷 . 青岛：青岛出版社
[3] 丁宝章，王遂义 . 1988. 河南植物志第二册 . 郑州：河南科学技术出版社
[4] 福建省科学技术委员会 . 1988. 福建植物志第 3 卷 . 福州：福建科学技术出版社
[5] 贵州植物志编辑委员会 . 1989. 贵州植物志第 7 卷 . 成都：四川民族出版社
[6] 河北植物志编辑委员会 . 1986. 河北植物志第 1 卷 . 石家庄：河北科学技术出版社
[7] 潘志刚 . 1994. 中国主要外来树种引种栽培 . 北京：北京科学技术出版社
[8] 单家林 . 2009. 海南岛种子植物分布新记录 . 福建林业科技，36(3)：256–259
[9] 王祝年，肖邦森 . 2009. 海南药用植物名录 . 北京：中国农业出版社
[10] 邢福武，陈红锋，秦新生，等 . 2014. 中国热带雨林地区植物图鉴——海南植物 . 武汉：华中科技大学出版社
[11] 邢福武，等 . 2012. 海南植物物种多样性编目 . 武汉：华中科技大学出版社
[12] 邢福武，秦新生 . 2003. 海南植物增补 . 华南农业大学学报 (自然科学版)，24(2)：60–62
[13] 曾庆波，等 . 1995. 海南岛尖峰岭地区生物物种名录 . 北京：中国林业出版社
[14] 张荣京，吴世捷，叶育石，等 . 2007. 海南植物增补 (Ⅺ). 热带亚热带植物学报，15(3)：256–258
[15] 浙江植物志编辑委员会 . 1993. 浙江植物志第 3 卷 . 杭州：浙江科学技术出版社
[16] 中国科学院华南植物研究所 . 1964–1977. 海南植物志第 2 卷 . 北京：科学出版社
[17] 中国科学院华南植物园 . 1987–2006. 广东植物志第 5 卷 . 广州：广东科技出版社
[18] 中国科学院昆明植物研究所 . 1997. 云南植物志第 8 卷 . 北京：科学出版社
[19] 中国科学院昆明植物研究所 . 2006. 云南植物志第 10 卷 . 北京：科学出版社
[20] 中国科学院西北植物研究所 . 1981. 秦岭植物志第一卷 (第三册). 北京：科学出版社
[21] 中国科学院植物研究所 . 1983. 中国高等植物图鉴第 2 册 . 北京：科学出版社
[22] 中国科学院中国植物志编辑委员会 . 1959–2006. 中国植物志第 39 卷 . 北京：科学出版社
[23] 中国科学院中国植物志编辑委员会 . 1959–2006. 中国植物志第 40 卷 . 北京：科学出版社
[24] 中国科学院中国植物志编辑委员会 . 1959–2006. 中国植物志第 41 卷 . 北京：科学出版社
[25] 中国科学院中国植物志编辑委员会 . 1959–2006. 中国植物志第 42 卷 . 北京：科学出版社
[26] 中国医学科学院药用植物研究所海南分所 . 2007. 中国医学科学院药用植物研究所海南分所南药园植物名录 . 北京：中国农业出版社
[27] 中国科学院 Flora of China 编辑委员会 . 1994–2013. Flora of China Vol. 10. 北京：科学出版社
[28] 周以良 . 1998. 黑龙江省植物志 第 6 卷 . 哈尔滨：东北林业大学出版社

科、属拉丁名索引

科、属、种中文名索引

K

L

M

N

O

P

Q

R

S

T

W

X

Y

Z

《海南植物图志》共有 14 卷，为方便读者在《海南植物图志》中查对植物，《海南植物图志》编著者结合多年在海南研究植物种类的经验，编制了海南植物野外检索科的经验检索表。检索时首先确定是属于蕨类植物(一)还是属于种子植物；如果是种子植物，进而确认它是裸子植物(二)还是被子植物；如果是被子植物，进一步确定它是双子叶植物(三)还是单子叶植物(四)，然后在其所在的类群中检索。当知道要查的标本或图像属于哪一个科后，可在这一卷的前言中找到要查的科在《海南植物图志》中的哪一卷，便可达到目的。

海南植物野外检索科的经验检索表

1. 通常为不定根，形成须根状，叶多从根状茎上长出，有簇生、近生或远生，幼时大多数呈拳曲状。无种子形成，以孢子繁殖……蕨类植物(一)
1. 有定根，有种子……种子植物
  2. 种子裸露或具假种皮。多为乔木，少数为灌木或藤木(如买麻藤科)，通常常绿，叶针形、线形、鳞形，极少为扁平的阔叶(如罗汉松科和买麻藤科的一些种)……裸子植物(二)
  2. 种子具种皮和真正的花。叶片具网状脉，或具平形脉或弧形脉……被子植物
    3. 具 2 片子叶，直根系，叶片具网状脉……双子叶植物(三)
    3. 具 1 片子叶，须根系，叶片具平行脉……单子叶植物(四)

(一)蕨类植物科的野外经验检索(仅供参考)

蕨类植物科检索表

1. 叶退化或缩小，远不如茎发达，鳞片形、钻形或披针形，不分裂孢子囊单生于叶的基部上面，或生于枝顶的孢子叶穗内(小叶型蕨类)。
  2. 茎细长，直立，无真正的叶，单茎或具轮生枝，中空，有明显的节，节间表面有纵行的沟脊，各节管状，被具锯齿的鞘包围，孢子囊多数，生于变质盾状鳞片形孢子叶的下面，在枝顶上形成单一的椭圆形孢子叶穗……4. 木贼科 (Equisetaceae)
  2. 植物体形体完全不同上述，孢子囊生于叶上面的基部。
    3. 枝为三棱形多回同位二叉分枝，叶退化为分叉的小钻形，几无叶绿素，孢子囊略为圆球形……1. 松叶蕨科 (Psilotaceae)
    3. 枝为圆柱形，叶多为鳞片状或狭披针形
      4. 枝为圆柱形，一至多回二叉分枝，茎辐射对称，无根托，叶一型，少为二型，钻形或披针形，或少为鳞片形，螺旋排列……2. 石松科 (Lycopodiaceae)
      4. 茎有腹背之分，常有根托，叶通常为鳞片形，二型，四行排列，扁平；或少为钻形，一型，螺旋排列……3. 卷柏科 (Selaginellaceae)
1. 叶远较茎发达，单叶或复叶，孢子囊生于正常叶的下面或特化叶的下面或边缘，聚生呈圆形、长圆形或线形的孢子囊群，或布满叶的下面。
  5. 水生、湿生，或为沿海滩涂植物。
    6. 植株高大或中等，高于 30cm，叶片羽状……17. 凤尾蕨科 (Pteridaceae)(水蕨属、卤蕨属)
    6. 植株矮小，通常低于 30cm，叶形不同于一般蕨类。

7. 小型植物，常生于淤泥中，叶田字形，由四片倒三角形的羽片组成，生于柄端，孢子果生于叶柄基部……………………………………31. 苹科 (Marsileaceae)

7. 微小植物，漂浮水面，叶形不同上述，无柄，孢子果 (荚) 生于变形叶上……………………………………33. 槐叶苹科 (Salviniaceae)

5. 陆生植物，叶形多样。

8. 土生植物。

9. 常为攀缘状或藤本状植物。

10. 常高达数米，叶远生，从藤茎两侧生出 1 对开向左右的羽片，羽片分裂图式或为一至二回二叉掌状，或为一至二回羽状，近二型……………………11. 海金沙科 (Lygodiaceae)

10. 攀缘植物，叶远生，一回羽状复叶，能育叶通常强度缩狭呈条状。

11. 通常生于林缘、村边或滨海向阳稍开阔处·…………………23. 乌毛蕨科 (Blechnaceae)

11. 通常生于密林下阴湿处或攀爬于树干上。

12. 羽裂片较大，若叶片较小则无蓝色光泽，常有浅圆齿状……………………………………26. 藤蕨科 (Lomariopsidaceae)

12. 羽裂片小，全缘或幼时有锯齿，羽裂片有蓝紫色光泽……………………………………24. 鳞毛蕨科 (Dryopteridaceae)(符藤蕨属)

9. 非攀缘植物。

13. 植株高大，高达 3m 或更高，或为明显的树蕨状 (该类群株型变异较大处于不同生长阶段的叶形差异较大，野外鉴定可根据周边居群或根状茎综合判断)。

14. 叶柄粗壮，常有瘤状突起或关节，基部有肉质托叶状附属物，叶肉质，生于林下阴湿处或中高海拔林下坡地上……………………………… 6. 合囊蕨科 (Marattiaceae)

14. 叶柄粗壮，叶柄无瘤状突起或关节，基部无肉质托叶状附属物。

15. 粗大而直立的根状茎上被黄色长柔毛，孢子囊群圆肾形，囊群盖生于叶缘，由草质而呈蚌壳形的内外两瓣组成，向外开口……………………13. 蚌壳蕨科 (Dicksoniaceae)

15.高大树蕨或不具圆柱状的地上茎，茎上和叶柄上被坚厚深棕色的披针形鳞片，或有疣状突起，孢子囊群圆形，生于叶下面小脉中部突出的球形囊群托上，囊群盖圆球形或呈碗形，下位，早落或无囊群盖…………………14. 桫椤科 (Cyatheaceae)

13. 中小型植株，通常高不超过 3 m(变化范围较大)，不具圆柱状的地上茎。

16. 孢子囊正常群生于叶背面，或生于叶缘，孢子叶不明显变形或仅略微缩小。

17. 孢子囊群生于叶缘以内，囊群盖被变形而反折的叶边所保护，或无囊群盖，但此时孢子囊群相互网结，或植株背面明显被白粉…… 18. 凤尾蕨科 (Pteridaceae)(凤丫蕨属、泽泻蕨属、粉叶蕨属、车前蕨属)

17. 孢子囊群不如上述。

18. 孢子囊群不被反折的变形叶边所掩护，而为叶缘生或叶缘内表面生，并被向外开的囊群盖所覆盖…………………………… 16. 鳞始蕨科 (Lindsaeaceae)

18. 孢子囊群不生于叶缘，或生于叶缘但不被反折的叶边所保护，而是被杯形、圆形、肾形等各式囊群盖所保护或无囊群盖。

19. 根状茎长而横走。

20. 孢子囊圆形。

21. 单叶呈掌状或深二裂……………………30. 双扇蕨科 (Dipteridaceae)

21. 叶形不如上述。

22. 叶脉为新月形..........21. 金星蕨科 (Thelypteridaceae)(新月蕨属、毛蕨属部分种)

22. 叶脉不为新月形。

23. 叶片通常两歧分枝，或一回羽状或多回羽状而其羽片或小羽片为两歧分枝，末回裂片线形，通常呈篦齿状，往往在分枝处有一被毛或鳞片状并为叶状苞片所覆盖的腋芽，其两侧有时有篦齿状的托叶.. 9. 里白科 (Gleicheniaceae)

23. 叶片通常二回或三回羽状分裂 (极少种为一回)，末回裂片斜方形或长条形，孢子囊群缘生，同形，着生于小脉顶端，生在长圆形而不融合的囊群托上，囊群盖杯状或两唇瓣状，即有一内瓣及一外瓣................................. 15. 碗蕨科 (Hypolepidaceae)

20. 孢子囊线形或马蹄形，生于叶脉两侧。

24. 囊群盖通常膜质，无毛..18. 蹄盖蕨科 (Athyriaceae)(对囊蕨属、介蕨属)

24. 囊群盖密被柔毛，根状茎肿大.........20. 肿足蕨科 (Hypodematiaceae)

19. 根状茎短而直立或斜升。

25. 叶片常为一回羽状。

26. 羽片对数 10 对以上。

27. 常附生于棕榈树上或石头上，有匍匐茎...27. 肾蕨科 (Nephrolepidaceae)

27. 地生植物，无匍匐茎。

28. 羽轴通常有毛，叶片一般为纸质或草质.. 21. 金星蕨科 (Thelypteridaceae)

28. 羽轴通常被鳞片或光滑，叶片通常为明显革质。

29. 植株中等，散生孢子囊群圆形... 24. 鳞毛蕨科 (Dryopteridaceae)

29. 植株通常高大，丛生形.............23. 乌毛蕨科 (Blechnaceae)

26. 羽片 10 对左右或更少。

30. 羽轴通常无毛，羽裂片边缘通常有锯齿..18. 蹄盖蕨科 (Athyriaceae)(双盖蕨属、菜蕨属)

30. 羽轴通常无毛，羽裂片边缘通常全缘，叶脉网结...19. 肠蕨科 (Diplaziopsidaceae)

25. 叶片常为二回羽裂或更为细裂。

31. 叶片通常革质或草质，分裂度细，羽裂片常呈斜方形或带芒.. 24. 鳞毛蕨科 (Dryopteridaceae)

31. 叶片通常为草质或薄革质，分裂度较小，第一对羽片基部通常反折向下或为耳状羽片，使叶片整体呈五角状叉状.. 25. 叉蕨科 (Aspidiaceae)

16. 孢子囊群不生于叶背面，不形成定形的孢子囊群，或者孢子囊为球状，不形成孢子囊群而是分散地生于特化的叶片边缘，呈穗状或复穗状的孢子囊群。

32. 孢子囊群生于无叶绿素的强度变质的能育叶的小轴或能育羽片的羽轴边缘……………………………………………………………… 7. 紫萁科 (Osmundaceae)

32. 孢子囊群生于异型的能育叶上。

33. 能育叶条形或强度缩狭。

34. 能育叶羽状，裂片线形……………………………… 8. 瘤足蕨科 (Plagiogyriaceae)

34. 能育叶指状分裂，禾草状或二至五回二歧分枝草本……………………………………………………………10. 莎草蕨科 (Schizaeaceae)

33. 能育叶由穗状或复穗状的孢子囊群构成………5. 瓶尔小草科 (Ophioglossaceae)

8. 附生或半附生植物 (有一阶段为附生植物)，通常附生在石头、腐木、苔藓、树干上。

35. 叶柄基部有关节。

36. 叶片一型或二型。

37. 一般为单叶或一回羽状，极少二歧状，孢子囊群一般圆形、长圆形或线形，或有时布满能育叶片下面，无囊群盖………………………………………31. 水龙骨科 (Polypodiaceae)

37. 单叶，根状茎通常近直立，叶肉质，叶脉分叉，孢子囊群布满能育叶下面 ……………………………………………………………24. 鳞毛蕨科 (Dryopteridaceae)(舌蕨属)

36. 叶片一型，全为单叶，叶脉明显而平行，有明显叶足排列于根状茎上，孢子囊群远离叶缘着生，常分布于高海拔林内……………………………………………28. 条蕨科 (Oleandraceae)

35. 叶柄基部无关节。

38. 叶片膜质，几乎由一层细胞组成，矮小植物，一般不具根，有二列生的叶，叶通常很小，有全缘的单叶至扇形分裂，或为多回两歧分叉至多回羽裂，通常生于沟边阴湿石头上，或与苔藓植物混生或攀缘在树干上………………………………12. 膜蕨科 (Hymenophyllaceae)

38. 叶片不为膜质，叶质一般坚实，叶片一型或二型。

39. 孢子囊群近叶缘生，囊群盖半杯状或半圆筒形………………29. 骨碎补科 (Davalliaceae)

39. 孢子囊群线形，沿小脉延伸，囊群盖与孢子囊群同形，很少无盖…………………………………………………………………………22. 铁角蕨科 (Aspleniaceae)

(二) 裸子植物科的野外经验检索 (仅供参考)

1. 叶为阔叶或大型叶

2. 小叶羽状排列……………………………………………………………………苏铁科

2. 叶阔叶形，对生…………………………………………………………………买麻藤科

1. 叶钻形、条形、针形、鳞形或刺状

2. 叶针形……………………………………………………………………………松科

2. 叶钻形、条形、鳞形或刺状

3. 叶钻形，质地坚硬，刺状……………………………………………………杉科

3. 叶条形、鳞形或刺状

4. 鳞形或刺状………………………………………………………………柏科

4. 叶条形

5. 球果圆柱形，成熟前绿色或淡绿色，成熟时淡褐色或淡栗色……………………松科 (油杉)

5. 种子当年成熟，核果状或坚果状，外有假种皮
6. 叶宽条形，叶在枝上多少螺旋排列
7. 球果……南洋杉科
7. 果具假种皮……罗汉松科
6. 叶窄条形，2~4mm
7. 叶背灰白色……三尖杉科 (粗榧科)
7. 叶片暗绿色……南洋杉科

苏铁科：叶螺旋状排列，有鳞叶及营养叶，二者相互成环着生。鳞叶小，密被褐色毡毛，营养叶大，深裂呈羽状，稀叉状二回羽状深裂，集生于树干顶部或块状茎上。

松科：叶条形 (海南油杉) 或针形。

杉科 (海南栽培 1 种，杉木)：叶钻形，硬，似刺。

柏科：树皮褐色，叶交叉对生，或 3 ～ 4 片轮生，稀螺旋状着生，鳞形或刺状，或兼有两型叶。

南洋杉科 (外来科)：树皮黑褐色，主干多不分枝，叶螺旋状着生或交叉对生，基部下延生长，小枝一般与主干垂直或下垂。

罗汉松科：树皮褐色或黑褐色，叶呈鸡毛状 (鸡毛松，树皮黑褐色)、束状 (陆均松，树皮褐色或红褐色) 或阔叶状 (条形、披针形、椭圆形)。

三尖杉科 (粗榧科)：树皮红褐色 (海南粗榧)，叶条形或披针状条形，稀披针形，交叉对生或近对生，在侧枝上基部扭转排列成两列，上面中脉隆起，下面有两条宽气孔带，灰色。

买麻藤科：常绿木质大藤本，茎节由上下两部接合而成，呈膨大关节状，下部顶端具有宿存环状总苞片，在幼枝上明显，在老枝上则仅有痕迹。单叶对生，有叶柄，无托叶。叶片革质或半革质，平展具羽状叶脉，小脉极细密呈纤维状，极似双子叶植物。

(三) 双子叶植物科的野外经验检索

由于双子叶植物较多，很难分级检索，只能比对科的野外特征进行检索，仅供参考。

1. 有乳汁、汁液或树脂，或肉质类植物
2. 木本 (木质藤本) 或树木状植物

肉豆蔻科：高大乔木，树汁血红色。

番木瓜科：枝叶折断后有白色乳汁或浆液，乔木状草本，通常不分枝，容易折断，大型掌状叶。

红木科 (海南仅有一个栽培种)：单叶，互生，具掌状脉。托叶小，早落，分泌红色、黄色或橙色的乳汁。

藤黄科 (金丝桃科)(细叶金丝桃与田基黄除外)：乔木或灌木，有黄色树脂，叶对生。

桑科：通株有白色乳汁，绝大多数有托叶环，无托叶环者叶片多粗糙。

漆树科：嫩枝折断有浆液，叶互生，单叶 (芒果、山様子等) 或奇数羽状复叶。

胡桃科：复叶，落叶或半常绿乔木或小乔木，羽状复叶，具树脂，有芳香 (剥开树皮有碘酒味)。

山榄科 (肉实科)：枝叶、树干受损后有白色乳汁，乔木或灌木，单叶互生、近对生或对生，有时密聚于枝顶，通常革质，全缘。

夹竹桃科：枝叶、树干受损后有白色乳汁，乔木、直立灌木或木质藤木。叶片对生或轮生。

大戟科：枝叶受损后有白色乳汁 (乌桕属)，乔木。

2. 草本或草质藤本植物

仙人掌科：肉质，叶扁平，全缘或圆柱状、针状、钻形至圆锥状，互生或完全退化。

景天科：肉质，叶片对生，多匙形。

秋海棠科：肉质，多生长在阴湿的环境，叶互生，基部通常偏斜，两侧不相等，具长柄。

大戟科：肉质，杯状聚伞花序（大戟属），或叶柄基部或顶端有时具有 1 枚或 2 枚腺体。

番杏科：肉质，平卧，单叶对生、互生或假轮生，托叶干膜质，先落或无。

凤仙花科：肉质草本，罕为灌木，单叶，对生或轮生，具柄或无柄，无托叶或有时叶柄基具 1 对托叶状腺体。

防己科（部分植物，海南地不容等）：藤本，嫩叶折损后有浆汁，叶柄两端肿胀，多心形或盾形叶，有块根。

罂粟科：草本，具乳白色、恶臭的液汁，基生叶通常莲座状。

马齿苋科：肉质，托叶干膜质或刚毛状。多分布于沿海湿地。

蒺藜科：肉质，分布于海边沙滩内缘，花黄色，小叶常对生。

旋花科：草质藤本，嫩枝叶折损后常有白色乳汁或汁液，叶互生，螺旋排列，寄生种类无叶或退化成小鳞片，通常为单叶，叶基常心形或戟形，合瓣。常见植物：地瓜、山猪菜。

桔梗科：叶基非心形或戟形，花冠合瓣，浅裂或深裂至基部而成为 5 个花瓣状的裂片，整齐。

菊科（舌状花亚科）：嫩枝叶常有乳汁，草本，头状花序。

夹竹桃科：枝叶和花受损后有白色乳汁，草质藤本，叶片对生或轮生。

萝藦科（杠柳科）：枝叶受损后有白色乳汁，草质藤本，叶片对生或轮生，草本、灌木或藤本，根部肉质呈块状，叶柄顶端通常具有丛生的腺体。

茶茱萸科（心翼果属）：无毛草质藤本，具白色乳汁。单叶互生，全缘或分裂，具长柄，心形或心状戟形，3～7 掌状脉，薄膜质，无托叶。

1. 无乳汁、汁液或树脂，或非肉质类植物

 2. 有托叶或明显托叶环

  3. 木本（木质藤本）或树木状植物

木兰科：木本，单叶互生，托叶大，包围幼芽，早落，脱落后留有围绕枝条的环状疤痕。

堇菜科（三角车属）：灌木或小乔木。幼枝有明显的叶痕，无毛或被极少毛，淡绿色，老枝暗褐色，粗糙，草本，叶为单叶，托叶小或叶状。

五列木科（仅一个种）：乔木，单叶互生，螺旋状排列，托叶宿存。

金莲木科：灌木，单叶互生，托叶 2，有时呈撕裂状。

梧桐科：幼嫩部分常有星状毛，树皮富于纤维。单叶互生，通常有托叶。一般叶柄较长，两端常膨大，或有星状毛，树木用钉子钉较容易。

锦葵科（花具副萼，雄蕊管的基部合生）：叶互生，单叶或分裂，叶脉通常掌状，树皮富于纤维，具托叶。

白花菜科（槌果藤属）：常为木质藤本，叶互生，很少对生，单叶或掌状复叶。托叶刺状，细小或不存在。

大戟科：木本，叶互生，基部或顶端有时具有 1 枚或 2 枚腺体。有托叶，针状，短，褐色，着生于叶柄的基部，早落或宿存，脱落后具环状托叶痕。

小盘木科（1 种）：树皮粗糙，单叶互生，边缘有细锯齿或全缘，嫩枝密被柔毛，具叶柄，托叶小。

蔷薇科：木本（有杏仁味，无刺）。叶互生，有明显托叶，稀无托叶。

金缕梅科：掌状叶或椭圆形叶，叶有的折断有黄皮味，托叶线形，或为苞片状（山铜柴）。

省沽油科（5 种，其中 4 种属山香圆属）：乔木或灌木。叶为奇数羽状复叶，小叶 2~5 对，有细锯齿，有托叶。

五加科：叶互生，托叶通常与叶柄基部合生呈鞘状（少无托叶），叶柄较长。

茜草科：叶对生或有时轮生，托叶通常生于叶柄间。

刺茉莉科(海南分布有 1 种)：直立灌木，具长 2～4 m、攀缘或下垂的枝条，小枝无毛。托叶 2 枚，钻形，近宿存。具腋生刺，每一叶腋内 1 枚或 2 枚，长 0.2～1.6cm，劲直，锐尖。

3. 草本或草质藤本植物

睡莲科：水生或沼泽生草本，根状茎沉水生。叶常二型，漂浮叶或出水叶互生，心形至盾形，芽时内卷，具长叶柄及托叶。沉水叶细弱，有时细裂。

三白草科：茎直立或匍匐状，具明显的节。叶互生，单叶。托叶贴生于叶柄上。

金粟兰科：单叶对生，具羽状叶脉，边缘有锯齿。叶柄基部常合生。托叶小，钻形。

白花菜科：草本常具腺毛和特殊气味。叶互生，很少对生，掌状复叶。托叶刺状，细小或不存在。

茅膏菜科：食虫植物，叶互生，幼叶常拳卷。托叶存在，干膜质。

沟繁缕科：矮小，有成对托叶。

石竹科：草本，茎节通常膨大，具关节。单叶对生，有托叶，膜质。

蓼科：草本，托叶通常联合成鞘状(托叶鞘)，膜质。

牻牛儿苗科(海南仅分布 2 个栽培种)：草本，具浓烈鱼腥味，叶互生。托叶宽三角形或卵形。

西番莲科：藤本，腋生卷须卷曲。单叶，具柄，常有腺体，通常具托叶。

大戟科：草本，叶互生，基部或顶端有时具有 1 枚或 2 枚腺体。有托叶，针状，短，褐色，着生于叶柄的基部，早落或宿存，脱落后具环状托叶痕。

蔷薇科：草本、藤本(有皮刺)，叶互生，有明显托叶，稀无托叶。

荨麻科：有时有刺毛，单叶互生或对生，叶基多不对称，有托叶，多粗糙。

茜草科：叶对生或有时轮生，托叶通常生于叶柄间。

2. 无托叶，或有托叶，但早落，不明显

3. 叶为复叶

莲叶桐科：叶互生，有小叶 3 枚；小叶全缘，花序叶腋生。

毛茛科：多藤本，多三出复叶，通常掌状分裂，无托叶。叶脉掌状，叶柄较长。

辣木科(海南目前栽培 2 种)：落叶乔木，材质柔软，叶互生，奇数羽状复叶，小叶对生，全缘。

小檗科(海南目前 3 种)：枝无刺，叶互生，一至三回羽状复叶，叶脉羽状或掌状。

木通科：茎缠绕或攀缘，木质部有宽大的髓射线，叶互生，掌状或三出复叶，叶柄和小柄两端膨大为节状。

白花菜科：草本，常具腺毛和恶臭，木本无臭味，叶为互生掌状复叶，有小叶 3 片，小叶有短柄或近无柄，侧生小叶偏斜，基部不对称。叶柄长，顶端向轴面上常有腺体。

伯乐树科(单种科，分布在鹦哥岭)：乔木。叶互生，奇数羽状复叶。小叶对生或下部的小叶互生。

酢浆草科：草本，极少乔木(阳桃)，羽状复叶或掌状复叶(3 小叶)，倒心形，基生或茎生。小叶在晚间背折而下垂，通常全缘。

木棉科：乔木，主干基部常有板状根，木材软，有皮刺或无皮刺，叶互生，掌状复叶。

虎耳草科：*Flora of China* 把原来的鼠刺科和绣球科都归入虎耳草科。原虎耳草科(特征为叶沿茎互生，有的具深裂，有的形成莲座)、鼠刺科(叶边缘通常具腺齿或刺齿)、绣球科(小枝粗壮，有明显的皮孔与叶迹。叶大而稍厚，对生，椭圆形至宽卵形，长 7～20cm，宽 4～10cm，先端短渐尖)。

豆科：有豆荚。含羞草科(头状花序)、苏木科(稍左右对称，排成总状花序或圆锥花序)、蝶形花科(花两性，两侧对称，具蝶形花冠)。

葡萄科：攀缘木质藤本，稀草质藤本，具有卷须，或直立灌木(火筒树属)，无卷须。羽状或掌状复叶，互生。

芸香科：有橘子味(单叶或复叶)。

苦木科：灌木，或有硬大皮刺的藤本，树皮通常有苦味。

橄榄科：树(内)皮白色，闻有橄榄清甜味，奇数羽状复叶，互生，通常集中于小枝上部，小叶基部不对称。

楝科：通常为乔木，小枝常有皮孔，叶互生，稀对生，通常为一至三回羽状复叶，单叶(单叶地黄)。

无患子科：乔木或灌木，有时为草质(倒地玲)。羽状复叶或掌状复叶，很少单叶(单叶异木患、坡柳)，互生。

清风藤科(狭叶泡花树)：乔木，叶互生，奇数羽状复叶，叶柄臌大，形状像鸡腿。

牛栓藤科：攀缘灌木、藤本、乔木(单叶豆)，叶互生，奇数羽状复叶，有时3小叶(栗豆藤)，有的嫩叶红色。

伞形花科：草本，叶柄的基部扩大成鞘，有香菜或芹菜味。积雪草属、天胡荽属属于单叶除外。

忍冬科(接骨草属，蒴藋)：灌木状草本，主根垂直，副根不多，茎具棱，平滑无毛，多分枝，单数羽状复叶。

茄科(番茄)：一年生或多年生草本，或为亚灌木。茎直立或平卧。羽状复叶，小叶极不等大，有锯齿或分裂(茄属的马铃薯，番茄属)。

紫葳科：藤本(小叶2枚或3枚，炮仗花)、灌木(小叶多为7枚，硬骨凌霄)，大多数为乔木，叶对生，叶柄基部常有腺体。

马鞭草科(牡荆属，单叶蔓荆除外，该植物分布在沿海沙地)：小枝通常四棱柱形。叶对生，指状复叶，有小叶3～8枚。

3. 叶为单叶

4. 叶片互生

5. 木本或木质藤本

6. 有特殊味道或特殊性状

7. 有特殊味道

番荔枝科：乔木、灌木或攀缘灌木。木质部通常有特殊的香气，小枝条与叶对折，树皮多褐色或黑褐色，小枝多垂直或下垂于主干(常见种番荔枝)。

樟科：树皮通常具芳香(樟脑味)，小枝多绿色，叶多革质且叶背多偏灰白色，叶互生、对生、近对生或轮生，全缘，羽状脉、三出脉或离基三出脉，小脉常为密网状(常见种樟树，三出脉；潺槁木姜，羽状脉)。特殊情况：无根藤为草质藤本。

桃金娘科：乔木或灌木。树皮粗糙，单叶互生，浓的桉树味，具羽状脉或基出脉，全缘，常有油腺点。

芸香科：有橘子味(单叶或复叶)。

八角科：全株无毛，具油细胞及黏液细胞，有芳香气味，常有顶芽，芽鳞覆瓦状排列，通常早落。叶为单叶，互生，常在小枝近顶端簇生，假轮生或近对生，革质，全缘，边缘稍外卷，具羽状脉，中脉在叶上面常凹下，在下面凸起或平坦，有叶柄，无托叶。

五味子科：木质藤本，小枝圆柱形，干后具纵条纹，叶全缘或具锯齿，具透明或不透明的腺体，叶面中脉及侧脉常不明显。

7. 特殊性状

莲叶桐科：莲叶桐分布在沿海地区。特殊性状：叶盾形，叶柄与叶片连接处有一红点或黄点。

钩枝藤科：藤本，无毛。单叶互生，叶形大，幼树时直立。特殊性状：枝具环状钩。

壳斗科： 乔木，树皮粗糙，木质部多具斜裂痕。单叶，互生，极少轮生（轮叶三棱栎），革质，全缘或齿裂，或不规则的羽状裂。特殊性状：果实具壳斗。

木麻黄科： 特殊性状：乔木（或树形似松树），栽培种。多分布在沿海地区，为最佳的海防林树种，小枝轮生或假轮生，具节，纤细，绿色或灰绿色，形似木贼，常有沟槽及线纹或具棱。叶退化为鳞片状（鞘齿），围绕在小枝每节的顶端。

冬青科： 乔木或灌木，单叶，互生，叶片通常革质、纸质，具锯齿、腺状锯齿或刺齿，或全缘，具柄。特殊性状：一般用火稍稍从叶背烧其鲜叶，叶的腹面呈现黑环。

胡颓子科： 攀缘藤本，特殊性状：全体被银白色或褐色至锈色盾形鳞片或星状绒毛。

椴树科： 乔木、灌木或草本。单叶互生，稀对生，具基出脉，全缘或有锯齿，有时浅裂。托叶存在或缺，如果存在往往早落或有宿存。特殊性状：树皮纤维发达。

安息香科： 乔木或灌木，常被星状毛或鳞片状毛。单叶，互生。特殊性状：叶背多褐色。

紫金牛科： 灌木、乔木或攀缘灌木，单叶互生，通常具腺点或脉状腺条纹，全缘或具各式齿，齿间有时具边缘腺点。特殊性状：用小刀轻切开外皮，内皮呈现明显的似血管状的维管束。

柿科： 乔木或直立灌木。特殊性状：多数树灰褐色或黑色，一般用火稍稍从叶背烧其鲜叶，叶的腹面呈现黑环，但不如冬青科明显。不具乳汁，少数有枝刺。叶为单叶，互生，很少对生，排成两列，全缘，无托叶，具羽状叶脉。

瑞香科： 灌木（腋生瑞香）。特殊性状：乔木（沉香），树皮纤维发达。沉香较特殊，树皮灰白，嫩叶用力撕破，有膜质表皮。

6. 无特殊味道

猕猴桃科： 含水东哥科，仅 1 种，即水东哥。小乔木，分布于雨林较阴湿的环境。嫩叶，枝红褐色，披硬毛，猕猴桃科 3 种，木质藤本，枝与果毛被发达。

山茶科： 乔木或灌木。叶革质，常绿，互生，羽状脉，全缘（杨桐属）或有锯齿，具柄，花多白色，6 数。

龙脑香科： 海南野生分布有 3 种。乔木，木质部具芳香树脂，一般不流出来。小枝通常具环状托叶痕。

山柑科（1 种）：山柑，攀缓灌木。小枝圆柱形，光滑无毛，基部周围常有钻形苞片状小鳞片。刺短，长约 2 mm，尖端黄褐色，微外弯。

白花菜科（罗志藤属的罗志藤）：木质大藤本。枝无毛，绿黄色，干后黄褐色，有凸起的淡黄色皮孔及纵裂条纹。叶草质，边缘稍卷曲，长圆形至长圆状披针形，长 10~25cm，宽 4~9cm，顶端急尖，基部近圆形、钝楔形或楔形，两面均无毛，有明显的小凸点，顶部膨大。

茶茱萸科： 单叶互生，通常全缘，大多羽状脉，少有掌状脉。微花藤属和甜果藤属具卷须。

远志科： 乔木。单叶互生。果通常为翅果，具种子 1 粒，翅长圆形至菱状长圆形，革质，多脉（蝉翼藤）。青蓝（嫩叶蓝色，老叶青绿色，树皮黄褐色）。

柳叶菜科： 半灌木 或灌木，多为湿生，叶互生。

紫茉莉科： 具刺攀缓灌木（三角梅）。刺腋生，叶片纸质，卵形或卵状披针形，花顶生于枝端的 3 个苞片内，花梗与苞片中脉贴生，每个苞片上生一朵花。苞片叶状，紫色或洋红色（观赏的就是苞片）。

山龙眼科： 乔木或灌木。叶互生，通常 3 枚轮生或近对生（澳洲坚果，栽培种），多为各式分裂。山龙眼：树皮红褐色。嫩枝和花序均密被锈色短绒毛。

第伦桃科： 木质藤本（锡叶藤，叶片表面很粗糙）、乔木（第伦桃属，叶大，在海南的森林中为大型叶，脉明显）。叶互生，有锯齿。

海桐花科： 常绿乔木、灌木或木质藤本。单叶互生（近轮生），或叶聚生枝端，全缘，稀有齿或分裂，革质，狭倒卵形，中脉明显，侧脉不明显，顶端圆形或微凹。

大风子科（天料木科）：常绿或落叶乔木、灌木，多数无刺（原天料木科的植物），有枝刺和皮刺（如菲柞、箣柊、刺篱木、柞木等属）。叶柄常基部和顶部增粗。海南大风子，叶革质，对折有明显的痕迹，有臭虫味。

柽柳科（海南 1 个栽培种）：小乔木。老枝直立，暗褐红色，光亮，幼枝稠密细弱，常开展而下垂，红紫色或暗紫红色，有光泽。嫩枝繁密纤细，悬垂。叶小，多呈鳞片状，互生，通常无叶柄，多具泌盐腺体。

使君子科：皮粗糙，红褐色，单叶互生，全缘或稍呈波状（榄李属等）。

古柯科（粘木科，2 个野生种、1 个栽培种）：灌木或乔木。单叶互生，全缘或偶有钝锯齿。托叶生于叶柄内侧，极少数生于叶柄外侧的托叶通常早落。

交让木科（海南分布有 2 种）：乔木或灌木，无毛。小枝具叶痕，灰褐色，稀疏皮孔，单叶互生，常聚集于小枝顶端，全缘，叶面具光泽。

黄杨科：常绿灌木。单叶，互生或对生，离基三出脉（野扇花属）、羽状脉，小枝四棱形，大多被柔毛（黄杨属），全缘。

杨柳科（海南分布有 2 个野生种、2 个栽培种）：树皮光滑或开裂粗糙，单叶互生。

杨梅科（海南分布有 1 个野生种、1 个栽培种）：乔木或灌木。具芳香，被有圆形而盾状着生的树脂质腺体，单叶互生，边缘全缘或有锯齿或不规则牙齿，或呈浅裂。

杜英科：常绿或半落叶木本。单叶，具柄，老叶红色，一般在一棵树上总有红色的老叶。

桦木科（含榛木科）（海南分布有 2 个野生种）：落叶乔木。小枝及叶有时具树脂腺体或腺点。单叶，互生，叶缘具重锯齿或单齿，叶脉羽状，侧脉直达叶缘。

榆科：乔木或灌木。单叶，互生，有锯齿或全缘，基部常偏斜，羽状脉或近基部三出脉（朴属、山黄麻属），有柄。托叶对生，早落。特殊情况：白颜树幼枝可看到大的托叶。

卫矛科（含希藤科）：常绿或落叶乔木、灌木或藤本灌木、匍匐小灌木。互生（南蛇藤属、美登木属等）。

铁青树科：常绿或落叶乔木、灌木或藤本。单叶，互生，全缘，羽状脉。

鼠李科：灌木、藤状灌木或乔木，稀草本。通常具刺，或无刺。单叶互生或近对生，全缘或具齿，具羽状脉，或 3 ～ 5 基出脉。托叶小，早落或宿存，或有时变为刺。

八角枫科：落叶乔木或灌木。枝圆柱形，有时略呈“之”字形。单叶互生，有叶柄，无托叶，全缘或掌状分裂，基部两侧常不对称，羽状叶脉或由基部生出 3 ～ 7 条主脉呈掌状。八角枫与土坛树很常见。

蓝果树科（海南分布有 1 个野生种、2 个栽培种）：落叶乔木，稀灌木。小枝圆柱形，当年生枝密被黄色微绒毛，多年生枝无毛，深褐色或黄褐色。单叶互生，密集，有叶柄，无托叶，卵形、椭圆形或矩圆状椭圆形，全缘或边缘锯齿状。

山柳科（海南分布有 2 种）：灌木或乔木。嫩枝和嫩叶常有星状毛或单毛。单叶互生，往往集生于枝端，脱落，稀常绿，有叶柄，无托叶。

杜鹃花科：多分布在中、高海拔，五指山山顶分布较多。木本植物，灌木或乔木。叶革质，少有纸质，互生，极少假轮生，稀交互对生，全缘或有锯齿，不分裂，不具托叶。

山矾科：灌木或乔木。单叶，互生，通常具锯齿或全缘，腺质锯齿。

紫草科：一般被有硬毛或刚毛。单叶，互生。基及树属、破布木属、厚壳树属和紫丹属。

苦槛蓝科（海南分布有 1 种）：常绿灌木，茎有分枝，无毛，棕色。叶互生，肉质，倒披针形至矩圆形，顶端短渐尖，基部渐狭，全缘或先端有少数浅锯齿，两面无毛，侧脉 3 ～ 4 对。叶柄长 1 ～ 1.5cm，无毛。

茄科：灌木或小乔木。有时具皮刺。单叶全缘或各式分裂，有时为羽状复叶，互生或在开花枝段上大小不等的二叶双生。无托叶。

草海桐科(海南分布有3种)**：**多分布在沿海沙地，小灌木。单叶，互生，螺旋状排列，基生或丛生于枝顶。在海南东南沿海与西沙多分布有草海桐，叶片像羊耳。

菊科：灌木、木质藤本。叶通常互生，野外花常见，多为特殊的头状花序。

5. 草本

防己科：攀缘或缠绕藤本，稀直立灌木(木防已)，木质部常有车辐状髓线，叶螺旋状排列，叶多盾形或心形，叶柄较长(常见种粪箕笃)。

猪笼草科：草本。叶互生，无柄或具柄，最完全的叶可分为叶柄、叶片、中脉延长而成的卷须、卷须上部扩大反卷而成的瓶状体和卷须末端扩大而成的瓶盖5部分(瓶状体和瓶盖像猪笼)。

胡椒科：草本、灌木或攀缘藤本，稀为乔木。常有香气(胡椒味，常见种胡椒和假蒟)。

十字花科：多数为草本，多种蔬菜类，花瓣4片，分离，呈“十”字形排列。

川薹草科(河薹草科)**：**1种，飞瀑草。多年生沉水草本，状似苔藓、藻类或地衣。

蛇菰科：腐生植物，根茎粗，通常分枝，表面常有疣瘤或星芒状皮孔，顶端具开裂的裂鞘。

葡萄科：攀缘木质藤本，稀草质藤本，具有卷须。单叶，互生，花小，两性或杂性同株或异株，排列成伞房状多歧聚伞花序、复二歧聚伞花序或圆锥状多歧聚伞花序。

葫芦科：多草质藤本，常有螺旋状卷须。叶互生，通常为单叶，常深裂，稀为鸟足状复叶，边缘具锯齿或稀全缘，具掌状脉，花通常单生。

藤黄科：叶对生，有时轮生，无柄或具短柄，有透明的腺点(金丝桃属)。

菊科：草本、亚灌木。叶通常互生，野外花常见，多为特殊的头状花序。

车前草科：草本。单叶，基生，广卵形，边缘波状，间有不明显钝齿，主脉5条，叶脉近平行，向叶背凸起，呈肋状伸入叶柄，叶片常与叶柄等长，叶柄基部常扩大呈鞘状，长穗状花序(一般比叶长，直立)。生长在山野、路旁、花圃、河边等湿地。

苦苣苔科：草本，常具根状茎、块茎或匍匐茎，单叶，不分裂，基生成簇。多分布在森林阴湿的石头上(生于石灰岩石壁间潮湿处)。花冠紫色、白色或黄色，通常筒状或钟状。蒴果，线形、长圆形、椭圆球形或近球形。

金鱼藻科(海南目前栽培1种)**：**多年生沉水草本。无根。茎漂浮，有分枝。叶4～12轮生，硬且脆，1～4次二叉状分歧，条形，边缘一侧有锯齿或微齿，先端有2刚毛。

马兜铃科：木质藤本、亚灌木(海南线果兜铃)或多年生草本(台湾细辛)，根、茎和叶常有油细胞。单叶、互生，具柄，叶片全缘或3～5裂，基部常心形。

落葵科(海南2种)**：**缠绕藤本，长可达数米。根状茎粗壮。叶具短柄，叶片卵形至近圆形，顶端急尖，基部圆形或心形，稍肉质，腋生小块茎(珠芽)(落葵薯)，肉质，绿色或略带紫红色(落葵)。

远志科：草本，罕为寄生小草本(寄生莎萝莽)。单叶互生、对生或轮生，具柄或无柄，叶片纸质或革质，全缘，具羽状脉。

商陆科(海南1个野生种，2个栽培种)**：**草本(亚灌木)。植株通常不被毛。单叶互生，全缘，托叶无或细小。根肉质肥大。

藜科：多分布在滨海或滨江沙地上，草本、亚灌木、灌木，叶互生，扁平。

苋科：一年生或多年生草本，单叶互生，全缘，少数有微齿，无托叶。青葙、浆果苋等都是常见植物，采到标本时，或类比，初步判断是否属苋科植物。

柳叶菜科：一年生或多年生草本，多为水生湿地草本。叶互生。

大麻科（海南分布有 1 个野生种）：一年生直立草本。叶互生，掌状全裂。皮部的纤维发达。
檀香科：草本。常寄生或半寄生，稀重寄生。单叶，互生，有时退化呈鳞片状。
鹿蹄草科（海南分布有 3 种）：小型草本状小半灌木。根茎细长。叶常基生，稀聚集在茎下部，互生或近对生。
荇菜科（海南分布有 4 种）：浮水或沼生草本，茎直立或横斜。单叶互生，卵形或圆形，基部深心形，很少呈盾形，全缘或稍波状。
报春花科：草本，稀为亚灌木，具互生叶，或无地上茎而叶全部基生，并常形成稠密的莲座丛。
白花丹科：草本。单叶，互生或基生，全缘，偶为羽状浅裂或羽状缺刻，下部通常渐狭成柄，叶柄基部扩张或抱茎。通常无托叶。
花柱草科（海南分布有 2 种）：草本，叶小，互生、茎生或基生而排列呈莲座状，单叶而且全缘。
田基麻科（海南分布有 1 种）：生于稻田、低湿地或沟边，草本，直立或平卧，茎下部无毛，上部多少被腺毛，叶披针形或狭椭圆形，无毛，长 4 ～ 9cm，宽 5 ～ 20mm，上部叶常较小，基部渐狭至叶柄，顶端急尖或渐尖。
紫草科：一般被有硬毛或刚毛。单叶，互生。包括天芥菜属、琉璃草属、刺锚草属和牛舌草属。
玄参科：多为小草，叶互生，下部对生而上部互生，或全对生，或轮生，无托叶。
狸藻科：一年生或多年生、水生或生于沼泽或湿润环境的草本，有时为附生植物。叶基生呈莲座状排列，或茎生则互生且退化为鳞片，基部常有小囊体。
茄科：草本。有时具皮刺。单叶全缘或各式分裂，有时为羽状复叶，互生或在开花枝段上大小不等的二叶双生。无托叶。常见的植物为茄子、番茄等。

4. 叶片对生

5. 木本

马鞭草科：叶对生，小枝通常四棱柱形，有特殊的臭味（常见种大青）。
桃金娘科：乔木或灌木。树皮粗糙，单叶对生，一般有清香味（番石榴、洋蒲桃等），具羽状脉或基出脉，全缘，常有油腺点。
玉蕊科：叶呈螺旋状排列，常丛生枝顶，海南野生分布有 2 种，滨玉蕊仅分布在甘蔗岛，玉蕊多分布于半红树林区域。其花螺旋状排列与项链状花序生于枝顶，长达 70cm 以上。
野牡丹科（花大粉红色等，美丽似牡丹花）：树皮、叶粗糙，灌木或小乔木，直立或攀缘，陆生或少数附生，枝条对生。单叶，对生或轮生，叶片全缘或具锯齿，通常为 3 ～ 5（～ 7）基出脉，稀 9 条，侧脉通常平行，多数。
木犀科：乔木或灌木，叶近对生，具叶柄。
海桑科：红树林植物，乔木。单叶革质，对生，全缘，无托叶。
安石榴科（海南分布 2 栽培种）：灌木，小枝常为刺状。单叶，通常对生或簇生，树根黄褐色，树干灰褐色，上有瘤状凸起，干多向左方扭转。嫩枝有棱，多呈方形。小枝柔韧，不易折断。
瑞香科：灌木，树皮纤维发达。在海南了哥王为常见植物，荛花属可类比了哥王。
使君子科：乔木（枝多呈轮状生长）、木质藤本，有些具刺。皮粗糙，红褐色，单叶对生或近对生，或假轮生，全缘或稍呈波状，叶基、叶柄或叶下缘齿间具腺体（海南榄仁）。
红树科：红树林植物（竹节树除外），常绿乔木或灌木，具各种类型的根，单叶交互对生，具托叶，早落。
卫矛科（含希藤科）：常绿或落叶乔木、灌木或藤本灌木、匍匐小灌木。单叶对生（原希藤科，卫矛属和沟瓣属）。
槭树科：乔木或灌木，落叶稀常绿，叶对生，具长叶柄，叶背有时呈灰白色。

清风藤科（清风藤属）：乔木，单叶互生，嫩枝绿色，被细柔毛，老枝紫褐色，具白蜡层，常留有木质化成单刺状或双刺状的叶柄基部。

山茱萸科：落叶乔木或灌木，稀常绿或草本。单叶对生，稀互生或近轮生，通常为羽状叶脉，稀为掌状叶脉，边缘全缘或有锯齿。无托叶或托叶纤毛状。

马钱科：乔木、灌木、藤本或草本，单叶对生，全缘或有锯齿。通常为羽状脉，3～7条基出脉（马钱属）。具叶柄。托叶存在或缺，分离或连合成鞘。

5. 草本

唇形科：常具有四棱及沟槽的茎和对生或轮生的枝条，有特殊的芳香味（常见种广防风）。

野牡丹科：草本，单叶，对生或轮生，通常为3～5(～7)基出脉，侧脉通常平行，多数。包括金锦香属、锦香草属、肉穗草属和蜂斗草属。

爵床科：草本、灌木或藤本。叶对生（个别轮生，有刺），无托叶，小枝和花萼上常有条形或针形的钟乳体。花萼通常5裂，花冠合瓣，具长或短的冠管。

苋科：一年或多年生草本。单叶对生，全缘，少数有微齿，无托叶。莲子草等都是常见植物，采到标本时，或类比，初步判断是否属苋科植物。

千屈菜科：草本、灌木或乔木。枝通常四棱形。叶对生、稀轮生或互生，全缘，叶片下面有时具黑色腺点。托叶细小或无托叶。

柳叶菜科：一年生或多年生草本，有时为半灌木或灌木，多为水生湿地草本。对生。

小二仙草科：水生（狐尾藻属，2种）或陆生草本（小二仙草属，2种）。对生或轮生，生于水中的常呈篦齿状分裂。

金虎尾科：灌木（金虎尾属）、木质藤本。单叶，通常对生，全缘，背面和叶柄通常具腺体。托叶存在或缺失。

紫茉莉科：草本、灌木或乔木（胶果木），有时为具刺藤状灌木（避霜花）。对生或假轮生，全缘，具柄，无托叶。果皮有黏性。黄细心为常见植物。

桑寄生科：半寄生性灌木、亚灌木，寄生于木本植物的茎或枝上，稀寄生于根部，为陆生小乔木或灌木。叶对生，稀互生或轮生，叶片全缘或叶退化呈鳞片状。

檀香科：常绿小乔木。具寄生根，树皮褐色，粗糙或有纵裂，枝圆柱状，带灰褐色，具条纹，有多数皮孔和半圆形的叶痕，多分枝，幼枝光滑无毛，小枝细长，淡绿色，节间稍肿大，叶对生，叶椭圆状卵形，膜质。

忍冬科：茎干木质松软，常有发达的髓部，多为单叶对生，叶柄短，有时两叶柄基部连合，通常无托叶，有时托叶细小而不显著或退化成腺体。

龙胆科：一年生或多年生草本。茎直立或斜升，有时缠绕。单叶，对生，少有互生或轮生，全缘，基部合生或为一横线所连结。

报春花科：草本。具对生或轮生叶，或无地上茎而叶全部基生，并常形成稠密的莲座丛。

紫草科：一般被硬毛或刚毛。单叶，互生。

玄参科：多为小草，叶互生，下部对生而上部互生，或全对生，或轮生，无托叶。

列当科（海南分布有2种）：草本，寄生于其他植物的根上，不具绿色的叶片。茎常不分枝或少数种有分枝。叶鳞片状，螺旋状排列，或在茎的基部排列密集成近覆瓦状。

胡麻科（海南分布有1种）：常见的栽培种为芝麻。

菊科：草本。叶通常对生，野外花常见，多为特殊的头状花序。

(四)单子叶植物科的野外经验检索

由于单子叶植物较多，很难分级检索，只能比对科的野外特征进行检索，可能不准确，仅供参考。

1. 水生或湿生

  2. 沉水或漂浮水面

水鳖科：一年生或多年生淡水或海水草本，沉水或漂浮水面。根扎于泥里或浮于水中。茎短缩，直立，少有匍匐。叶基生或茎生，基生叶多密集，茎生叶对生、互生或轮生。

水蕹科：多年生，淡水生草本，具块状根茎，无毛，有乳汁。叶基生，有长柄，柄基具鞘。叶片椭圆形至线形，全缘或波状，浮水或沉水，具平行叶脉数条和多数次级横脉。

眼子菜科：沼泽生、淡水生草本。常具横走根茎，稀根茎极短或无根茎。茎圆柱形、椭圆柱形或极扁。叶互生，有时在花序下面近对生，单型或两型，漂浮水面或沉没水中，托叶鞘多为膜质，边缘叠压而抱茎，稀合生呈套管状。

川蔓藻科：盐沼生草本。叶对生或互生，线形或刚毛状，基部具鞘。

丝粉藻科(茨藻科、角果藻科)：一年生沉水草本。植株纤长、柔软，二叉状分枝或单轴分枝。下部匍匐或具根状茎。茎光滑或具刺，茎节上多生有不定根。叶线形，无柄，无气孔，具多种排列方式。叶脉1条或多条。叶全缘或具锯齿。叶基扩展成鞘或具鞘状托叶。

角果藻科：沉水草本，生于咸水中(红树林水中)，有纤细的根茎。叶互生或对生，或簇生于茎节上，线形，基部鞘状，具花的叶片有时退化为鞘。

茨藻科：一年生沉水性草本，茎细多分枝。叶互生、对生或轮生，常线形，有齿，基部有鞘。

雨久花科：该科的凤眼蓝(水葫芦)为浮水植物，须根发达，棕黑色，长达30cm。茎极短，具长匍匐枝，匍匐枝淡绿色或带紫色，与母株分离后长成新植物。叶在基部丛生，莲座状排列，花葶从叶柄基部的鞘状苞片腋内伸出，长34~46cm，穗状花序长，花瓣状，卵形、长圆形或倒卵形，紫蓝色。

浮萍科(海南分布3种)：漂浮小草本。无根或有丝状根。

天南星科：大漂属，有长而悬垂的须根，总花梗极短，佛焰苞白色。

  2. 挺水或湿生

泽泻科：沼泽生或水生草本。叶基生，直立，挺水，箭形、盾形或条形(矮慈姑一种)等，全缘。叶柄通常长，具鞘。

谷精草科：草本，沼泽生或水生。叶狭窄(禾草形)，螺旋状着生在茎上，常形成一密丛，有时散生，基部扩展呈鞘状，叶质薄常半透明。花序头状，多为白色。

雨久花科：水生草本。具根状茎或匍匐茎，通常有分枝。叶卵形甚至宽心形或戟形，具平行脉，花葶较长，穗状花序长，花瓣状，卵形、长圆形或倒卵形，紫蓝色。

鸭跖草科：草本，多阴湿处。常具有黏液细胞或黏液道，茎有明显的节和节间。叶互生，有明显的叶鞘。叶鞘开口或闭合，花瓣3，主要为蓝色或白色。

美人蕉科(海南全是栽培种)：可在湿地中生长，也可陆生，也可生在较潮湿的环境，有块状的地下茎，叶大，互生，有明显的羽状平行脉，具叶鞘。形似香蕉苗。

香蒲科(海南分布2种)：多年生、沼生草本。具匍匐状的根茎，茎直立，不分枝，基部浸没水中。叶通常基生，禾草状，具平行脉，基部具鞘。花序褐色，圆筒状，直径1~2cm。

天南星科：叶表层蜡质，肉穗花序，外有佛焰苞包围。菖蒲属、芋属的芋等能长在湿生的环境中。

露兜树科：叶长形，或达0.5~1m，叶缘和背面脊状凸起的中脉上有锐刺，小露兜能长在湿生的环境中，有时露兜树也能长在湿地环境中。

田葱科(海南分布1种)**：**生于文昌一带的水塘、沼泽或池塘中，外形似葱。直立多年生草本。根状茎短，具簇生根。叶线形或剑形，基生或茎生。

水玉簪科：草本，通常为腐生植物。茎纤细，通常不分枝，具根状茎或块茎。单叶，茎生或基生，全缘，或通常退化呈鳞片状。

灯心草科(海南分布3种)**：**草本，通常具匍匐的合轴根茎，常有被毛的根，茎簇生，直立而不分枝。叶常簇生于茎的基部，圆筒状或扁平而呈禾叶状。多花地杨梅生于山坡草丛、路旁潮湿处。

1. 陆生，以旱生为主

2. 有特殊性状者

姜科：多年生草本，通常具有芳香(姜味)。

兰科(假兰科)**：**地生、附生或较少为腐生草本，极罕为攀缘藤本(香草兰)。陆生及腐生的常具根状茎或块茎，附生的常具假鳞茎(变态的茎，膨大呈各种形状，肉质)及肥厚而有根被的气生根。

霉草科：腐生草本，茎不分枝。叶退化，鳞片状，有时甚少，不含叶绿素，互生。

天南星科：陆生(耐阴)草本，叶表层蜡质，肉穗花序，外有佛焰苞包围。

露兜树科：叶长形，或达0.5~1m，叶边与叶中脉背有刺，香露兜没有刺，有特殊的香米味。

2. 无特殊性状者

3. 藤本

棕榈科：省藤属、黄藤属、钩叶藤属，叶羽状，小叶全缘。

须叶藤科(海南分布1种)**：**直立或攀缘植物。叶两列，顶端延伸为卷须，叶鞘闭合，抱茎。

百部科(海南分布2种)**：**藤本，全体无毛，通常具肉质块根，叶互生、对生，有明显的基出主脉和平行、致密的横脉。

薯蓣科：缠绕草质或木质藤本，地下部分为根状茎或块茎，形状多样。叶互生，有时中部以上对生，单叶或掌状复叶，单叶常为心形、卵形或椭圆形，掌状复叶的小叶常为披针形或卵圆形，基出脉3~9，侧脉网状。叶柄扭转，有时基部有关节。

百合科：原菝葜科植物，攀缘状灌木，有刺或无刺。叶互生或对生，有掌状脉3-7条，叶柄两侧常有卷须。

3. 草本或乔木、灌木状

鸢尾科：多年生草本。具根状茎、球茎或鳞茎。叶多基生，少互生，条形、剑形或丝状，基部呈鞘状，互相套叠，具平行脉。

棕榈科：常见的植物有椰子、槟榔等。茎通常不分枝，单生或几丛生，或有刺，或被残存老叶柄的基部或有叶痕。叶羽状或掌状分裂。叶柄基部通常扩大成具纤维的鞘。

莎草科：多年生草本，多数具根状茎，少有兼具块茎，茎通常三棱形，偶为圆柱形。叶基生或茎生，一般具闭合的叶鞘和狭长的叶片，或有时仅有鞘而无叶片。

禾本科：分竹亚科和禾亚科。一年生草本、多年生草本或竹型，通常具秆，秆呈圆筒形或压扁，少有呈方形的。节处闭塞，节间中空，很少为实心。单叶，互生，叶片由两部分组成，叶片通常狭长，全缘，具平行脉。叶鞘位于叶片下端，包裹着秆枝的节间部分，除少数种类的叶鞘闭合外，一般均为一侧开缝，而边缘彼此覆盖或相接。叶片与叶鞘连接处的内侧有一个透明、膜质或软骨质的小片，称为叶舌，通常为膜质，很少无叶舌。

黄眼草科(海南分布3种)**：**草本，葱草、黄眼草生于湿地上，硬叶葱草还可生于荒地上，根状茎短而粗壮，通常呈球茎状，叶常丛生于基部，叶片扁平，基部鞘状。

凤梨科(外来科)：以菠萝为代表，陆生或附生草本。茎短，单叶互生，狭长，常基生，莲座式排列，平行脉。

芭蕉科：多年生草本，具根茎。地上茎包藏于由叶鞘层包叠形成的粗壮假茎中。叶螺旋排列，集生于茎顶，大型，有极粗厚的中脉和多数羽状平行的侧脉。

旅人蕉科：草本或乔木状。叶中等大乃至很大，明显的两行排列，偏形，似芭蕉。

兰花蕉科(海南分布1种)：多年生草本，具根茎。似竹芋、柊叶。

竹芋科：多年生草本，有根茎或块茎，地上茎有或无。叶通常大，具羽状平行脉，通常两列，具柄，柄的顶部增厚，称为叶枕，有叶鞘。

百合科(菝葜科)：通常为具根状茎、块茎或鳞茎的多年生草本，叶基生或茎生，后者多为互生，较少为对生或轮生，通常具弧形平行脉，极少具网状脉。

石蒜科(龙舌兰科、仙茅科)：多年生草本，少数为半灌木、灌木以至乔木状(原龙舌兰科植物)。具鳞茎、根状茎或块茎。叶多数基生，多少呈线形，全缘或有刺状锯齿。

箭根薯科(海南分布1种)：多年生草本，具圆柱形或球形的根状茎或块茎。叶全部基生，有柄，直立，基部有鞘，叶片全缘或各式分裂。

刺鳞草科(海南分布1种)：一年生矮小草本，密丛生，高2～5 cm。叶基生，丝状或线形，长0.7~2.5 cm，顶端锐尖。叶鞘膜质，边缘透明，有时上部具少数散生的毛。

帚灯草科(海南分布1种)：多年生草本，分布于文昌昌洒(多)及海南其他沿海沙地(少)。圆柱状，除节部外中空。叶几乎由叶鞘组成，无叶片和叶舌，叶鞘膜质，基部边缘覆盖，宿存，有时具干膜质边缘和伸长的顶端。